民國建築工程期刊匯編

MINGUO JIANZHU GONGCHENG QIKAN HUIBIAN

68

《民國建築工程期刊匯編》編寫組 編

廣西師范大學出版社
GUANGXI NORMAL UNIVERSITY PRESS
·桂林·

第六十八册目録

中國營造學社彙刊

中國營造學社彙栞

婉漪

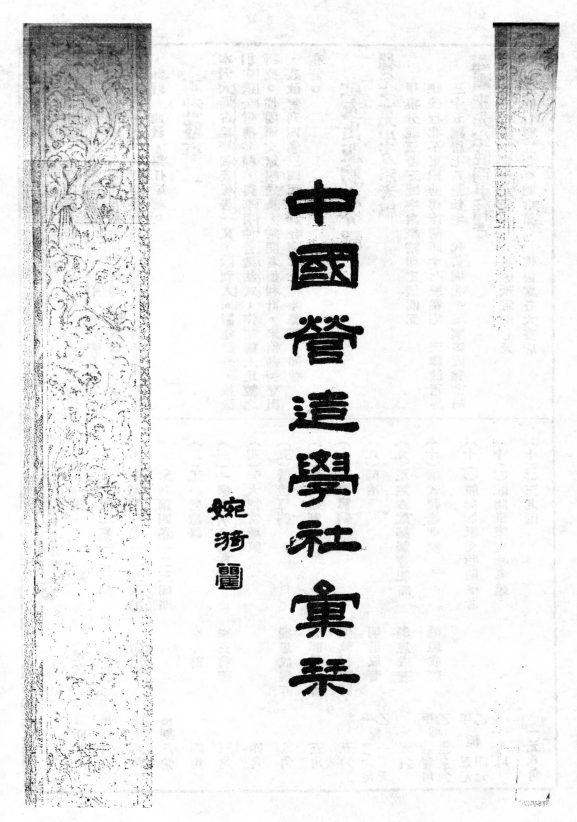

本社啓事一

我國營造術語，因時因地，各異其稱，學者每苦繁賾難辨。年來辱承　閱者垂問質疑，不絕於途。且有旁及史事考據及圖書介紹，本社同人每就可能範圍，竭誠奉答。並擬擴大通訊一門，與訂閱諸君共同商榷討論，圖斯學之進展，如蒙　賜教，無任感禱。

本社啓事二

本刊大同古建築調查報告一文，除敘大同諸建築外，並徵引宋遼金遺構多種，與李明仲營造法式，作結構上比較之研究。惟因原文篇幅過長，為閱者便利計，未便割裂登出，茲改彙刊四卷三四兩期為合刊本，特此聲明，即希亮督。

社友出版物之介紹

瞿兌之先生方志考稿

甲集分裝三冊三號字白紙精印定價四元

總發行北平東四前拐棒胡同十七號瞿宅　天津法租界三十五號路七八號任宅

代售處北平琉璃廠直隸書局

謝剛主先生晚明史籍考

連史紙精印定價九元　毛邊紙定價七元

總發行國立北平圖書館　代售處各大書店

本社出版書籍

(一)彙刊第一卷一二期		(絕版)	每期六角
彙刊第二卷一二三期		(絕版)	每期六角
彙刊第三卷一二三四期		(絕版)	每期六角
彙刊第四卷一二三四期			每期八角
(二)工段營造錄	李斗著		四角
(三)一家言居室器玩部	李笠翁著		三角
(四)元大都宮苑圖考			四角
(五)營造算例	梁思成編訂		八角
(六)梓人遺制	元薛景石著		五角
(七)牌樓算例	劉敦楨編訂		五角
(八)園冶	明計成著		甲種一元八角　乙種一元
(九)正定古建築調查紀略	梁思成著		五角
(十)清式營造則例	梁思成著		甲種八元五角　乙種五元五角
(十一)岐陽世家文物圖像冊			甲種五元　乙種四元
(十二)岐陽世家文物考述			八角
(十三)三儿圖			一元八角

中國營造學社彙刊第四卷第三四期合刊本目錄

論著

雜俎

圖版壹

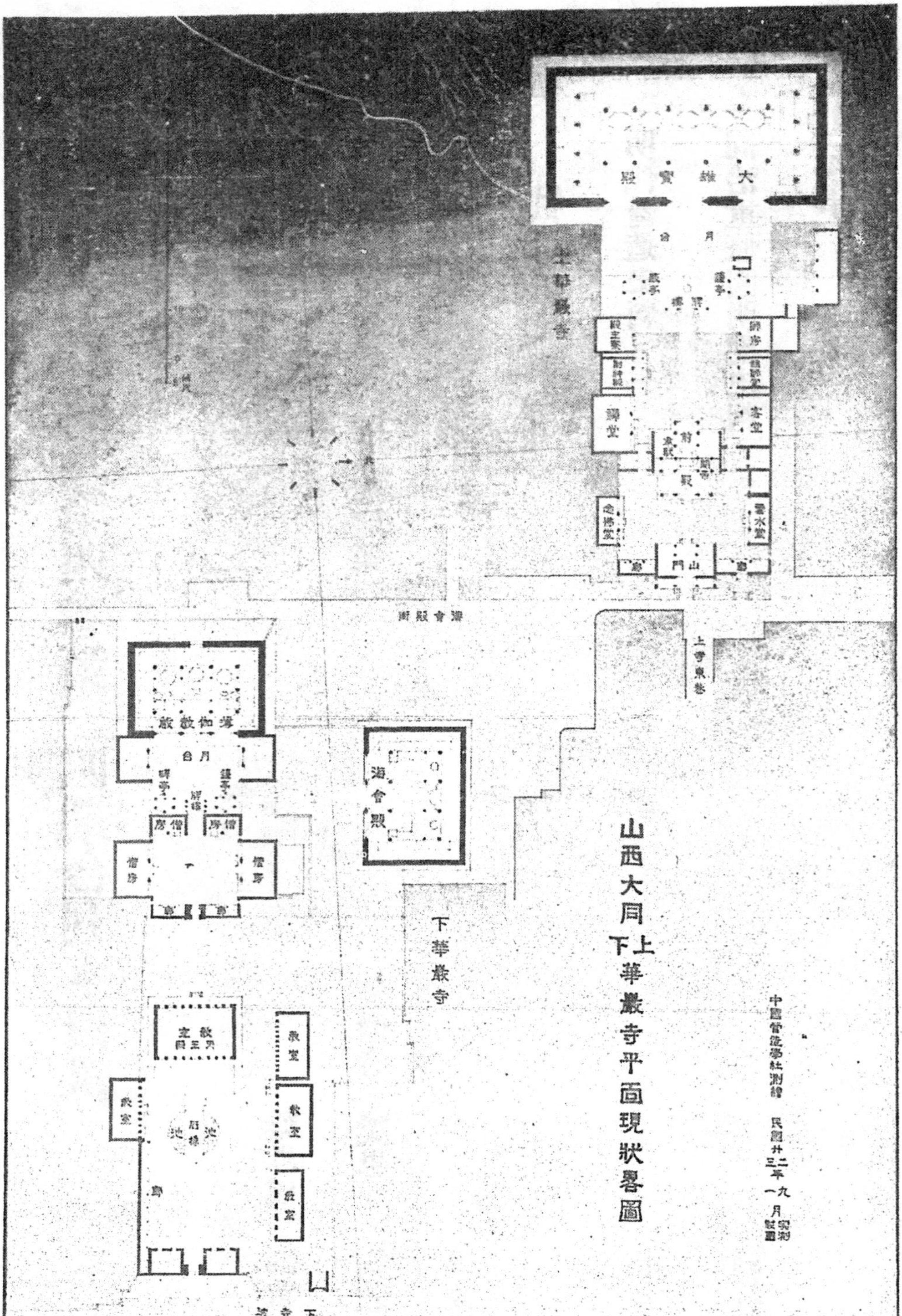
山西大同上下華嚴寺平面現狀略圖
大雄寶殿
上華嚴寺
海會殿
下華嚴寺
薄伽教藏
上寺東巷
海會殿街
下寺坡
中國營造學社測繪
民國廿二年九月實測
民國廿三年一月製圖

圖版貳

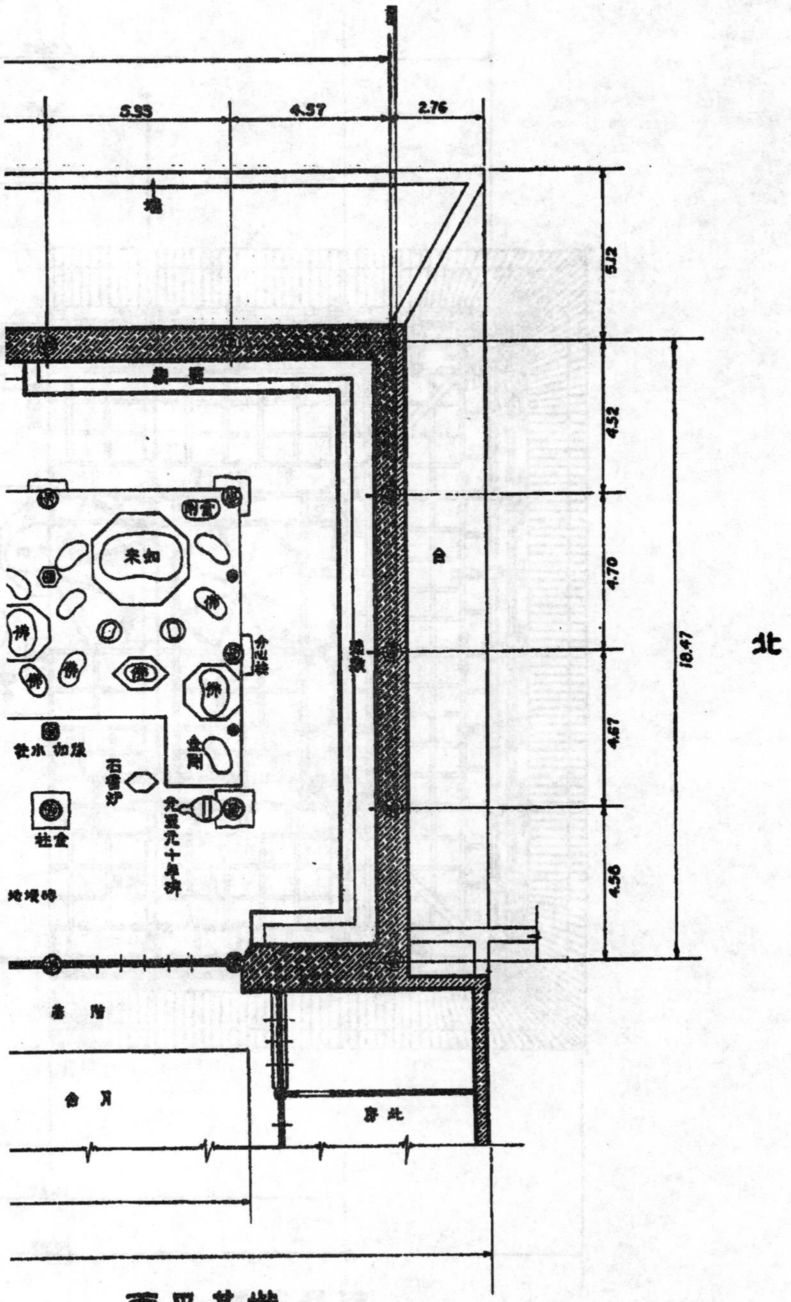

增基平面

山西大同華

中國營造學社測繪

34047

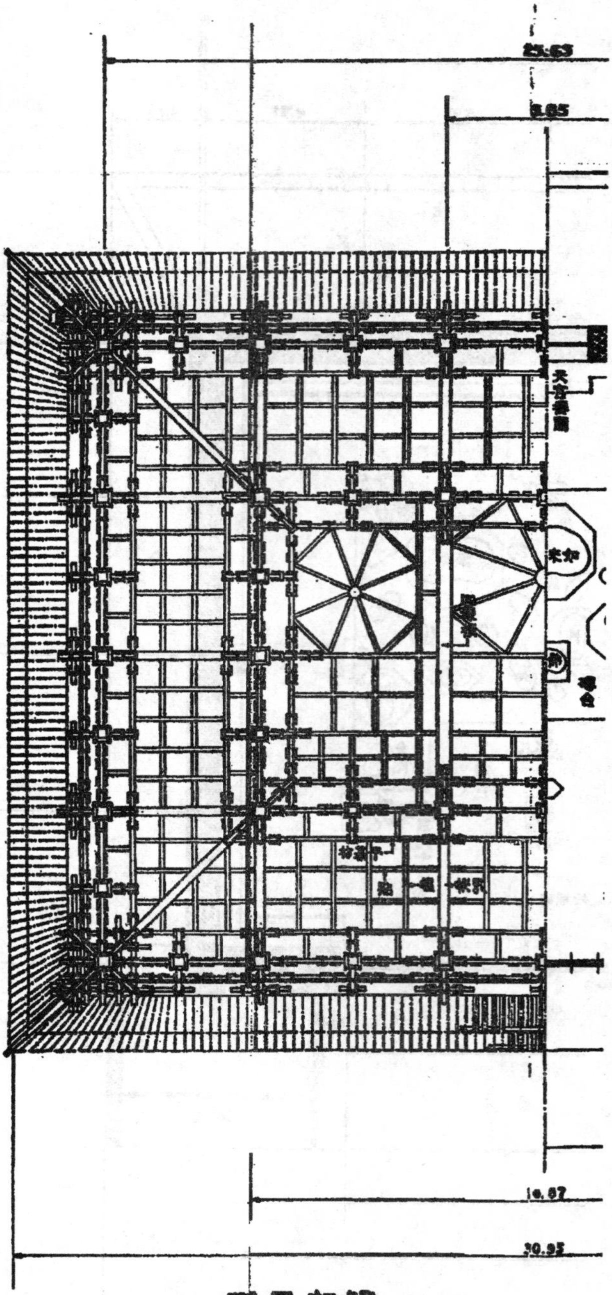

梁架平面

仰視

嚴寺薄伽教藏殿

民國廿二三年九四月實測製圖

34048

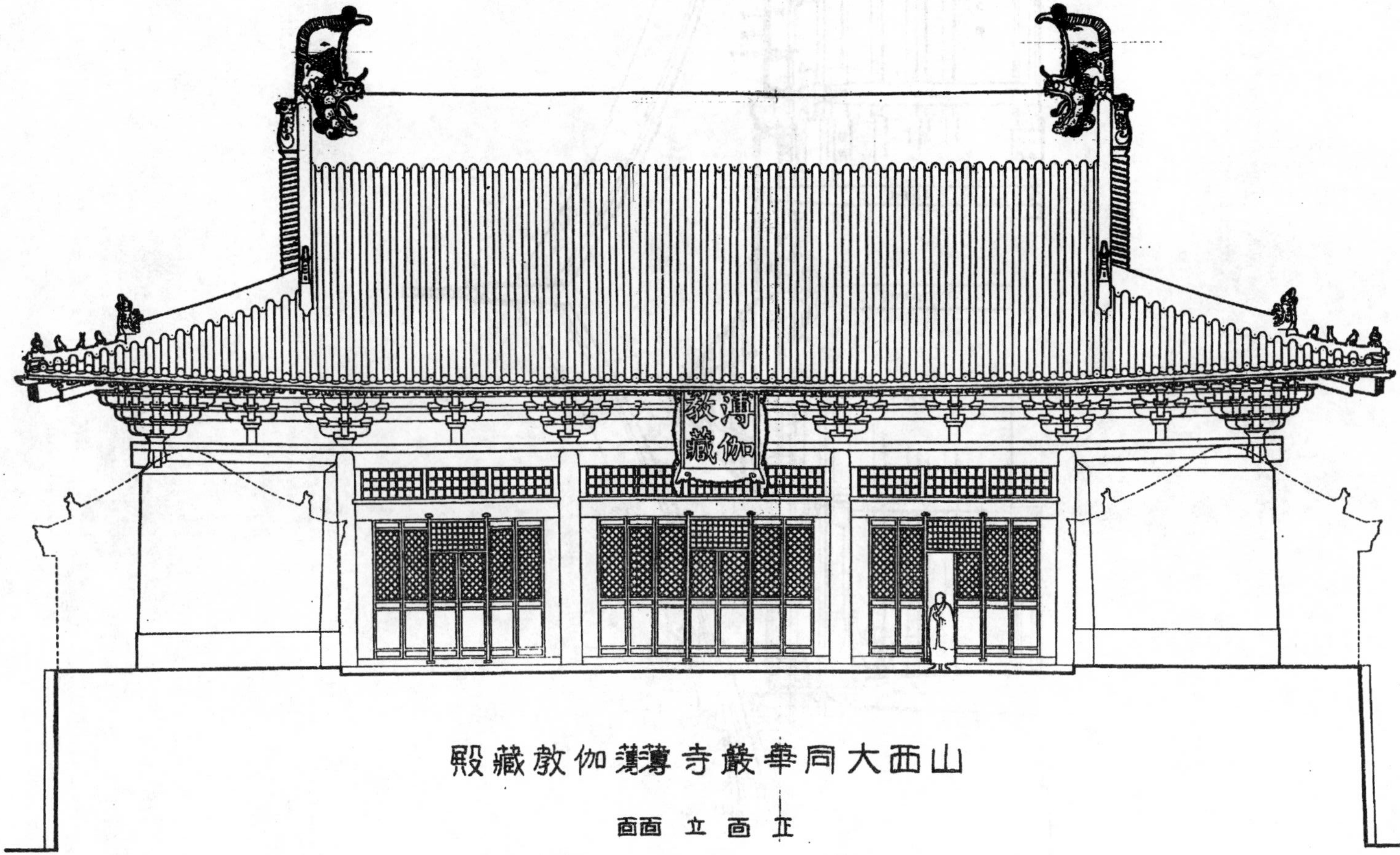

山西大同華嚴寺薄伽教藏殿

正面立面

民國廿二年九月實測
民國廿三年四月製圖

中國營造學社測繪

34049

圖版肆

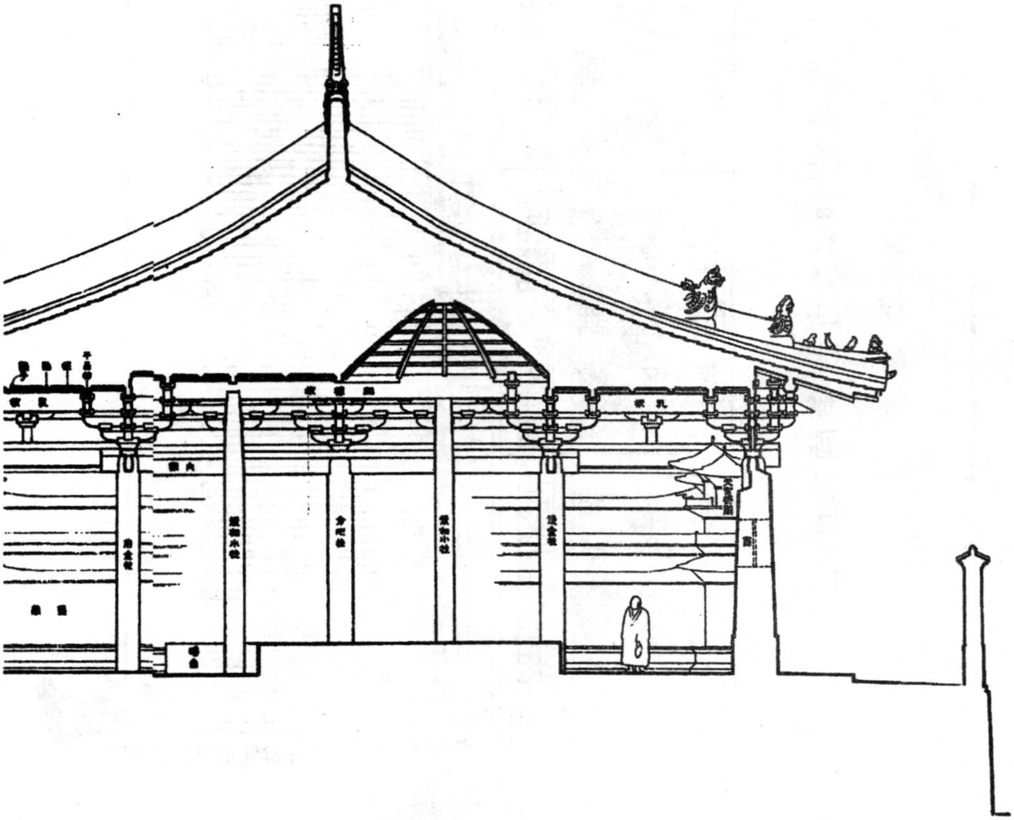

山西大同華嚴寺薄伽教藏殿

當心間橫斷面

5 0 10 公尺

中國營造學社測繪

民國二十二年九月實測
二十三年四月製圖

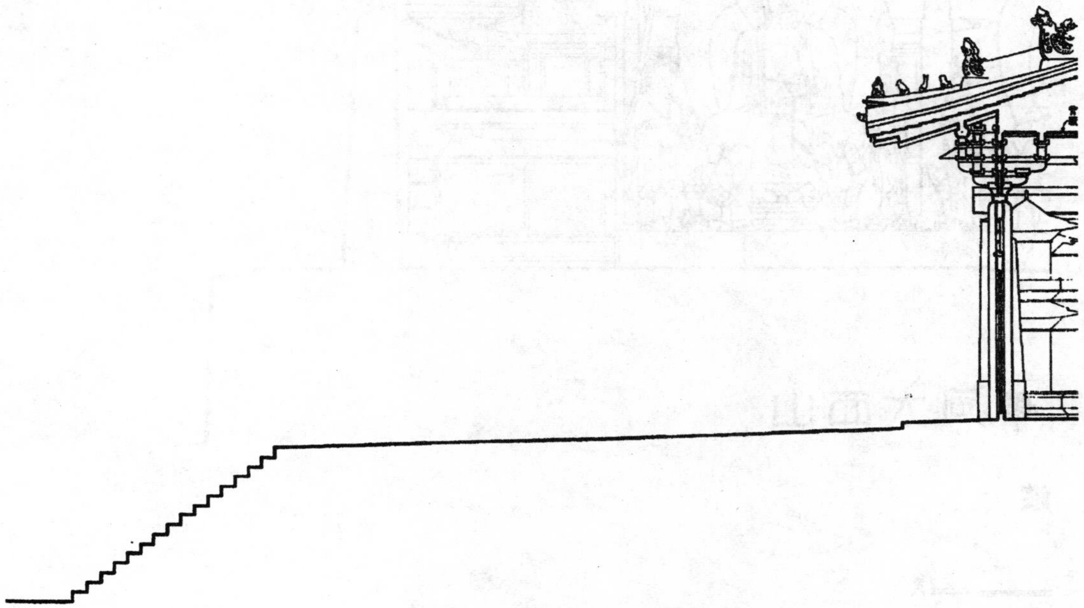

34051

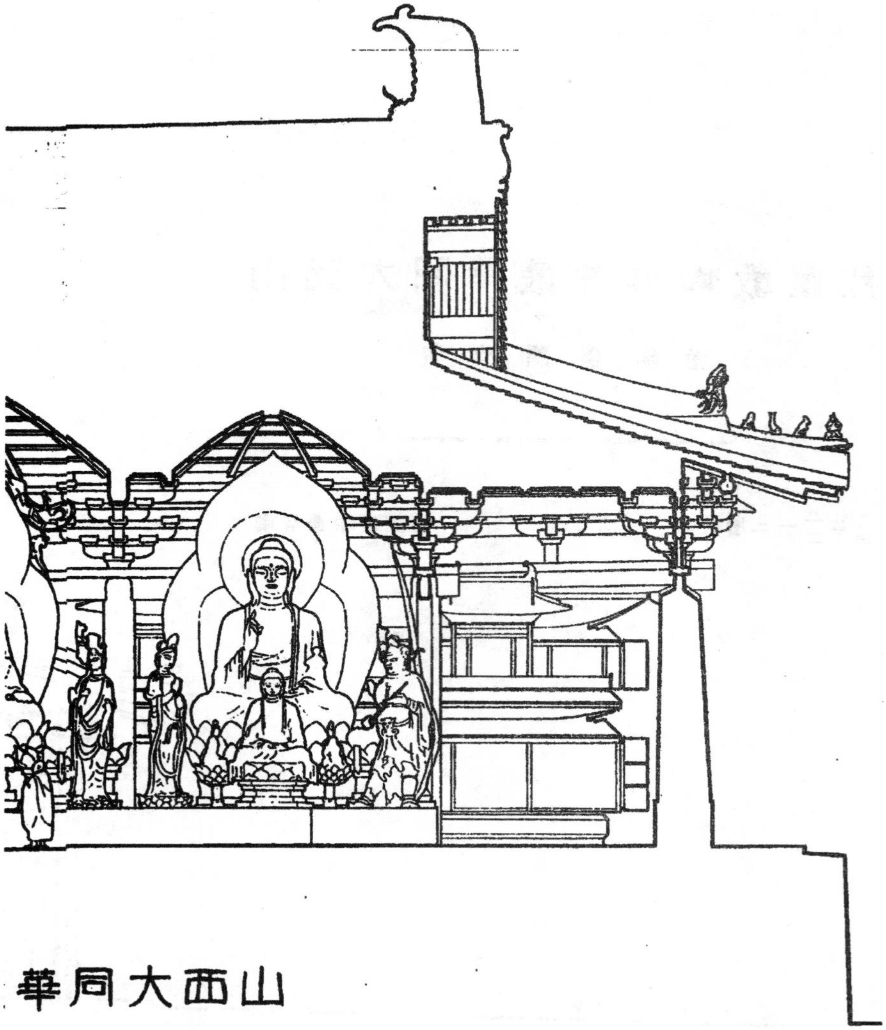

山西大同華

縱

5

中國營造學社測繪

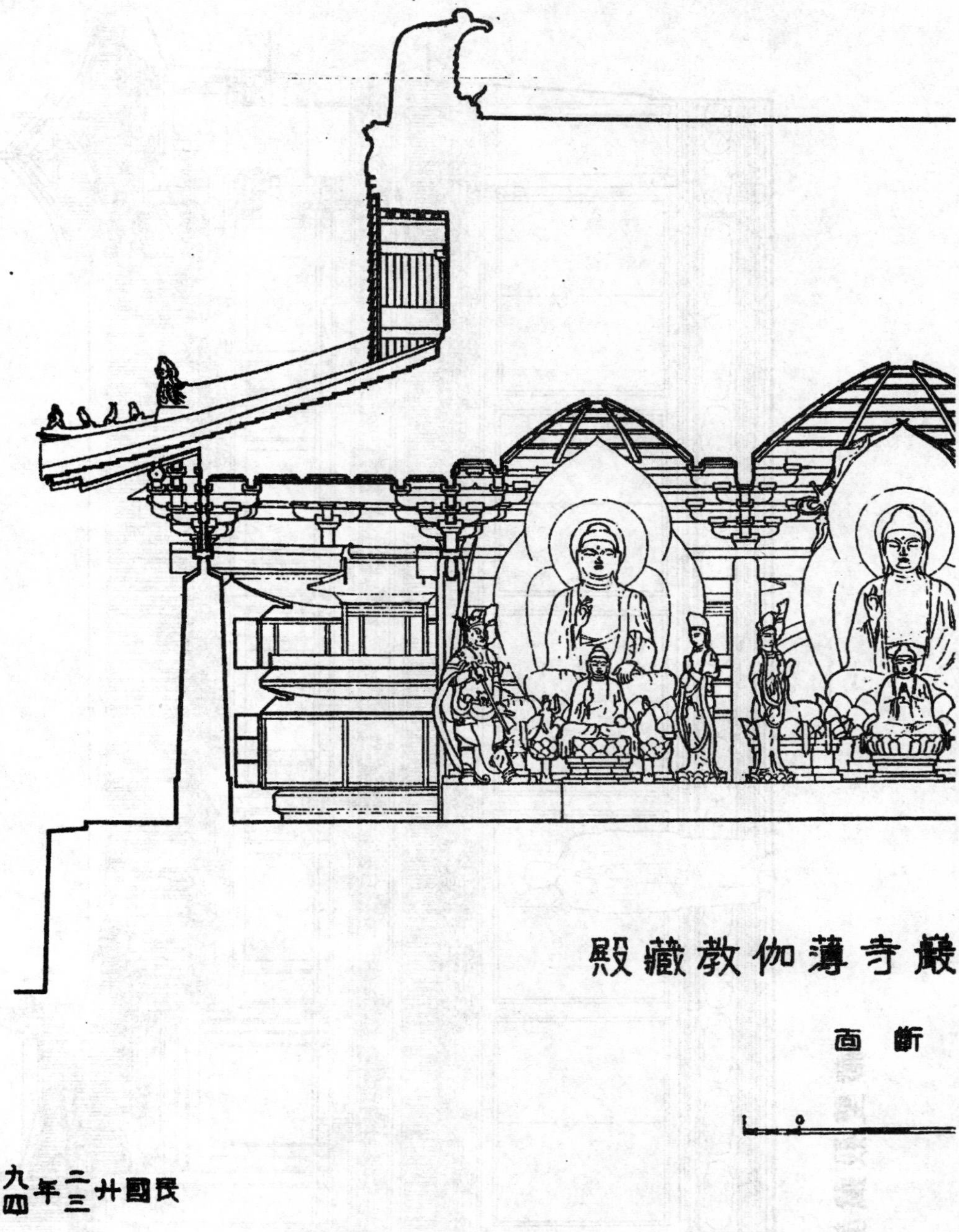

嚴寺薄伽教藏殿

斷面

民國廿二年九月實測
民國廿三年四月製圖

34053

民國廿二年九月實測
廿三年四月製圖

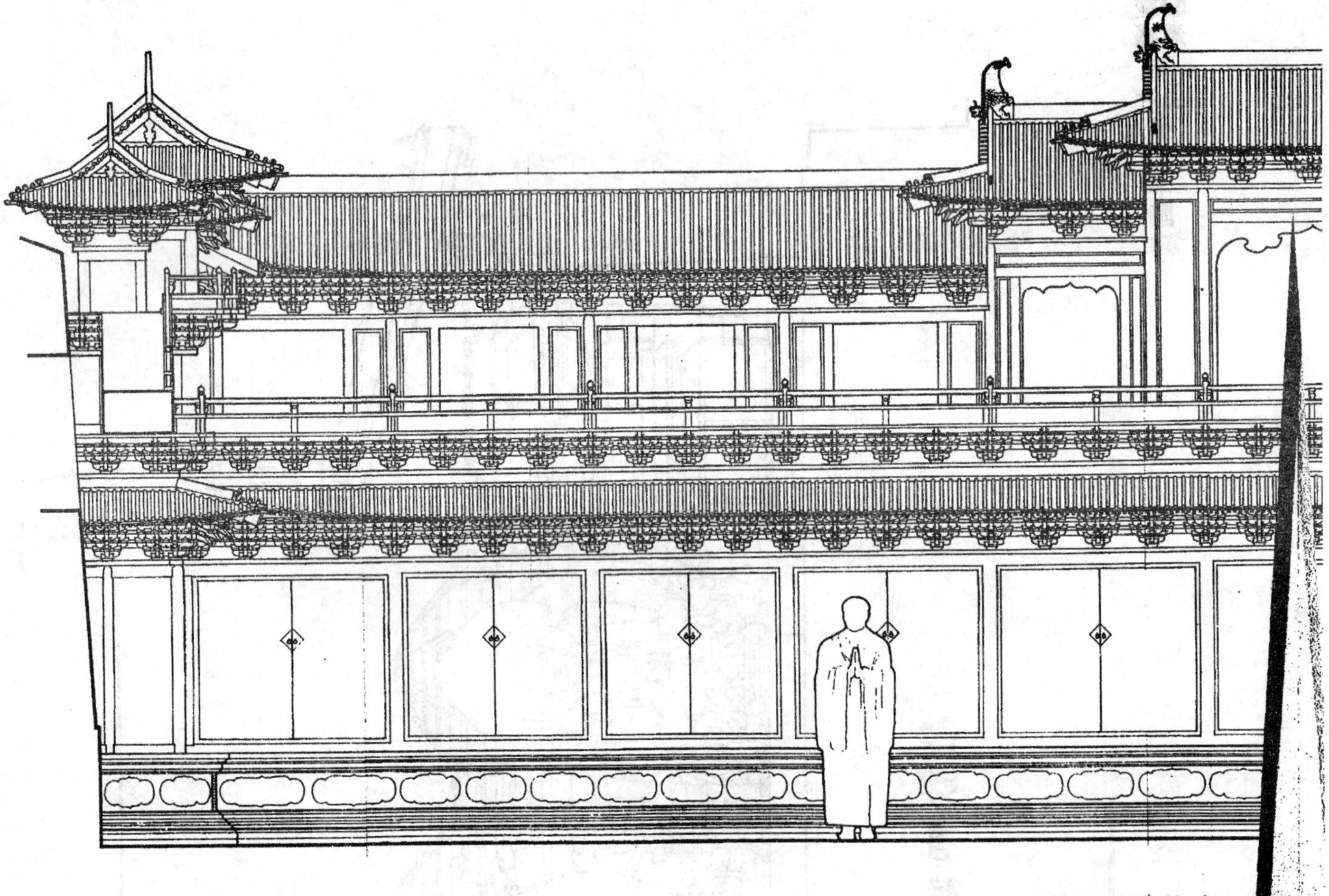

佛教藏殿壁藏

画

34054

圖版陸

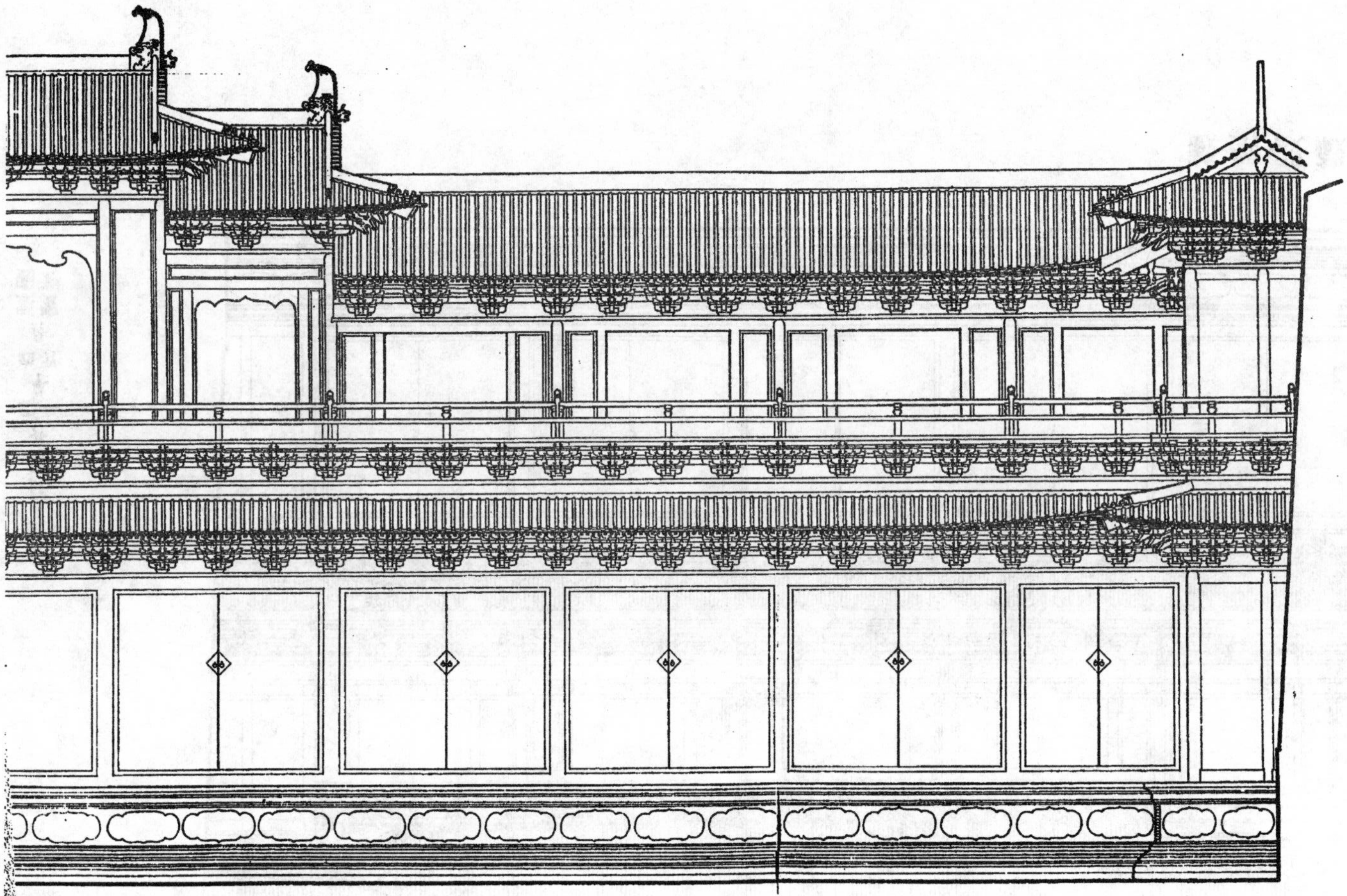

山西大同華嚴

北

中國營造學社測繪

34055

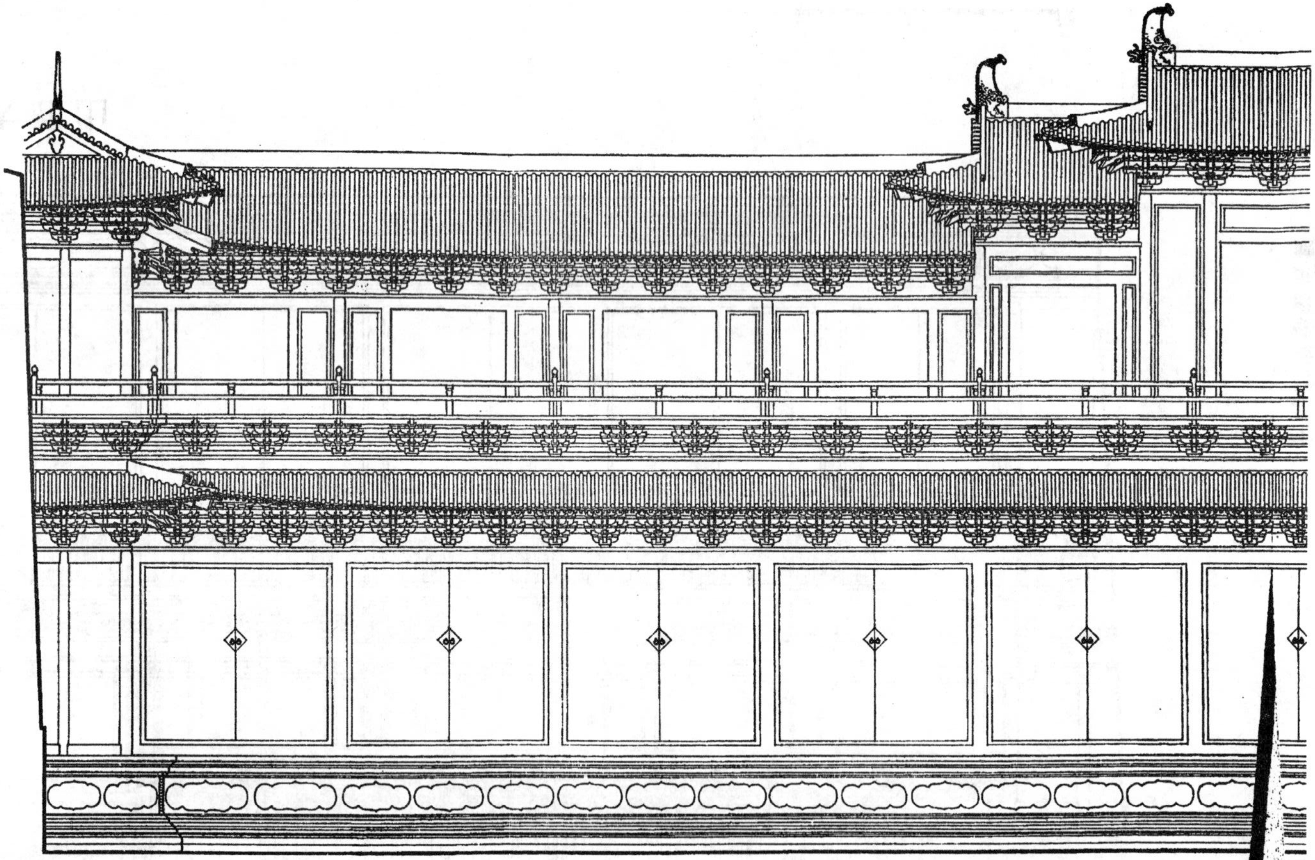

民國廿二年九月實測
民國廿三年四月製圖

伽教藏殿壁藏

面

山西大同華嚴寺

角　面

中國營造學社測繪

34057

民國廿二年九月實測
　　廿三年四月製圖

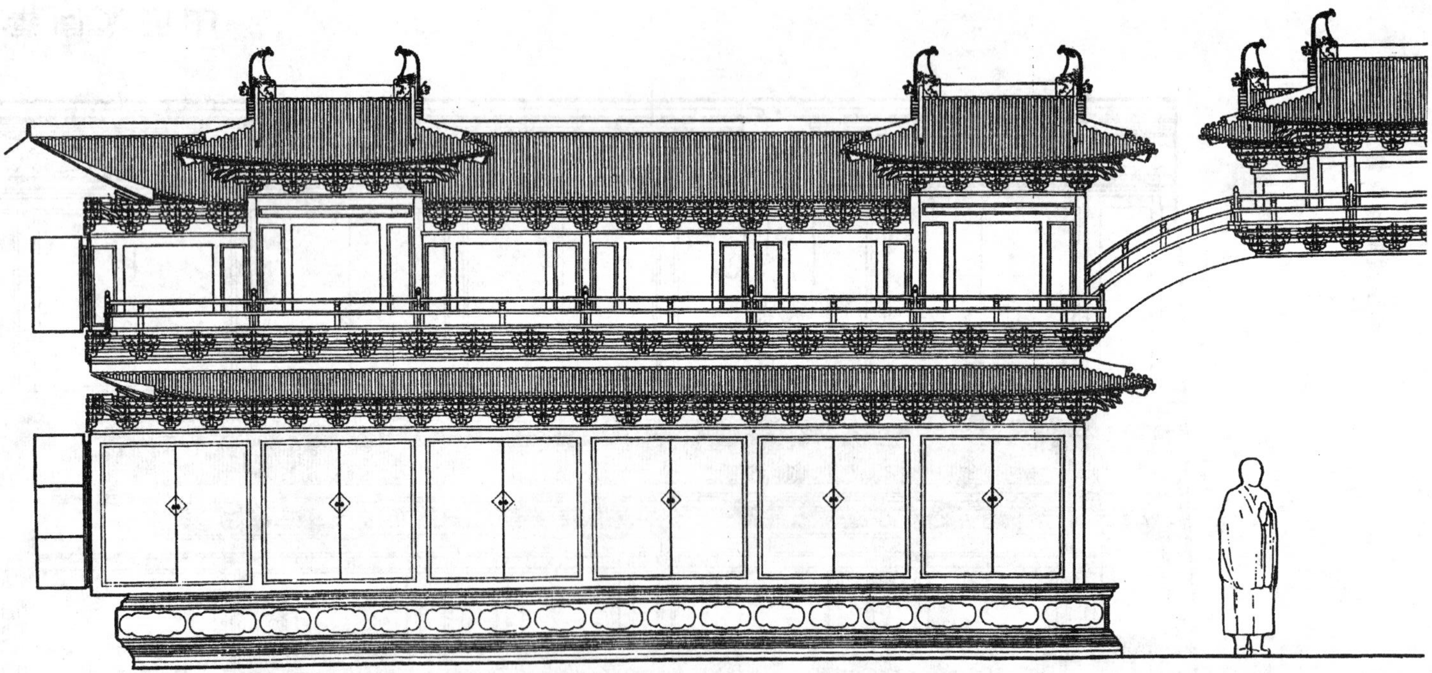

寺薄伽教藏殿壁藏

西立面

圖版捌

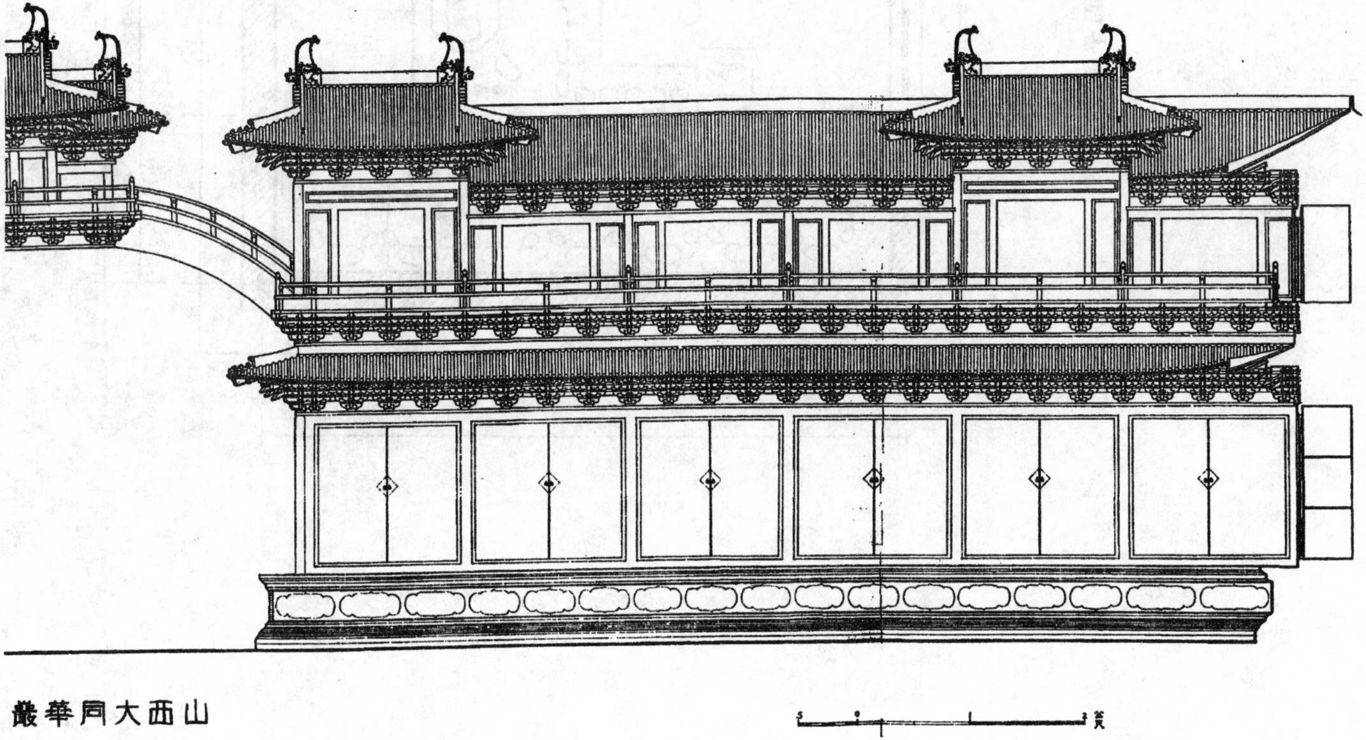

山西大同華嚴

面

34059

圖版玖

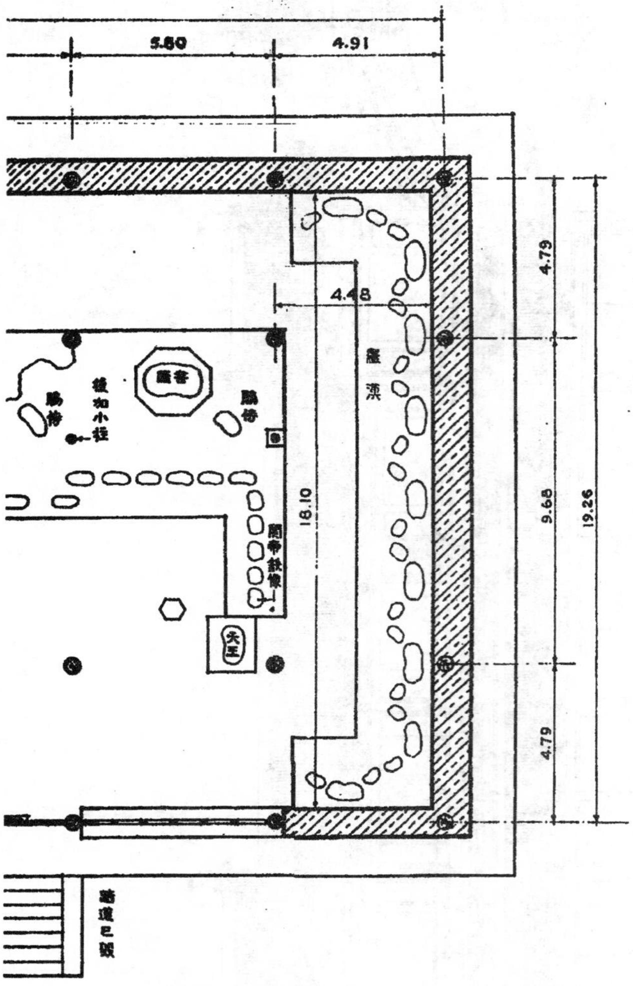

塔基平面

中國營造學社測繪

34060

山西大同下

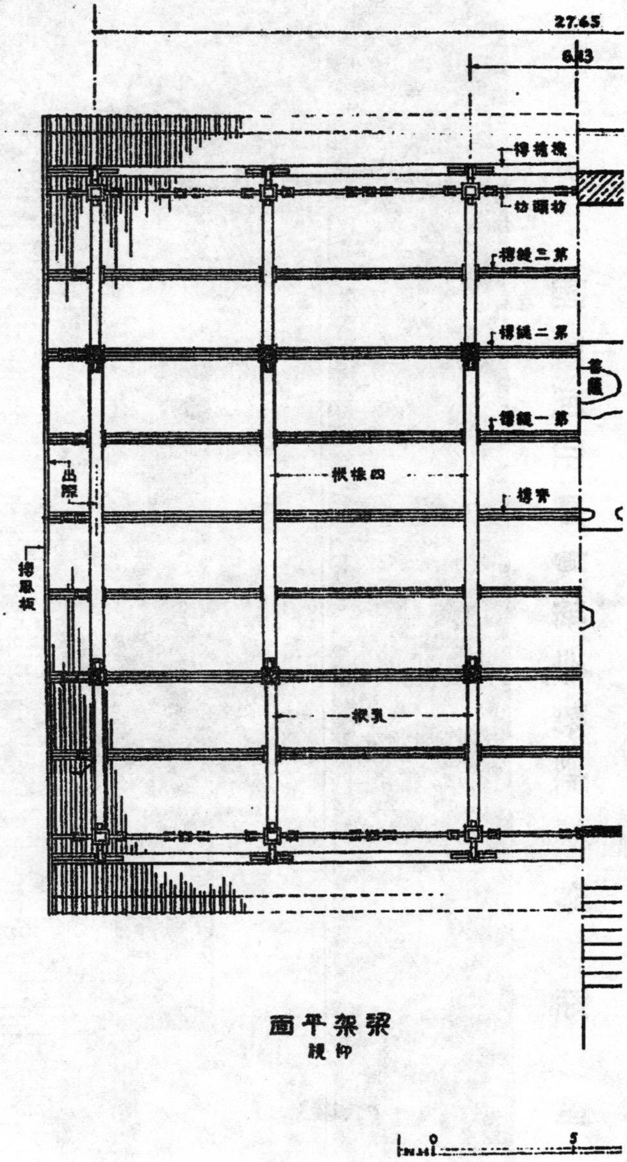

梁架平面
仰視

華嚴寺海會殿

民國廿二三年九四月實測製圖

34061

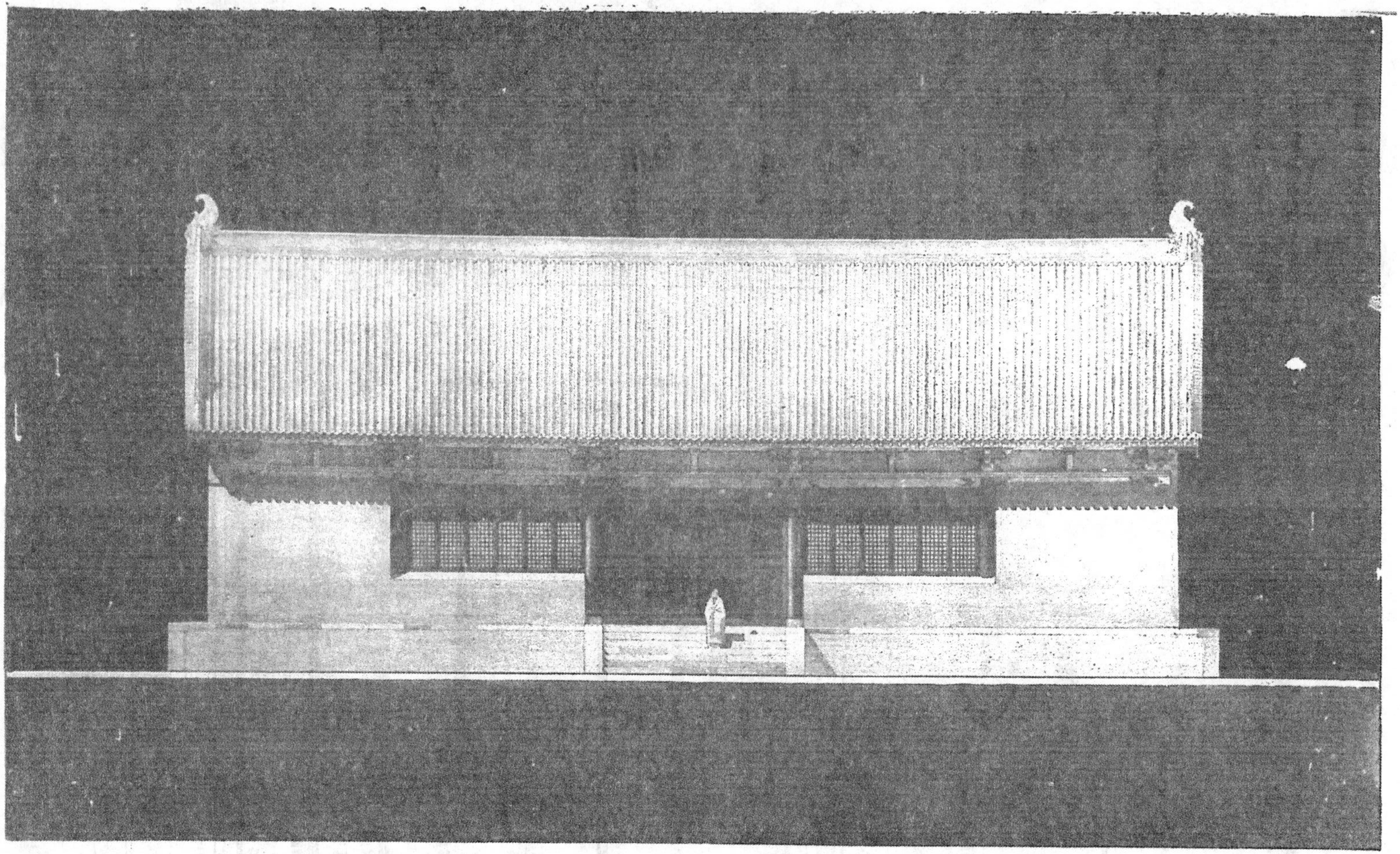

圖版拾　華嚴寺海會殿正面立面圖

34062

山西大同下華嚴寺海會殿

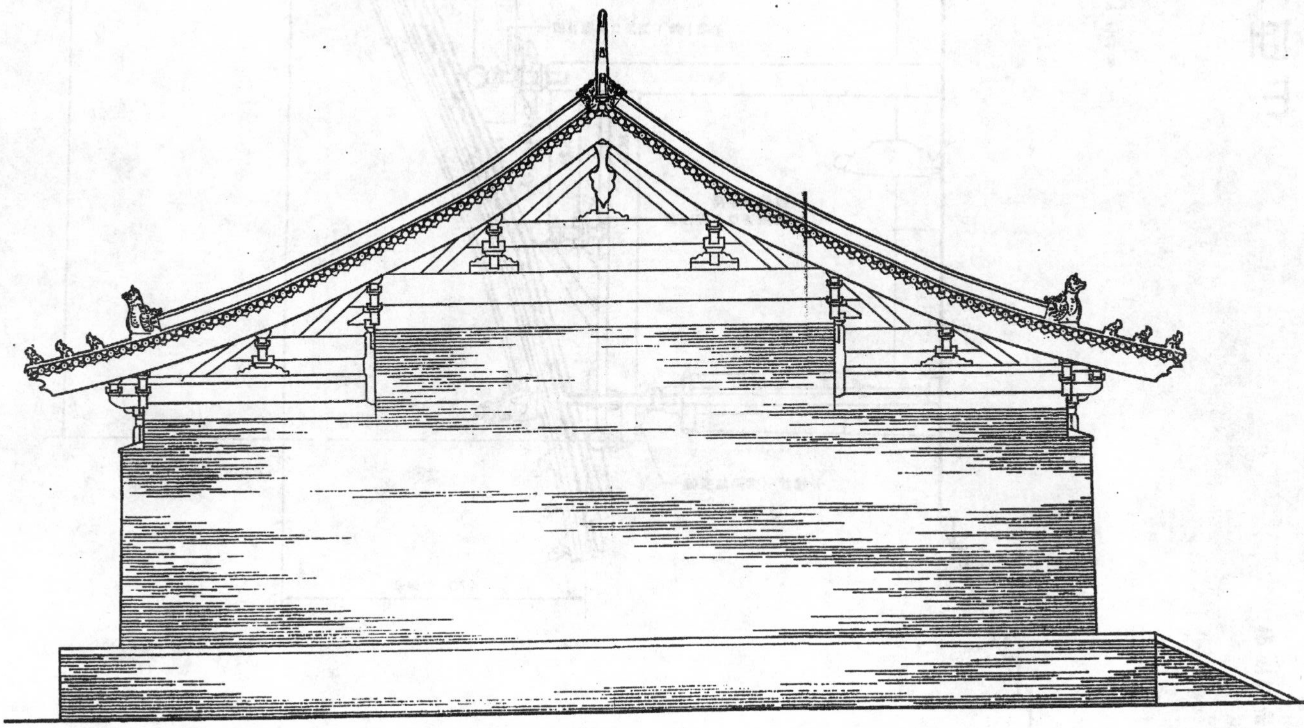

山面立面

公尺 1 0 5 metre

民國廿二年九月實測
民國廿三年五月製圖

中國營造學社測繪

圖版拾貳

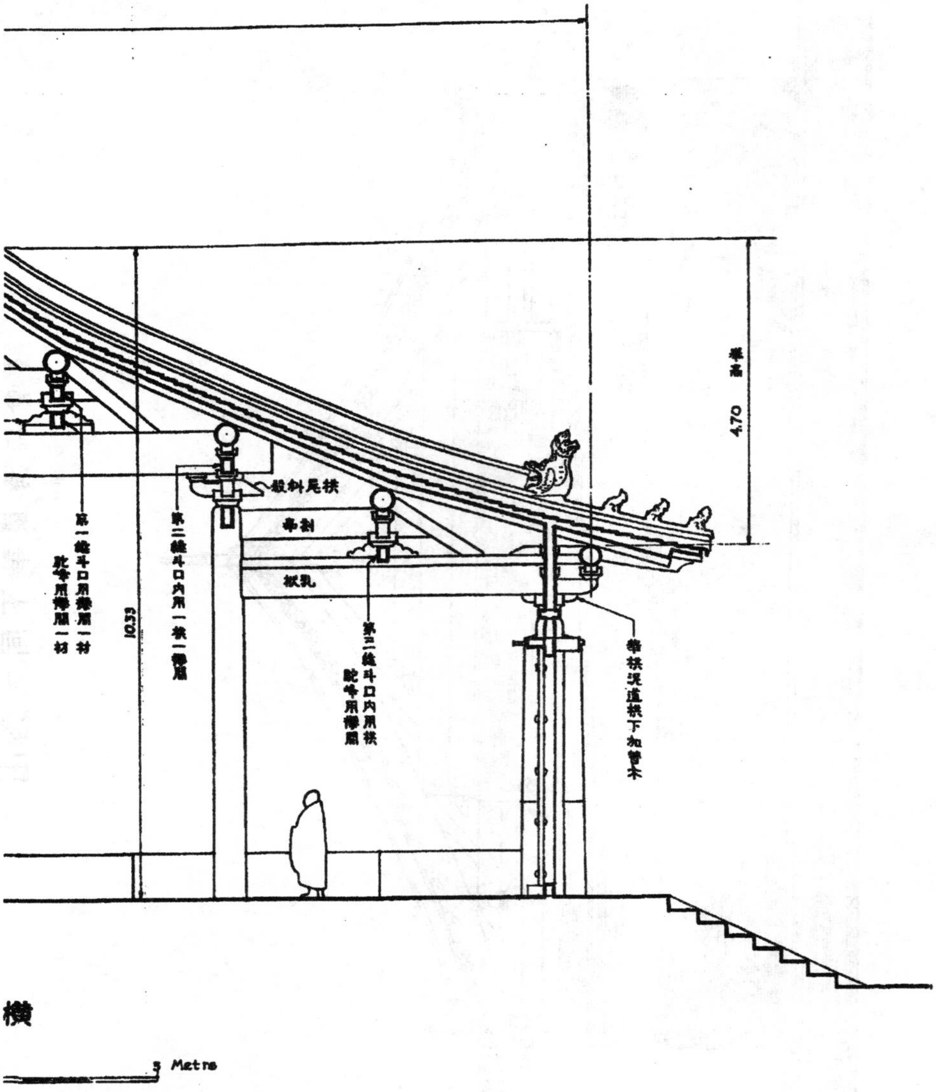

山西大同下

中國營造學社測繪

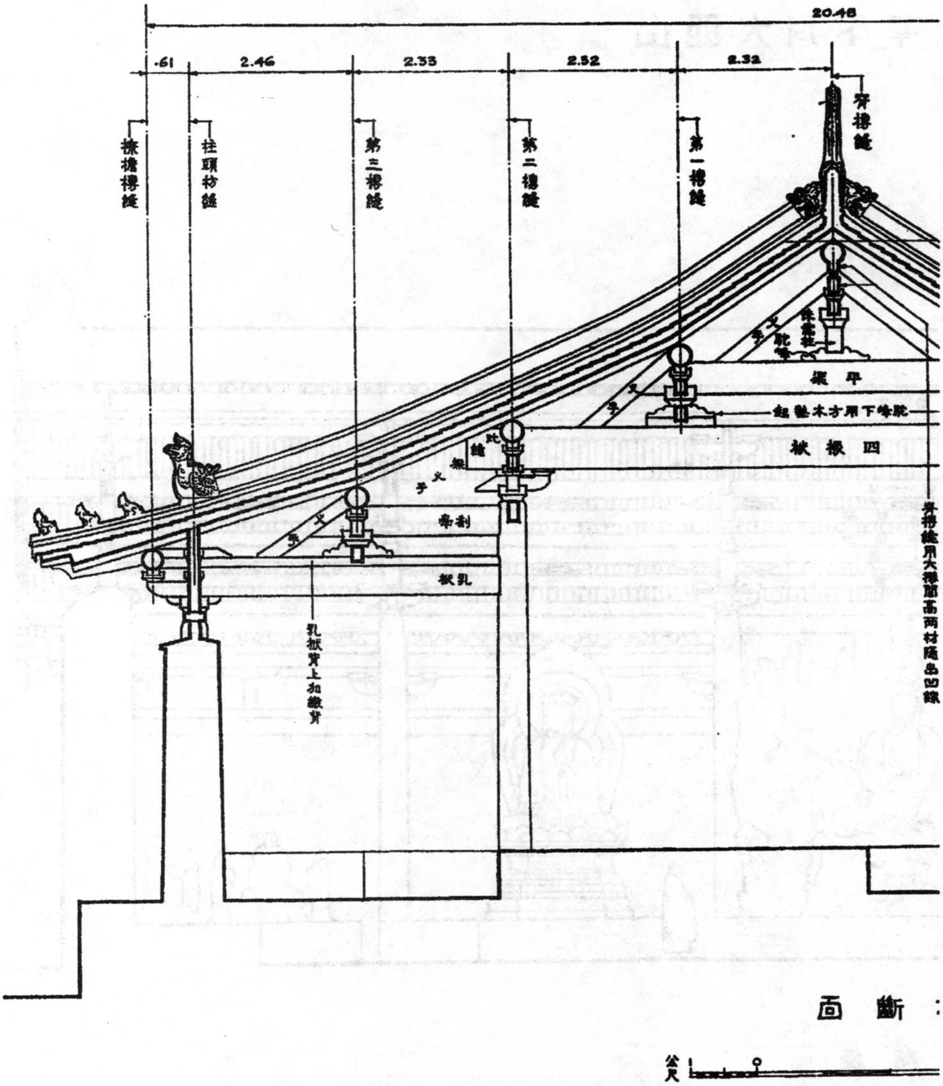

華嚴寺海會殿

民國廿二年九月實測
民國廿三年四月製圖

34065

山西大同下華

圖版拾叁

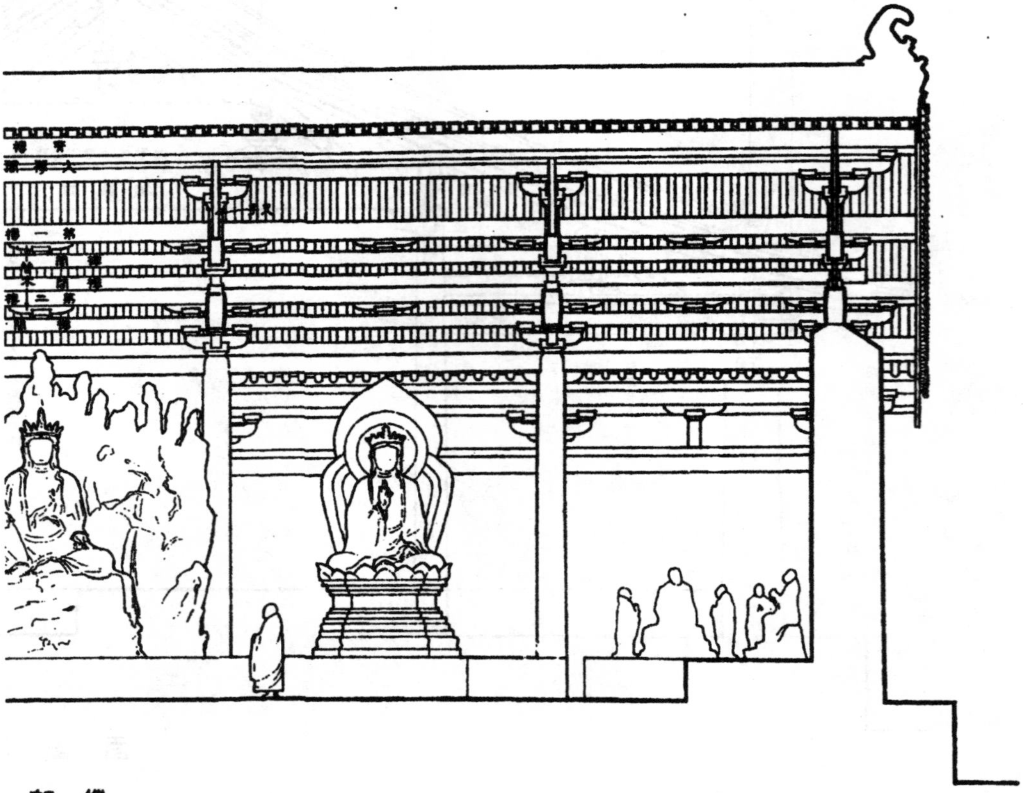

縱斷

5 metre

中國營造學社測繪

嚴寺海會殿

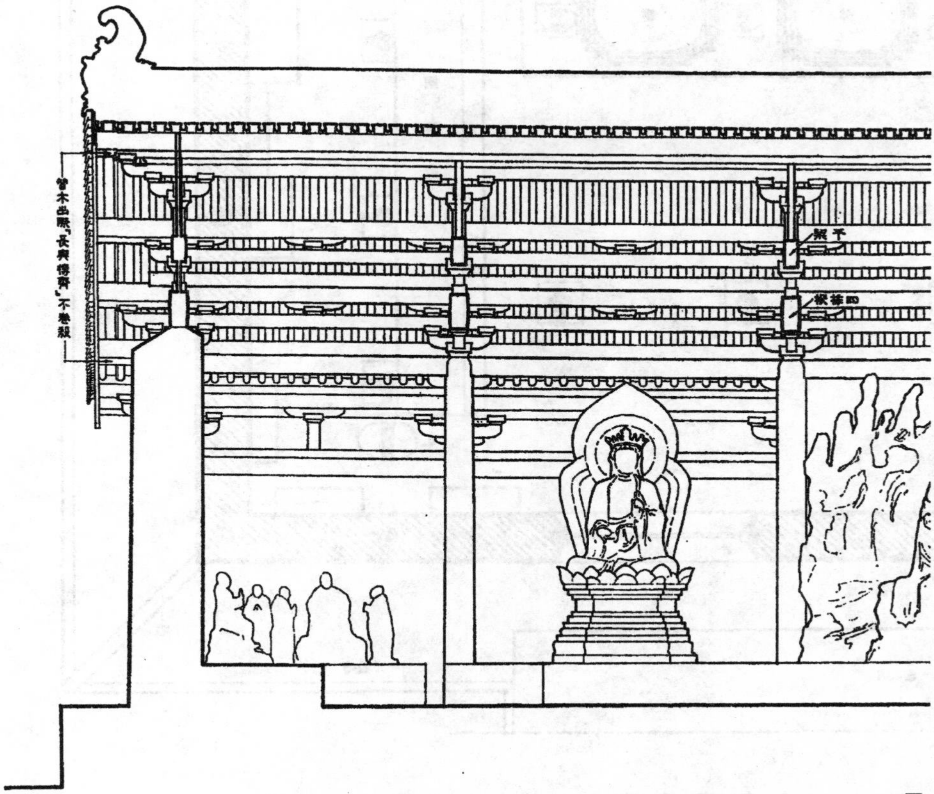

面

公尺 1 . 0

民國廿二年九月實測
民國廿三年四月製圖

34067

圖版拾肆

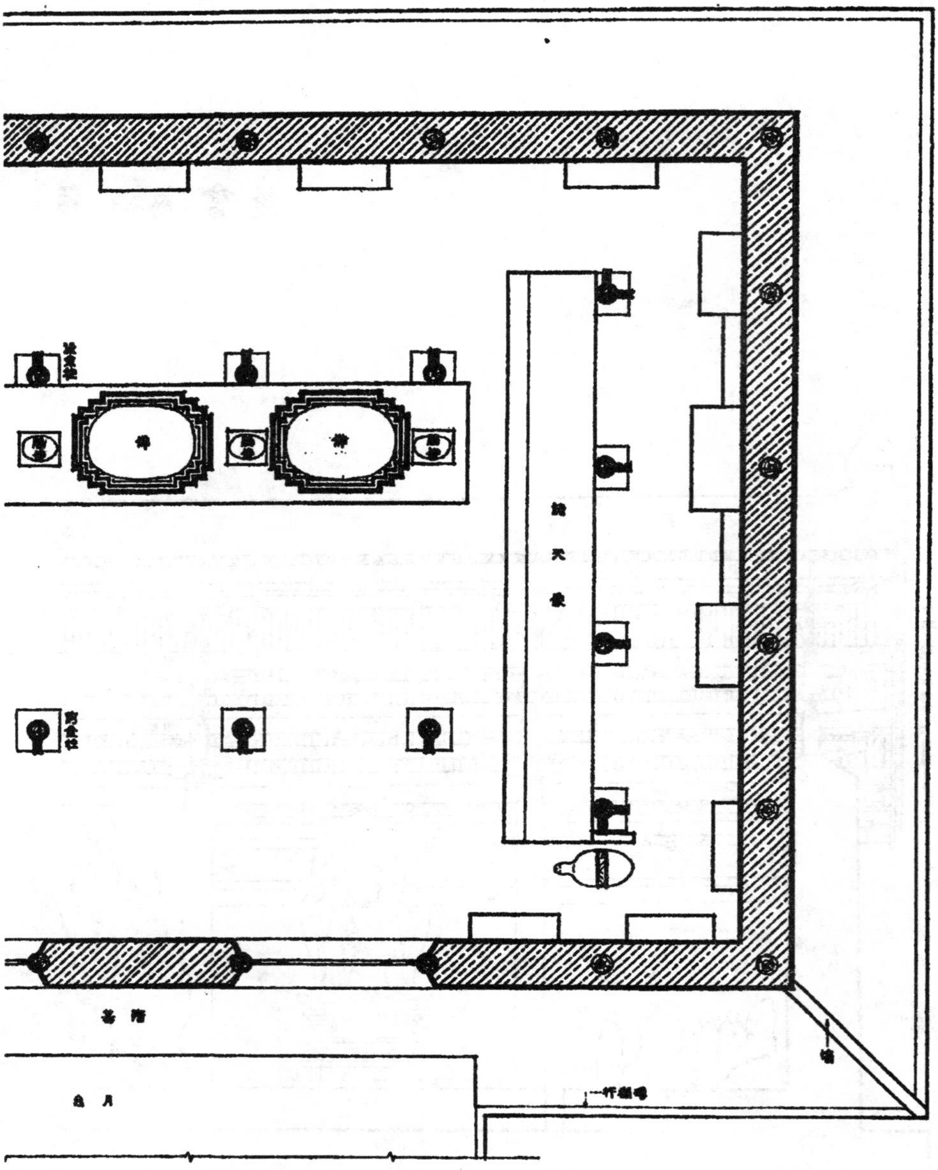

增基平面

山西大同：

中國營造學社測繪

34068

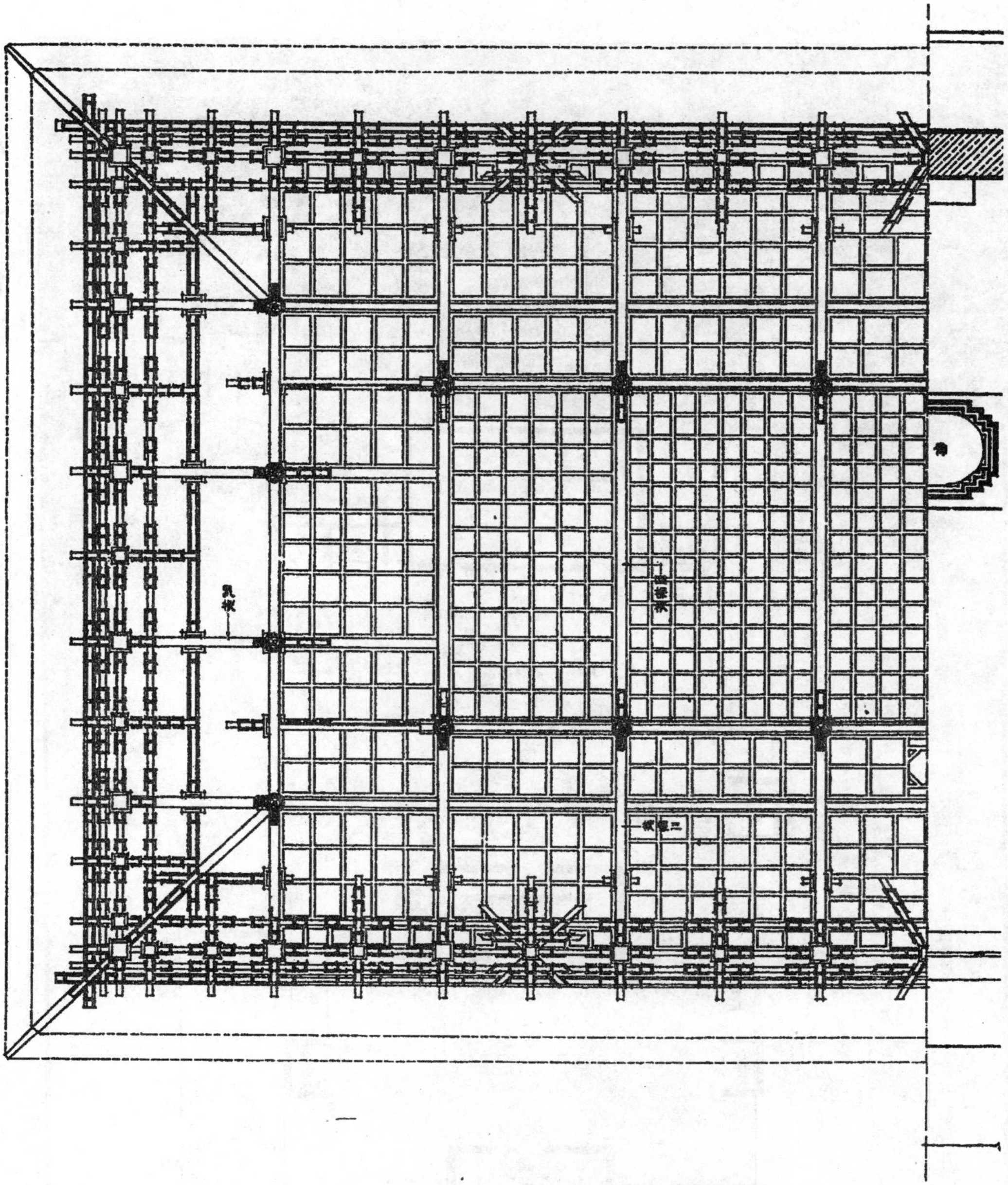

梁架平面
仰視

華嚴寺大雄寶殿

民國廿二年九月實測
民國廿三年四月繪圖

34069

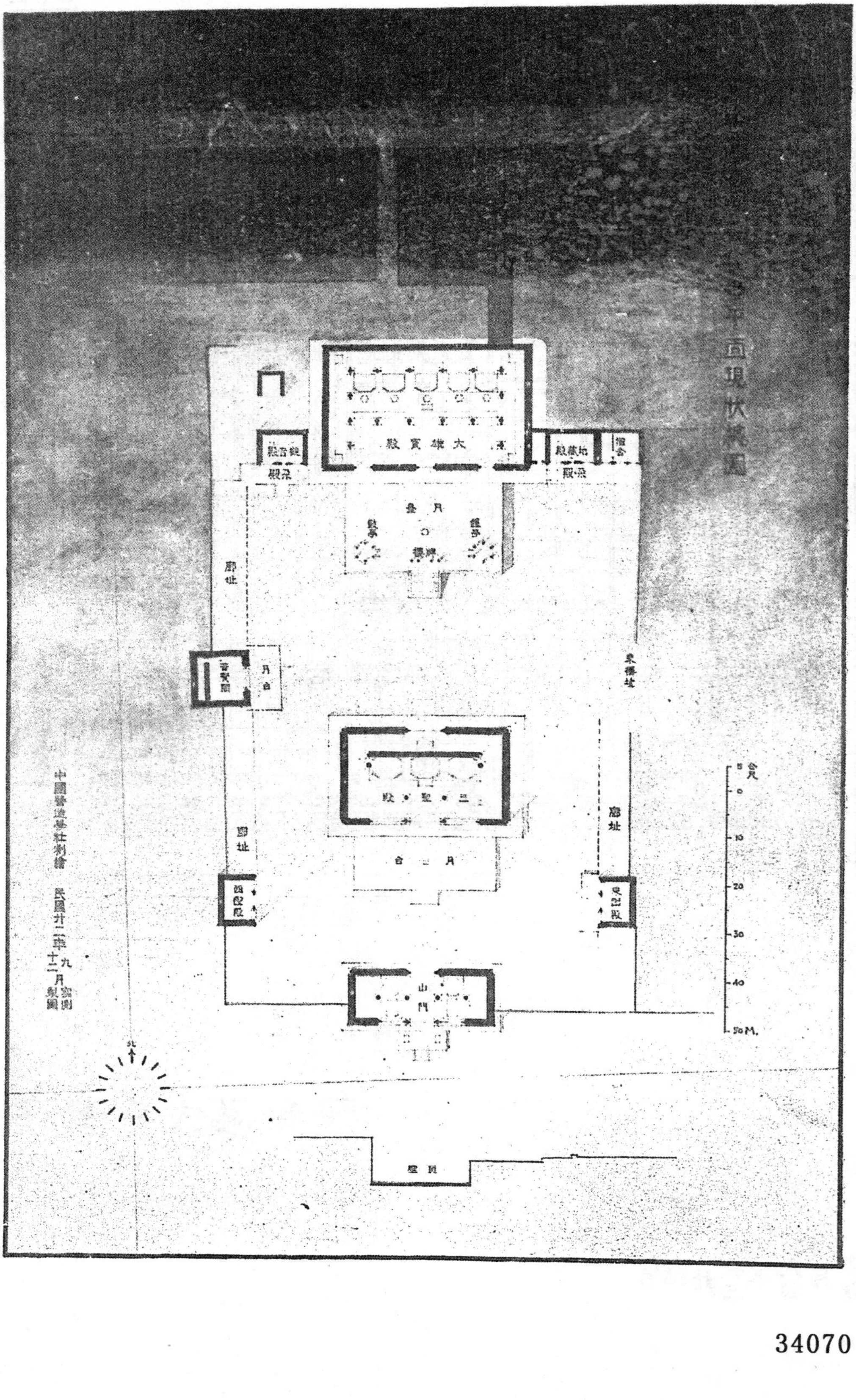
面現狀略圖
大雄寶殿
觀音殿
地藏殿
僧舍
朵殿
朵殿
月臺
鼓亭
鐘亭
廊址
東樓址
月臺
三聖殿
月臺
廊址
廊址
西配殿
東配殿
山門
照壁
北
公尺
5
0
10
20
30
40
50 M.
中國營造學社制繪　民國廿二年九十二月實測製圖

圖版拾陸

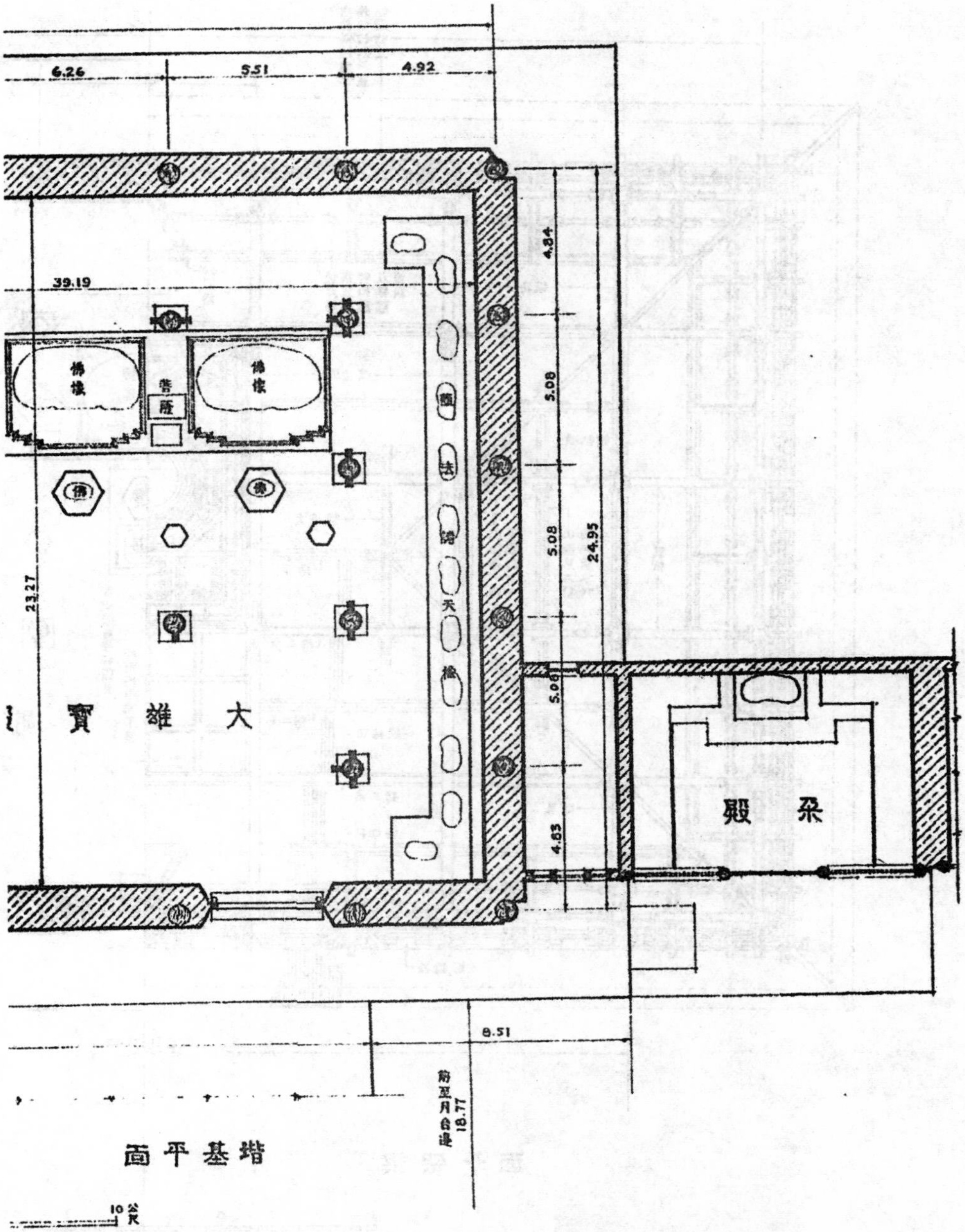

山西大

中國營造學社測繪

34071

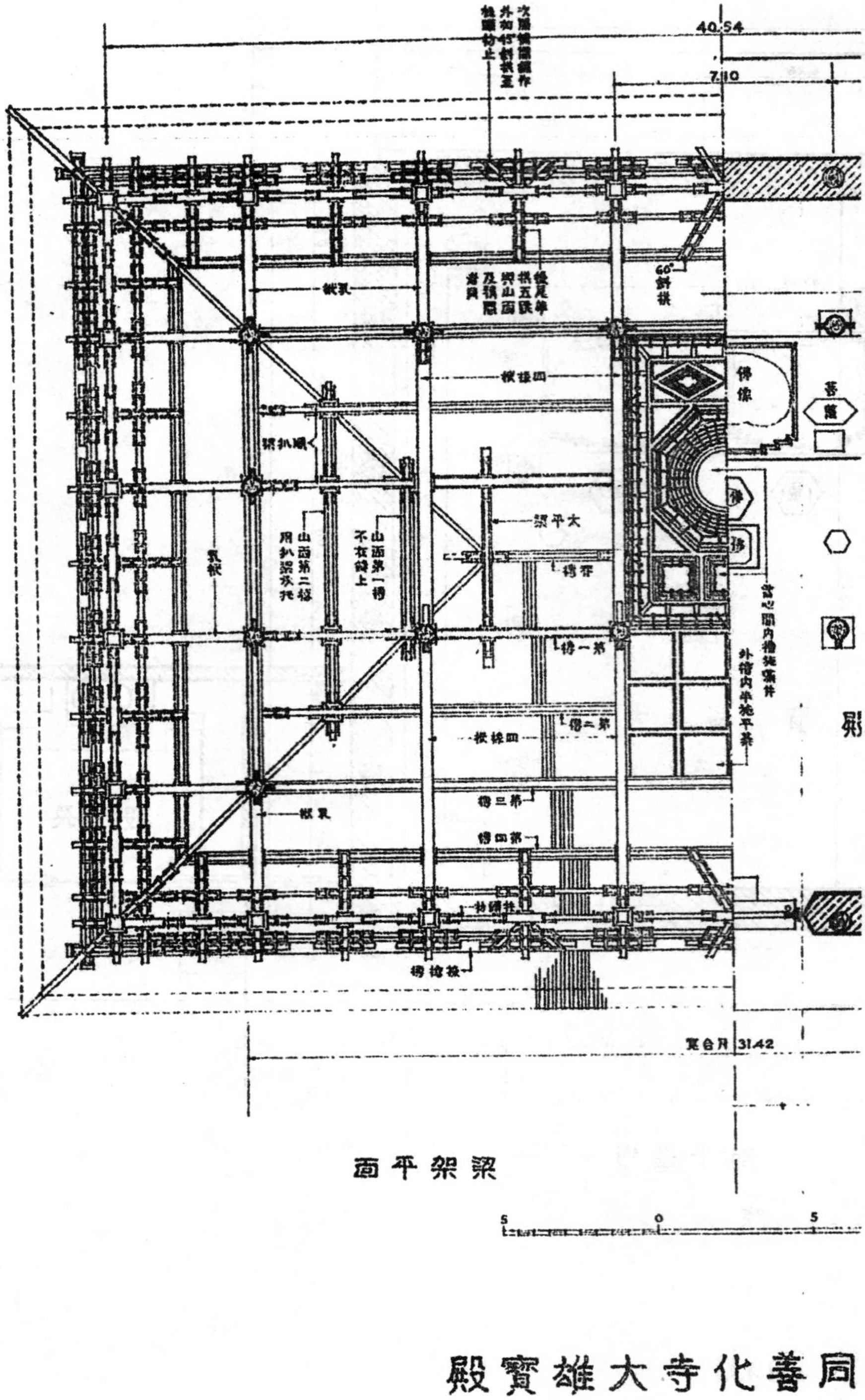

梁架平面

同善化寺大雄寶殿

並朶殿

民國廿二年九月實測
民國廿三年四月繪製

34072

圖版拾柒

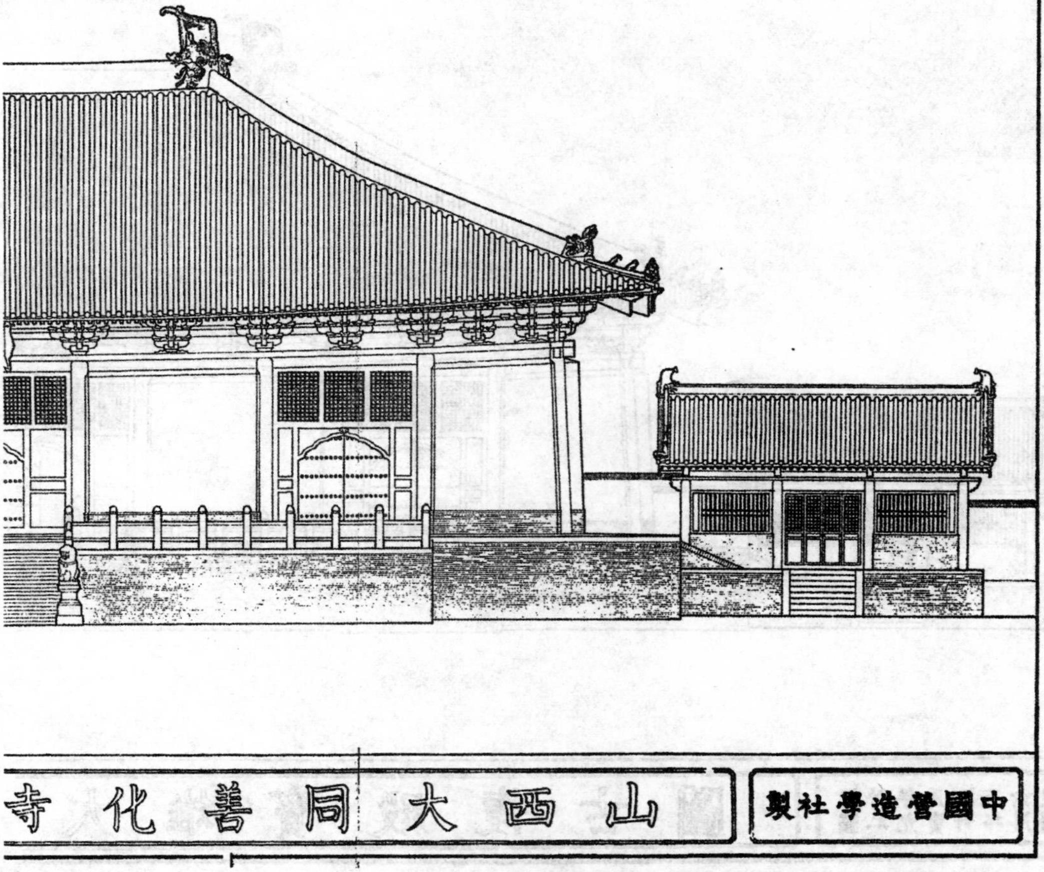

山西大同善化寺

中國營造學社製

34073

大雄寶殿復古圖

民國廿二年九月實測廿三年六月製圖

山西大同善化寺大雄寶殿

山面立面

0 尺

中國營造學社測繪

民國廿二年九月實測
民國廿三年四月製圖

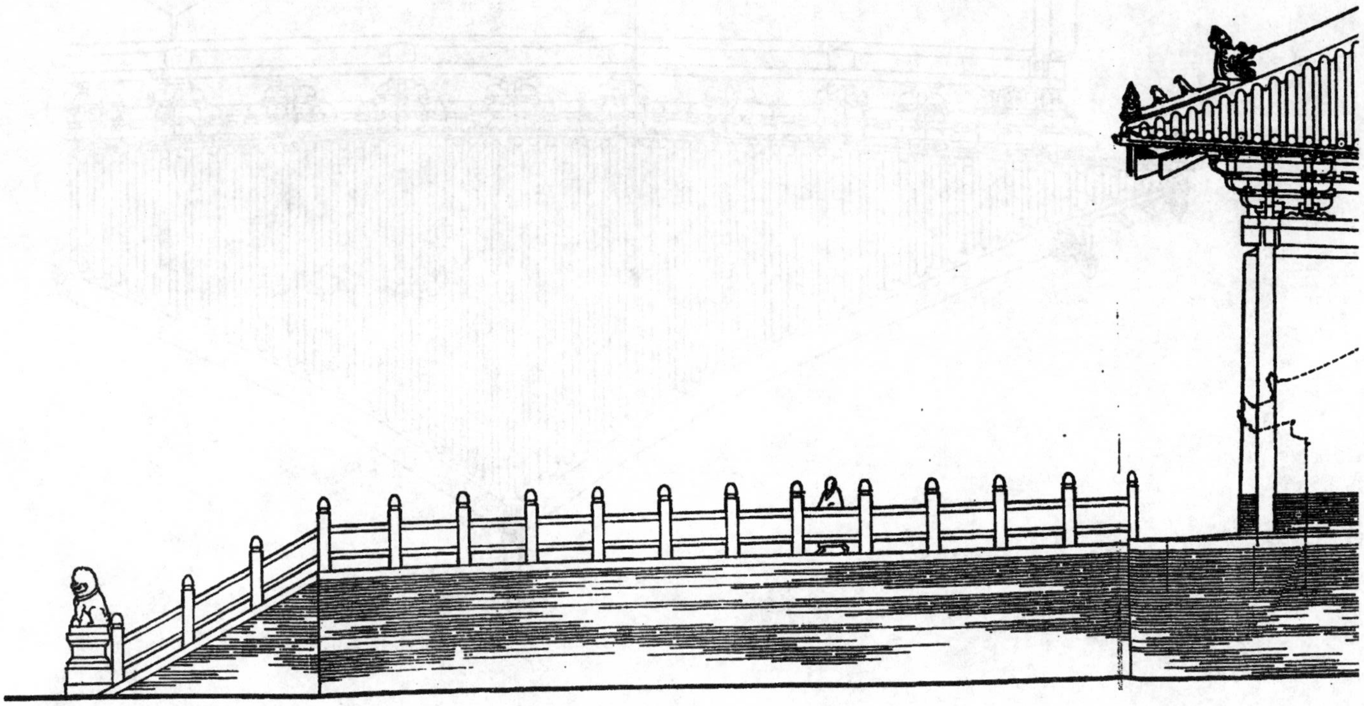

34075

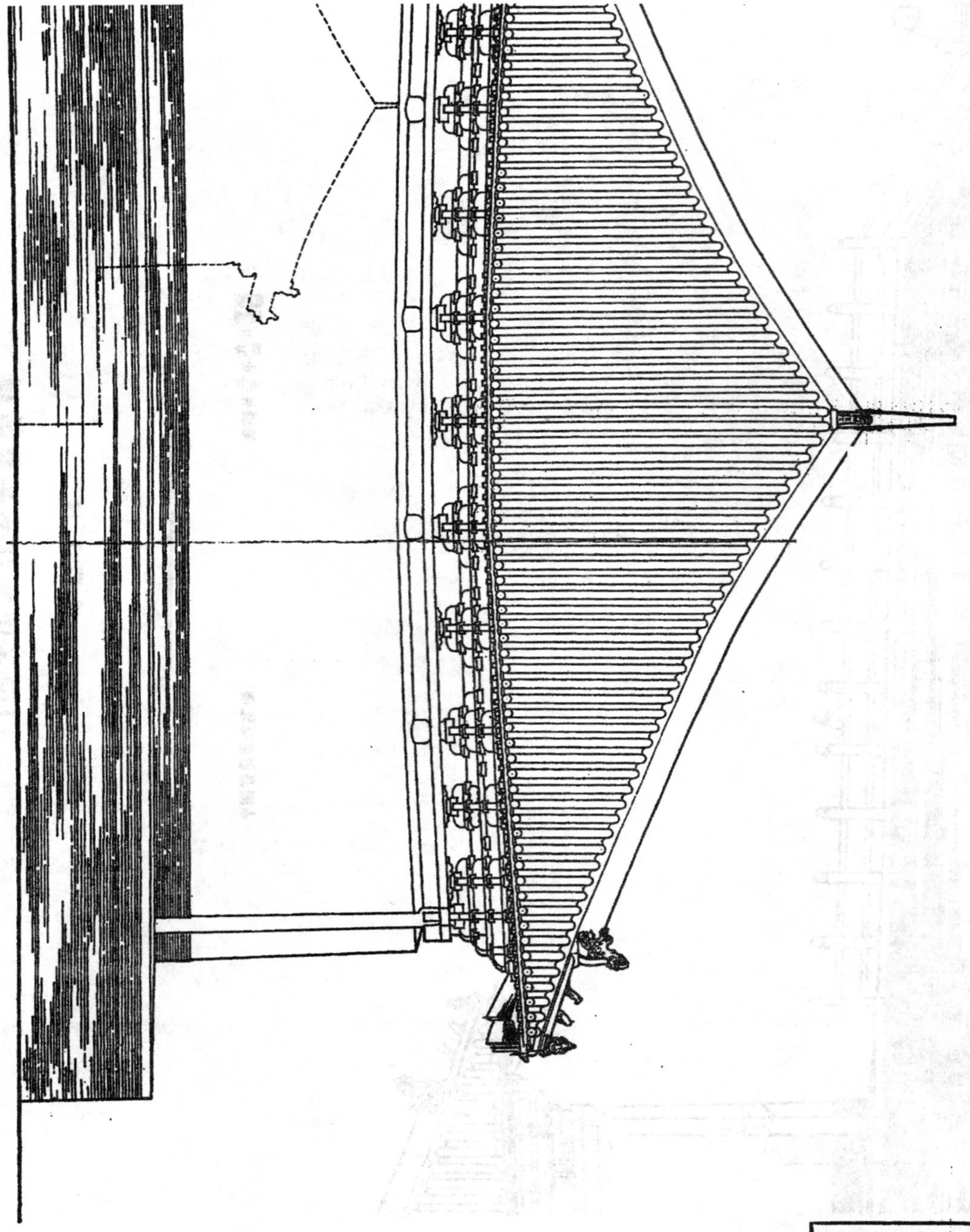

圖版拾捌

山西大同善化寺大雄寶殿

次間橫斷面

中國營造學社測繪

民國廿二年九月實測
民國廿三年四月製圖

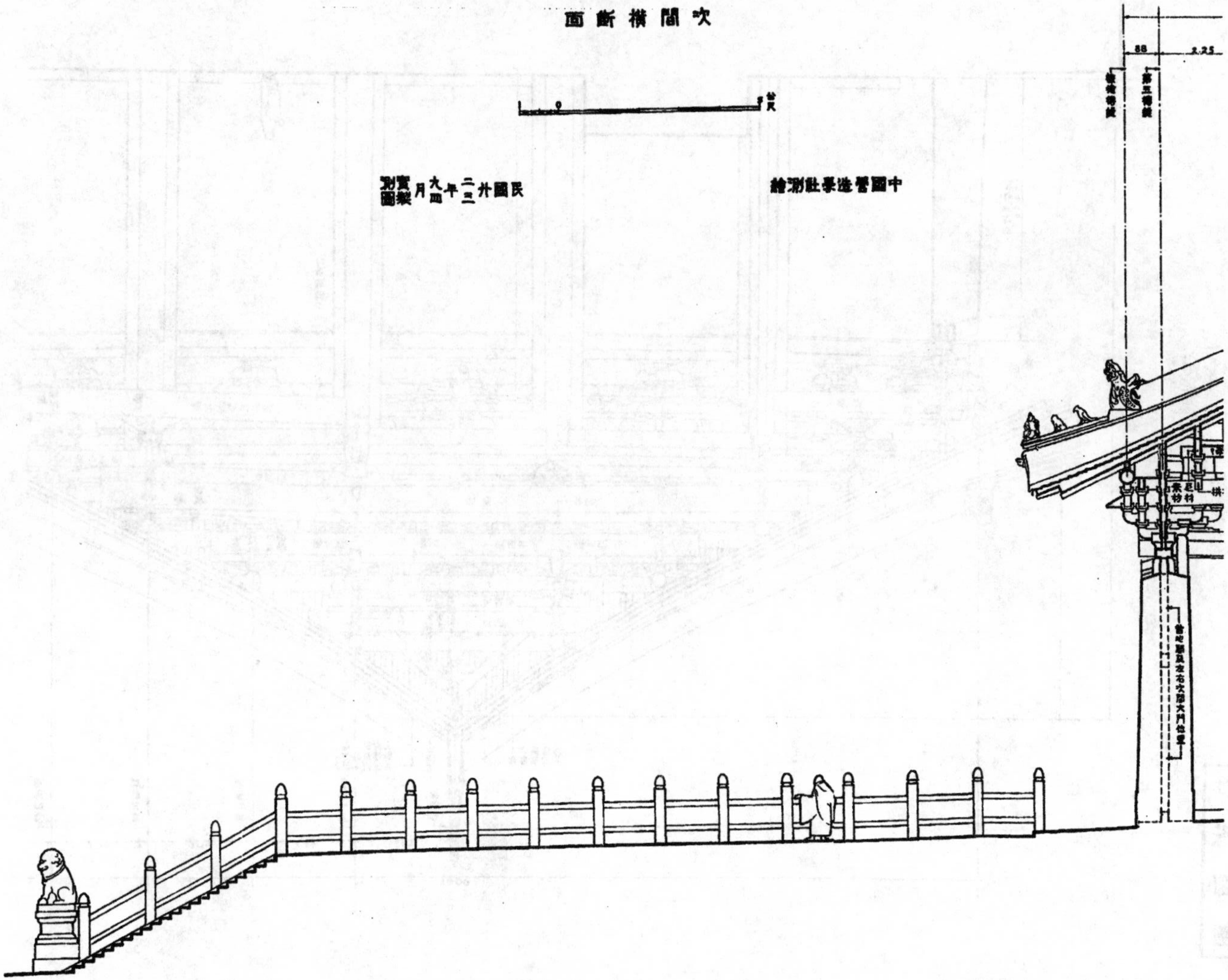

34077

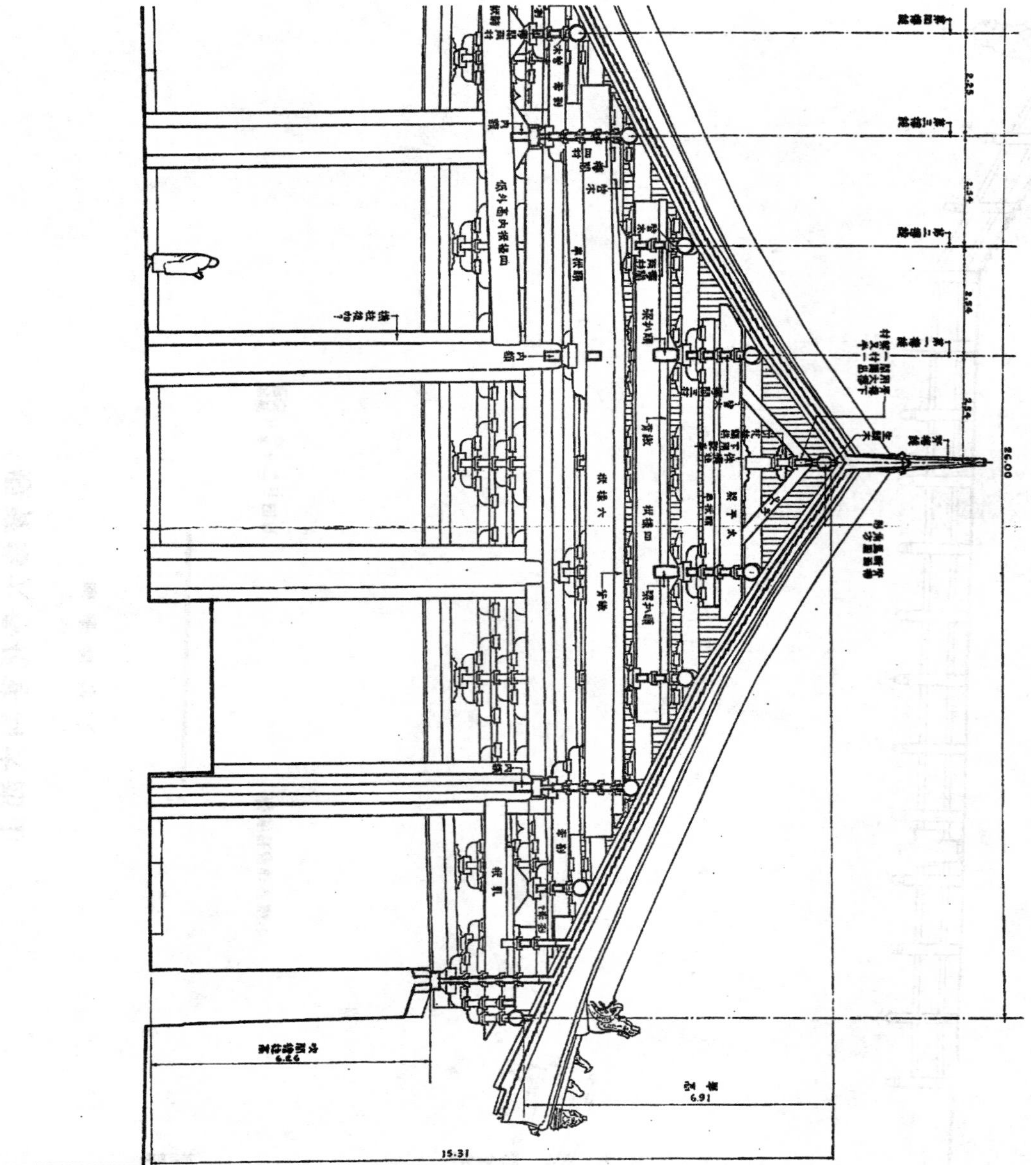

圖版拾玖

化寺大雄寶殿

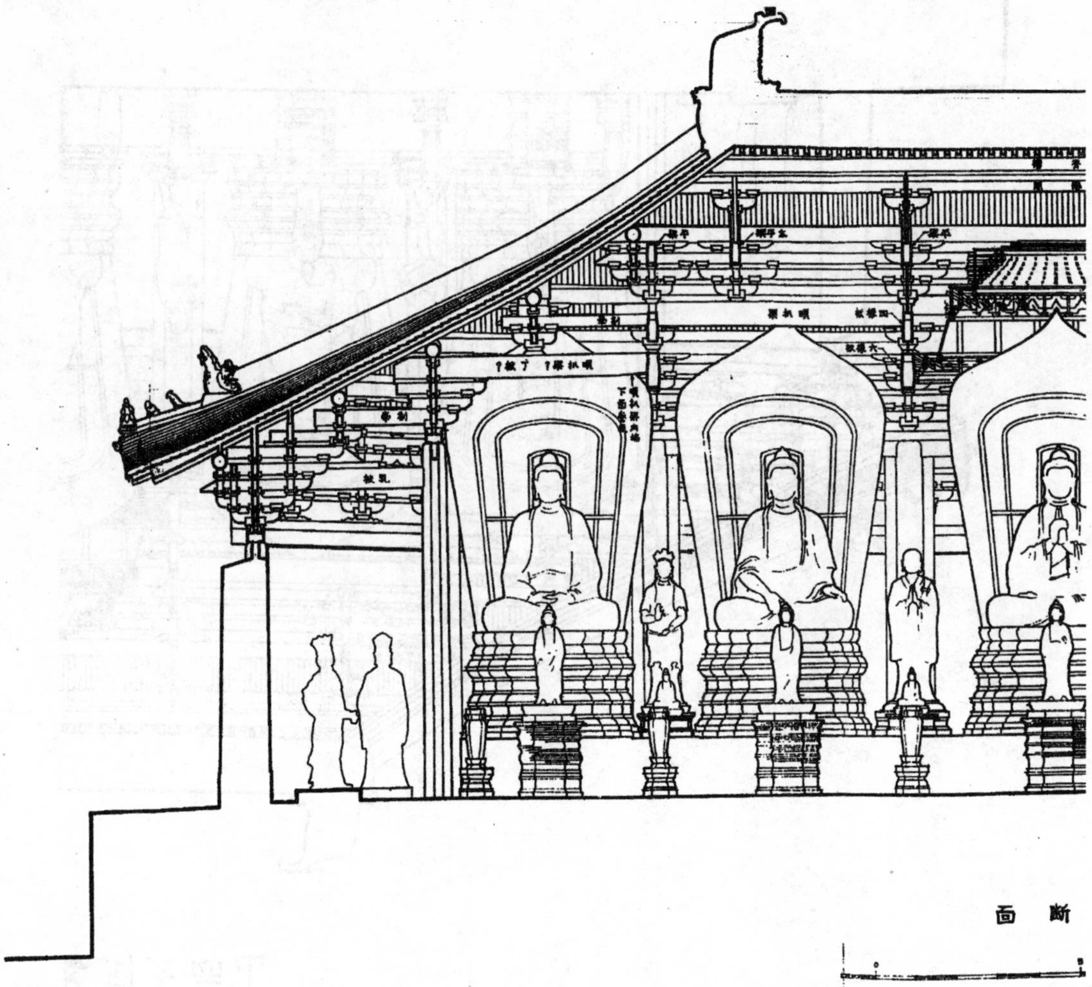

民國廿二年九月實測
民國廿三年六月製圖

斷面

34079

善同大西山

圖版貳拾

中國營造學社測繪

圖版貳拾壹

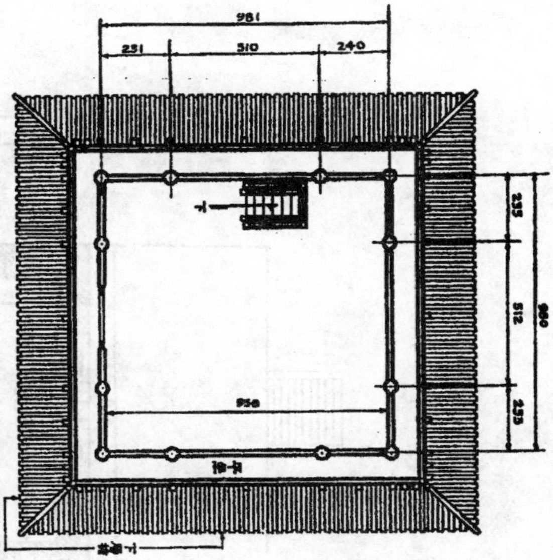

上層樓板平面

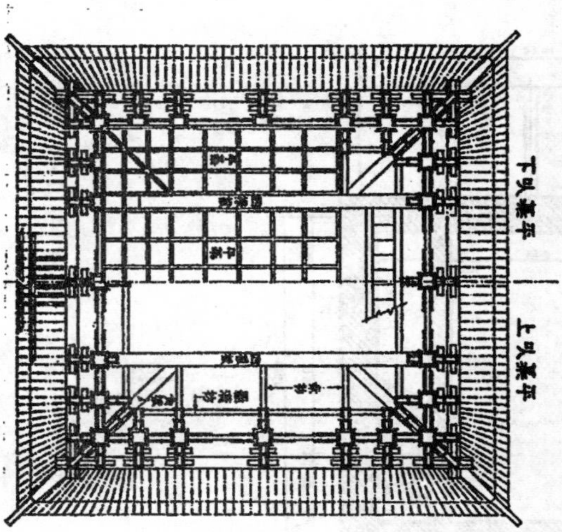

下層梁架平面仰視

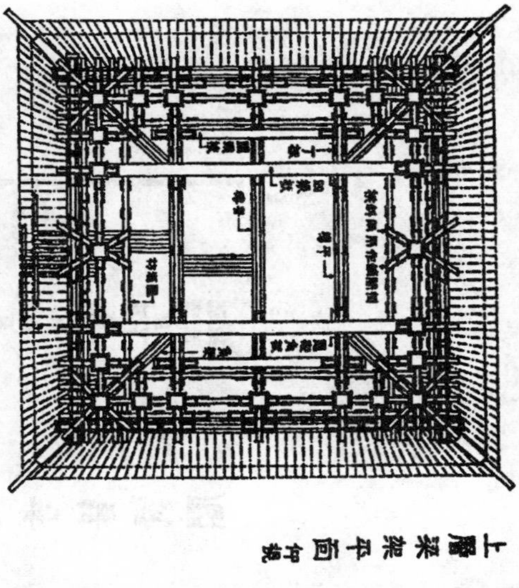

上層梁架平面仰視

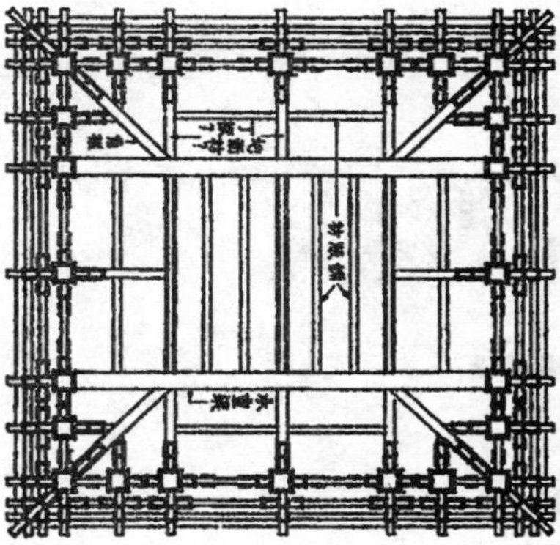

平坐梁架平面仰視

山西大同善化寺普賢閣

各層平面

中國營造學社測繪

民國廿二年九月實測
三年五月製圖

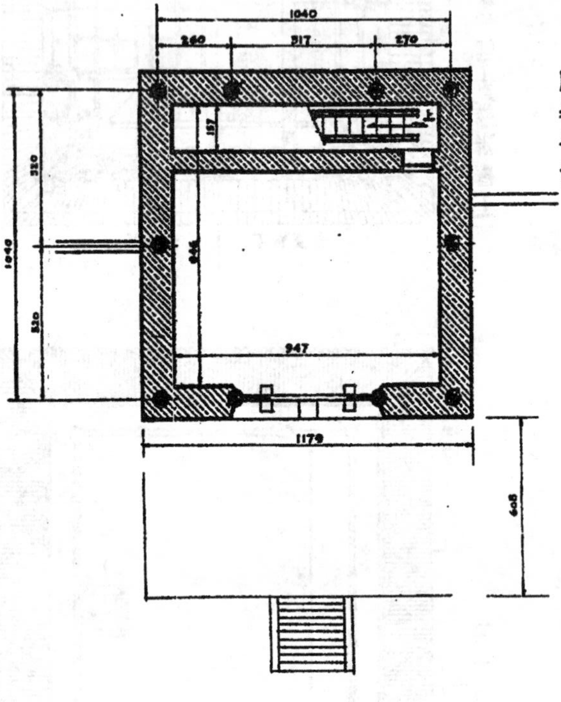

階基平面

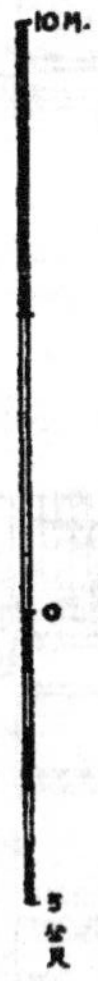

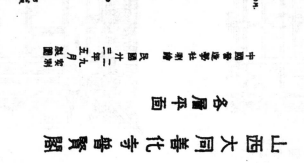

圖版貳拾貳

圖版貳拾叄

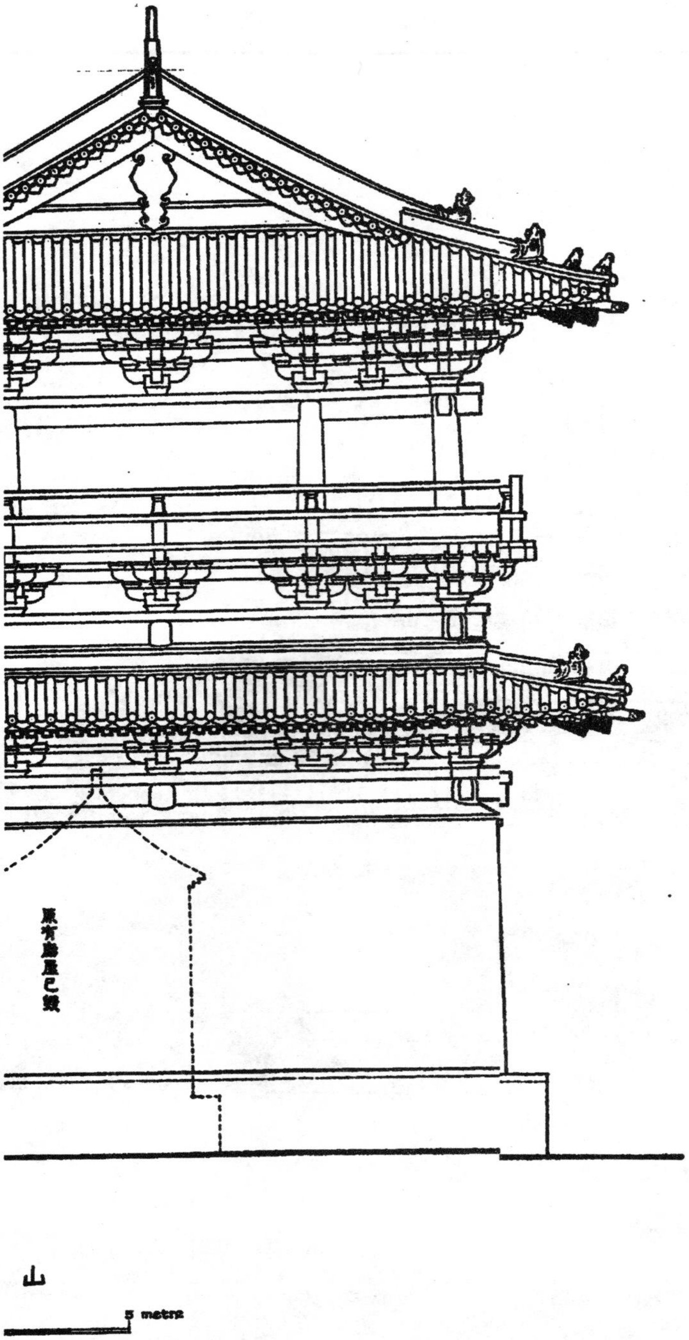

山西大同

中國營造[illegible]社測繪

34084

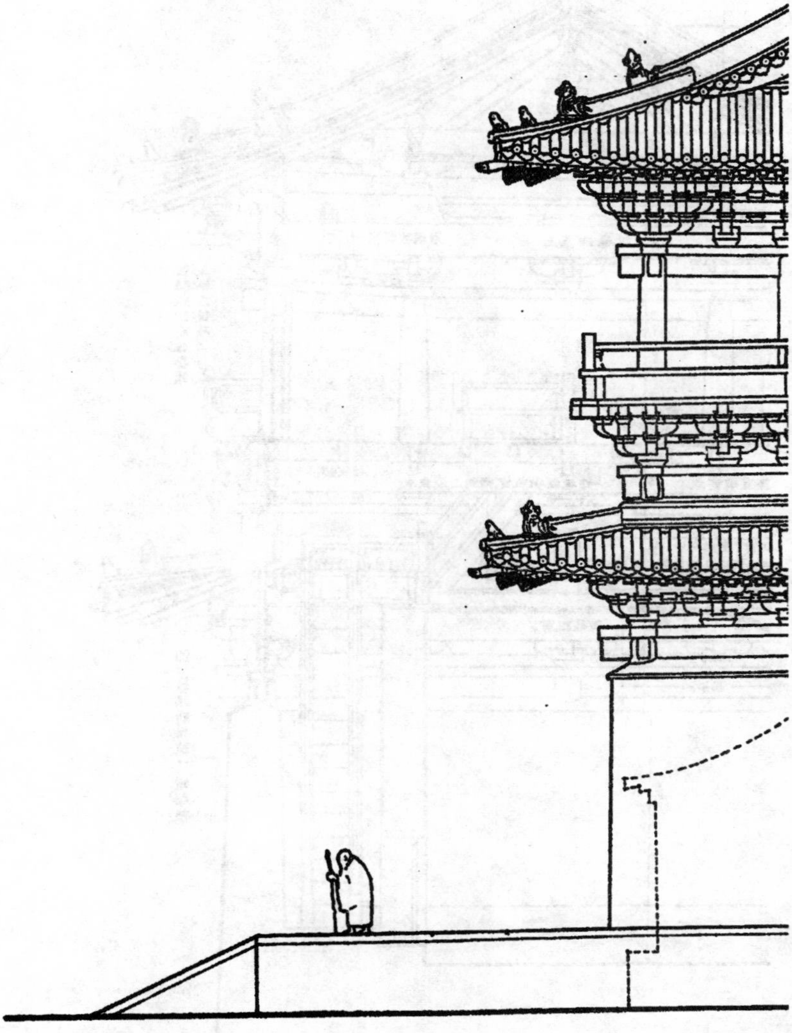

南立面

公尺

善化寺普賢閣

民國廿二年九月實測
廿三年五月製圖

34085

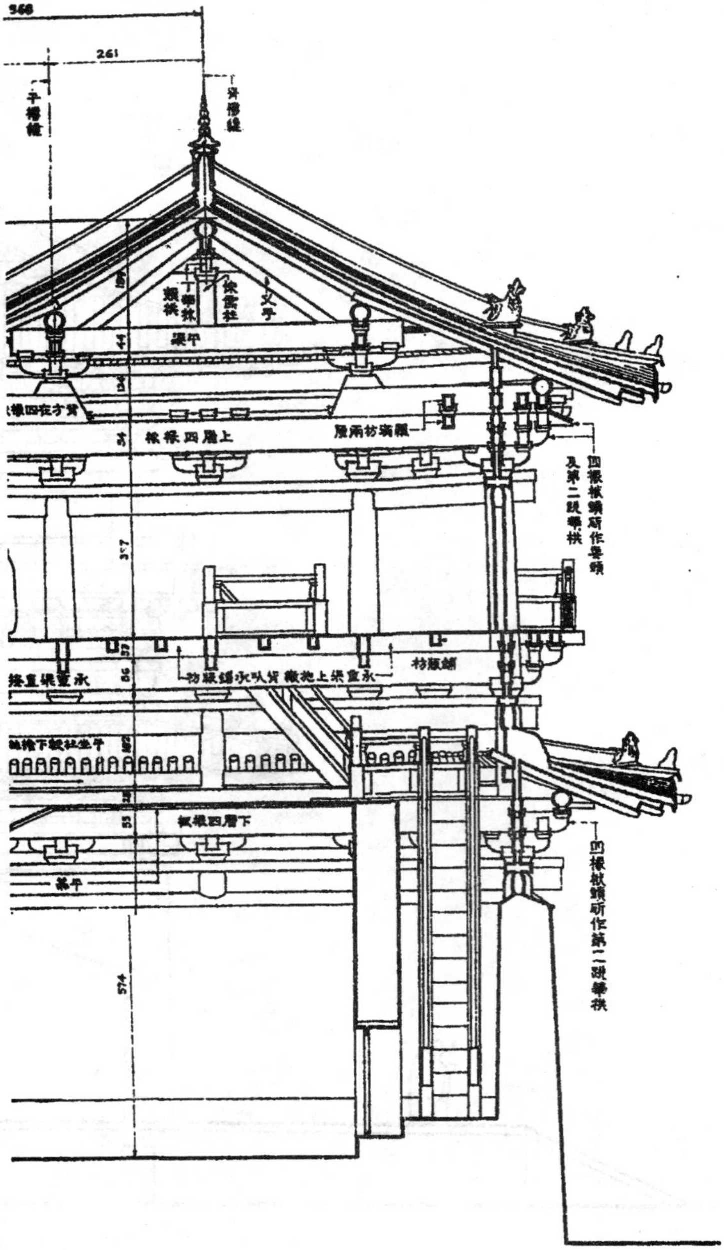

橫

5 metre

山西大同

中國營造學社測繪

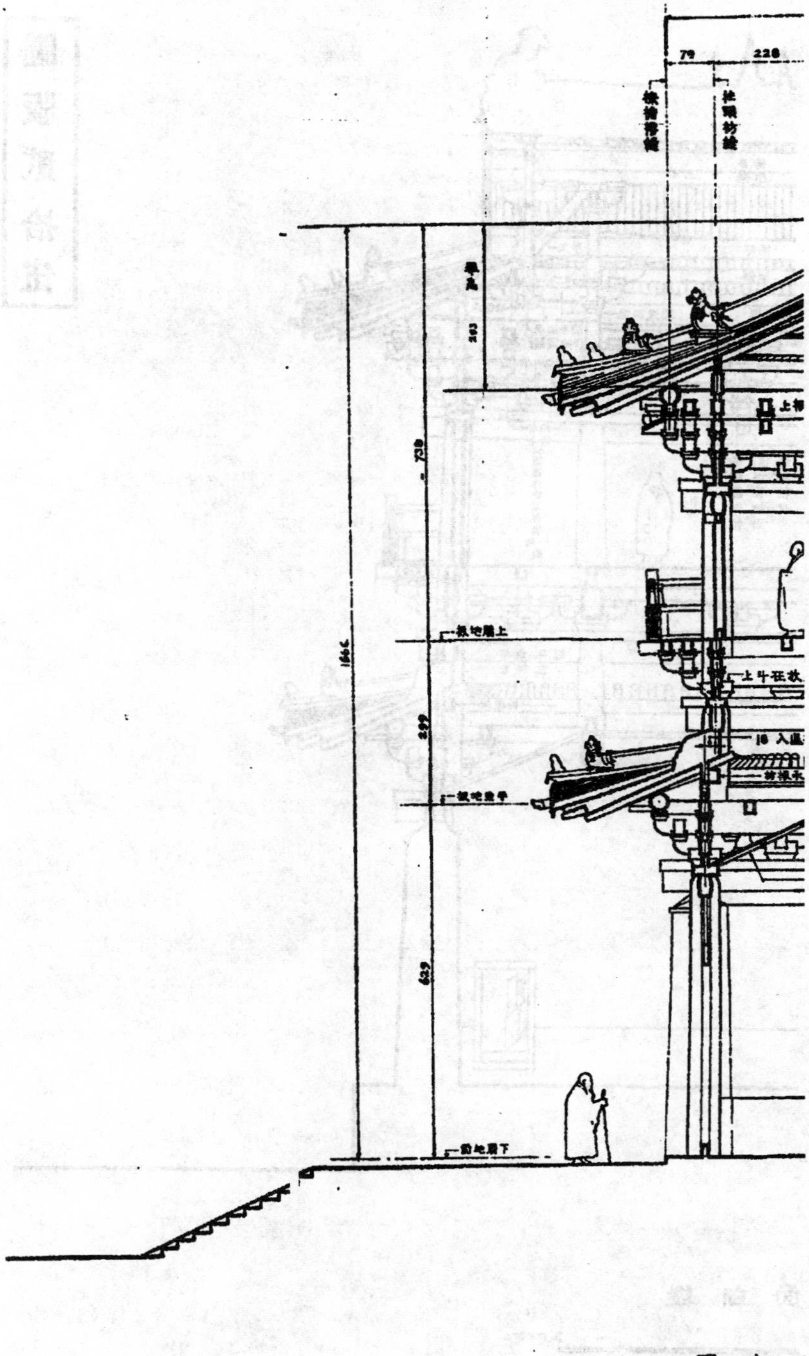

善化寺普賢閣

民國廿二年九月實測
廿三年五月製圖

34087

圖版貳拾伍

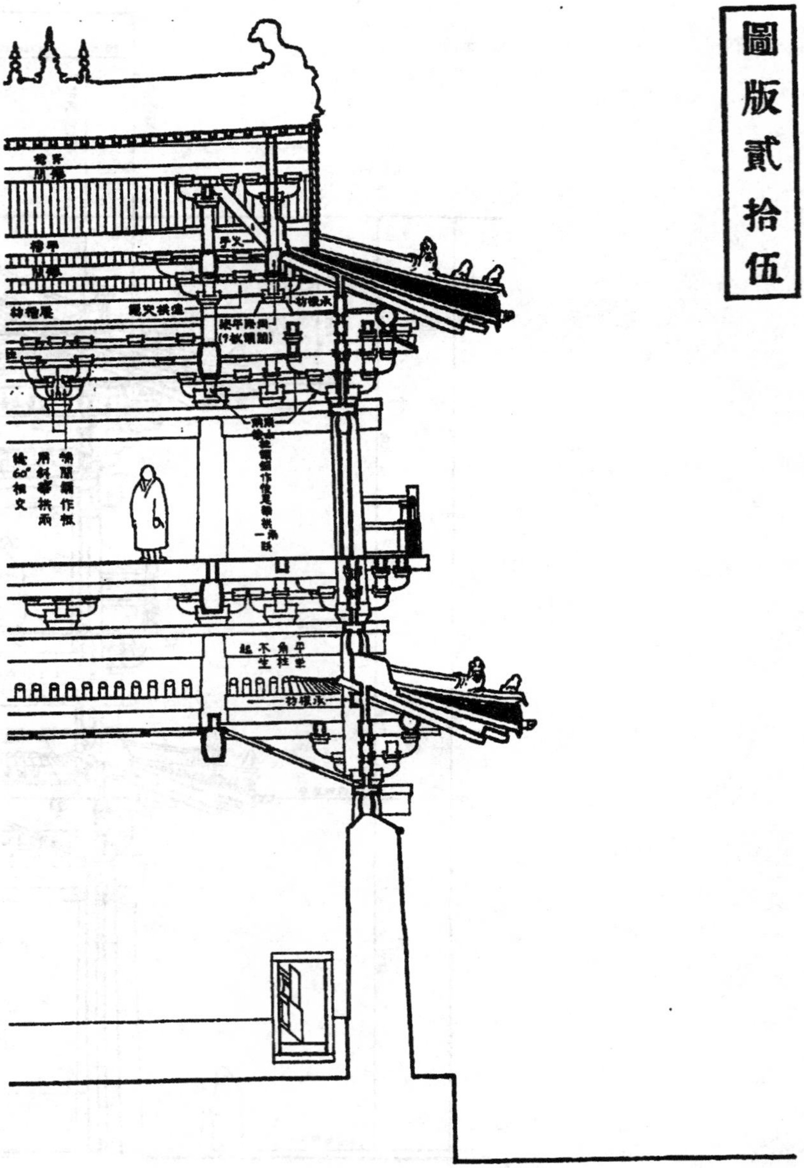

縱斷面

5 metre

山西大同善化寺

中國營造學社測繪

34088

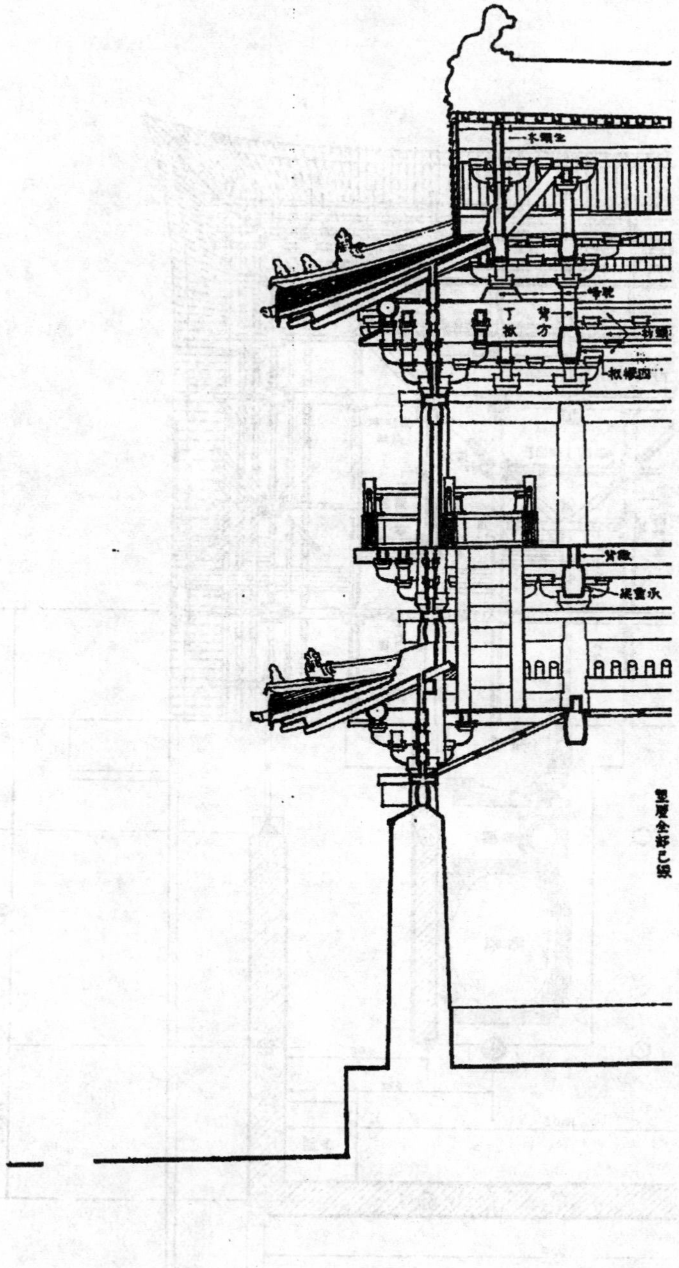

寺普賢閣

民國廿三年

圖版貳拾陸

山西大同善化寺三聖殿

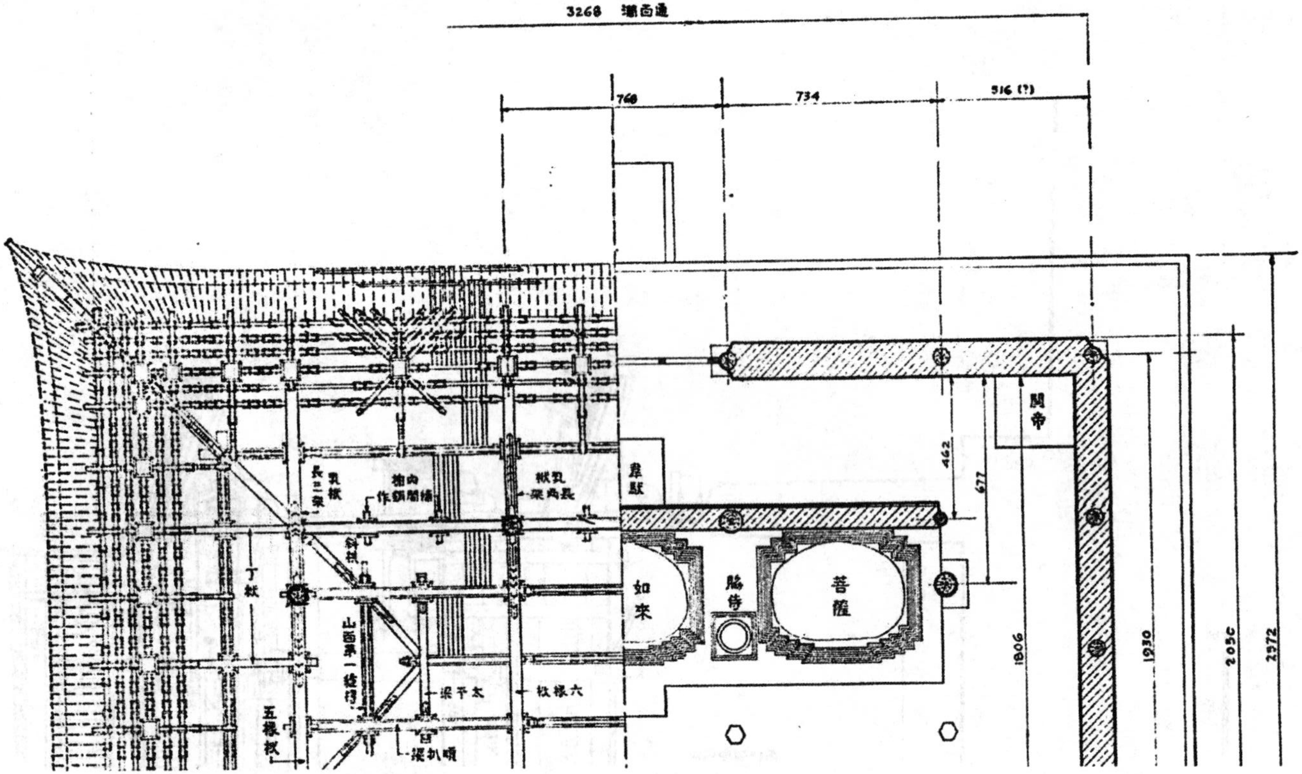

34090

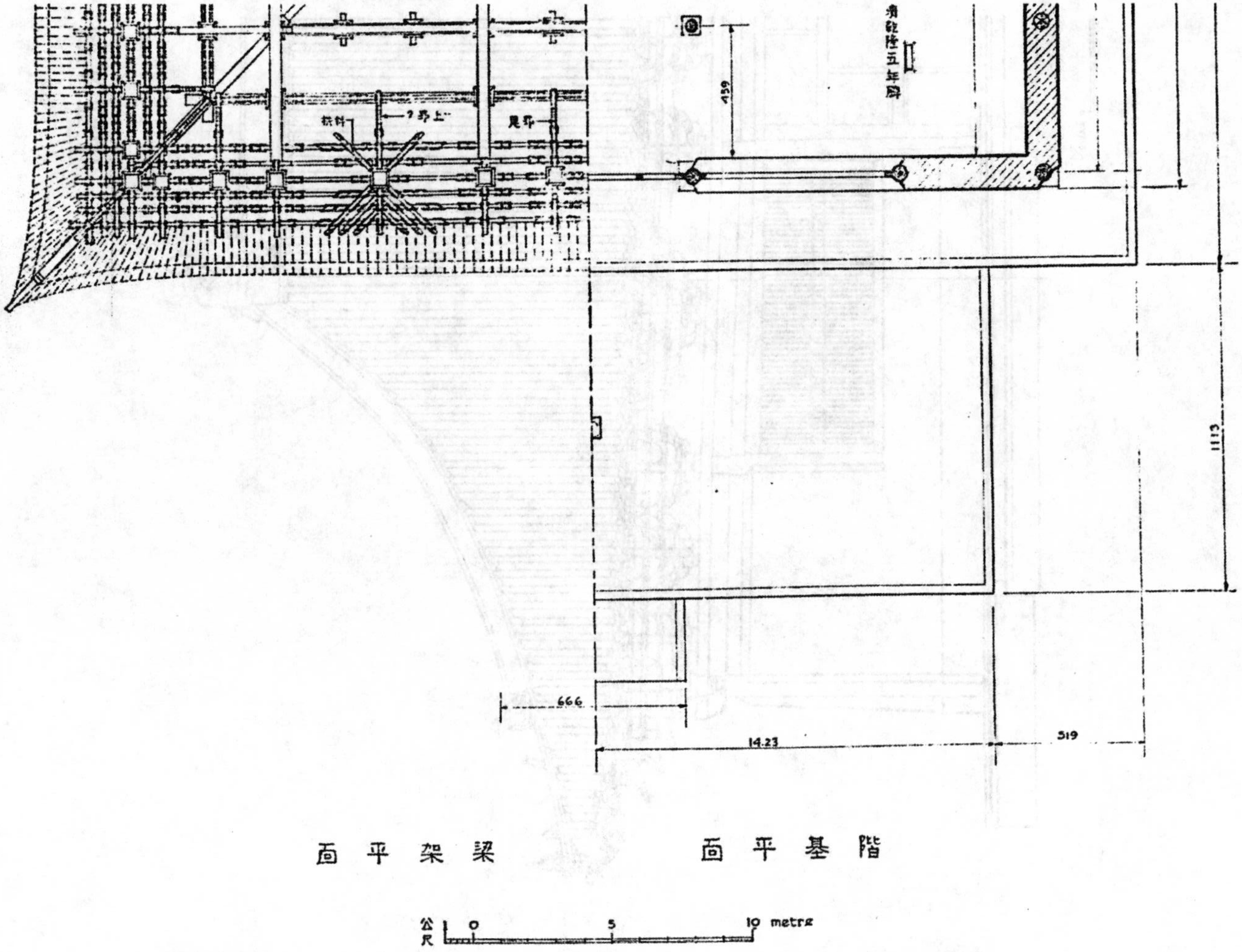

梁架平面　　階基平面

民國廿二年九月實測
廿三年五月製圖

中國營造學社測繪

34091

圖版貳拾柒

山西大同

正

中國營造學社測繪

34092

善化寺三聖殿

西立面

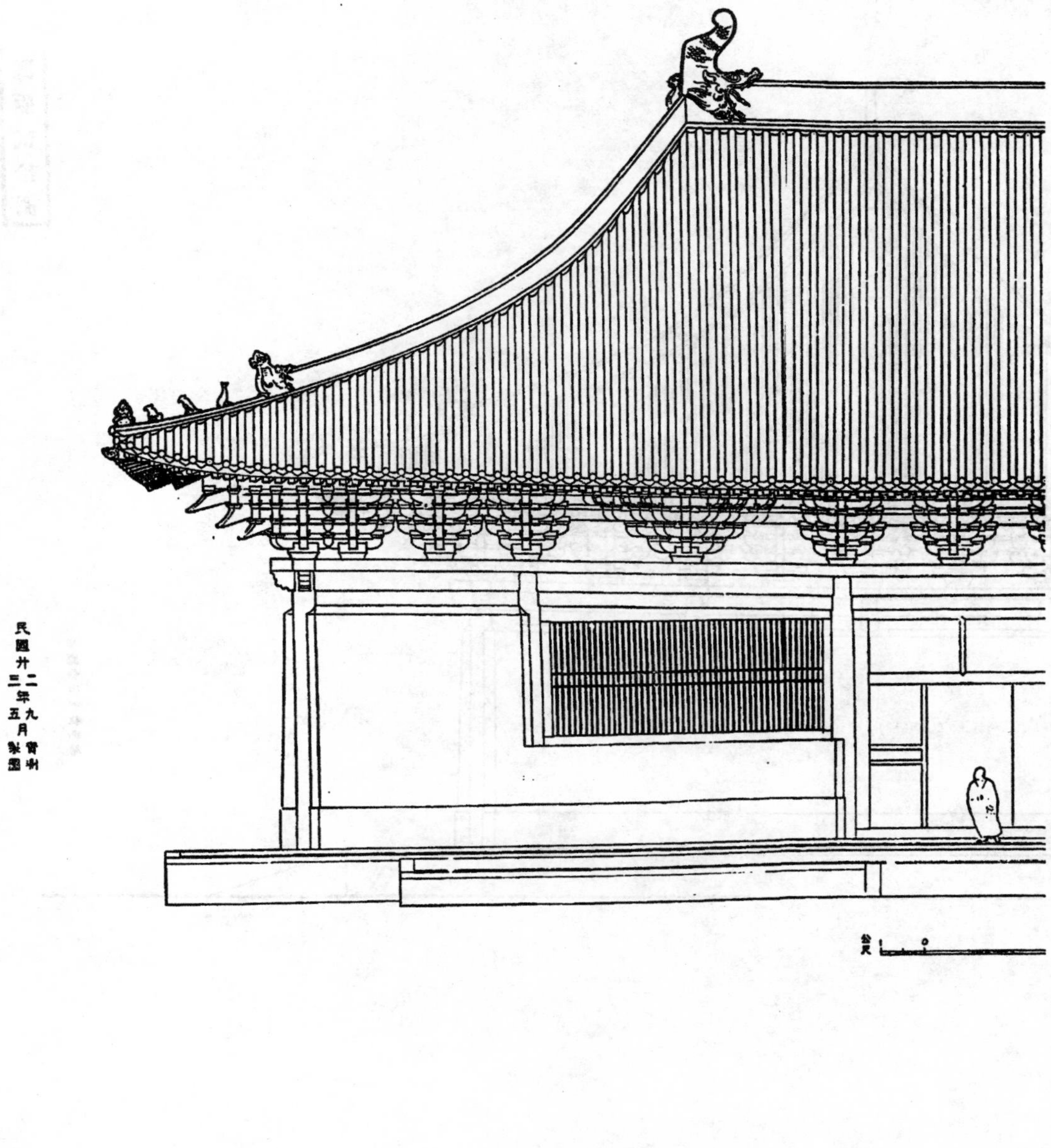

34093

圖版貳拾捌

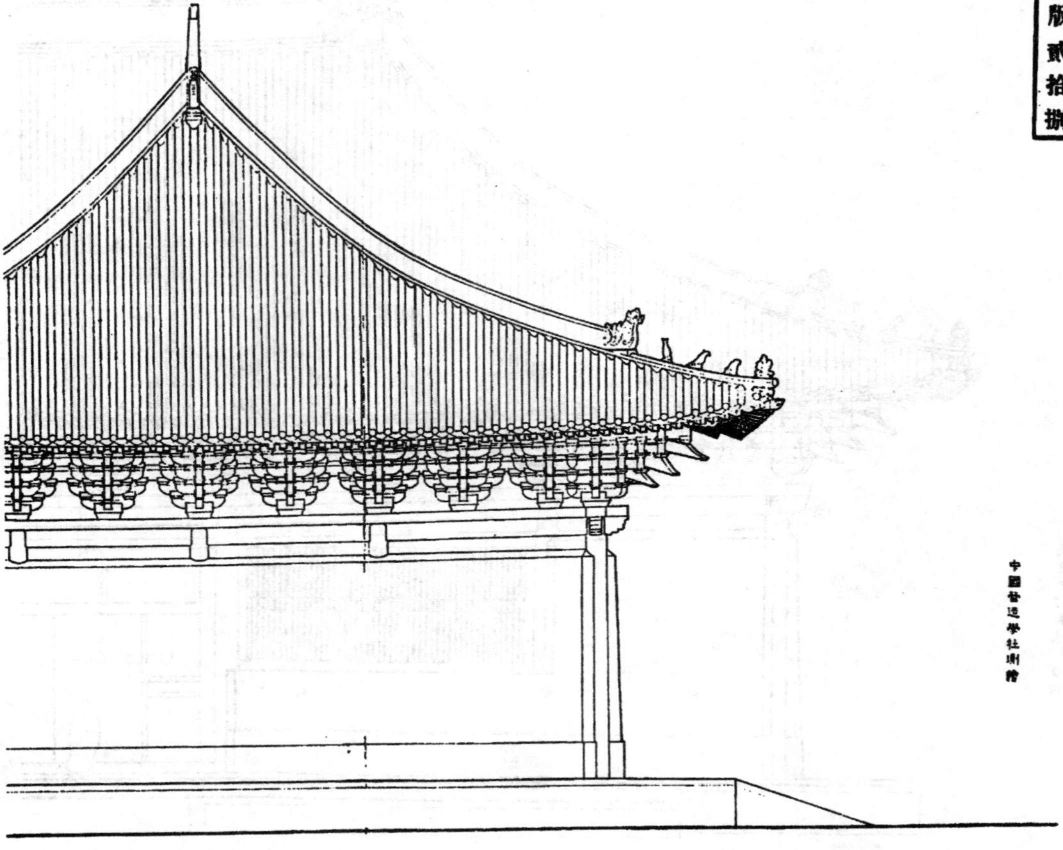

中國營造學社測繪

山西大同善化寺
三聖殿

山面立面

公尺 1 0 5 metres

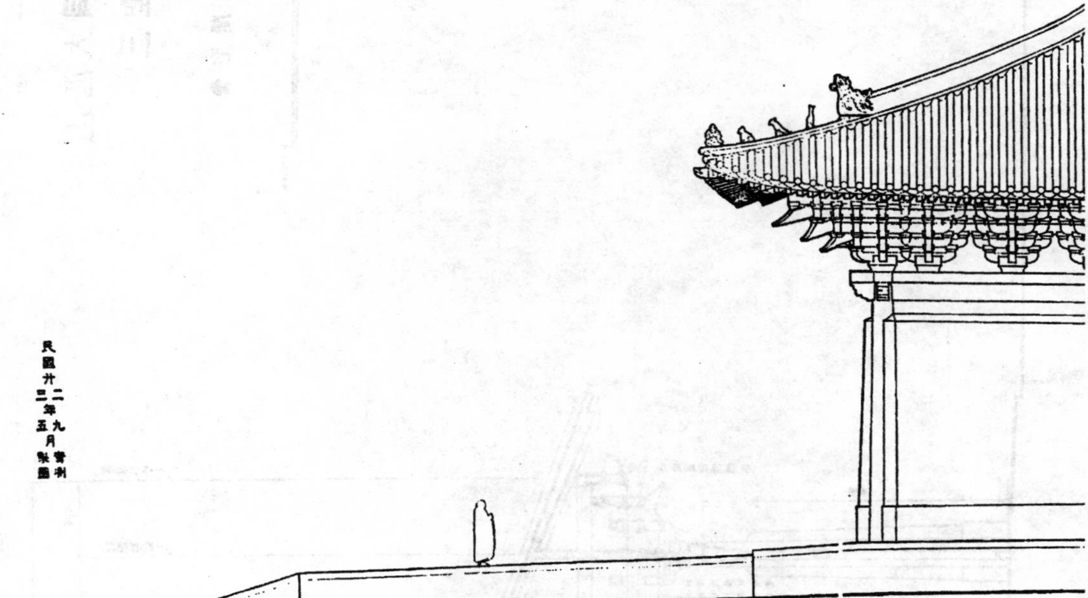

民國廿二年九月實測
民國廿三年五月製圖

34095

山西大同善化寺

三聖殿

當心間橫斷面

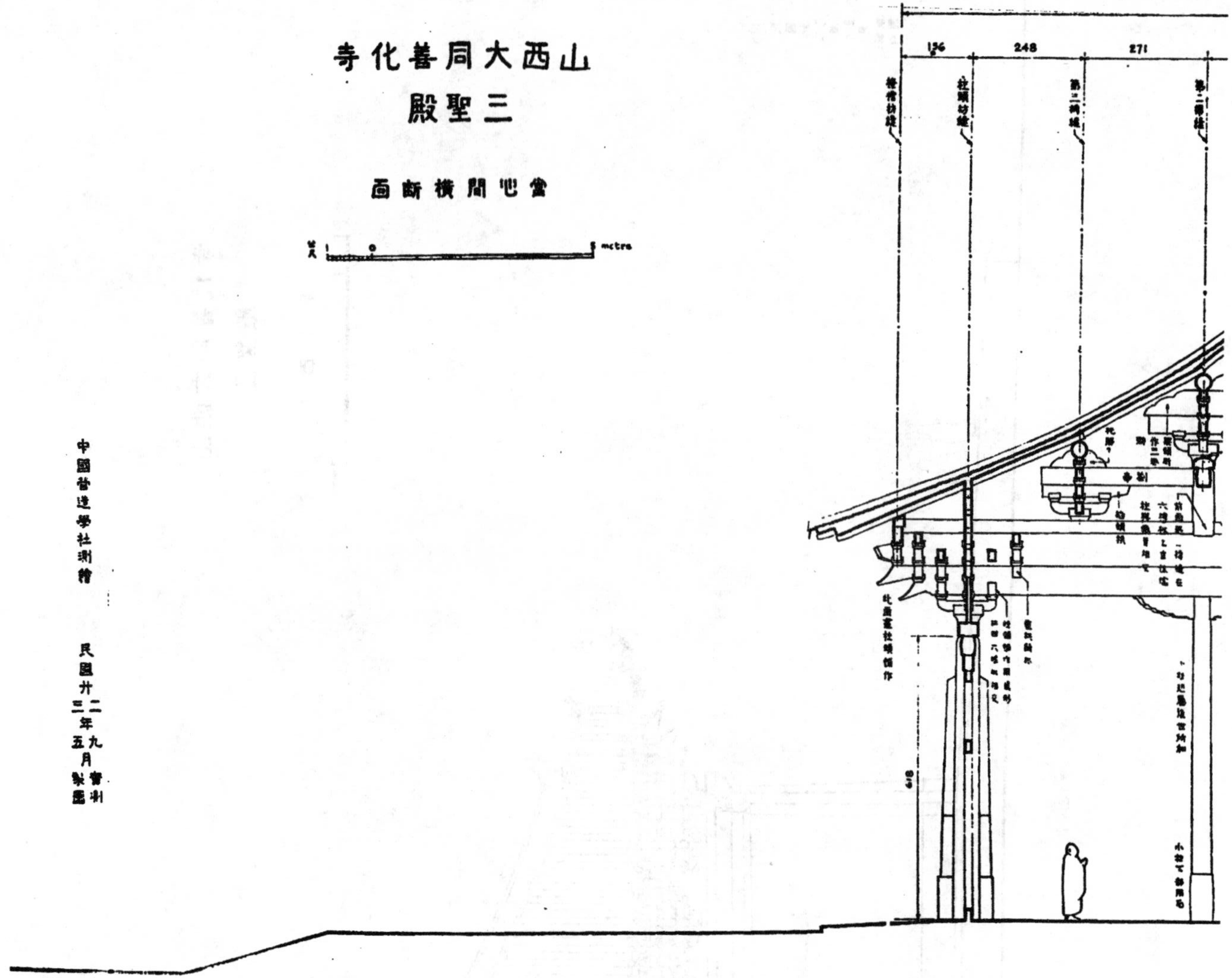

中國營造學社測繪

民國廿二年九月測繪
廿三年五月製圖

34096

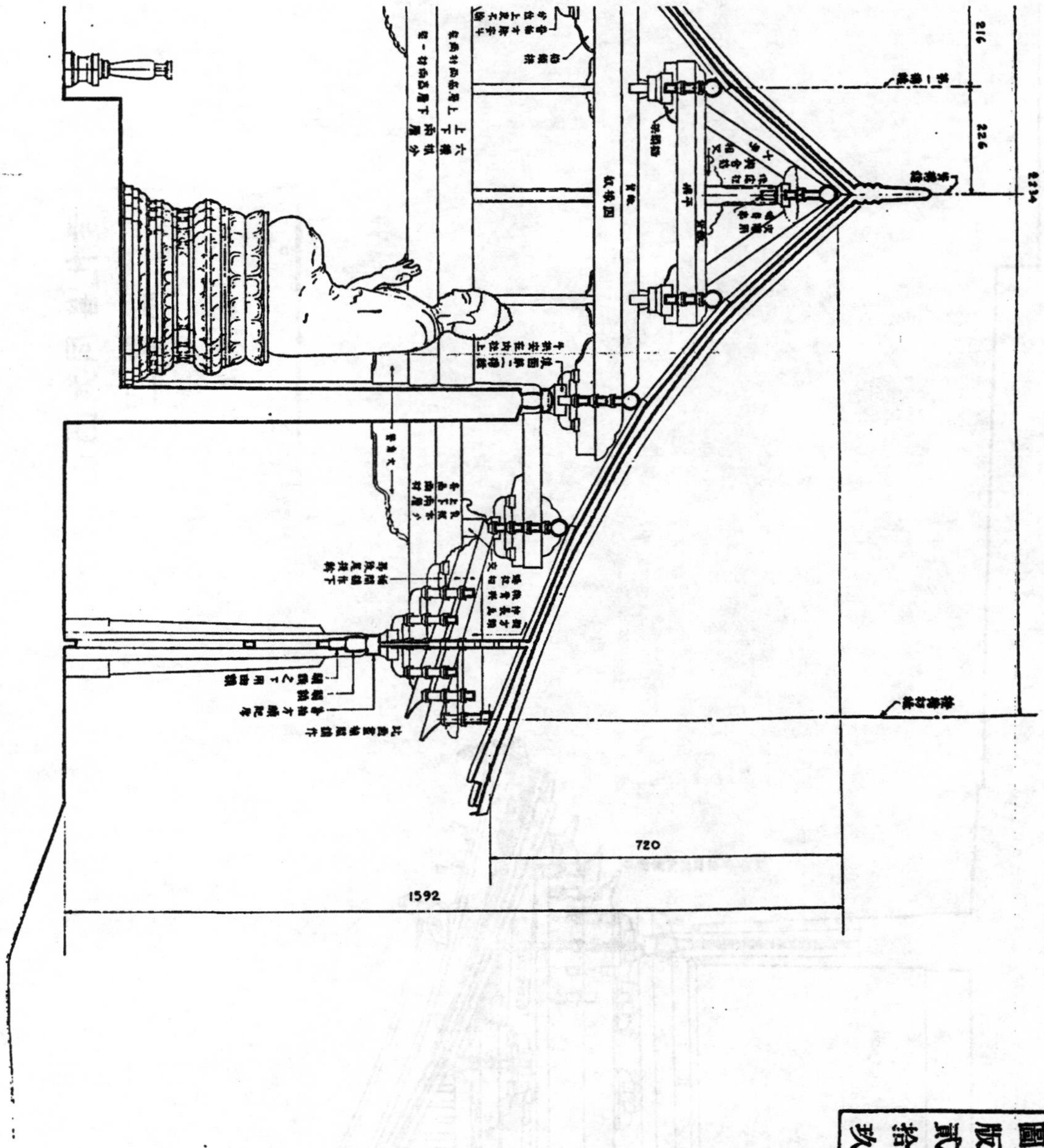

圖版貳拾玖

山西大同善化寺

三聖殿

次間橫斷面

公尺 1 0 5 metre

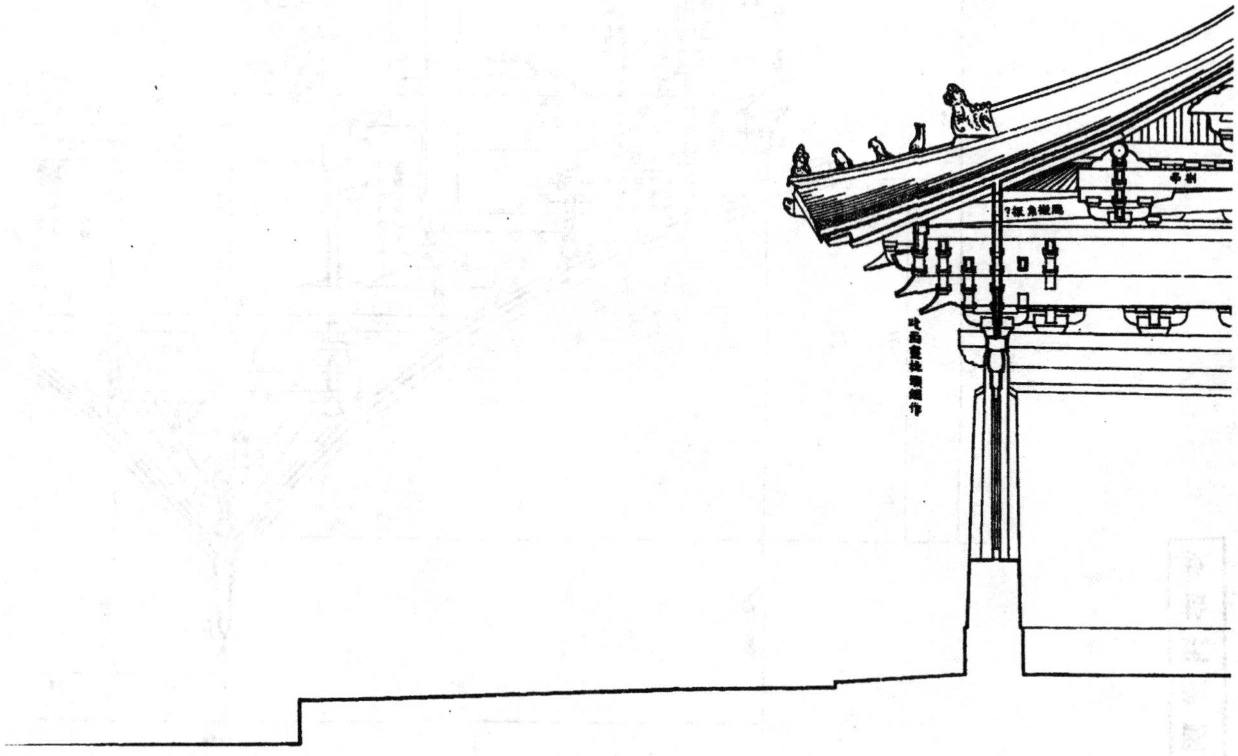

圖版叁拾

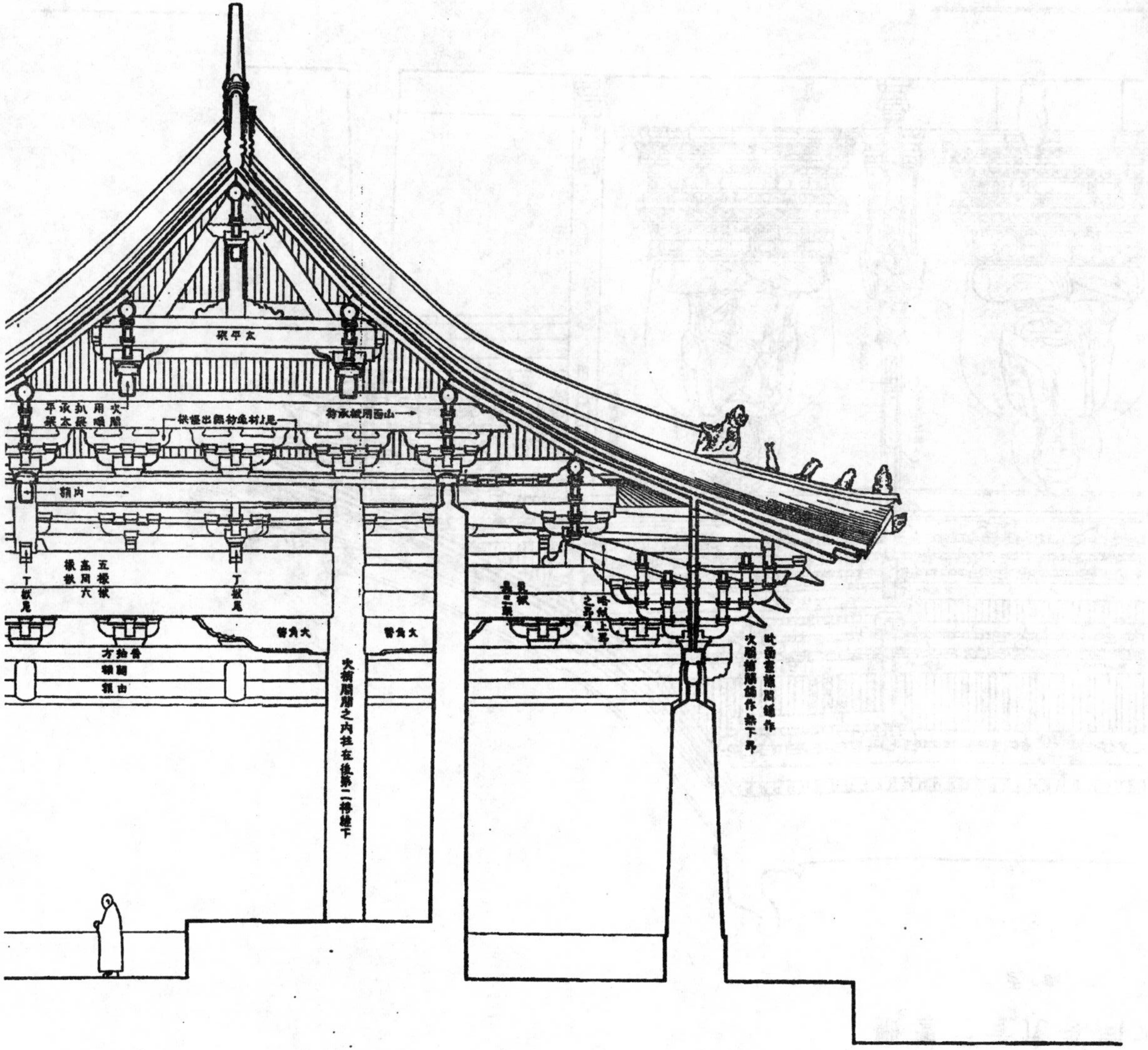

34099

34100

大同善化寺三聖殿

縱斷面

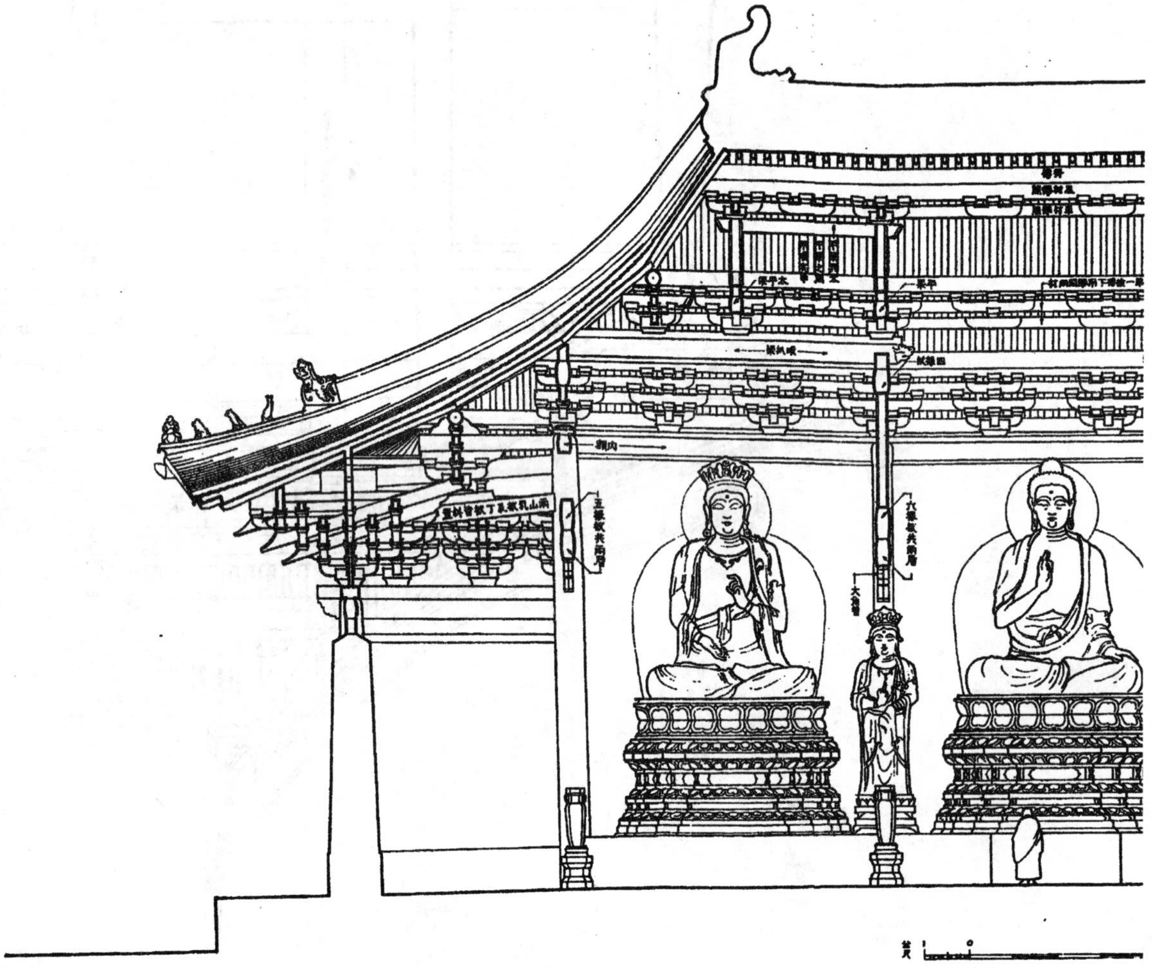

民國廿二年九月實測
廿三年五月繪圖

山西大

圖版叁拾壹

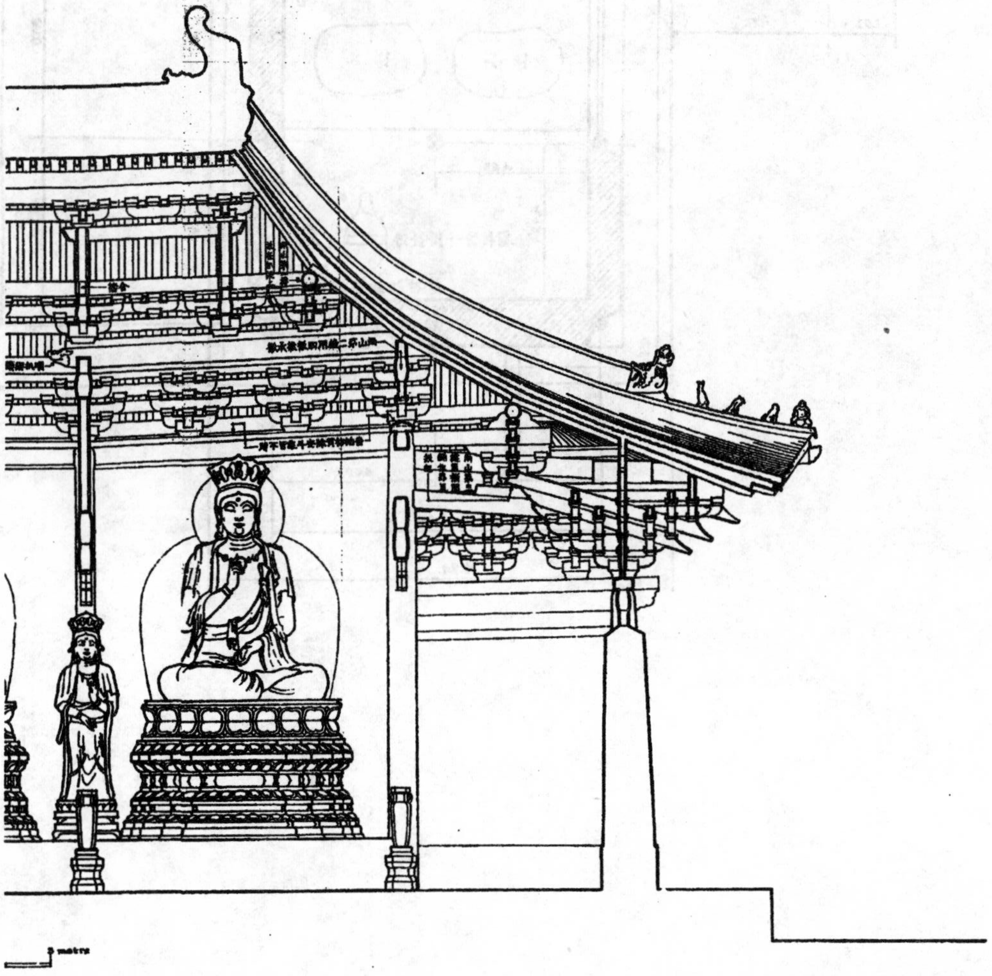

中國營造學社測繪

山西大同

圖版叁拾貳

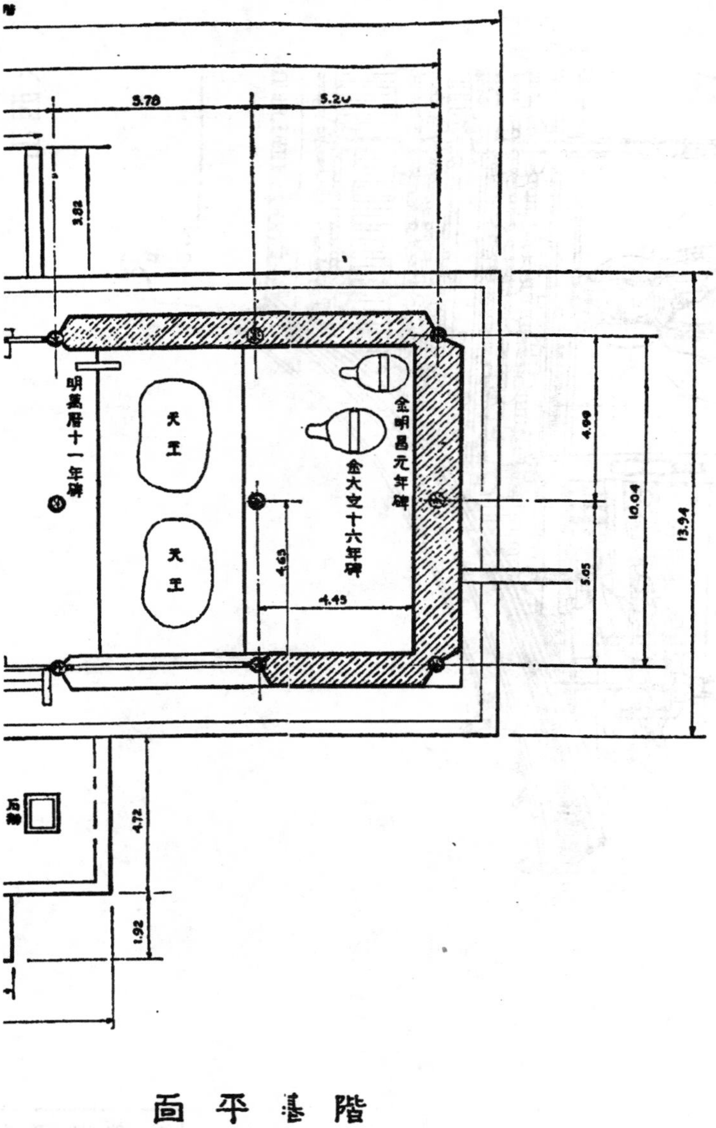

階臺平面

10 Metre

中國營造學社測繪

善化寺山門

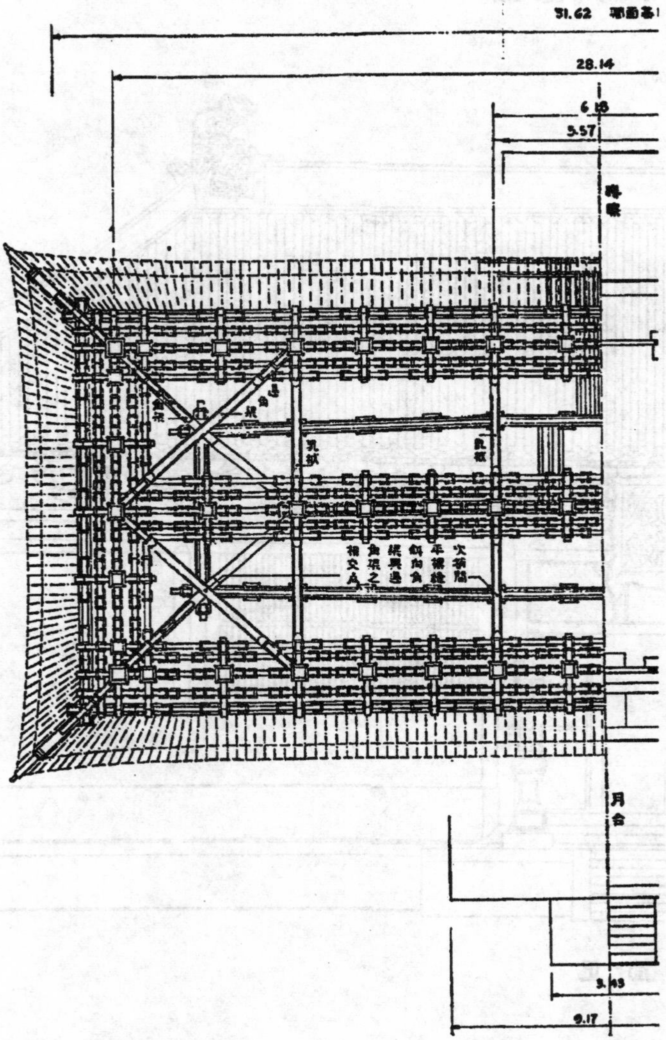

梁架平面

仰視

公尺 1 0 5

民國廿二年九月實測
民國廿三年四月製圖

34103

山西大同

圖版叁拾叁

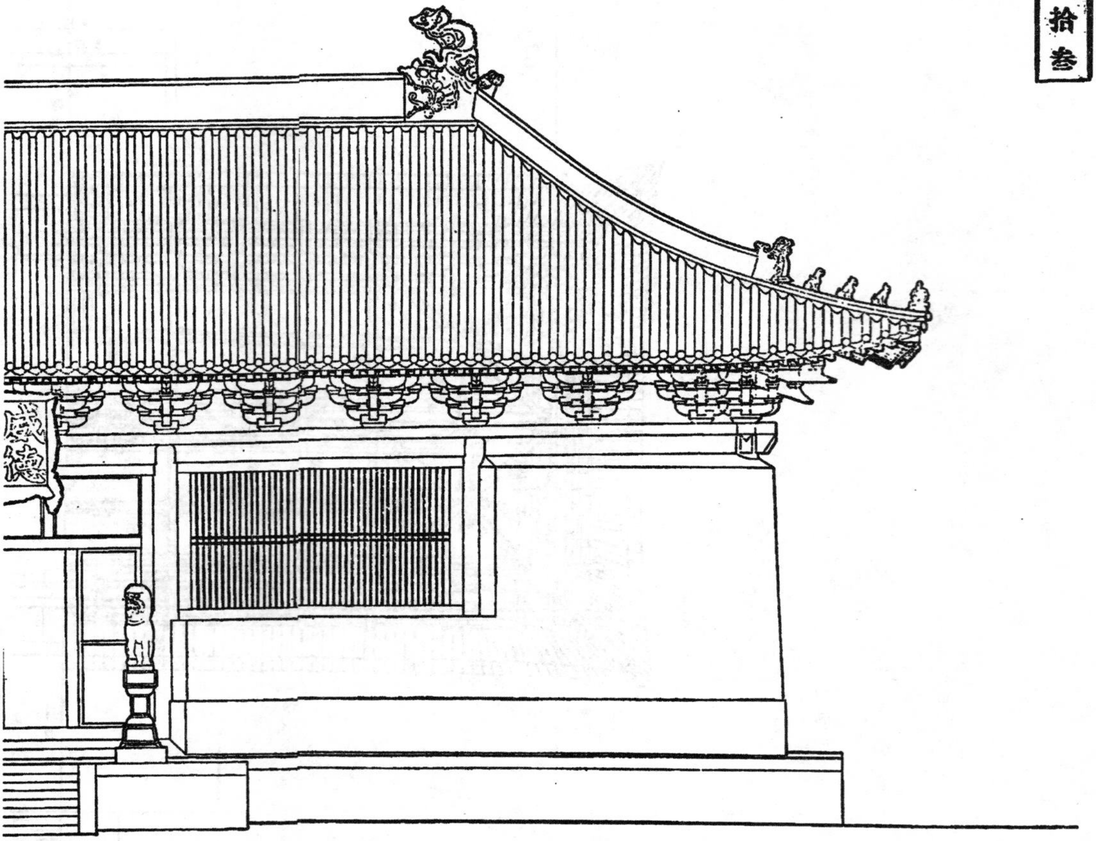

正面

5 Metre

中國營造學社測繪

善化寺山門

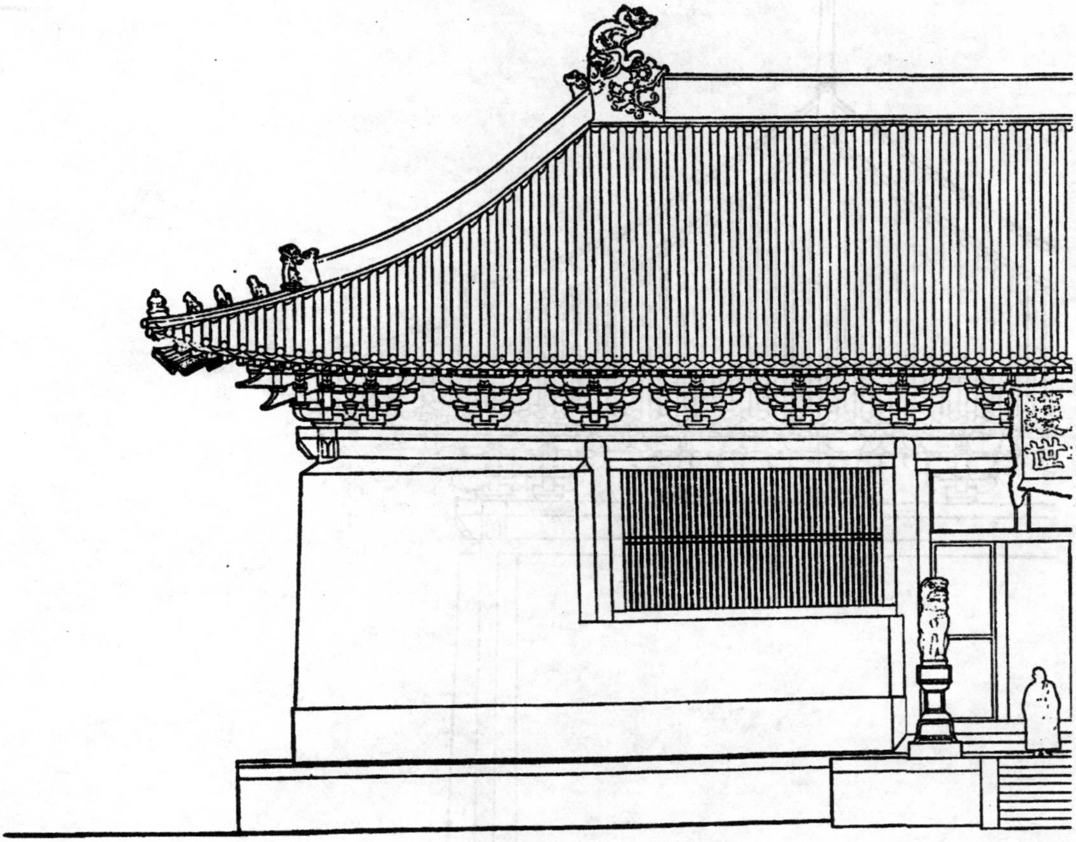

立面

民國廿二年九月實測
民國廿三年四月製圖

公尺

34105

山西大同善化寺山門

圖版叁拾肆

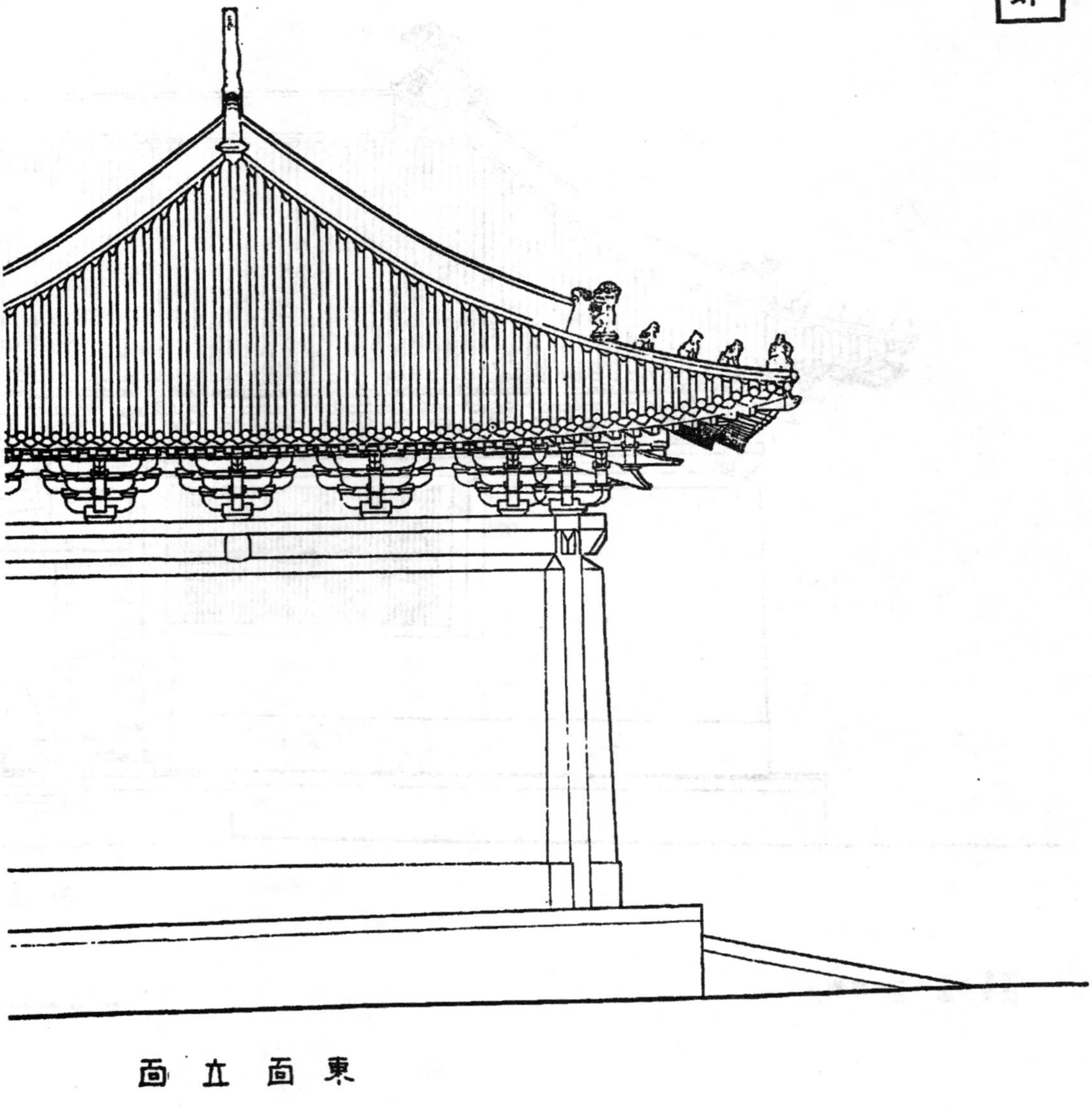

東面立面

公尺 1 0 5 Metre

中國營造學社測繪

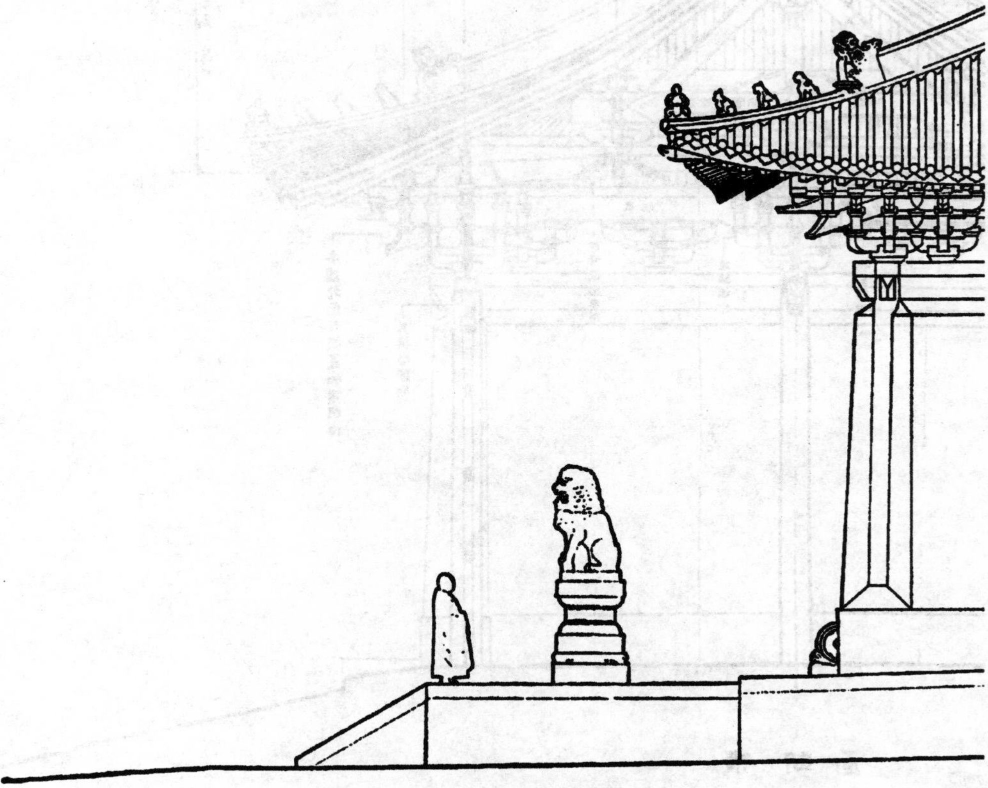

民國廿二年九月實測
民國廿三年四月繪圖

34107

圖版叁拾伍

山西大同善化寺山

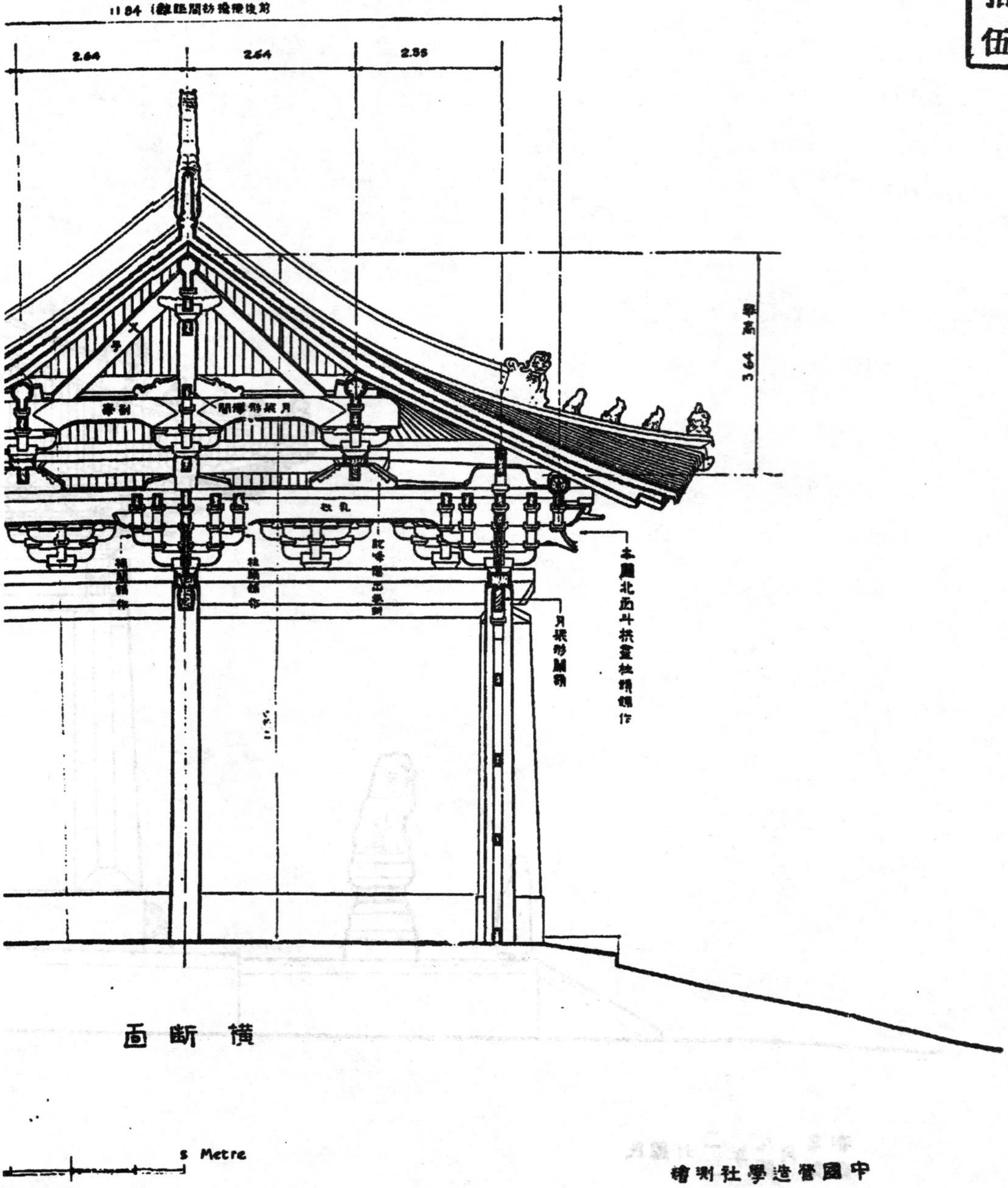

横断面

中國營造學社測繪

34108

門

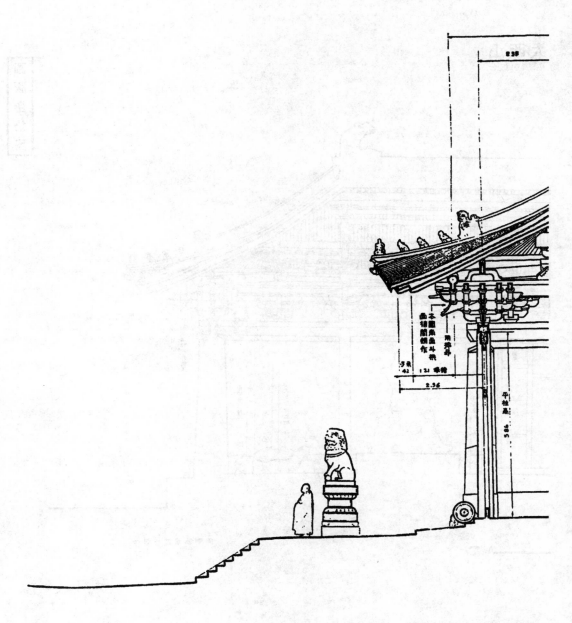

民國廿二年九月實測
民國廿三年四月製圖

34109

山西大

圖版叁拾陸

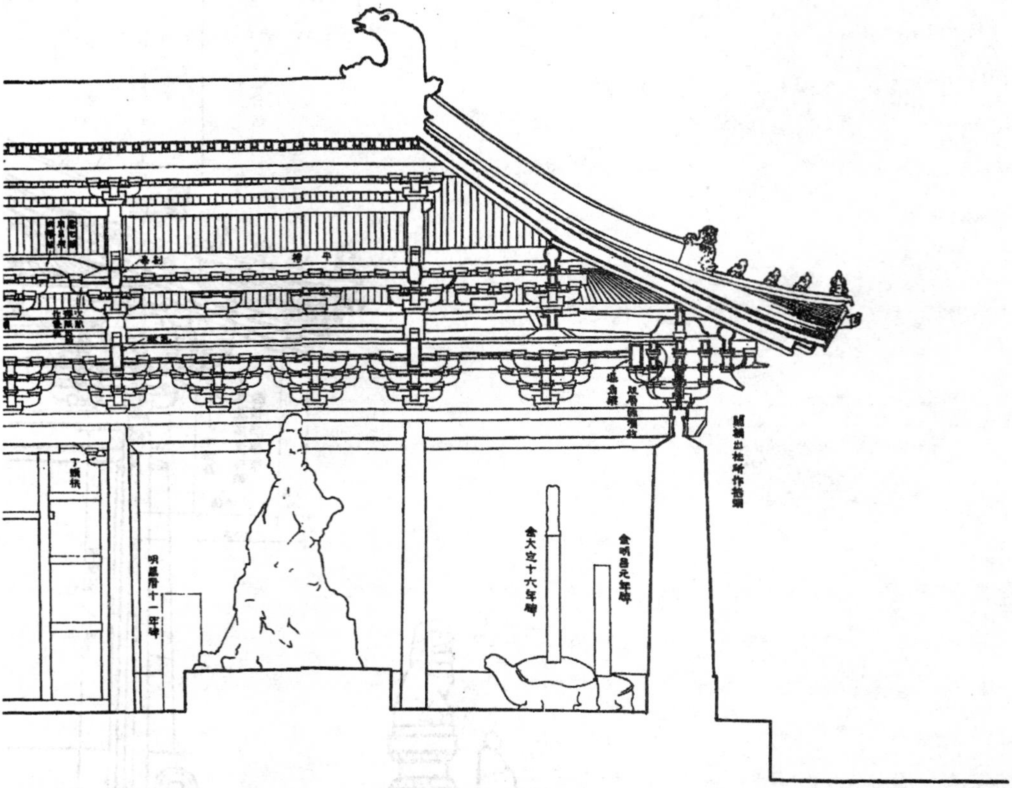

中國營造學社測繪

同善化寺山門

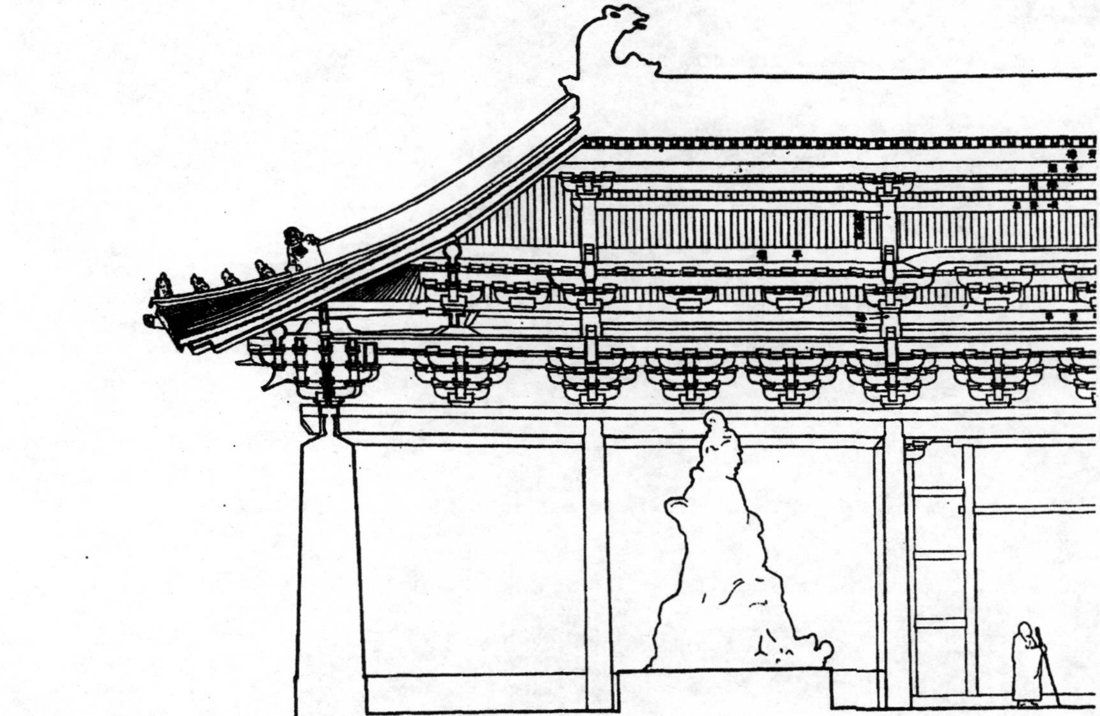

斷面

民國廿二年九月實測
廿三年四月製圖

大同古建築調查報告目錄

大同古建築調查報告

梁思成
劉敦楨

一 紀行

大同古雁門地，北魏時號平城，自道武帝宅都於此，迄孝文帝南遷洛陽，凡九十餘載，爲南北朝佛教藝術中心之一。隋唐間稍中落。石晉天福初，地入契丹，遂爲遼金二代陪都，稱西京者前後二百餘年，梵刹名藍，遺留至今，有華嚴善化二寺，馳名遐邇。社中久擬調查，以事冗未果。本歲秋九月四日，決計西行，余二人外，同行有社員林徽音與繪圖生莫宗江，及僕役一人。是日下午四時，自西直門車站，乘平綏通車離平。傍晚過南口，地勢漸高，車沿舊驛道，駛重山疊嶂中，經居庸關，青龍橋，午夜抵張家口。翌晨，天微雨，所經皆平岡連屬，曠寂荒寥，宛然高原氣象。少頃過玉河橋，覩濁流潺潺，知日前降雨，頗以測繪不便爲慮。八時至大同車站，雨漸密。下車訪車務處李景熙王沛然二先生，求代覓旅舍，荷厚意留居宅中。卸裝後，爲預備工作計，急雇車入城，赴華嚴善化二寺，作初度之考察。

大同內城方形，明洪武五年，徐達所築，景泰天順間，復增南北二城，爲明代北邊之重鎮。余輩自車站入外北門，左右皆營房操地，極目所及，民居絕少。入內北門，始有商廛。街兩側舊式商店前有雨搭，下承以柱，略如短廊。屋上烟囱覆鐵製之頂，若小亭，方圓不一，頗別緻。時雨益劇，道濘泥，不便於行，至四牌樓，爲城內交通中點。折西爲清遠街，經鐘樓，再西南至華嚴寺。

華嚴寺在內城西南隅，東向，自遼金來，號爲巨剎，至明始析爲上下二寺。一行初至上寺，經山門前殿，登高臺，至大雄寶殿圖版壹。殿面闊九間，巍然壓臺上，自來外籍所載像片，僅收一部，未傳眞象，余輩遽窺全豹，不期同聲驚訝，嘆爲巨構。殿之結構，依斗栱觀之，尙保存金源舊狀，僅內部彩畫天花與中央佛像五軀，爲後代所製。巡視一周，卽赴下寺。

寺在上寺東南，其前部自天王殿以東，現充實驗小學。自殿後經內院，登石級，爲薄伽教藏殿圖版壹。殿係遼華嚴寺之經藏，面闊五間，單簷四注，極穩健洗鍊之至。其內外簷斗栱梁柱之比例，權衡甚美，猶存唐建築遺風。殿內又有庋藏經典之壁藏，與天宮樓閣，係海內孤品，爲治營造法式小木作最重要之證物。殿東北有海會殿五間，亦係遼構。外觀無繁褥裝飾，簡潔異常，令人如對高僧逸士，超然塵表。惜寺僧外出，不能入觀，約次日再往。

出下寺東行，赴善化寺時已亭午，余等自晨至此未進食，饑腸轆轆不可耐，延頸四顧，覓餐館不得，久之獲小店，入購餅餌數事，相與踞車上大嚼，事後思之，良堪發噱。善化寺在內城南門內，稍西，俗稱南寺。山門北有東西配殿及三聖殿，其後大雄寶殿七間，雄峙臺上（圖版拾伍）。殿內諸像，雕塑甚精美，姿態神情各盡其妙，惜柱架北傾，非急與修治，恐頹毀期不遠矣。左右朶殿各三間，與大殿俱南向。其東側稍前，舊有樓，數載前不戒於火，惟西樓——普賢閣——尚存。縱觀此寺建築，除配殿朶殿外，其大殿，普賢閣，三聖殿，山門，四處均為遼金二代遺構，不意一寺之內，獲若許珍貴古物，非始料所及。惟寺自民國來，曾一度充女校，嗣雖遷出，荒敗不堪厲目。現唯頑童奔逐諸殿中，援柱攀梁，探鴿巢獲卵為樂，及附近駐軍假為操地，叱咤喑噁其間耳。住持妙道，川人，居此廿餘載，已垂垂老矣。絮絮話寺興廢，為之悄然者久之。

此行原擬先赴雲岡石窟，調查北魏石刻中所表現之建築式樣，然後返大同，正式測繪諸寺，詎天雨道濘，雲岡之行，祇能暫緩。乃變更工作順序，下午調查華嚴寺大殿，思成撮影，徽音與敦楨，莫宗江三人共量殿之平面尺寸，并抄錄碑文紀載結構上特異諸點。翌晨雨霽，仍赴華嚴寺撮影，並量薄伽教藏殿與海會殿平面。午後赴雲岡，往返盡二日，至九日午返抵大同。下午至善化寺工作。是夜送徽音歸北平。

次日雇匠赴善化寺搭架，自山門起，依次量各殿架構斗栱，次及華嚴寺諸殿，最後以經緯儀測寺之全體平面，及各殿之高度，自晨至暮，凡七日，大體告竣。 又以城內鐘樓與東門南門西門三城樓，均明代所建，由思成前往攝影。 十七日赴應縣調查遼佛宮寺塔。 敦楨自應先期回平。 廿四日思成與莫宗江由應返大同，加攝諸寺像片，及量壁藏尺寸者一日。 其後復派莫宗江陳明達二人，赴大同補量善化寺普賢閣，及華嚴寺壁藏，幷攝影多幅。 計前後二次詳測之建築，有華嚴寺薄伽敎藏殿，海會殿，及善化寺大雄寶殿，普賢閣，三聖殿，山門，六處。 略測者，華嚴寺大雄寶殿，善化寺東西朶殿，東西配殿，及東門南門西門城樓，鐘樓，九處。 依時代分之，遼四，金三，明四，時代不明者四。

遼建築

華嚴寺——薄伽敎藏殿，海會殿，

善化寺——大雄寶殿，普賢閣，

金建築

華嚴寺——大雄寶殿，

善化寺——三聖殿，山門，

明建築

東門，南門，西門，城樓，鐘樓，

時代不明之建築

善化寺——東西朵殿，東西配殿，

我國建築之結構原則就今日已知者自史後迄於最近，皆以大木架構爲主體。　大木手法之變遷，即爲構成各時代特徵之主要成分。　故建築物之時代判斷，應以大木爲標準，次輔以文獻紀錄及裝修雕刻彩畫瓦飾等項互相參證，然後結論庶不易失其正鵠。　本文以闡明各建築之結構爲唯一目的，於梁架斗栱之敍述，不厭其繁複詳盡，職是故也。　惟執筆時最感困難者，即遼金二代文獻殘缺，向無專紀建築之書，其分件名稱，無由探悉。　茲以遼金同期之北宋官式術語，即李明仲營造法式所載者代之。　間有李書所無，則以清式術語承乏其間；如下文說明厦堂平面配置，混用宋式「當心間」及清式「次間，梢間，盡間」等稱是已。　其明初遺物，如東門南門西門三城樓與鐘樓等在式樣及結構上，均與遼金建築接近，故亦以宋式術語說明之。

此行承居停主人李景熙王沛然二先生多方照拂，隆誼可感，謹此鳴謝。

二　華嚴寺

略史

位置及方向　華嚴寺在今大同內城西南隅，下寺坡之西，東向，其地舊名舍利坊。據縣志卷五古蹟項，「遼金之西京城廣袤各二十里，今西門有二土臺，卽舊宮闕門故址。」其說果確，則華嚴寺與舍利坊應俱在遼金宮城之東南。惟自來佛寺大都南向居多，此寺東向，其故莫辨。以現狀言，薄伽教藏殿建於遼重熙間，上寺大殿於保大亂後依舊址重建於金天眷間；是遼金以來寺之重要建築物已爲東向。且大殿面闊九間，爲國內佛殿中不易多覯之巨構，依紀錄與實例所示，佛殿面闊大抵以九間爲度，無用十一間者，故此殿當爲金天眷以來大華嚴寺之正殿無疑，足爲寺取東向之又一證明。

創建年代　遼史卷四十一地理志稱，「清寧八年（一〇六二年）建華嚴寺，奉安諸帝石像銅像。」通志，縣志，圖書集成，及日人關野常盤二氏合著之支那佛教史蹟評解，均承其說。惟明成化元年碑謂，『寺肇自李唐。』萬歷九年碑稱，『唐尉遲敬德增修。』清初茅世膺重修上華嚴寺碑記，則云唐貞觀重修碑猶存，疑肇自拓拔氏。前二碑現存寺內，後者見縣志卷十九藝文項，俱言之鑿鑿自謂無疑。按茅氏至今，幾三百載矣，所云唐碑久佚，其文未著錄諸書；北魏之說，固屬臆測，李唐云云，以信物淪滅無由徵實，亦止有懸以待證。同時遼史所紀，又不無語弊；蓋寺之薄伽教藏殿建於遼興宗重熙七年（一〇三八年），殿內梁下題記，與通志縣志所載，胥皆一致。以年代言先於清寧八年者，二十有四載。是清寧前，此寺已有教藏，其規模決非狹陋可知。遼史所述，應釋爲『增建』而非『創建』甚明。諸書未辨先後，遽敷衍其說，殊爲失檢。

寺之變遷　此寺輒始之期，無可窮究，略如前述。若其極盛之期，據文獻所示，似在遼中葉以後，至遼亡爲止。蓋遼聖宗統和初，宋將潘美等，入雲應寰朔諸州，徙吏民南遷，其時大同附近，猶爲遼宋交爭之區域。其後宋敗請和，歲納銀絹，於是侈心漸啟，聖宗以降，皆重浮屠法，營宮寺，刊經藏，不遺餘力。興宗時，以民戶賜寺僧，僧有拜三公三師兼政事令者二十人。道宗末歲，一歲飯僧至三十六萬人，一日祝髮至三千人，具見宋遼金三史及契丹國志遼史拾遺諸書。此寺之有教藏，始於興宗重熙間，逮道宗清寧初，復以奉安諸帝后銅石像，大事擴增，則其致盛之由，與諸帝恢宏佛法，不無關係。茲摘錄各種紀載涉及此寺者如次：

（一）寺之東南薄伽教藏……遼重熙七年（一〇三八年）建（縣志卷五。）

(二)此大華嚴寺從昔以來，亦是有教典矣。金大定二年碑。

(三)清寧八年(一〇六二年)十二月癸未，幸西京。遼史卷二十二道宗本紀。

(四)清寧八年建華嚴寺，奉安諸帝石像銅像。遼史卷四十一地理志。

(五)遼清寧八年建寺，奉安諸帝銅石像，舊有南北閣東西廊，像在北閣下。縣志卷五。

(六)華嚴寺……有南北閣東西廊。北閣下銅石像數尊。中石像五，男三女二。銅像六，男四女二。內一銅人，袞冕帝王之像，餘皆巾幘常服危坐，相傳遼帝后像。通志卷百六十九。

(七)遼道宗太康二年(一〇七六年)建陀羅尼幢。大雄寶殿前經幢銘文。

據(一)(二)兩項，知興宗重熙間寺已有經典與敎藏。迨清寧八年，道宗幸西京，奉安諸帝像，復建南北閣東西廊，其後又造陀羅尼幢。其餘建築，據下述金大定二年碑有寶塔齋堂廚庫影堂等，皆爲遼亡國前所有者。此外金天眷間依舊址重建九間五間殿，慈氏閣，會經(會經二字疑有誤)鐘樓，三門，朵殿等，而左右洞房，四面廊廡，猶未復舊。由是推測，遼保大被焚以前，此寺規模較金以後更爲宏闊。又圖版壹所示現狀平面略圖，大殿居西北隅，薄伽敎藏殿與海會殿居東南隅，其位置分配極不規則，疑海會殿迤北之民房，舊日應屬於寺內，而上寺東巷正對今之上寺大雄寶殿，尤疑其東端與下寺坡交會處，係山門所在地點。附記於此，待異日之考證。

其後遼末天祚帝保大二年(一一二二年)金兵陷西京，降而復叛，重罹鋒鏑，此寺受池魚之殃，殿閣樓觀多數化爲灰燼。見金世宗大定二年(一一六二年)僧省學所撰重修薄伽敎藏記一碑。碑現存下寺薄伽敎藏殿內，爲此寺最重要之文獻，茲擇其與建築有關者列舉如後：

(一)至保大末年，伏遇本朝大開正統。天兵一鼓，都城四陷。殿閣樓觀，俄而灰之。唯齋堂，廚庫，寶塔，經藏，洎守司徒大師影堂存焉。

(二)至天眷三年閏六月間，則有衆中之尊者，僧錄通悟大師，慈濟廣達大師，通利大德通義大師，辯慧大德，妙行大師，洎首座義普二座德祚等……乃仍其舊址而時建九間五間之殿。又構成慈氏觀音降魔之閣及會經鐘樓三門垜殿。不設期日，巍乎有成。其左右洞房，四面廊廡，尙闕如也。其費十千餘萬。

(三)故僧錄大師門人省學者……聚徒興役，刈楚剪茨。基之有缺者完其缺；地之不平者治以平。四植花木，中置欄檻。其費五百餘萬焉。

(四)而後因禮於藥師佛壇，乃覩其薄伽敎藏，金碧嚴麗，煥乎如新。唯其敎本錯雜而不完，考其編目遺失者過半。……言於當寺沙門惠志，省消，德嚴三人。……反覆咨詢，未知所可。衆乃同聲而唱言曰，有興嚴寺前臨壇傳戒慈慧大師可。……師乃答其衆望，俯而從之。則於正月元日，七月望辰，陞座傳演，鳩集邑衆。所獲施贈，以給其簽經之直。

然後徧歷平州城郡邑鄉村巖谷之間，驗其闕目，從而採之。或成帙者，或成卷者，有聽贖者，有奉施者。朝尋暮閱，曾不憚其勞。日就月將，益漸盈其數。歲歷三周，迄今方就。其卷軸式樣，新舊不殊；字號詮題，後先如一。

據前碑所載，知天保亂後，寺僅存齋堂、廚庫、寶塔、經藏、影堂五建築而已。洎金熙宗天眷間，經僧通悟等六人募修大部。徒省學繼之，又事修葺。僧慈慧復竭三年之力，補完教藏。故天眷三年至大定二年（一一四〇—一一六二年）間，爲此寺之復興時期。但其時左右洞房，四面廊廡，猶未復舊。視淸寧盛時，不無遜色。其後金世宗大定六年（一一六六年），卽省學撰碑後四年，世宗如西京幸寺，觀遼諸帝銅像，詔主僧謹視之（見金史世宗本紀）。又元世祖時，諸像猶存（見元史卷百五十三石天麟傳）。是此寺自通悟修復後，至元初尚爲雲中巨刹。嗣後寺稍中落，馴至軍民雜居其間。武宗至大間，經僧慧明重修。載順帝至正十年（一三五〇年）西京大華嚴寺佛日圓照明公和尚碑銘。碑存薄伽教藏殿內，其節略如左：

師諱慧明，蔚州靈丘人。……庚戌中，西京忽蘭大官人、府尹、總管劉公，華嚴本主法師英公，具疏敬請海雲老師住持本府華嚴寺。海雲邀師偕行，既至雲中，海雲抑師住持。……先是德公長老攝持院門，牢落庭宇，荒凉官物，人匠車甲，繡女充牣寺中。至是並令起之移局（疑作居）他處。大殿方丈，廚庫堂寮，朽者新之，廢者興之，殘者成之，有同創建。

本寺敎藏，零落甚多，或寫或補，並令周足。金鋪佛炤，丹漆門楹。供設儼然，粹容赫煥。香燈燦列，鐘鼓一新。……又於市面創建浴室藥局場房及賃住房廊近百餘間，以贍僧費。

有元一代，享祚甚暫，碑中之庚戌，稽諸史籍，僅武宗至大三年（一三一〇年）一度，則慧明當以是年來主此寺，重修工程，必在此後數年內舉行。其工程範圍，據碑文所稱，除大殿方丈廚庫堂寮，因舊建築修補外，復新築浴室藥局，與賃住廊房百餘間。是遼金以來此爲第二次大規模之修治，亦可謂爲此寺第二次之復興。

寺自至大間慧明修葺後，僅歷五十餘載，元社遂屋。元明之際，屢經兵燹，傾圮特甚。旋析爲上下二寺。迄於最近，寺況日趨式微。故明清二代，可謂爲此寺之衰落時期。茲先舉明以來關於下寺之紀載如左：

（一）洪武三年，改大殿爲大有倉。二十四年，卽敎藏置僧綱司，復立寺（縣志卷五通志卷百六十九）。

（二）明崇禎四年辛未（一六三一年）殿脊朽頹。五年，督餉戶部周維新，巡撫張廷拱，總兵楊茂春重修（崇禎五年碑及縣志卷五）。

（三）清康熙二十七年（一六八八年）僧清銹重修下寺薄伽敎藏殿匾。

（四）清雍正六年（一七二八年）應州知州章宏捐修（縣志卷五）。

（五）清乾隆八年（一七四三年）重修（同前）。

（六）清嘉慶重修（嘉慶二十二年（一八一七年）碑）。

（七）清道光重修（見前碑陰道光十五年（一八三五年）捐修名錄）。

如前所述，此寺於明初曾一度沒爲官產，廢置二十餘載，至洪武末年，始以敎藏復立爲寺。按敎藏卽薄伽敎藏殿之簡稱。今下寺之起源，殆權輿於是。又下寺前部，具月牙池與天王殿（揷圖一），獨立自成一廓，亦當爲洪武立寺以後所增建者。其上寺大殿—卽大雄寶殿—明初用爲大有倉，洪武立寺時未列入，殆其時猶未發還。其後紀錄可稽者如次：

（一）元末屢經兵燹，傾圮特甚，惟正殿巍然獨存。迨我聖朝宣德間，高僧洽南洲弟子了然禪師，來就說法於茲，延納僧衆，遂成叢林。而題額則因其舊而名之。……毅然以增修爲己任，飛錫雲遊，募緣四方。歷二年，遂造金像三尊於京師，遙請至此。……於宣德二年孟夏之月，迎佛入城。……嚴大殿，安毘盧三像，旁翼兩廊，僧衆丈室。棲禪有居，常住有庫，庖湢有序。……至宣德四年，前後落成。……薦首僧資寶任爲住持，化緣塑像二尊，共輳爲五如來。及構天花綦枰綵繪簷栱，燦然大備。至景泰五年，寶示寂滅（明成化元年重修大華嚴禪寺感應碑記）。

(二)富者輸財，貧者輸力，匠者輸工，不數月而汚者鮮，傾者起，壞者全，圮者悉莊嚴輝爍。……舊制無甬道，今以磚砌之，稱周行也。臺無欄，今以石補之，稱扞衛也。階之上，立小坊，題曰梵宮，並置檻門，嚴扃鑰也。前無坊，今以木豎之，表其題於寺巷之東，令觀者知敬仰也。坊之下無橋，今以石硼之，令行者知坦途也。復相甬道之左，築隙地，固其基，建禪堂三間，廚室一間，歲時祈禱，便諷誦也。大鑄洪鐘，懸設室罩，宣法令，隔塵喧也(明萬歷九年上華嚴寺重修碑記。)

(三)明崇禎間重修(縣志卷五。)

(四)戊子(按即清順治五年)陡遭竊踞之變，遂罹屠城之慘。市井丘墟，宅舍瓦礫，紺宇琳宮鞠爲茂草。寺之正殿若魯靈光，巍然獨存。越三年，當事者請復舊觀……衲僧化愚……卓錫於殿之左偏，檢拾白骨，移埋殘骸……遂興土木之工，缺露者補葺完固，剝落者堊飾莊嚴，匾額牌聯門窗牆壁，咸煥其彩。殿臺之前，新建小坊三楹。臺之下，伽藍配殿之側南北各添造禪堂齋室五間。東西隙地另蓋香積庫司之所。自山門天王殿以至雄殿朱碧焜煌(縣志卷十九清茅世膺重修上華嚴寺碑記。)

(五)康熙十二年(一六七三年)總兵何傳，知府孫魯重修(縣志卷五。)

據前述成化元年碑，僅言明宣德間(一四二六—一四三五年)僧洽南洲與徒了然，來就說法，修殿造像，遂成叢林，而未言大雄寶殿究於何時發還。又南洲時，寺名仍稱大華嚴寺，與洪武廿六年以敎藏所立之寺爲一爲二，俱無可考。迨萬歷九年（一五八一年）上華嚴寺重修碑記，始顯然標明上寺，其間百餘年之經過，因文獻殘缺，無從追索，祇有存而不論。至上寺自宣德景泰間構天花造像五尊。萬歷初，復建甬道，石欄，坊楔，禪室等。雖非昔日規模，已能獨立自成一寺。詎清順治五年（一六四八年）姜瓖之變，除大雄寶殿外，其附屬建築，重罹浩刧。賴僧化愚及弟成祿募修，致有今日。其間起伏波瀾，似較下寺爲甚。

寺之沿革可稽者，略如前述。今上下二寺之現狀，如圖版壹所示，範圍皆極狹小。遼金二代之重要建築，若寶塔，南北閣，慈氏閣，三門，垜殿，鐘樓等，固不諳毀於何時；卽元慧明所建浴室藥局，及賃住廊房百餘間，俱無遺蹟可認。而明以來文獻亦無隻字涉及，疑其一部必燬於元末明初之間。又上寺迤東之上寺東巷附近，夷爲民居，殆亦自明始也。現寺中建築，經余輩調查，知薄伽敎藏殿與海會殿爲遼建，大雄寶殿金建，其餘均係近代所構，無特殊價值，從略。以下就此三者，分別論之。

薄伽教藏殿

薄伽教藏殿簡稱「教藏」──「教藏」猶「經藏」。「薄伽」乃薄伽梵（Bhagavat）之略，爲世尊梵名；以意譯之，卽世尊教藏。 殿自遼中葉以來，爲華嚴寺藏經之所，歷時八百九十餘載於茲。今經典雖亡，而殿與庋經之壁藏，若魯殿靈光，屢經變亂，巍然猶存。 在今日已知範圍，自燉煌第一二〇A窟與第一三〇窟之外廊，及薊縣獨樂寺，義縣奉國寺，寶坻縣廣濟寺五者外，此殿建造年代，當居海內木構建築物之第六位。 茲據調查所得，逐項分析如次。

臺 殿建於磚臺上，其平面作長方形。 臺前復有月臺突出，故全體平面若凸字形（圖版壹），爲大同遼金諸寺最普通之配列法。 月臺正面中央設石級十五步。 級盡有坊楔一間，建於臺上外緣。 其後稍左爲鐘亭，右碑亭，皆單簷六角攢尖頂（插圖二）。 再次有南北房各三間，分峙兩側，似係後代增建。 居中東向者，卽薄伽教藏殿（插圖三）。

平面 殿面闊五間，進深八架椽（圖版貳）。 正面中央三間各施長槅六扇；背面當心間中央闢小窗一，餘悉甃以磚牆。 殿內中央設磚臺，供佛像（插圖四）。 臺高七十公分，面闊盡中央三間，進深自後金柱起，約爲三椽架之長。 其前兩翼突出，達前金柱附近，故平面如凹字形。 四壁除門窗外，沿壁列壁藏，上下二層，各具簷椽斗栱，與實際建築物無殊。　至後窗處，壁藏中斷，而作天宮樓閣，飛越窗上。　壁藏與天宮樓閣之分析，另詳下文。

殿內柱之配列，當心間與左右次間，取不同方式，頗奇特。　卽當心間二縫，僅有前後二金柱；左右次間二縫，則於金柱外，復加分心柱一（圖版貳）。　蓋殿頂係九脊式，卽淸之歇山（圖版叁）。次間梁架適位於歇山下，其四椽栿所受重量頗巨，故於中點增分心柱，縮短Span之半，以期穩固。　此外每縫另有小柱二，位於補間鋪作下。　平面或方或圓，大小不等。　其高度則左右次間者僅至內額底；當心間者或至四椽栿之底，或上端爲凹形之榫，嵌四椽栿於內（圖版肆）。　手法參差不一，決爲後世修理時所置。

材栔。　宋式建築之大木比例，以「材」爲祖，見李明仲營造法式卷四大木作制度一章。與北宋同期之遼建築，亦以「材」爲標準單位，見思成所著薊縣獨樂寺觀音閣山門考及寶坻縣廣濟寺三大士殿二文。　今按此殿「材」之大小，據實測所得，廣（卽材高）二十三至二十四公分不等，平均數爲二三·五公分，厚十七公分，合材高十五分之一〇·九分，雖較法式三與二之比稍大，大體比例，可云相同。　又獨樂寺觀音閣雖係重層，而面闊亦爲五間，其「材」高平均二十四公分，與此殿之「材」相差甚微，頗疑此數爲遼中葉面闊五間殿閣最通行之尺寸。　至於二者之間，有半公分之差，則因匠工所用尺度長短未必一律，而斧鑿之不正確，及木材收縮率之不同，胥足誘至此結果，不足爲異。

營造法式「絜」之比例，廣六分厚四分。所云廣，乃材高十五分之六。今按此殿之「絜」高十公分至十一公分，平均數爲一〇•五公分，合「材」高十五分之六•七。同時獨樂寺觀音閣之「絜」高爲「材」高十五分之六•三，俱較法式所云比例略大。尤足異者，法式謂「材」厚十分，「絜」厚四分，即「絜」每面較「材」收進三分。其斷面高六分，厚四分，爲長方形（插圖五），仍與「材」之比例同隸於三比二標準原則之下。今此殿用途最廣之足材栱上部之「絜」厚一一•五公分，合材高十五分之七•九八，可認爲十五分之八。較法式之「絜」厚超出一倍。故其「絜」之高厚約爲三與四之比，與法式三二之比異（插圖五）。其餘獨樂廣濟二寺，亦大體類似。足徵遼宋間「絜」之比例，不無異同，後者用材之標準化，無法式之徹底也。

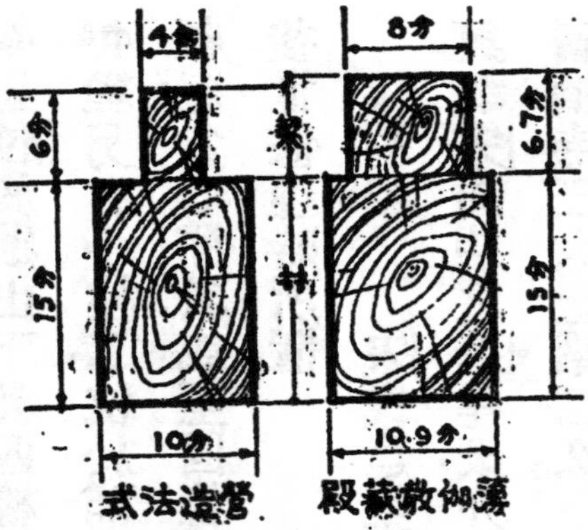

插圖五

斗栱。此殿材絜，如前所論，與法式有合有不合。其斗栱比例，據實測結果，亦不乏異同。其最顯著者（一）華栱出跳之長，法式謂不過三十分，但七鋪作以上第二裏外跳得各減四分，六鋪作以下者不減。今此殿斗栱僅五鋪作，第二跳之長視第一跳竟縮短約三分之一。（二）法式泥道栱之長與瓜子栱相等，此則瓜子栱與令栱等，適得其反。（三）正心慢栱之長，較法式規定，增三分之一強。（四）外內拽慢栱之長，增四分之一弱。（五）耍頭增長。（六）補間鋪作僅用一朶。凡此數者，非特此殿如是，其餘遼代諸例，大都取同樣之方式，足徵此殿確爲遼構，當於末章結論內作更詳細之討論。

殿之斗栱，可別爲內外簷二類。外簷有柱頭鋪作，補間鋪作，轉角鋪作各一種，前者與獨樂寺山門，後二者與廣濟寺三大士殿，大體類似。內簷有柱頭鋪作，補間鋪作各二種，轉角鋪作一種。以上三類八種所示之結構式樣，簡單洗鍊，無支離之弊。所用尺度比例，亦與殿身大小高低，權衡適當，爲國內不易多覯之佳構。其結構詳狀如次：

（甲）外簷柱頭鋪作，係五鋪作雙抄重栱出計心（插圖六），卽清式五彩重翹。自櫨斗向外出跳者，第一跳華栱計心，栱端施瓜子栱與慢栱，上置羅漢枋二層，但華栱之後尾在櫨斗後側者偸心（插圖七）。第二跳華栱之端，施令栱，與批竹昂式之耍頭相交，上置替木承受圓徑之橑風槫，非狹而高之橑簷枋。華栱後尾施交互斗，貼於乳栿下，兩側出令栱，支撐殿內平棊枋。

櫨斗左右兩側與第一跳華栱相交者，爲泥道栱，其上施柱頭枋三層。下層隱出慢栱，—卽枋之表面剜刻慢栱形狀—故外觀雖爲重栱，實際上仍爲單栱造，與獨樂奉國廣濟三寺一致，殆爲當時通行之方法。

薄伽教藏柱頭鋪作

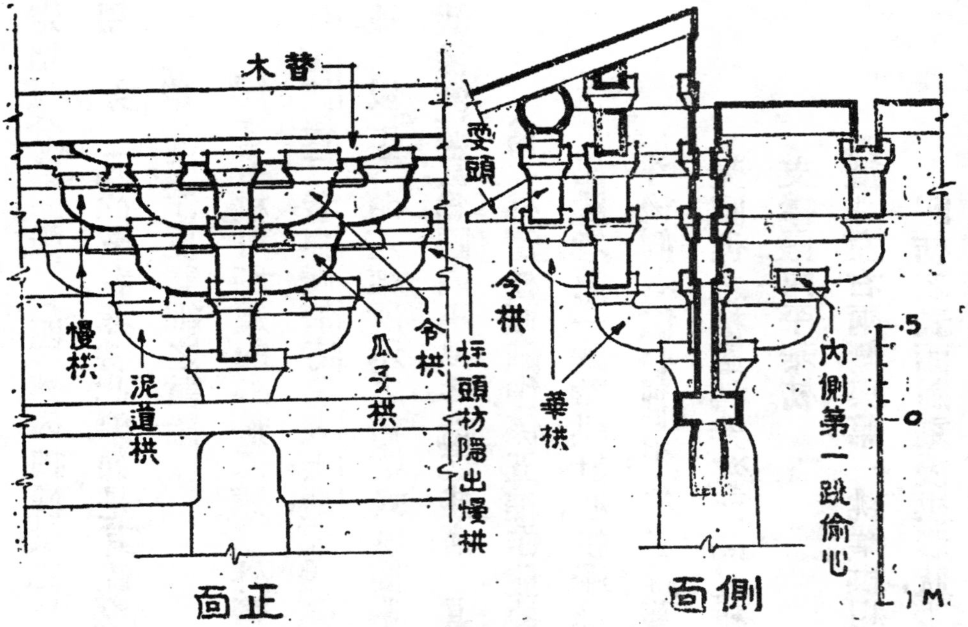

插圖七

薄伽教藏補間鋪作

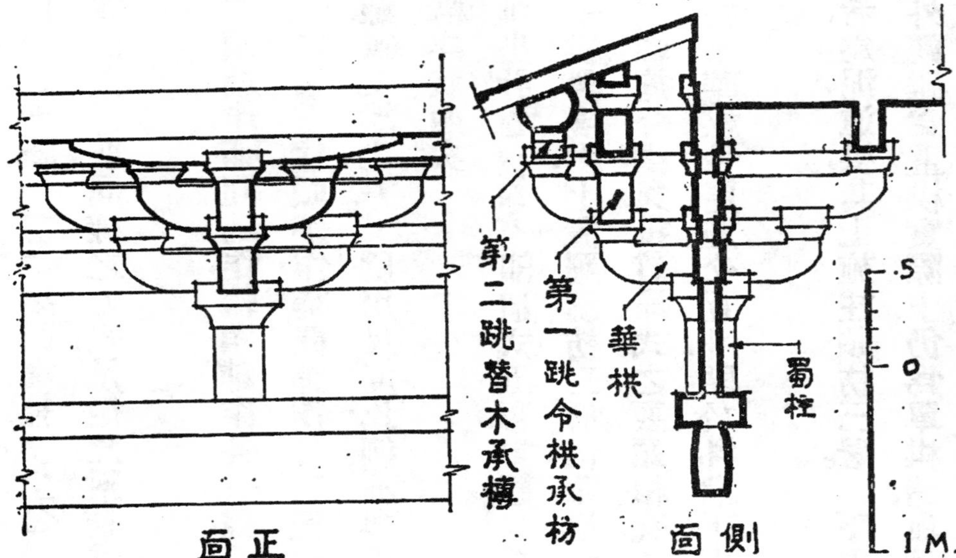

插圖八

各栱頭之卷殺，令栱與華栱，瓜子栱，慢栱，泥道栱等，均爲四瓣，與〔法式〕異。刻栱隱出者栱頭作圓線，無瓣。

(乙)此殿內外簷補間鋪作，每間祇用一朵，無當心間與次梢諸間之別圖版叁肆。 其外簷補間鋪作之結構程次，以較柱頭鋪作，僅省去第二跳華栱上之令栱與耍頭，故全體提高一材一栔，其下以蜀柱承之插圖八。 蜀柱正面寬二十七公分，高三十三公分，約爲一材一栔之高。 其上施櫨斗，高與柱頭鋪作同，但寬度約小六分之一。 外側第一跳華栱計心，施瓜子栱，栱上列羅漢枋二層，下層隱出慢栱。 第二跳華栱之端，直接安替木，受橑風槫，省去令栱與耍頭，故其後尾亦直接托於平棊枋下，無令栱。 櫨斗左右兩側，因全體鋪作升高之故，無泥道栱，僅於柱頭枋之表面隱出泥道栱與慢栱插圖八。

(丙)外簷轉角鋪作插圖九，正側二面各於轉角櫨斗上列華栱二層。 其排列層次，正面第一跳華栱，係側面泥道栱所延長，栱端施瓜子栱，慢栱與羅漢枋二層。 第二跳華栱，爲側面第一層柱頭枋延長，其端施長令栱與耍頭相交。 栱上置長替木於橑風槫之下。

耍頭則爲第二層柱頭枋之延長，上部斜殺若批竹昂形狀。 反之側面華栱二層及耍頭，即正面泥道栱與柱頭枋之延長。

平面與華栱成四十五度者爲角栱三層。 第一層角栱上，置平盤斗，承受第二層角栱，與正側二面瓜子栱之延長相交於平盤斗上。 瓜子栱之長，與第一跳華栱齊，上置耍

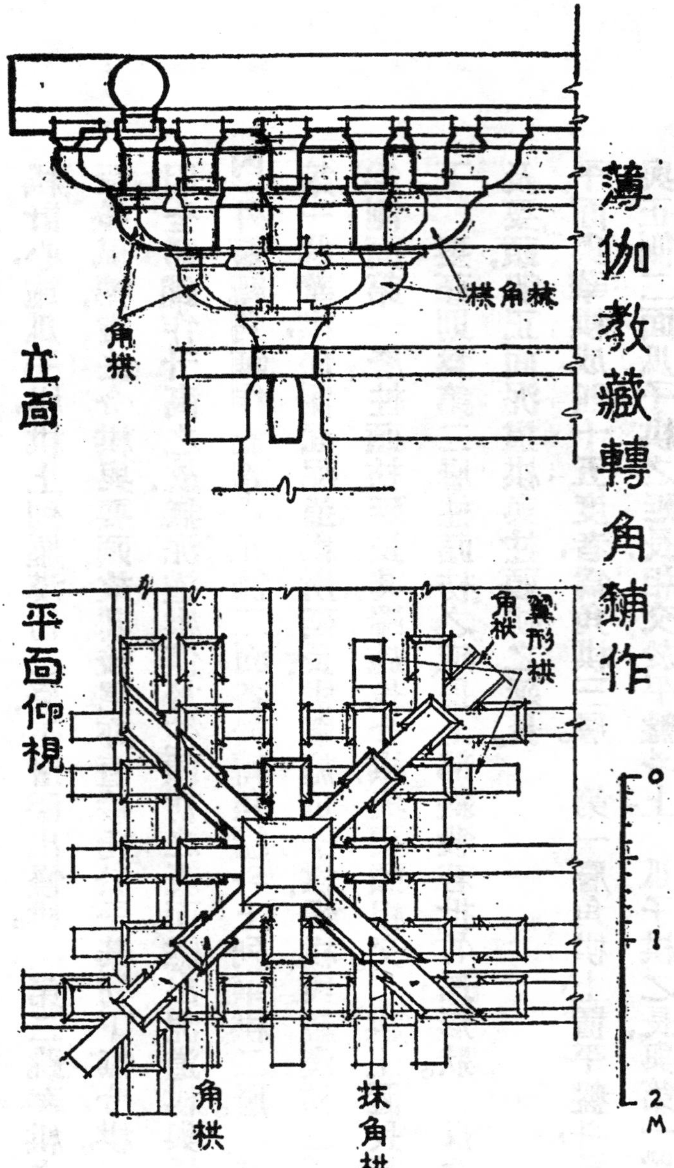

插圖九

頭，爲廣濟寺三大士殿所無。第二層角栱，承受第三層角栱，與正側二面令栱延長之栱。第三層角栱上，施寶瓶，承受大角梁與子角梁。

平面與角栱成九十度者爲抹角栱二層（插圖九），每層出跳，與正側二面華栱平。第一層抹角栱前端之截割法，與栱本身成四十五度，故自正面視之，栱端寬度較華栱稍大。其上施平盤斗，受第二層抹角栱，與平盤斗上正面挑出之單栱。此栱出跳與第二跳

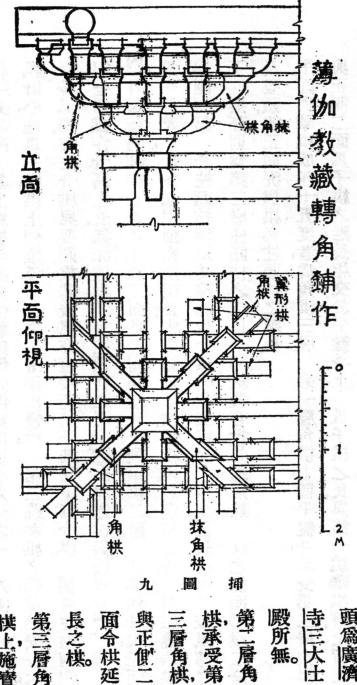

華栱平，上置耍頭，未見於三大士殿，而與獨樂寺觀音閣上層轉角鋪作頗似；所異者，觀音閣爲重栱，此爲單栱。第二層抹角栱前端之截割方法，與第一層同。其上施交互斗，受耍頭與令栱。此項抹角栱之目的，係支撐轉角鋪作與梢間補間鋪作間之簷端荷重，減少正側二面華栱所受重量，而間接補救屋角下垂之弊，故其出發點純爲結構，而非裝飾。但此類斗栱，未見於唐代遺物，亦未著錄營造法式，僅與遼接壤之北宋正定諸寺，應用於柱頭鋪作，自金以後，元明清諸代用者漸稀，頗疑爲遼代特有之方法。以上係就外部言，其在殿內部分，則於轉角櫨斗內側，延長角栱後尾爲斜華栱二層，乘托梢間四十五度之角栿（插圖十）。其第一跳斜華栱之平盤斗上，與第二跳斜華栱亂交者，有外部抹角栱之端，所出正側二面之單栱後尾，延長於內作華栱形狀。其上載翼形栱，即前述外部單栱上耍頭之延長。此項翼形栱，形若花瓣，曾見獨樂寺觀音閣，殆爲清式三福雲之前身。次於第二跳斜華栱平盤斗上，置平面四十五度之角栿。栿身頗寬，原難容納，乃於近平盤斗處，兩側卷殺如梭狀。此外與角栿相交於平盤斗上者，又有外部第二層抹角栱上之耍頭，延長於後，截割如華栱。栱端施散斗，受平棊枋。

（丁）內簷當心間金柱上之柱頭鋪作（插圖十一），華栱出跳之數，內外側不等。在柱外側者二跳。第一跳偸心。第二跳緊貼乳栿之底，左右出令栱，承受平棊枋。內側者三跳。第一跳偸心。第二跳施瓜子栱與慢栱，托受平棊枋。第三跳貼於四椽栿下圖版肆。蓋柱內外側之平棊高度不同，故出跳之數亦異。又因平棊大小不等，致內側出跳之長，較外側者稍短。櫨斗左右側之泥道栱柱頭枋與外簷一致插圖十一。

(戊)內簷次間分心柱上之柱頭鋪作插圖十二三其內側華栱之出跳，增爲四跳。第一第三兩跳俱偸心，第二跳施瓜子栱與慢栱，第四跳托受平棊枋。餘如(丁)項所述。

薄伽教藏內槽斗栱

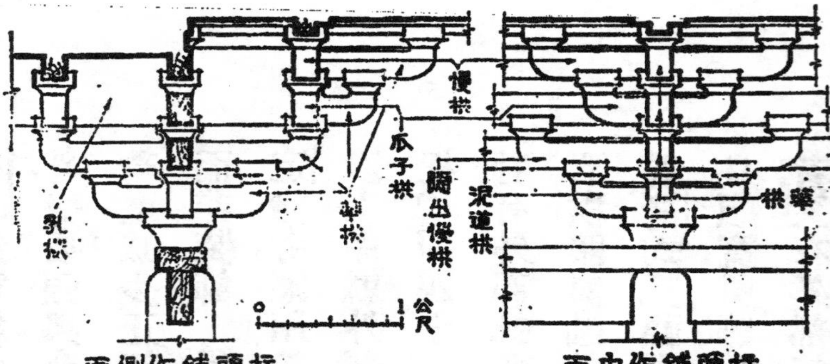

柱頭鋪作內面　柱頭鋪作側面

插圖十二

(己)內簷中央三間，(即當心間與左右次間)自分心柱以前之補間鋪作插圖十四，係於內額與普拍枋上，施蜀柱及櫨斗。其華栱出跳，外側二跳，皆偸心插圖十二。內側三跳。第一跳偸心。第二跳施瓜子栱，此項瓜子栱除當心間外，其餘因與次間轉角鋪作距離太近之故，均係羅漢枋延長之刻栱，其上置平棊枋。第三跳之端，置散斗受平棊之桯插圖十四。櫨斗左右側，無泥道栱及正心慢栱，僅施柱頭枋三層，下二層之表面隱出栱狀插圖十四。

(庚)內簷補間鋪作在分心柱以後者插圖十三，因中央三間之後半部，各有八角形藻井，所占面積頗大，致內側華栱之出跳，自三跳減為二跳。第一跳偷心。第二跳施令栱，係羅漢枋延長之刻栱，上托平棊枋。餘如（己）項。

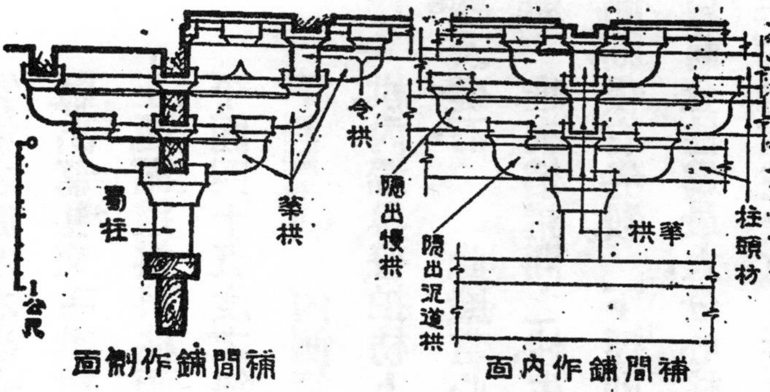

插圖十四 薄伽教藏內檐斗栱

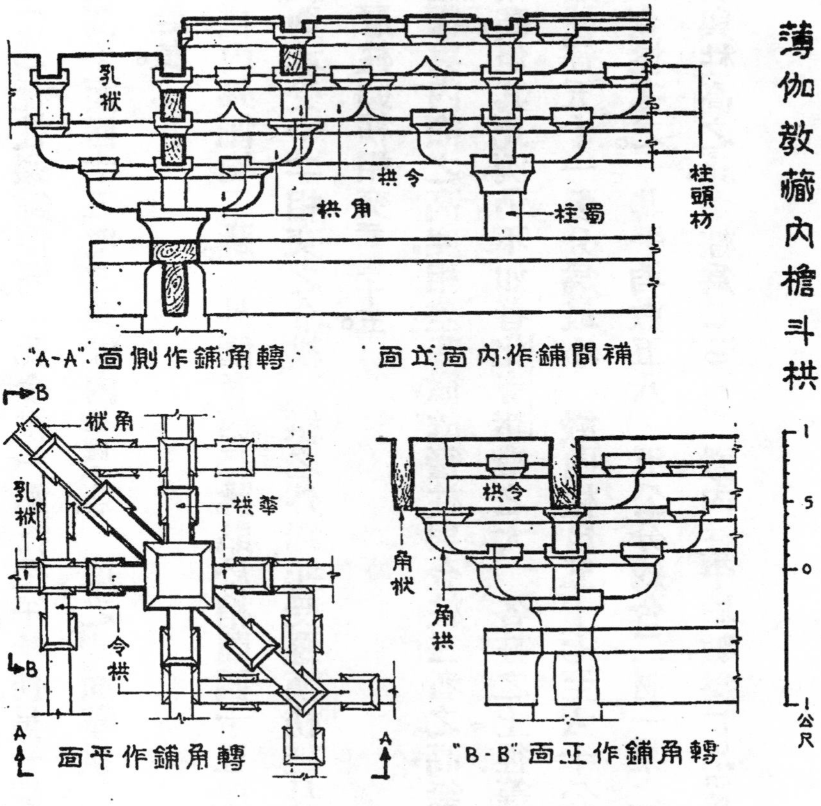

插圖十五 薄伽教藏內檐斗栱

（辛）內簷次間金柱上之轉角鋪作 插圖十五(甲)(乙) 正側二面出華栱各二跳。正面第一跳華栱，係側面泥道栱延長，偸心。第二跳華栱，係側面第一層柱頭枋延長，前端貼於外檐乳栿之底，左右出令栱，與(丁)種柱頭鋪作同。此令栱一端托受平棊枋，另一端延長，隱出鴛鴦交手栱，插入梢間平面四十五度之角栿內插圖十六。反之，側面華栱二層，爲正面泥道栱與柱頭枋之延長。

平面四十五度之斜角華栱，內外側均二跳。外側者，第二跳貼於梢間四十五度角栿下插圖十六。內側第二跳，則承受十字相交之令栱。栱之外端，托受羅漢枋延長之刻栱，內端與普拍枋上第二層柱頭枋相交插圖十五。

柱及礎石

此殿當心間闌額與內額之高度相差甚微，故檐柱與金柱二者之高，無顯著之差別。唯次梢諸間之柱生起稍高，但其比例，仍不如善化寺諸殿之大。各柱之上徑，等於櫨斗之面闊，俱有卷殺。下徑則以檐柱徑五十一公分爲最小。殿內柱自五十七至六十公分不等，而以前金柱爲最大，分心柱與後金柱次之。其平均數五八·五公分，約合二材一栔之高，與營造法式廳堂柱一致。柱之下徑與柱高之比，檐柱爲 1:9.78，殿內柱平均數爲1:8.52。後者在今日已知遼構中較爲粗巨。

殿內柱礎方形，每面之長，約合柱之下徑一倍半，視法式減四分之一。礎係平石，無覆盆雕飾，亦無礩，與其餘大同遼金遺構同一情狀。檐柱之礎，因迭經修理，表面爲磚石所掩，詳狀不明。

梁枋 闌額高三十八公分，厚十五公分，等於材厚。其斷面約爲五與二之比，較法式與獨樂寺更爲狹而高。內額高四十公分，厚十七公分，雖視闌額高厚各增二公分，但比例仍相接近。此二者伸出柱外部分，係垂直截割，無楷頭綽幕之雕飾圖版叁。

額上之普拍枋高十七公分，厚三十五公分，高與厚約爲二與一之比。

殿內自平棊以上部分，以時間倉猝，未及調查，其露出平棊藻井下者，僅四椽栿與乳栿二種，皆爲直梁。後者高一材二栔，厚一材，較法式所云尺寸稍小，惟栿兩側微有卷殺，仍如法式。

柱頭枋之高厚俱如材。橑簷枋之位置，用橑風槫，徑三十二公分，下承替木，與法式同。

殿頂 殿頂爲九脊式，卽明清之歇山圖版叁。其坡度據經緯儀測量結果，自橑風槫上皮至正脊下皮之高度，不及前後橑風槫心距離四分之一圖版肆，視法式殿瓦廊屋猶低，以較殿閣舉屋之比例，相差更遠。又連接橑風槫上皮至脊槫上皮之直線，與水平線所成角度爲二十四度弱，在現存遼金諸例中，當推此殿坡之度爲最低。

殿兩山出際頗遠插圖十七，自叉手外皮至博風版外皮，計長一·二〇公尺，非明清二代官式建築所有。

殿角上翹之法，除前述次梢諸間之柱，較當心間平柱生起外，復於橑風槫之上，簷椽之下，施生頭木，與營造法式同圖版叁。生頭木自次間至梢間，逐漸加高，至殿角處高十七公分，等於『材』厚。但現存正面之簷，因殿角年久下垂，遠覩之略似水平直線，非由生柱及生頭木二點觀察，幾無由辨別矣。

簷椽徑十一公分，與梁高等。飛子方形。二者之端，俱有卷殺。其長度之比，每簷椽一尺，僅出飛子三寸，較法式減半。

殿頂迭經修治，已非一度，惟其簷端勾滴之形狀，極類獨樂奉國二寺，及上寺大雄寶殿者，疑其一部尚為遼金舊物。又現存正脊之鴟吻插圖十八，亦與上寺大雄寶殿完全一致；外形輪廓，復與廣濟寺三大士殿類似，極足引人注意。今以殿內遼重熙間所造壁藏之鴟尾證之插圖十九，則鴟吻之內緣線過直，外緣過方，頂部不類魚尾，外緣易波形之脊為鰭，耳後增足。凡此數點，足証現存鴟吻之形狀，不與壁藏鴟尾一致，而適居鴟尾與明清獸吻二者之間，頗疑此殿與上寺大雄寶殿之吻，同為金天眷大定間重修此寺時所置。

按壁藏之脊，無線條裝飾；其垂脊角脊之端，間有垂直截去，如日本奈良時代諸例，今此殿亦復如是。垂獸與角獸之前部為鳥首形，後部張吻銜脊，姿態奇古插圖二十，極類廣濟寺三大士殿之吻，雖不能定為何代作品，要非明清二代之式樣。又獸座之底面，係水平狀，與北平清式建築異。此法至今猶為大同建築所採用。

牆． 殿之四周，除正面中央三間外，皆包厚墉圖版貳。據西北二面之牆觀之，其外部以青磚修砌未久，但其內部，在正面南次間簷柱內側，與壁藏聯接處，於磚砌之羣肩上，施水平木骨一屑，與善化寺大雄寶殿等所用方法符合。疑牆之外部，雖經後世修築，而牆內一部，尚爲建立以來之舊物。

門窗：正面中央三間圖版叁，上爲方格橫窗，下爲長槅各六扇，裝斜方格。每間中央二扇之外側，復有簾架插圖三。大體與寶坻廣濟寺三大士殿符合。雖非遼代原物，然其比例，似未盡失舊時矩矱，惟長槅之斜方格，頗歎太小；圖版叁所示，係依三大士殿改正者。背面僅天宮樓閣下有直欞窗一，廣而矮；其廣適與天宮樓閣平坐之地栿面闊相等，疑爲建造當時所闢。

平棊藻井：殿內平棊有方與長方形二種。其分布狀況長方形者排列於牆內四周，及內額內外兩側與藻井之左右圖版貳。其寬度依華栱二跳之長定之，卽第二跳華栱上施瓜子栱，栱上用平棊枋，每間以貼劃分四格，成長方形之平棊插圖二十一。前後平棊枋之間，則爲方形平棊，結構與營造法式同。係於平棊枋之上置桯，桯與枋成九十度。桯上置貼，亦與桯爲九十度。桯貼二者之交點，以巨釘固定。其內緣周圍，施方形難子，裝背版其上圖版肆。故背版重量，自貼及桯，自桯傳於平棊枋，極類近世樓板結構之程次。視明清天花支條，縱橫雙方皆在同一平面上，其背面以帽兒梁補其強度，則此尚能表示結構上之眞實情狀，彌足可貴。此項方形平棊之大小，爲內簷斗栱及藻井位置所制限，致內外槽共有數種圖版貳。其高度則外槽——卽金柱與簷柱間——者，位於乳栿上；內槽——前後金柱與內額以內部分——提高一材一栔，露出四椽栿之一部，圖版肆伍。

殿內中央三間之後部，各置如來像一尊，像上覆八角形藻井，當心間者較左右次間者稍大圖版伍。藻井之立面為不等邊之八角錐體，而截去其頂，大體與獨樂寺觀音閣類似。所異者，此殿僅於每隅陽馬上施背板，無三角形交叉小格插圖二十二。

彩畫：外簷及殿內前金柱以前之彩畫，燦然如新，構圖亦顯係近代作品。惟內槽彩畫較舊，如平棊藻井之背版，與櫨斗散斗等，描繪寶相華插圖十三二十二；華栱慢栱瓜子栱等，於外棱緣道內繪簟紋與三角柿蒂，以朱綠二色與墨線間雜相飾，俱與營造法式符合。其四椽栿底彩畫無箍頭與枋心之別，徧繪連續寫生花紋，與平棊之桯繪網目紋，均類奉國寺大雄寶殿梁底之彩畫。又內槽左右次間之長方形平棊，及梢間角栿下，有飛仙人物，以朱色為地。在平棊者周圍雜飾寶相華；栿下者兩端無箍頭與如意頭，僅飾流雲，後者亦與奉國寺大雄寶殿不期而合。但上述飛仙之構圖，雖係遼代之舊，然因屢經後世重描，致其姿態失去原來風致，殊足惋惜。此外方形平棊內之彩畫，繪雲形岔角及流水形圓光者插圖二十一，與上寺大雄寶殿明景泰間所建之平棊一致，故最早當為明代作品。

佛像：殿內磚臺上中央三間，各置如來一軀，四隅列金剛各一。如來之前，雜置大小佛像多尊，極類唐大雁塔門楣雕刻之構圖。諸像或結跏坐，或蹲足坐，或立，或合掌，或揚手，姿態不一插圖二十三至三十六。就中有立於蓮座上者合掌微笑露齒，最不經見插圖二十七。除少數近代惡劣作品外，其餘大小三十一尊，面貌衣飾如出一手，一見辨爲遼代遺物。第此殿之像，雅麗有餘，而莊嚴不足，立像之風度，亦不及獨樂寺觀音閣脇侍之雋逸，殆爲作者表現能力所限歟

當心間之如來像，趺坐蓮座上，下承八角形之臺二重，無梟混曲線。臺上蓮瓣四層，形制甚美，其表面飾金綫立粉之佛像，構圖極秀逸插圖二十八。如來像作說法施無畏相，尚靜穆，不失中上之選插圖二十九。背光之內側飾網目形花紋，與奉國寺大雄寶殿梁下者類似，決爲遼代圖案插圖二十九。背光外側之火焰，亦尚存唐以來舊型，視明以後者形制迥異。兩側復有飛仙各一，顯與佛像同時所製插圖三十。惟火焰線條頗柔和，無雲岡石刻之遒勁，其色彩似經後世重描，非本來面目。

碑。殿內有碑二，左右遙對。一爲金大定二年碑插圖三十一，位於南次間前金柱之北。一爲元至元十年碑插圖三十二，在北次間前金柱之南。二碑皆圓首無螭。惟前碑承以矩形之座，下琢蓮瓣，中分四格，皆作壼門形，內鐫寫生華，後碑則用普通龜趺稍異。自金迄元此寺之重修紀錄，咸著錄二碑內，爲華嚴寺最重要之文獻。

壁藏與天宮樓閣。營造法式壁藏制度，載該書卷十一小木作制度一章者，可區爲上中下三層。下層爲坐，有神龕，外繞重臺鉤闌，龕上爲平坐，復設鉤闌，其制頗繁。中層爲帳身，橫虛

排列經匣，與轉輪藏同，其上覆斗栱腰簷。上層於平坐上，設天宮樓閣，有殿身，茶樓，角樓，龜頭殿，挾屋，行廊等，繚以單鉤闌，見同書卷三十二天宮壁藏一圖（插圖三十三）。此殿壁藏則僅上下二層，下層爲簡單之臺基，次經櫥，次腰簷。上層於平坐上，易天宮樓閣爲神龕，外設單鉤闌，上覆屋頂（圖版陸柒）。雖南北壁中央三間，與西壁轉角第二間，及東西壁盡頭處，屋頂一部升高，覆以九脊式之頂，但上下仍僅二層，視法式所載，簡單而合實用。外觀亦能上下調和，無下大上小之弊。

殿後壁當心間窗上，懸天宮樓閣五間，以圜橋子與左右壁藏上層連接（圖版捌），極玲瓏之致。按法式天宮樓閣，見佛道帳，轉輪藏，與壁藏上部者，皆設於腰簷平坐之上，此則臨空結構，適符天宮樓閣之意義。

壁藏與天宮樓閣之結構，係模倣木造建築，故可視爲遼式建築最適當之模型。且因庋藏殿內，未受風雨摧殘，保存較佳。如屋角上翹，與簷端曲線，及鴟尾，懸魚，正脊，垂脊等，較薄伽敎藏殿本身，及同時諸建築屢經修葺者，尤足表示遼式建築之眞狀。故在建築史中所處地位之重要，與日本法隆寺之玉蟲廚子，同一意義，而規模宏巨，與結構式樣之富變化，又非具體而微之廚子所可比擬也。茲逐項分析如後：

·平面。壁藏共三十八間，沿殿內四壁排列；計南北壁各十一間，東壁之左右梢間各二間，西壁之左右次梢間各六間，至西壁之當心間，以天宮樓閣聯爲一氣。各間之面闊，以北壁中央及其迤東數間廣一·五四八公尺者爲最寬，約合經橱進深之三倍。其餘稍狹，而以北壁最東一間之面闊爲最小。

天宮樓閣共五間中央三間較左右挾屋突出約八分之三平面作凸字形，卽法式所云龜頭殿。其外單鉤闌隨殿勢縈繞至當心間復突出一部圖版捌，與獨樂寺觀音閣上層同。

立面。壁藏外觀圖版陸柒，自平坐腰簷以下咸一致。惟上層屋頂形狀有三種：(甲)普通人字型，(乙)九脊頂，(丙)中央當心間覆九脊頂左右挾屋半九脊頂。玆自臺基起自下而上分述如後：

臺基之高約爲下層簷柱高度之半。其自經橱表面伸出之部分頗大，約爲臺基本身高度二分之一强圖版捌，故全體比例不因經橱進深甚淺發生外觀上不安定之印象。臺上下緣各有繁密疊澁以曲線與直線混雜相飾。中爲花版。每橱一間，下具花版三組。除轉角外無隔身版柱圖版陸柒。

經橱進深約爲臺進身二分之一弱。其面闊，卽兩柱間之中心距離，爲一·五四八公尺。柱方形立於地栿上兩側各附立頰一，裝扉二扇。扉內以板區爲上中下三層藏經其中圖版捌，無法式所云之經匣。柱上置闌額與普拍枋至轉角處二者皆未伸出隅角之外，與唐大雁塔雕刻類似。其上所施斗栱係七鋪作重抄雙下昂重栱造。除柱頭鋪作外，每間置

34145

補間鋪作三朶，間隔頗密，圖版陸柒，不似殿本身斗栱之疏朗，殆因小木作之故，得自由增加歟。再上爲腰簷，具簷椽飛子瓦輪，無殊實際建築插圖三十四。

上層於腰簷上設平坐鉤闌。前者於通長之額與普拍枋上，置六鋪作卷頭重栱造斗栱，每跳皆計心圖版陸柒。在原則上，與法式卷四平坐條『宜用重栱及諸跳計心造作』及卷十一壁藏條『用六鋪作卷頭』完全符合。但其配列，北側者每間三朶，與下簷斗栱一致，南側者減爲二朶，又北側用泥道栱一層，柱頭枋三層，南側無泥道栱，改爲柱頭枋四層，殆欲故示變化，避千篇一律之弊也。

平坐上爲料子單鉤闌插圖三十五，大體似獨樂寺觀音閣內之平坐鉤闌，但束腰華版所雕花紋種類更爲繁複，另詳下文。鉤闌內爲神龕，面闊進深均與下層經橱同，惟柱爲圓徑，其高度僅及下層三分之二。每間之兩側，各於面闊五分之一處立方形槏柱。柱與槏柱之間，施難子裝版，空其間五分之三爲門。門無扉，中供佛像，今大部已亡。柱上復有闌額，普拍枋，與七鋪重抄雙下昂斗栱，其出跳與配列距離，及各分件尺寸，均與下簷完全符契。其上屋頂，因壁藏進深甚淺，而屋頂高度爲全體平衡計，不能過低，故脊之位置偏於後側圖版捌。

以上就殿內壁藏之普通部分言，其在南北壁中央三間者，屋頂升高作梯級式，非清季宮殿建築所有圖版陸柒。此三間之總面闊，與下簷經橱三間之面闊相等。但其中央當心間特大。在北壁者平柱之位置，與平坐及下簷次間第一朵補間鋪作之中線一致，故所餘左右次間之面闊，僅及下簷次間面闊四分之三。南壁者平坐斗栱每間減爲二朵，不與下簷斗栱位置一致，而上層當心間之平柱，係與平坐次間第一朵斗栱在同一中線上，故其面闊較北壁者稍大。所餘上層左右次間之面闊，祗及下簷次間面闊三分之二。各間均有欂柱。其門無扉。門之上部，普通爲方角插圖三十四另有壺門造者二種插圖三十五。簷柱之高，左右次間者，較兩側普通壁藏上層之柱高出三五·二公分，當心間者，復較次間之柱高三十六公分，故各間高度相差之數大體可云相等。柱上施闌額與普拍枋同前。惟普通壁藏與次間之闌額，各直接交榫於次間與當心間之角柱插圖三十五，極爲特別，非如清官式建築，於次間另增一柱。普拍枋上之斗栱，係七鋪作重抄雙下昂重栱造，與下簷同，但其轉角鋪作與補間鋪作，能於統一調和中力求變化，不落常套；計有轉角鋪作三種，補間鋪作二種，足徵計畫當時之苦心。屋頂形狀，以簷柱高度不等，致中央當心間之九脊頂最高，左右次間之半九脊頂次之，普通壁藏屋頂又次之，故其外輪線成三級遞減之狀，使左右亘長十一間之壁藏，無平直呆板之弊，最堪讚賞圖版陸柒。

東西壁之壁藏盡頭處與西壁梢間轉角第二間插圖三十六，各於上層設九脊頂，共六處圖版陸柒捌。面闊仍與下層經橱同。屋頂高度及斗栱壺門欂柱等，亦與前述南北壁中央三間之次間一致。

天宮樓閣爲龜頭殿插圖三十七，位於北壁當心間窗上下爲平坐，其上設料子單鉤闌。鉤闌內，中央殿身三間，具樣柱，無壼門。簷端斗栱，與壁藏上下簷同爲七鋪作重抄雙下昂重栱造。左右挾屋各一間，較殿身稍低，斗栱爲五鋪作重抄重栱減二跳。屋頂之式樣，殿身係九脊式；左右挾屋則爲半九脊頂，稍低。故屋頂輪廓亦爲梯級式圖版捌。

材栔 『材』廣即材高四公分，厚三公分，斷面爲四與三之比。『栔』高二公分，適爲『材』高二分之一，與獨樂寺山門同，而異於法式及殿本身之比例。殆因小木作製作不易，不必盡與大木同也。

斗栱 壁藏與天宮樓閣之斗栱種類，較薄伽教藏殿本身超出一倍以上。計有柱頭鋪作一種，補間鋪作六種，轉角鋪作十種，共十七種。其中有未見他例者，至足珍貴。其分件比例，因『材』高尺寸頗大，致以十五分之一『材』高除各分件實測之數所獲數值，較薄伽教藏殿之比例稍小。但(一)瓜子栱之長，仍等於令栱，(二)泥道栱與慢栱增長，(三)第二跳以上華栱與下昂出跳，較第一跳減短，皆與薄伽教藏殿符合，足證壁藏亦係遼構無疑也。

柱頭鋪作

(一)壁藏上下簷柱頭鋪作，皆係七鋪作重抄雙下昂重栱造插圖三十八，大體類似獨樂寺觀普閣及奉國寺大雄寶殿。但後二者第二跳計心，此則第一跳亦計心，不無小異。其結構程次，櫨斗外側自下而上，第一跳華栱之端，施瓜子栱，慢栱，上置羅漢枋二層。第二跳華栱亦然，惟羅漢枋僅一層。第三跳偸心。第四跳於昂端施令栱與批竹昂式之耍頭相交，受替木及橑簷枋。華栱皆單材，昂係假下昂，自第二跳以內爲水平狀，殆因小木作本屬一種模型，其斗栱在實際上結構之機能無多，故無挑斡斜上之必要也。

櫨斗左右兩側施泥道栱，其上置柱頭枋三層。第一與第三兩層隱出慢栱，第二層隱出泥道栱插圖三十八，但亦有二三兩層不隱出者插圖三十九。又北壁上層中央當心間之柱頭鋪作，因與內側補間鋪作及外側轉角鋪作距離太近，致正心慢栱及外拽慢栱，俱與鄰組相連爲一。故於當心施散斗，斗底兩面相交，隱出栱頭，若人字形圖版陸，如營造法式鴛鴦交手栱之狀。

補間鋪作

（一）普通壁藏上層未升高者，上下簷補間鋪作，俱爲七鋪作重抄雙下昂重栱造插圖三十九，與前述柱頭鋪作之結構完全相同插圖三十八。天宮樓閣當心間補間鋪作，亦復如是。惟壁藏上層升高者，其補間鋪作雖亦爲七鋪作，但因排列過密，致慢栱與鄰朶相連，成鴛鴦交手栱圖版陸。

(二)北壁上層當心間之補間鋪作（插圖四十，）除櫨斗正面依前例施重抄雙下昂重栱外，復於櫨斗左右兩角各出平面四十五度之斜華栱四層。第一第二兩跳俱計心。第三跳偸心。第四跳之端，置散斗直接托受橑檐枋下通長之替木（即清式挑檐枋）無令栱與耍頭。前述櫨斗中央之重抄重昂與兩側四十五度之斜華栱四層相距甚近，故第一第二兩跳上之瓜子栱與慢栱皆連爲一體。其兩端截割方法與栱本身成四十五度而與斜華栱平行。又第三跳瓜子栱在斜華栱與中央重抄重昂間之部分隱出鴛鴦交手栱；外端則爲翼形栱，未施散斗托受上層之瓜子栱。此瓜子栱之地位依常例應爲慢栱，殆因左右餘地無幾爲避免鄰側鋪作衝突之故，改用此法。

櫨斗左右兩側之泥道栱與柱頭枋，如前述柱頭鋪作。

(三)天宮樓閣兩側挾屋之正面補間鋪作，係五鋪作重抄重栱造（圖版柒捌）。第一跳華栱計心，施瓜子栱慢栱及羅漢枋一層。第二跳華栱施令栱，使與耍頭相交，承受替木及橑檐枋。櫨斗兩側泥道栱上，置柱頭枋三層，下層隱出慢栱，如前述柱頭鋪作。

(四)挾屋側面補間鋪作，較正面者提高一材一栔（插圖四十一）。第一跳華栱，與第一層柱頭枋相交，下承交互斗。斗下無蜀柱，疑爲匠工遺漏，否則不致不合理若是。此華栱之端，僅施翼形栱，其上另無慢栱。第二跳華栱直接承托替木，無令栱與耍頭。

此項鋪作因提高一材一栔，於第一層柱頭枋上向外出華栱，故鋪作左右兩側無泥道栱。

天宮樓閣平坐之補間鋪作，在兩側圜橋子下者，其後尾結構同此插圖四十二。

（五）壁藏及天宮樓閣兩側挾屋之平坐斗栱，俱爲六鋪作卷頭重栱造，每跳計心插圖三十五，三十七，與法式同。　卽外側第一跳華栱施瓜子栱慢栱及羅漢枋一層。　第二跳華栱，施瓜子栱與羅漢枋，略去慢栱。　第三跳華栱施交互斗直接托受素枋，無令栱。　與素枋相交者，爲耍頭之延長，其端垂直切去。　出跳之長；第一跳七·六公分，第二第三跳與耍頭，減爲六公分。

內側華栱後尾之出跳，見天宮樓閣平坐者，視外側減一鋪作。　第一跳計心，第二跳施令栱與耍頭，受平棊枋插圖四十二。　每跳之長同外側。

櫨斗左右兩側之結構，分二種。　（甲）在北側壁藏與天宮樓閣者，於櫨斗上施泥道栱與柱頭枋三層，下層柱頭枋隱出慢栱圖版陸捌。　（乙）在南側壁藏平坐者，無泥道栱，僅列柱頭枋四層，枋之表面隱出泥道栱慢栱圖版柒。

（六）天宮樓閣當心間之平坐，較兩側挾屋平坐突出十一公分。　但斗栱之外觀，須與兩側者一致，故於正面仍用華栱三層，而第二第三兩跳，各等於挾屋平坐斗栱二跳之長。　換言之，全體出跳以華栱三層支配五跳之長，爲他例所未有插圖四十三。　其結構層次，第一跳華栱計心，與挾屋平坐同。　第二跳華栱等於挾屋平坐第二第三兩跳之長；爲外觀整齊劃一計，於華栱中段置交互斗，施瓜子栱，羅漢枋，使與兩側平坐第二跳計心者，銜接一氣。　第三跳華栱之長，等於第二跳，其端置交互斗，受素枋與耍頭，無令栱。　此法瑣碎不合結構原則，遠不遠觀音閣上層當心間之平坐僅延長耍頭於第三跳之外，簡單而合實用。後尾及櫨斗兩側，如第(五)種補間鋪作。

轉角鋪作

轉角鋪作分外轉角與內轉角二類，共十種。　計外轉角七種，內轉角三種。

(一)壁藏上下簷之外轉角鋪作（插圖四十四），於櫨斗正側二面各出重抄雙下昂，卽華栱二跳與下昂二跳。　第一二跳華栱計心，第三跳下昂偸心，第四跳昂端施令栱，托受替木與上述普通柱頭鋪作及第(二)種補間鋪作同。　轉角處，在平面四十五度角線上，出角栱角昂各二層，其上施由昂，承受大角梁與子角梁。　但在第二層角栱之平盤斗上，正側二面各出重栱。　第二層角昂之平盤斗上，各出單栱，托載橑簷枋下之替木。　此外又於平面與角栱成九十度之線上，自櫨斗之角，出抹角栱二層，胥計心。　各跳之長，與正二側面華栱平。　栱端截割法有二種，一與栱本身成四十五度，一與栱身成九十度。　其第二層抹角栱之平盤斗上，則出重栱，直接支撐替木，無令栱。　此轉角鋪作之結構，略似獨樂寺觀音閣上簷，但觀音閣第一跳華栱偷心，稍異。

泥道栱與柱頭枋之層次同柱頭鋪作。

(二)殿北側壁藏中央三間之三級項，其次間外轉角鋪作插圖四十五，與前項略同，惟抹角栱自二層增爲四層，尙屬初見。 其第一二跳俱計心第三跳偷心第四跳直接承托替木。 栱端之截割與栱本身成四十五度。 又第二跳抹角栱之平盤斗上正面出重栱支載替木，與第(一)種轉角鋪作同。

泥道栱及柱頭枋俱如柱頭鋪作。

(三)前述三級項之當心間外轉角鋪作插圖四十六，於轉角櫨斗外正側二面，復各增附角斗一具，卽法式卷五平坐條所述之纏柱造。 前乎此者，有義縣奉國寺大雄寶殿亦作此式，但其昂栱分配與細部結構略有出入，非完全符合。

此項鋪作之結構：其轉角櫨斗上，正側二面各出重抄雙下昂，與四十五度角線上出角栱角昂各二層，與第(一)種轉角鋪作同。 但未設抹角栱，而於正側二面附角斗上，各施華栱四層。 第一二跳皆計心。 跳上所置瓜子栱及慢栱，在轉角櫨斗與附角斗之間者，因距離過近，均爲鴛鴦交手栱。 第三跳偷心。 第四跳無令栱，直接撐於替木下。

轉角櫨斗與附角斗上之泥道栱，連爲一體。 柱頭枋與前述柱頭鋪作同。

(四)天宮樓閣中央三間之外轉角鋪作挿圖四十七，以較第(一)種轉角鋪作，僅減去抹角栱二層，及第二層抹角栱上所出之重栱，餘悉同。

(五)天宮樓閣之挾屋外轉角鋪作正側面皆用華栱二層，甚簡單挿圖四十一。　第一跳計心，施瓜子栱，慢栱及羅漢枋一層。　第二跳施令栱，與耍頭相交，托受替木。　四十五度角線上，則施角栱三層，第三層用以代替由昂，支撐大角梁與子角梁。

泥道栱與柱頭枋同柱頭鋪作。

(六)壁藏平坐之外轉角鋪作，在前後壁南側者挿圖四十八，於轉角櫨斗正側二面，各出華栱三層。　第一跳計心，施瓜子栱，慢栱與羅漢枋一層。　第二跳僅施瓜子栱，羅漢枋，無慢栱。此瓜子栱在正側面華栱與角栱之間，及華栱與抹角栱間者，胥爲鴛鴦交手栱。　第三跳華栱之端，托於鉤闌素枋下。　枋與耍頭相交，無令栱，與第(五)種補間鋪作同。

次於平面四十五度角線上，出角栱三層。　第二跳角栱之平盤斗上，正側二面，各出單栱，—即正側面第二跳華栱上瓜子洪之延長—托受鉤闌下素枋。　第三跳角栱直接貼於正側二面素枋之交點下。

此外復於平面與角栱成九十度之線上，自櫨斗角出抹角栱二層挿圖四十八。　各栱端之截割，皆與栱本身成九十度。　第二跳抹角栱上，正面出單栱，承托鉤闌下素枋。　但此項鋪作在後壁圜橋子下者，僅正面具抹角栱，側面則略去抹角栱及第二跳抹角栱上之單栱 揷圖四十九。

柱頭枋同第(五)種補間鋪作(乙)項。

(七)天宮樓閣平坐及前後壁北側壁藏平坐之外轉角鋪作，係纏柱造；除轉角櫨斗外，正側二面各增附角斗一具，無抹角栱 揷圖五十。 其結構程次係於轉角櫨斗與附角斗上，正側面各出華栱三層。 第一跳施瓜子栱，慢栱與羅漢枋。 第二跳施瓜子栱與羅漢枋，省去慢栱。其瓜子栱在轉角櫨斗與附角斗間者，隱出鴛鴦交手栱。 第三跳直接受素枋及耍頭，無令栱。

角線上出角栱三層。 第一跳平盤斗上，除載第二跳角栱外，復延長正側二面第一跳華栱上之瓜子栱爲單栱，承托正側面第二跳之瓜子栱。 第二跳角栱平盤斗上，除載第三跳角栱外，復延長正側面第二跳華栱上之瓜子栱爲單栱，承托鉤闌下之素枋。 第三跳角栱貼於正側面素枋交點之下。

泥道栱與柱頭枋之層次，同第(五)種補間鋪作(甲)項。

內側出跳，見天宮樓閣下者 揷圖四十二，轉角櫨斗上之角栱後尾，亦係三層。 第二跳托載十字相交之單栱，栱上施平棊枋。 枋以內之平棊，無桯貼，僅雕剔地簇四毬文，頗雅素。 第三跳角栱後尾臨空，無結構意義。 兩側附角斗上之華栱後尾，因地位逼狹，祇出一跳、施瓜子栱，慢栱，與羅漢枋一層。

(八)壁藏下層腰簷之內轉角鋪作插圖五十一，於四十五度角線上，自轉角櫨斗出角栱二層與角昂二層。 第一跳角栱平盤斗上二面各施瓜子栱，慢栱，及羅漢枋，與兩側泥道栱及柱頭枋平行，而延長各栱與羅漢枋之後端，使與第二三四層柱頭枋相交。 第二跳角栱上，結構亦同，但其慢栱與兩側補間鋪作第二跳上之慢栱，聯接為一，成鴛鴦交手栱。 第三跳角昂偸心。 第四跳角昂上，施令栱與批竹昂式之耍頭。 令栱亦與鄰側者，併為鴛鴦交手栱。

泥道栱與柱頭枋同柱頭鋪作。

(九)壁藏平坐之內轉角鋪作插圖五十二，於轉角櫨斗上，出角栱三層。 第一跳角栱平盤斗上，與兩面柱頭枋平行，各出瓜子栱，慢栱，及羅漢枋一層，而延長其後尾，與第二三層柱頭枋相交。 第二跳角栱平盤斗上，兩面出瓜子栱與羅漢枋，無慢栱，後尾則與第三層柱頭枋相交。 第三跳角栱，貼於兩面素枋之交點下。

泥道栱與柱頭枋在北壁平坐者，同第(五)種補間鋪作(甲)項，南壁同第(五)種(乙)項。

(十)壁藏上簷之內轉角鋪作插圖五十三，亦係纏柱造，惟兩側之附角斗，僅各出華栱一跳。 其轉角櫨斗，則於四十五度角線上，出角栱與角昂各二跳。 其第一跳角栱上，兩面各出瓜子栱，載於附角斗華栱之上，其上施慢栱與羅漢枋，後端延長與柱頭枋相交，如第(八)種轉角鋪作。第二跳角栱上施瓜子栱，慢栱與羅漢枋後尾同前。第三跳角昂偷心。第四跳角昂上兩面施令栱與批竹昂式之耍頭相交。此二令栱係十字相貫，外端承托替木，內端貼於遮椽版下。

泥道栱與柱頭枋同柱頭鋪作。

柱。壁藏下簷經櫥之柱立於地栿上，正面寬一〇·五公分，進深不明，高一·三五公尺。高與寬約爲一與一二·五之比。上簷用圓柱，徑八·八公分，高八〇·八公分，爲一與九·二之比。柱上端微具卷殺，下端直接置於樓版上，無礎石與覆盆雕飾，與殿本身諸柱同。

枋。闌額，普拍枋，柱頭枋，羅漢枋，橑簷枋之尺寸，上下簷完全一致。其比例則闌額高七·六公分，視材高二倍僅減四公釐，大體與法式同。普拍枋高二·八至三·三公分不等，平均爲三公分，等於材厚，適與殿本身所用之比例符合。柱頭枋及羅漢枋高厚如材。橑簷枋高六公分，爲材高一倍半，厚五公分，斷面近於方形，而切去四角，成不等邊之八角形。按法式橑簷枋高二材，厚十分，爲狹而高之斷面。遼代遺物中，如獨樂，奉國，廣濟三寺，及此寺薄伽敎藏殿，海會殿等，俱用橑風槫，唯壁藏及佛宮寺塔二者，用橑簷枋。

屋頂。壁藏上下簷之水平長度，自柱眼版之表面至飛子外皮，同爲五九·七公分，合下簷柱高二分之一弱。自橑簷枋向外挑出之長，簷椽與飛子，爲二與一之比；卽簷椽一尺，出飛子五寸。二者之端，皆有卷殺插圖三十八九。每壁藏一間，列簷椽三十七枚，瓦三十一隴，頗密。屋頂之坡度，據連接脊槫上皮至簷端瓦隴上皮之直線，與水平線所成角度，以腰簷二十一度爲最低；上簷則爲二十七度；天宮樓閣爲三十一度。除天宮樓閣外，其餘皆在二十八度以內，與其餘遼構符合。

九脊頂之翼角上翹，係於橑簷枋上施生頭木。生頭木自中點起，向兩翼逐漸提高，至角高五・七公分，約爲一材一栔之高。故簷端爲整個曲線，優美自然，無生硬之弊圖版陸柒捌。明清之簷，則梢間以內爲水平線，梢間外始上翹，乃直線與曲線之連接體，與此對照，優劣立辨。大角梁之端，刻簡單凹形曲線，非三瓣頭或檔頭。小角梁垂直切去，或雕獸首，其式不一。正脊垂脊角脊之背，皆微圓，兩側無線條及花紋鏤刻，外觀頗簡素圖版陸柒捌。以鴟尾製作之精密推之，脊之形體，應爲當時通行式樣，非匠工工作草率所致也。垂脊頗長，前部微呈反曲之狀，甚美。其端間有垂直截切，如日本飛鳥奈良諸代之例。惟多數鐫刻龍首，與棲霞寺舍利塔角脊之用獸首，同一方式。角脊作二疊式，前部施圓木橛三枚，殆表示其爲走獸圖版陸柒捌。

正脊兩端之鴟尾，爲討論唐宋二代式樣變遷之重要證物插圖五十四。其全體輪廓，如內外緣曲線，皆極圓和，與外緣具波狀之鰭，及下部無吻座，咸與唐大雁塔之門楣雕刻符合。 惟鴟尾之頂作魚尾分叉形，及前後二面遍飾鱗紋，未見前例。 據宋黃朝英所著靖康湘素雜記引倦游雜錄，謂「自唐以來寺觀舊殿宇，尙有爲飛魚形，尾上指者，不知何時易名鴟吻，狀亦不類魚尾」，則魚尾形亦爲唐式之一，雖非初唐所有，或爲盛唐以後之式樣，殊未可知。至於鴟吻之產生，固未諳起於何時，以大雁塔雕刻與日本奈良期唐招提寺鴟尾證之，俱非此狀，疑其最早亦在盛唐以後，最晚在北宋末期以前。 蓋黃朝英爲北宋末人，其書成於欽宗靖康間，所引倦游雜錄，雖不知何代人所作，至遲當與黃氏同時，故也。 今考此殿建於遼興宗重熙七年（一〇三八年），卽北宋仁宗景祐五年，先於靖康之亂，盖九十年。 其壁藏鴟尾之上部爲魚尾形，如倦游雜錄所云之唐式，而下部有吻，又類宋之鴟吻。 在形體與時代先後，均足證爲鴟尾與鴟吻間之過渡物。 又插圖五十四所示，吻後無足視大雄寶殿及殿本身之吻，插圖十八，式樣尤古，亦爲過渡之證。

九脊頂之兩山，出際頗大，插圖五十四。 自垂脊以外，具排山，下爲博風版及懸魚，後者式樣，完全與法式符合。 普通壁藏上簷之盡頭處，亦施博風版，插圖五十五，版端刻凹曲線，如前述大角梁前端之形狀。 其下復有水平版，緊貼其下，施大小懸魚二，形制較前者簡單，蓋用以遮蓋橑簷枋及第一二跳羅漢枋之外端者。

34159

插圖五十七

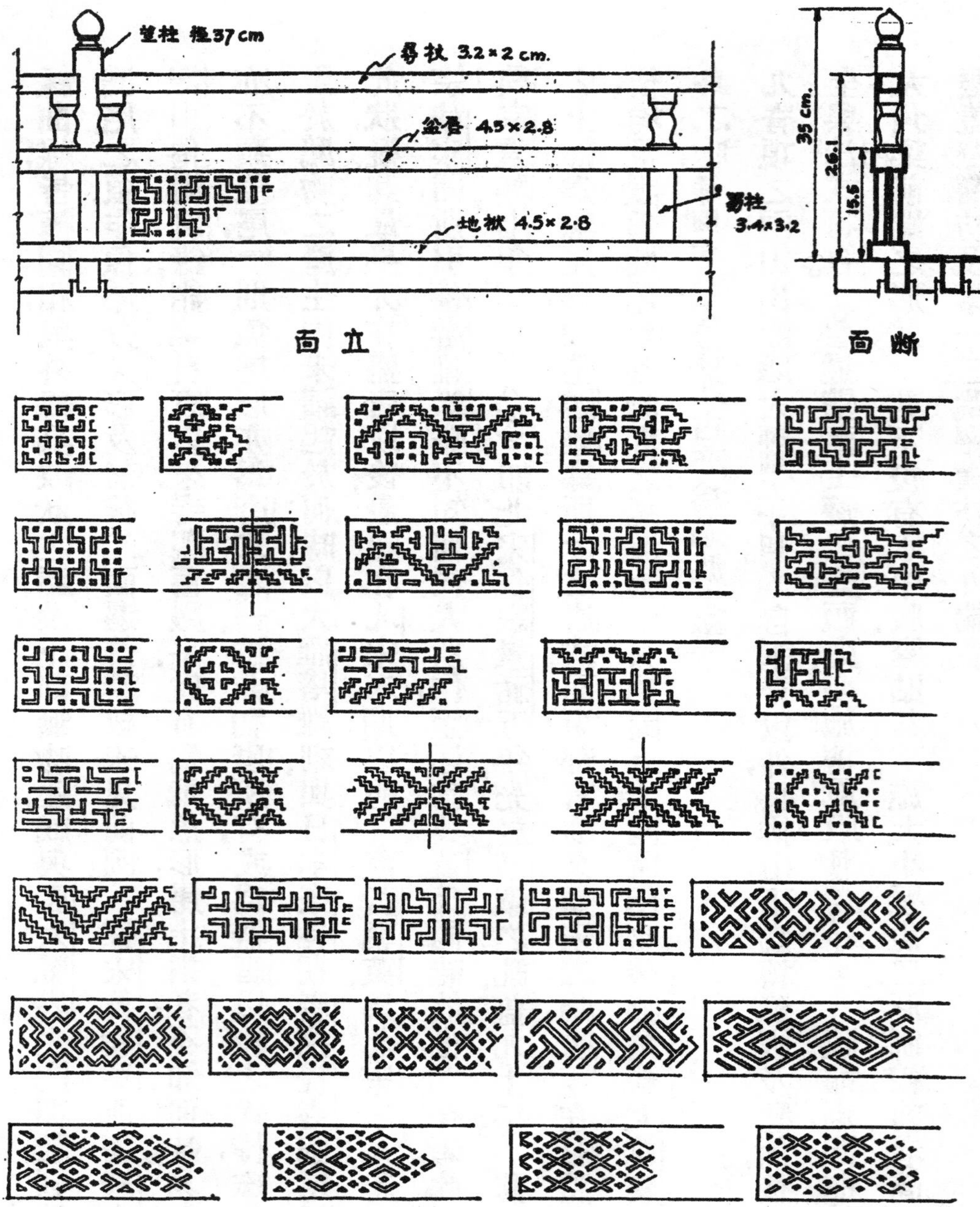

欄板紋樣

薄伽教藏殿壁藏勾欄

鉤闌：　壁藏及天宮樓閣平坐之上，皆用料子單鉤闌插圖五十六。其法於平坐外緣，施通長之地栿，栿上立望柱，其頂雕刻簡單之寶珠，僅見於敦煌壁畫與日本諸例。柱之位置與下簷經榻柱之中線一致。望柱之間，上施尋杖，中施盆脣，皆與地栿平行。尋杖之斷面有圓形及長方形二種，前者用於天宮樓閣，後者用於壁藏。至轉角處，增設望柱一，令尋杖交榫於柱，非絞角造。二柱之間，於尋杖之下，地栿之上，施料子蜀柱三處，中央一，餘二者緊貼望柱之兩側。又於蜀柱之間，盆脣之下，爲束腰華版，鏤刻幾何形透心花紋三十餘種插圖五十七，力避雷同之弊，卓具匠心，惟無法式所云之起突花草人物。其花紋一部，曾見薊縣獨樂寺觀音閣內之平坐，及觀音寺白塔鉤闌，當爲遼代通行之式樣。

按法式卷十一壁藏單鉤闌高七寸，係以佛道帳制度爲標準。據卷九佛道帳所載，高五寸至一尺者，其名件等以鉤闌每寸之高積而爲法，如鉤闌每高一寸，望柱方一分八釐之類。以百分率計之，卽望柱之方，爲鉤闌通高百分之十八。今此殿壁藏鉤闌之高爲二六・一公分，約在宋尺一尺以內，依百分率換算各分件之比例，與法式規定之數，未能脗合。表列如次，以供參考：

分件名稱	實測尺寸	與鉤闌高度之比例	營造法式之比例
望柱高	三五・〇公分	百分之一三四分	百分之一二〇分

徑	三・七公分	百分之一四分	百分之一八分
蜀柱廣	三・四公分	百分之一三分	百分之二〇分
厚	三・二公分	百分之一二分	百分之一〇分
尋杖廣	三・二公分	百分之一二分	百分之一〇分
厚	二・〇公分	百分之八分	百分之一〇分
盆脣廣	四・五公分	百分之一七分	百分之一八分
厚	二・八公分	百分之一一分	百分之八分
地栿廣	四・五公分	百分之一七分	百分之一五分
厚	二・八公分	百分之一一分	百分之一二分

圜橋子　天宮樓閣兩側之圜橋子圖版捌，兩頰高三三・六公分。其與天宮樓閣平坐銜接處，兩頰之上口與平坐上緣素枋上皮平，下口與普拍枋下皮齊。另一端之下口，與壁藏鉤闌地栿之下皮平，而延長其上緣，交榫於壁藏之上簷柱，致截斷平坐之一部。同時兩頰上之鉤闌，亦未能與壁藏平坐鉤闌銜接圖版捌，為壁藏與天宮樓閣外觀唯一之缺點。然壁藏自腰簷以上部分，原非實用，為圜橋子穩固計，殆亦不得不用此法也。兩頰間，隨橋勢裝圜版，無促版及踏版。其底面以桯劃分四格，施難子，裝版插圖四十九。

綜前所論壁藏之斗栱結構與屋頂鉤闌等所示式樣，決非遼以後所能有。且據金大定二年碑，知遼興宗重熙間有敎藏五千七十九帙。以庋藏敎藏爲目的之薄伽敎藏殿復成於重熙七年，則壁藏與天宮樓閣之製作年代應與薄伽敎藏殿落成之時相距不遠，卽使至遲亦不出數年外也。

殿之年代。

殿爲保大亂後幸存五建築之一，載前述金大定二年碑。其創立年代，見殿內當心間四椽栿底之題記者，左側有「推誠竭節功臣大同軍節度雲弘德等州觀察處置等使，榮祿大夫檢討太尉，同政事門下平章事，使持節雲州諸軍事，行雲州刺史，上柱國，弘農郡開國公，食邑肆仟戶食實封肆百戶，楊又玄，」七十四字，右側有「維重熙七年歲次戊寅玖月甲午朔十五日戊申午時建，」二十二字，均紅地墨書，爲記載此殿建築年月唯一之文獻。通志府志諸書所載，殆皆以此爲根據。

按遼史無楊又玄傳，僅聖宗本紀載又玄以開泰七年知詳覆院，太平二年任樞密副使，五年遷吏部尙書參知政事兼樞密使，八年知貢舉。其後何時出鎭大同，遼史略而未載，無由稽考。然大同軍節度使及觀察處置等使官名，實與同書百官志所載一致。又以陳氏二十史朔閏表證之，戊寅戊申爲重熙七年九月十五日，干支亦相符會。故現存梁下題署，雖未必卽爲建造當時所書之原物，然後世修理時，或僅予重描，未事改竄，否則官制干支，決難契合若是也。

次以式樣與結構論之，寶坻廣濟寺三大士殿建於遼聖宗太平五年（一〇二五年），先於重熙七年十有三載，與此殿同爲面闊五間進深八架椽。不僅面闊進深之尺寸，與材栔大小極相接近，其斗栱亦同爲五鋪作雙抄重栱造，補間鋪作與轉角鋪作亦同用蜀柱及抹角栱；式樣幾完全一致。除殿頂藻井與當心間金柱之位置外，在宋遼金遺物中求其類似若此二殿者，殊不可得。玆將二者之重要尺寸，表列於後：

	薄伽教藏殿	三大士殿
通面闊	二五·四九公尺	二五·一四公尺
通進深	一八·三五公尺	一八·二八公尺
簷柱高	四·九九公尺	四·三九公尺
通高	一三·二二五公尺	一二·七七公尺
材高	〇·二三五公尺	〇·二三五公尺
材厚	〇·一七公尺	〇·一六公尺
栔高	〇·一〇五公尺	〇·一二公尺

前表中僅簷柱高與通高二項，薄伽教藏殿較三大士殿高出約半公尺外，其餘面闊，進深，與材栔等，皆相差甚微，足證計畫當時，二者同受時代性之影響，致採用之尺寸，大體類似。且此殿之斗栱結構，與屋頂坡度，平棊藻井，彩畫壁藏佛像等所示之式樣，如前文所述，直接間接，無不爲

遼式建築之鐵證，而非金以後所能有，故知梁下題記，乃極忠實可靠之紀錄。日人伊東忠太氏於其北清建築調查報告中，謂此殿與海會殿俱係金建，殆未就結構式樣，作詳密之比較也。

海會殿

數年來社中調查宋遼金遺構多處，屋頂形式以四注居最多數，歇山次之，獨無挑山者，有之，自海會殿始。殿在今下寺薄伽教藏殿左側，南向（圖版壹）。依建築式樣言，其建造年代，宜與薄伽教藏殿同爲遼代所造。第金大定二年碑，載遼末天祚帝保大二年金兵入西京，寺大部被燬，僅餘齋堂，廚庫，寶塔，經藏，及守司徒大師影堂五處，未及此殿，疑爲殿名變更，前後岐出所致。蓋殿之結構，配置，如下文所論，決爲遼構無疑。而前述五建築中，經藏卽薄伽教藏殿，與寶塔俱可不計。所餘三者，以伽藍配置之常例推之，齋堂與廚庫，不應居於寺之前部，而海會殿面積頗小，尤不適於莊極一時之遼華嚴寺齋堂。且齋堂與廚庫皆爲佛寺之次要建築物，其結構比較簡單，

34165

無用斗栱之必要。其平面配置，亦無略去分心柱使梁架之結構，徒臻於複雜。故依地點，面積，結構三點推論，疑今之海會殿爲遼守司徒大師影堂所改稱者。

遼世名器最濫，沙門躋三公之位者，據遼史興宗本紀，有惠鑑授檢討太尉，守志志福授守司徒，圓釋法鈞授守司空。志福曾著釋摩訶衍論通玄鈔四卷，似爲當時高僧，第諸人事蹟俱無可考，不知此寺之守司徒大師，爲守志志福，抑此外另有其人也。

階基。 殿建於磚砌之階基上圖版拾。附近地面較薄伽教藏殿前部者稍低。階基平面，係長方形，南北視東西稍狹圖版玖。依同時代諸例，其前應尚有月臺，殆因屢經變亂，摧毀無遺矣。今階基北面經近世以青磚修砌，尚嚴整。惟南面僅存土基，東西二面亦凋毀過半。據西側殘存部分所示插圖五十八，內部之磚，水平層與垂直層交互疊砌，似較階基外側者年代稍舊，但是否即爲遼構，尚難斷定。

平面。 殿面闊東西五間圖版玖，南北八架椽圖版拾貳，全體平面作長方形，面闊與進深之比，與薄伽教藏殿接近。其南面當心間設門。左右次間各於坎牆上裝窗，餘爲磚牆。門內中央三間各有六角形石香爐一具。其後有磚臺，面闊盡中央三間，左右兩翼向前突出，若凹字形，極類薄伽教藏殿之臺。此大臺外，沿左右牆復各有磚臺一列，安奉佛像。殿內梁架四縫，前後金柱爲數共八。其後側金柱前於四椽栿下，又各增小柱一，顯係後世修理時所置。

材栔 材廣（即材高）自二十三至二十四公分不等，平均爲二三·五公分。 材厚有十五公分與十八公分二種，平均爲一六·五公分，合材廣十五分之一〇·五分。 栔廣十一公分，合材廣十五分之七。 俱與薄伽敎藏殿所用材栔大小相差絕微。

斗栱 此殿內外簷斗栱共三種。 其用於襻間及兩山出際者，另於襻間條述之。

（甲）外簷柱頭鋪作（插圖五十九）於櫨斗口內橫直雙方各施替木一層，其高度等於櫨斗之口深，外端未施交互斗，非眞實之華栱與泥道栱，極爲特別。 此法除本例外，又見於遼道宗淸寧二年所建應縣佛宮寺塔之上層，故由此點可證海會殿亦爲遼構。 替木之比例，自櫨斗心至外皮長三八·五公分，合材高二十四分半，較普通華栱之出跳約減五分之一。 高十四公分，合材高十五分之九，較單材栱之高約減五分之二。 就形體言，其兩端仍具卷殺，極似普通單材栱，截去其上部。 就結構意義言，其出跳與高度均較華栱及泥道栱稍小，殆可目爲「簡單化之栱」。 故疑替木進展之過程，係截去單材栱之上部，置於櫨斗口內，供簡單建築斗栱出跳小者之用；或置於令栱與襻間之上，承托橑風槫及下平槫上平槫等。

櫨斗外側，於替木上施華栱一層。 此華栱係內部乳栿之延長，刻爲栱形，故替木後尾在櫨斗內側者，直接貼於乳栿下，其上無栱（插圖五十九）。 華栱出跳之長，自櫨斗心至橑

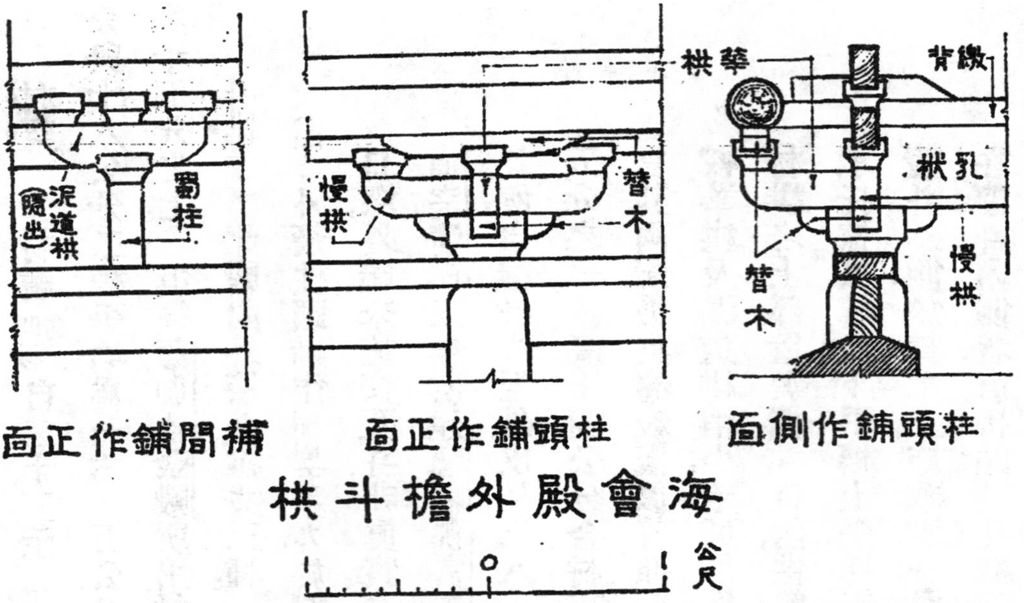

海會殿外檐斗栱

插圖五十九

風槫心長六十一公分，合材高三十九分弱，在法式及遼代遺物中適居四鋪作與五鋪作之間。栱端無令栱，僅置交互斗，施替木，承受橑風槫。此替木之高，等於栔高，與殿內襻間之替木一致，而較前述柱頭櫨斗內者減三公分。櫨斗左右兩側，於替木上，置慢栱一層，長一．三五公尺，合材高八十六分強，其比例在泥道栱與慢栱二者長度之間，與前述華栱之出跳，具同類性質。栱上列柱頭枋二層，下層隱出栱狀，較慢栱稍長。其上施散斗，受上層柱頭枋插圖五十九。

(乙)外簷補間鋪作，下置蜀柱，柱上施散斗，受柱頭枋二層插圖五十九。下層柱頭枋之表面，隱出泥道栱，栱上列散斗三具，載上層柱頭枋，與觀音閣下簷正面補間鋪作及本寺薄伽教藏殿補間鋪作略同。但唐大雁塔雕刻，蜀柱上無泥道栱之剜刻，亦未排列散斗，方法較此更古。

蜀柱高四十八公分，等於材高二倍，寬十五公分，與材厚等，進深不明。

（丙）內簷柱頭鋪作之櫨斗比例，與外簷同，惟無替木圖版拾貳叁。直接施華栱於櫨斗上。華栱形狀，僅櫨斗內側者具栱形，其外側在四椽栿外端下者，上緣斜殺如批竹昂式，未見他例。

櫨斗左右兩側泥道栱之長，與華栱同，爲一·〇六公尺，合材高七十分弱。其比例在遼代諸例中，大於普通華栱之出跳，而與泥道栱之長接近。殆因外觀整齊劃一之故，橫直雙方須取同樣尺寸，致華栱之長，亦隨泥道栱而增加。泥道栱上，直接施襻間，見下文。

柱及礎石。

外簷當心間平柱之下徑爲四十五公分，高四·三五公尺。直徑與高，約爲一與九·六之比，與薄伽教藏殿接近。但次梢諸間之柱提高插圖六十，如營造法式生柱之法，比例稍異。

平柱係梭柱形，上徑與櫨斗之長略等，惟其收分尺寸，不若法式所述之巨。但在現存遼宋遺構中，又以此殿簷柱爲唯一之梭柱，外形亦最美麗插圖六十一。

屋內柱（即前後金柱）下徑恰爲材高二倍。徑與高，約爲一與十三之比。

殿內悉鋪方形地磚，無柱礎露出。但正面當心間簷柱下之基礎，因階臺殘毀露出地面者，係於方形礎石上雕簡單覆盆插圖六十二，疑舊日殿內亦應如是，殆因後世迭經修葺，致爲地磚所掩也。

枋• 闌額之厚，與材厚等，高爲一材一栔，視法式所規定者稍低。普拍枋之高，等於材厚，其寬一材二栔，與櫨斗之長略等。闌額伸出梢間角柱外部分，係垂直截割，無楷頭綽幕諸雕飾圖版拾。

內額施於殿內前後金柱之上端，自東迄西，盡面闊五間，其上無普拍枋圖版拾叁。高一材一栔，厚與材厚等。

柱頭枋高厚俱如材。

梁架• 殿之架構圖版拾貳，極類宋李明仲營造法式卷三十一「八架椽前後乳栿用四柱」一圖，僅四椽栿下，省去內額，與圖稍異。梁架之結構，因係挑山頂之故，各縫皆取同一方式。其在簷柱與金柱間者圖版拾貳，下爲乳栿，即清之雙步梁。內端交榫於金柱，外端置於簷柱柱頭鋪作之櫨斗上，斲削爲華栱，上施替木，受橑風槫。此乳栿上復施薄木一層，外端撑於橑風槫內側，內端與乳栿同插入金柱內插圖六十三。據法式卷五造梁之制：「凡方木小者，須緻貼令大。」在月梁上者，謂之緻背。此殿乳栿雖非月梁，但前述薄木，貼於乳栿上，以承駝峯，疑卽法式之緻背。

乳栿與繳背之中點施駝峯及櫨斗，其上爲劄牽，卽清之單步梁。劄牽高一材二栔，內端插入金柱內，外端與襻間十字相交於駝峯櫨斗內。襻間之上置散斗及替木。替木上皮與劄牽上皮平。再上爲下平槫，與劄牽成九十度角度圖版拾貳叁。

前後金柱間之梁架圖版拾貳最下層爲四椽栿，卽清五架梁。兩端載於金柱上之柱頭鋪作，各嵌中平槫於栿之上緣。方向與下平槫同。栿兩端自中平槫以內，約於栿長四分之一處各置駝峯一具。駝峯櫨斗上，施平梁，卽清三架梁。梁兩端各嵌上平槫於內。其中點復置駝峯。因舉折較高之故，於駝峯上立侏儒柱，施櫨斗。斗上置丁華抹頦栱與翼形栱相交插圖六十四，受襻間及脊槫。

以上爲梁架結構之層次，若各分件之比例，則劄牽，乳栿，平梁與四椽栿四種，俱爲直梁。高與厚，約爲一與二之比，較法式稍高。梁之兩側，俱有卷殺。駝峯形狀圖版拾貳略如法式之鷹嘴駝峯，而兩肩稍豐。高與長約爲一與五之比。侏儒柱方形，每面之寬與材高等。

槫及叉手

殿之脊槫與上平槫，中平槫，下平槫等，直徑皆爲三十四公分，恰合一材一栔之高，與法式廳堂之槫徑一致。惟前後橑簷枋之位置，用橑風槫，直徑三十公分稍小。

上平槫，中平槫，下平槫三者之端，分別置於平梁，四椽栿與劄牽之上圖版拾貳叁。爲安定計，上平槫與下平槫，復於槫之下皮出叉手，撐於下部梁栿三分之一處。其在兩山者，中平槫亦出叉手，撐於下部劄牽上插圖六十五。

脊槫置於襻間上，與侏儒柱櫨斗末直接連絡，勢極孤危，故於襻間之兩側，各出叉手，斜撐於下部平梁上圖版拾貳。各叉手之高厚均等於材，卽法式『餘屋廣隨材』者是也。

·襻間· 襻間位於槫下。 其尺寸以脊槫下者爲最大，高四十七公分，合材高二倍。 兩側刻凹線，區分上下，使下層若素枋形狀圖版拾貳。 其餘襻間皆素枋一層，高厚俱如材。 惟法式之單材襻間係左右相閃，此則各間俱有結構，稍異。 襻間之兩端圖版拾叁在脊槫下者置於丁華抹頦栱上；在中平槫下者置於內簷柱頭鋪作泥道栱上，在上平槫下平槫下者置於駝峯櫨斗內。

襻間與槫之間，——卽襻間之上，槫之下——除脊槫外，皆以散斗與替木聯絡之圖版拾叁。 卽襻間之兩端與中央，各置散斗，斗上施替木以承槫。 明清建築於檩與坐斗枋之間，列一斗三升斗科，與此同一性質。

襻間出際之結構，分二種圖版拾叁。 (甲)脊槫與中平槫之出際，係二層，第一跳爲櫨斗上之泥道栱，第二跳爲襻間本身之延長，刻爲栱形，上置替木。 (乙)上平槫與下平槫之出際僅一跳，卽襻間之外端，刻栱狀，上施替木。 此外前後簷柱上之出際斗栱在兩山者，係三層第一層替木，第二層泥道栱，第三層柱頭枋之延長，刻慢栱形狀。

·殿頂· 殿頂高度，自橑風槫背至脊槫背，較前後橑風槫心距離四分之一稍小，視法式之瓪瓦廊屋尤低。其自橑風槫背至脊槫背連接一直線，與水平線所成角度，約爲二十五度弱，與薄伽教藏殿之坡度相差不出一度，足證此二者之建築年代相距不遠。

殿之舉折，依八架椽屋言，前後應各折三縫，此殿雖亦爲三折，然中平槫一縫所折極微，遽覩之，自上平槫至下平槫，幾成一直線圖版拾壹貳。余輩初疑此縫下之柱年久低陷，致成此狀。但細察柱及梁架，無低陷及走動形跡，且各間前後中平槫所折之數略等，當爲建造以來既已如是。

前後出簷之水平長度，即柱頭枋心至飛子外皮，長二·二五公尺，恰爲簷柱底至普拍枋上皮高度二分之一。簷端列簷椽飛子各一層，其長度爲十與四之比，即每簷椽一尺，出飛子四寸。簷椽圓形，前端具卷殺。飛子方形，有卷殺者較少。其無卷殺者，殆爲後代重修時所置插圖六十六。

兩山出際長一·二八公尺。因遼宋二代之尺不明，無法推算與法式四尺五寸之規定對照，求其異同。博風版及懸魚屢經修葺，恐非原物插圖五十八。出際斗栱詳前。

屋頂於仰瓪瓦上施甋瓦，皆灰色。據前述飛子卷殺情形，及正脊兩側所砌卷草紋之花磚，大小不等插圖六十七，知屋面經後世修理已非一度。惟垂脊以薄磚疊砌，覆扣筒瓦，其上尙存舊法。

牆· 殿四周之牆，依磚形及砌法言，顯爲最近所建無疑。其在闌額上補間鋪作左右者，以上磚與薄陶磚雜砌，雖與下部之牆異，但砌法草率過甚，不知何時所修。

門窗　殿僅正面當心間設雙扇版門一處。其比例每扇高七寬五，列門釘五行，行九枚，皆鐵製圖版拾。扉後有楅五排，列位置與門釘一致。上部門簪二具，背長方形插圖六十六，與善化寺普賢閣及應縣佛宮寺塔者完全符合，足證門簪之數，遼時尚爲二具，後世始增爲四。其餘立頰，門限，門額，雞栖木及兩側腰串版等，具見插圖六十一，不復贅。

正面左右次間坎牆上各有窗六扇，裝方眼格，非直欞，不知何代改造插圖六十七。

平棊　殿內係徹上明造。僅中央三間自金柱以內有方格形平棊，每間橫六直十，共六十格，載於四椽栿上插圖六十八。平棊之桯貼寬度相等，底面亦在同一平面上，與敎藏平棊之結構法根本不同，而與明景泰間僧寶資所造上寺大雄寶殿之平棊類似，殆爲明代所構。

平棊背板之彩畫，以數種寫生華點綴其間，極類薄伽敎藏殿所繪。但流水形環狀圓光及雲形岔角，又與上寺大雄寶殿者一致，當爲明代作品插圖六十八。除平棊外，其餘各部無彩畫。

佛像及塑壁　殿中央磚臺上前部東南西南二隅各有金剛一軀，其後列小像三十餘尊。再後有觀音像三尊。當心間者踞一足坐塑石上，石與後部之塑壁連接。塑壁面闊盡東西一間之廣，上達內額之下，皮狀巖石修竹，手法極劣插圖六十九。左右次間者趺坐於不等邊八角形臺上，無塑壁，祇飾背光於後插圖七十。沿東西牆，復各有磚臺一列，各置羅漢九尊。統觀此殿諸像，衡權失當，而面貌衣飾，亦極傖俗潦草，決非遼製。以背光火焰花紋等證之（插圖七十），係明以後之物無疑也。

碑 殿內存碑二。一在西次間窗下，刻文徵明詩。一爲明萬曆四十三年乙卯（一六一五年）碑，在西梢間前金柱側。俱與殿之沿革無關。

殿之年代 殿之創立年代，無確實紀錄可憑，故解決之途，唯有以結構方法，爲論斷之鵠的。按華嚴寺現存諸建築中，以遼重熙七年所建薄伽教藏殿爲最古，其內外簷補間鋪作之下蜀柱，與遼獨樂廣濟二寺俱能符合，而爲金天眷間重建之上寺大雄寶殿及善化寺三聖殿山門所未有。今此殿不僅蜀柱一項，其平面比例，及材栔尺寸，與殿頂坡度等，咸與薄伽教藏殿極相接近，則此二者應同爲遼建無疑。此外大木架構，及替木駝峯叉手襻間出際門簪諸項所示之式樣，與其他遼代遺物，如出一臼，亦爲有力之佐證。

大雄寶殿

殿面闊九間，單簷四注，巍然峙高臺上，與義縣奉國寺大雄寶殿，同爲國內佛殿中稀有之巨構，而面闊進深，較奉國寺尤大。　余輩調查時，以殿高大逾恒，上部架構，非搭大規模之木架無由工作，而時間經濟均所不許，故僅擇要撮影及測量殿之平面與材栔斗栱比例。　其要點如左：

臺・　臺頗高峻，全部甃以青磚，平面作長方形，前附月臺（圖版壹），與薄伽敎藏殿同。　月臺之正面，設石級二十。　級盡有坊一，面闊三間，其頂爲梯級形（插圖七十一）。　兩側稍後，左鐘亭右碑亭，皆六角攢尖頂，後者有明萬曆十一年及清康熙十二年碑各一通。　坊後爲八角形鐵製焚帛爐，明萬曆二十二年造（插圖七十二）。　其後有陀羅尼經幢，平面亦作八角形，文字大部漫漶，唯銘記中「太康二年歲次丙辰十月」數字，尙隱約可辨，知爲遼道宗末年物。　幢之上部已毀，現置小龕，疑爲明以後所增。　月臺外緣，悉繞磚闌。　其後復有石級一步，次爲大雄寶殿（插圖七十三）。

殿之平面・　殿東向，面闊九間，進深十架椽，面闊進深約爲二與一之比（圖版拾肆）。　正面當心間，及左右第三間，各闢門，門上設窗。　殿之門窗，祗此三處，故內部光線頗感不足。　殿內中央五間，沿後金柱築磚臺供如來五尊及脇侍諸像。左右復有臺二列，各置羅漢十尊。此外沿牆內四周，又有小臺二十三處，如圖所示。

此殿平面配置令人注目者，即柱之排列，異於明以後之方式最足取法。今以明清二代之建築面闊進深間數與此殿相等者比較觀之；如明長陵稜恩殿與大內保和殿，俱爲正面九間十柱，側面五間六柱。其內部每縫之柱，因須與外側簷柱一致，致殿內柱數共三十有二，頗嫌過多。此殿正面雖係九間十柱。側面之柱在左右二盡間者，亦係每二架椽設一柱，共計五間六柱。但所餘中部七間六縫，每縫止有前後金柱二，其位置適介於盡間老簷柱與金柱之間，故柱數減爲二十（圖版拾肆）。同時上部梁架因每縫省去二柱之故，自金柱至簷柱—即外槽—用三椽栿，前後金柱之間—即內槽—用四椽栿，視盡間縫上之梁長度胥等於二椽架進深者，結構法根本不同。以意度之，殆因尋常方法，致殿內柱數太多，妨礙佛座之配列，與光線交通，故不拘成法，減少中部七間六縫之柱，期合於實用。而梁架結構，亦無千篇一律之病。可云適合建築以「合用」爲第一原則者也。

材栔。 材厚二十公分，高自二十九至三十一公分不等，而以三十公分者居多，故高與厚恰爲三與二之比，與法式合。栔高十四公分，合材高十五分之七，與海會殿所用之栔同一比例，而較法式規定者稍大。

據法式卷四大木作制度一章，材分八等：一等材廣九寸，厚六寸，用於殿身九間至十一間。今此殿面闊九間，所用材之等級，雖不可考，但其材高三十公分，合嘉慶大清會典圖所載營造尺九寸四分八釐；（營造尺一尺等於〇·三二七五公尺）合吳大澂權衡度量實驗考所載宋三司布帛尺一尺一寸一分七釐。以時代先後言，此殿建於金天眷三年，即南宋高宗紹興十年，所用之尺，雖不可考，要與宋尺相去不至太遠，而較清營造尺稍短。今此殿之材高竟在清尺九寸以上，則大於宋尺九寸，即大於宋之一等材，不待言矣。

斗栱。 此殿外簷斗栱，係五鋪作重抄重栱造。但東西二面當心間之補間鋪作，用六十度斜栱，左右梢間用四十五度斜栱，頗富變化。細計之，共有柱頭鋪作，轉角鋪作各一種，補間鋪作三種。內簷斗栱較簡單，有柱頭鋪作二種。一施於前後金柱上，用華栱二層（插圖七十四）；一施於左右盡間之中央二柱上，用華栱三層，兩側俱無泥道栱，慢栱，而代以柱頭枋四層。此外左右盡間內額上，又有補間鋪作一種，用華栱三層，承載左右梢間之扒梁。此三種斗栱之結構，大體似善化寺大雄寶殿之內簷斗栱，唯後尾僅出二跳，其上施批竹昂式與翼形栱式之要頭各一層，稍異。因位置過高，且一部為平棊所遮，未獲一一詳測為憾。其外簷斗栱之結構如次：

(甲)外簷柱頭鋪作（插圖七十五）自櫨斗外側，施華栱二跳；第一跳計心，施瓜子栱，慢栱，及羅漢枋一層。第二跳之長，較第一跳約縮短三分之一強（插圖七十六）。栱端施令栱，與批

竹昂式之耍頭相交。其上置通長替木於橑風槫下，若明清之挑簷枋。其法僅見於

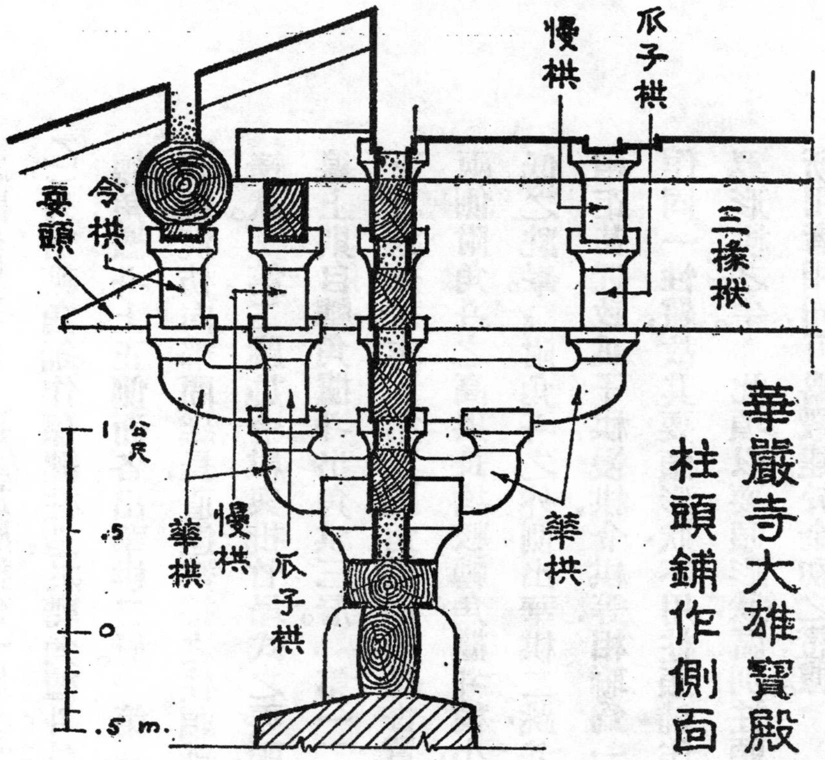

插圖七十六

遼薄伽教藏殿之壁藏與善化寺普賢閣二處之上簷，及三大士殿之梢間，然在金初則甚為普遍，足徵其時結構手法已生變化。又此殿泥道栱，瓜子栱，令栱三者之長度，取同樣尺寸，亦與遼代諸例異。

華栱後尾在櫨斗後側者，亦二層。第一跳偷心。第二跳置交互斗，緊貼乳栿或三椽栿下（插圖七十六七）。又於栿兩側出瓜子栱與慢栱，上施素枋二層貼於椽下。但中央七間有平棊者，栿兩側僅出瓜子栱，無慢栱。瓜子栱上，載素枋三層。其下層素枋，露於平棊下，遽覯之，極似平棊枋。

34179

櫨斗左右兩側之泥道栱上，施柱頭枋三層。　枋之表面，未隱出慢栱，僅置散斗於各枋之間插圖七十五。　再上施壓槽枋一層插圖七十六。

(乙)外簷轉角鋪作係纏柱造，於轉角櫨斗外正側二面，各施附角斗一具插圖七十八。　其轉角櫨斗上，正側面各出華栱二層。　第一跳華栱上施瓜子栱，栱上置羅漢枋，無慢栱。　此羅漢枋向鄰間延長，直達鄰接之柱頭鋪作上，以資聯絡，與善化寺普賢閣上簷同一情狀。　第二跳施令栱與批竹昂式之耍頭，同(甲)種柱頭鋪作。　在平面四十五度角線上，則自轉角櫨斗出角栱三層。　第一二跳角栱上，正側二面各出單栱，承托橑風槫下之通長替木。　第三跳角栱係由昂性質，如圖所示。　兩側附角斗之高與長，均較轉角櫨斗稍小，而與補間鋪作之櫨斗同，故其下亦承以極低之駝峯。　附角斗之外側出華栱二跳，其結構與轉角櫨斗上者完全符合，惟因二斗相距甚近，致瓜子栱，慢栱，令栱等相聯爲一。　又此項附角斗上之出跳斗栱，與補間鋪作同一性質，故其耍頭形狀，不用柱頭鋪作上之批竹昂式，而與補間鋪作之耍頭同，爲翼形栱之半。　此項以耍頭形狀區別柱頭鋪作與補間鋪作之方法，與善化寺三聖殿所用者相同，可爲殿建於金初之證據。

以上就普拍枋之外側言，其在內者，自轉角櫨斗出角栱後尾五層插圖七十九，第二第三兩跳角栱後尾，與兩側附角斗上第二第三跳華栱之後尾相交，同載於第一跳角栱後尾之平盤斗上。 第五跳之端則置於正側雙方第四縫槫下之襻間交义點下。 附角斗之華栱後尾僅出三跳，第二三跳與角栱後尾相交。 延長其端爲重栱，上施素枋三層，貼於椽下，略如善化寺之大雄寶殿。 櫨斗左右之泥道栱及柱頭枋，大體同（甲）種柱頭鋪作，所異者轉角櫨斗與附角斗間之泥道栱聯爲一體。

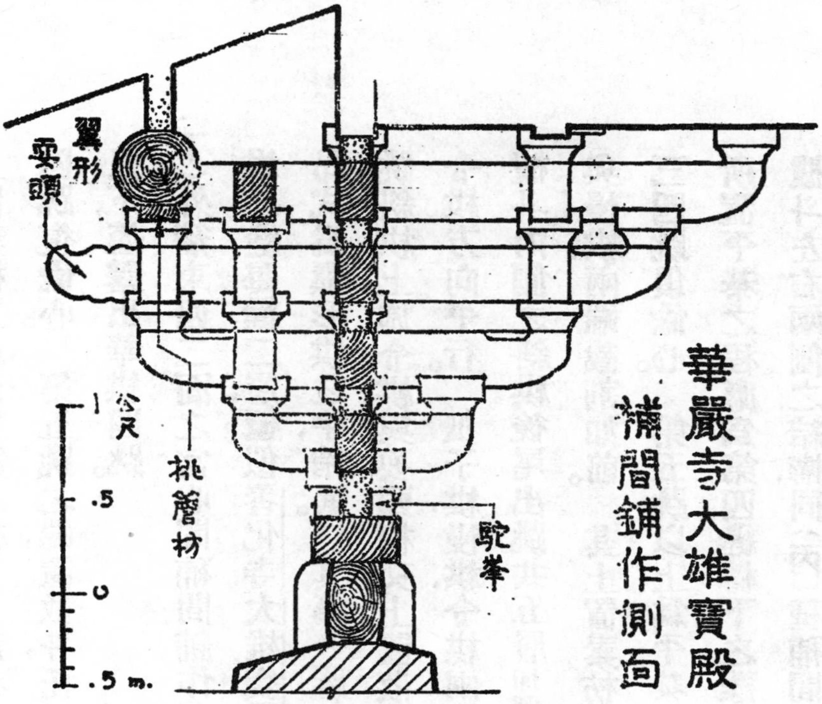

插圖八十

（丙）外簷補間鋪作，每間僅一組，除東西二面之當心間及其左右梢間者外，皆爲五鋪作重抄重栱造插圖八十。 其櫨斗外側出跳與左右兩側之泥道栱等，以較（甲）種柱頭鋪作，祇櫨斗稍低小，下承駝峯及耍頭爲翼形栱之半；與盡間補間鋪作之第一跳栱華上改慢栱爲通長之羅漢枋，餘悉同。

櫨斗之內側，出華栱五跳插圖七十七，八十。第一跳偸心。第二跳施瓜子栱與慢栱，其上置素枋二層，直接貼於椽下。但亦有無慢栱，而於瓜子栱上施素枋三層者。第三四跳復偸心。第五跳之端置散斗，托受第四縫槫下之襻間。惟外槽有平棊者，平棊以下，僅露出華栱四跳。

(丁)外簷東西二面之當心間補間鋪作插圖八十一，外側自櫨斗兩角，出平面六十度之斜栱二縫，每縫二層，極似善化寺大雄寶殿當心間之補間鋪作，唯此殿耍頭形狀，易批竹昂式爲翼形栱之半，稍異。其第一跳二斜栱上，施瓜子栱，慢栱及羅漢枋一層。第二跳斜栱上施令栱與耍頭相交，上置散斗三具，托受通長之替木。斜栱前端之截割，與令栱方向平行。瓜子栱，慢栱，令栱兩端之截割，則與斜栱方向平行。

櫨斗內側之斜栱後尾，出跳共五層插圖八十二。第一跳偸心。第二跳計心，施瓜子栱與慢栱，兩端截割如前。其上置素枋三層，貼於椽下，而下層素枋兼爲平棊之桯。第三四跳俱偸心。第五跳以上，爲平棊所遮。依前述(丙)種補間鋪作推之，第五跳上所置平棊之桯，應爲第四縫槫下之襻間無疑。

櫨斗左右兩側之結構，同(丙)種補間鋪作。

(戊)外簷東西二面左右梢間之補間鋪作插圖八十三，四，自櫨斗外側正中，出華栱二層，施瓜子栱，慢栱，令栱，耍頭等同（丙）種補間鋪作。但於第一跳瓜子栱之兩端，各出平面四十五度之斜栱一層，直接托於通長替木下，無耍頭。斜栱前端之截割，係與令栱方向平行。瓜子栱，慢栱之端，則與斜栱方向平行。

櫨斗內側之出跳，係延長華栱後尾爲五跳插圖八十五。第一跳計心，施瓜子栱與慢栱。瓜子栱之兩端，復各出四十五度斜栱一層，卽外側斜栱後尾所延長，其上施翼形栱之耍頭。各栱端之截割方法，同外側。第二跳僅施瓜子栱。第三五跳偸心。第五跳之上半爲平棊所遮，其上當爲第四縫下之襻間，如（丙）種補間鋪作所述。

櫨斗左右兩側結構同前。

柱及梁枋：簷柱高七·二四公尺。下徑最巨者六十七公分；上徑較櫨斗稍大，微具卷殺。下徑與高約爲一與一〇·八之比。殿內諸柱雖較簷柱稍高，但其下徑出入甚微。其側附長方形櫬柱，似係後世修理時所添。

柱礎爲方形平石，每面之長約爲柱下徑之二倍。礎上無覆盆雕飾，一如薄伽教藏殿。

闌額高一材一栔，兩側俱有卷殺，其伸出角柱外部分，垂直截去，仍如遼制插圖七十八。普拍枋之比例亦同。

殿內諸梁，胥直梁，無用月梁者。其在外槽簷柱與前金柱之間，及內槽後部之廊，用三椽栿插圖八十六。在左右兩盡間者用乳栿。皆外端截割如耍頭，置於外簷柱頭鋪作上，內端則交榫於殿內柱之上部。內槽周圍，除左右第三間外，於柱上端施內額，上爲普拍枋與內簷柱頭鋪作。前後金柱間，於華栱之上用四椽栿，其上覆平棊（插圖七十四）。又柱頭鋪作之兩側，無泥道栱，慢栱代以柱頭枋四層（插圖八十七），兼爲前後第二槫縫與兩山第三槫縫下襻間之川極，似善化寺大雄寶殿之結構。

殿頂 殿係四注頂，無推山，外觀極簡單古樸（插圖八十八）。正吻與角吻之式樣，後於壁藏之鴟尾，而與薄伽教藏殿一致。故疑金天眷大定間，僧通悟等重興此寺，依舊址重建大殿同時並修葺教藏，致二者所用之吻，同爲金式。

殿角上翹甚微，幾與中部之簷成水平直線，平面上亦伸出極短。今以結構狀況觀之：中部橑風槫之上，無生頭木，僅盡間轉角鋪作上有極短之生頭木一段，其外端之高，不及材高二分之一（插圖七十八），而其上簷椽具卷殺甚巨（插圖八十三），不類後代修理時所改造。故疑現存殿角爲建造以來之情狀。

出簷之水平長度，自簷柱心至飛子外皮爲三·七六公尺，約合簷柱底至普拍枋上皮高度之半，與海會殿比例同。簷椽排列甚密，其空當約等於簷椽之半徑（插圖八十三），甚類奉國寺大雄寶殿。椽之前端皆具卷殺，惟飛子卷殺極微，上下未能調和。二者之長度比例，每簷椽一尺出飛子四寸，類海會殿。勾滴之形狀與花樣，一部與薄伽教藏殿符合者，當爲金源舊物。

門窗　正面之當心間與左右梢間各設門窗圖版拾肆。其下部爲雙扇版門，外飾壺門牙子，形制古樸，插圖八十九略如法式所圖。在遼金遺物中當推此門最能保存壺門之形狀。內側之扉，具門釘，每扇橫七列，列各九枚。樓柱兩側施雙腰串，上下俱裝版。各門分件之比例，均與柱枋諸部調和適當，應爲建造以來之原物，未經修改者，惟左右二門易腰串上之版爲玻璃小窗，則係近代改造者。

上部之窗，在門上者，劃分五格，中央一格稍闊，餘略等。其上復有橫窗一列，盡兩側立頰間之長，直接裝於闌額下，均爲方格眼檽子插圖七十三。

平棊　殿內除左右兩盡間外，皆有平棊圖版拾肆；其高度以外槽及內槽後部之通道爲最低，內槽七間內之中央五間次之，內槽兩端之二間爲最高。平棊大部係方形，惟因梁栿之位置及斗栱出跳之長度所制限，致大小不等，未能一律，且有作長方形者。其結構方式，橫直支條之寬度皆相等，而二者之底，係在同平面上；知明宣德景泰間，僧資竇所構之紀錄，信非虛妄。

牆　殿四周之牆，厚一·六七公寸。下部爲磚砌羣肩，約合牆高七分之一。上部者表面施紅堊，內部結構不明。但羣肩之上有木骨一層露出，厚十公分，疑與善化寺諸殿之牆同爲土磚與木骨合砌者。

彩畫• 外簷彩畫，在正面者柱身與門窗皆朱色。柱之上端，施箍頭。闌額之枋心頗長，超過額長三分之一。斗栱則用青綠二色相間。其餘三面斗栱悉爲土黃刷飾。至早當爲清初姜瓖亂後，僧化愚所修理，即茅世膺重修上華嚴寺碑記所謂「匾額牌聯門窗牆壁咸煥其彩」者是也。內簷梁架，僅左右二盡間用土黃刷飾，描繪松木紋插圖七十七，餘爲普通清式彩畫。但其枋心仍較北平通行者稍長，而所用畫材尤爲龐雜；如梁之兩側，用普通清式一整兩半之旋子；梁底及普拍枋柱頭枋等則用卍字曲水，及其他幾何形花紋插圖八十七，後者非清官式建築所有，疑其一部尙保存遼金以來傳統之舊法。平棊之背版，雖偶用寫生花，但無寶相華文。岔角俱作雲形。亦有流水形環狀圓光，如薄伽敎藏殿海會殿者，時代似稍早。普通疊暈圓光，應爲最近作品。

壁畫• 殿內四周有壁畫，構圖描線，俱拙劣不足觀，當爲清代所繪。

佛像• 中央磚臺上，置如來五軀，據明成化元年碑，其中三軀，係宣德間，僧了然造於北京，餘二軀成於宣德景泰間。今以全體比例與面貌衣飾及背光火焰花紋金翅鳥等項觀之，亦確出明人之手插圖八十七。然脇侍中有數尊，雖迭經後世塗飾，略失原形，而權衡比例及姿態神情猶能辨爲遼金舊製插圖九十。

碑• 殿內藏碑三；一爲明成化元年碑，在北盡間前金柱之側，紀僧了然等重修此殿之事蹟甚詳。 餘二碑並列南盡間前金柱旁內側者為成化元年碑，外側為萬歷九年上華嚴寺重修碑記。

上寺之名始見於此為大華嚴寺析為上下二寺之證物。

殿之年代 自來外籍敘述此殿之建築年代，每多舛誤；如支那建築解說中，塚本靖關野貞二氏謂「寺創於遼清寧八年，後世雖經修葺，猶存當初式樣。」 最近藤島亥次郎所著支那建築史，亦稱為遼清寧八年建。 然據薄伽敎藏殿內所存金大定二年碑，謂寺經遼末保大之亂，殿閣樓觀，大部蕩為灰燼，僅存齋堂，廚庫，寶塔，經藏，及守司徒大師影堂五建築，而此殿未預其列，則清寧八年之說，根本無由成立。 其後殿之重建，同碑有金熙宗天眷三年，僧通悟等重建九間五間殿之紀載。 今按大雄寶殿之現狀，面闊九間，進深十架椽，下為五間六柱，與奉國寺大雄寶殿，同為國內佛殿中有數之巨建築，適與碑文所述之間數符合。 自是以後，元明清諸代之碑，雖屢稱嚴飾大殿，獨無言殿被燬或重建者，則此殿應為金初所建無疑也。

次以實物證之，殿之大木結構式樣，以較金初善化寺三聖殿山門二建築，則此殿保存遼式之成分稍多，固無疑問。 若轉角鋪作用纏柱造，補間鋪作用四十五度與六十度斜栱，補間櫨斗下承以低矮之駝峯，及闌額前端之截割法是已。 但其另一部分，與遼式異者，如

（一）泥道栱，瓜子栱，令栱三者之長度相等。

（二）易替木為通長之挑簷枋。

(三)以二種不同之要頭，分別用於柱頭鋪作與補間鋪作。

按第(一)項各栱之長度，在遼式係瓜子栱與令栱相等，而泥道栱稍長，與營造法式之比例稍異。在今日已知諸例中，遼代遺物竟無一踰此法則，則此殿決非遼構可知。第(二)項挑簷枋之應用，遼代祇善化寺普賢閣及薄伽教藏殿壁藏二處之上簷與寶坻廣濟寺三大士殿之梢間，因補間鋪作距離近者用之，其餘悉爲替木，但入金以後，補間鋪作疎朗者，亦用挑簷枋。第(三)項以要頭形狀，區別鋪作之種類，僅見於金初三聖殿與此殿，絕非遼式所有。故由此數點，不僅證此殿確係金天眷三年僧通悟等所重建，且與三聖殿等同爲遼金間建築手法逐漸推移之信物也。

插圖一　華嚴寺天王殿

插圖二　薄伽教藏殿遠景

插圖三　薄伽教藏殿近景

插圖四　薄伽教藏殿內部

34190

插圖六 教藏外簷斗栱

插圖十 教藏外簷轉角及補間鋪作之後尾

插圖十一　教藏內簷柱頭及補間鋪作（其一）

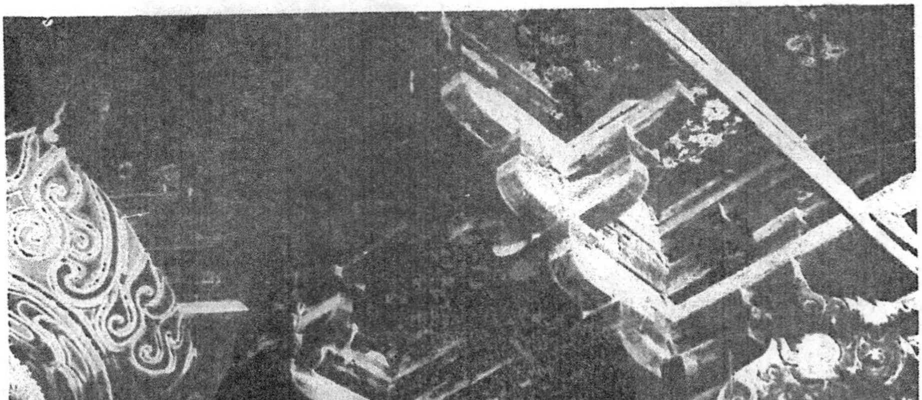

插圖十三　教藏內簷柱頭及補間鋪作（其二）

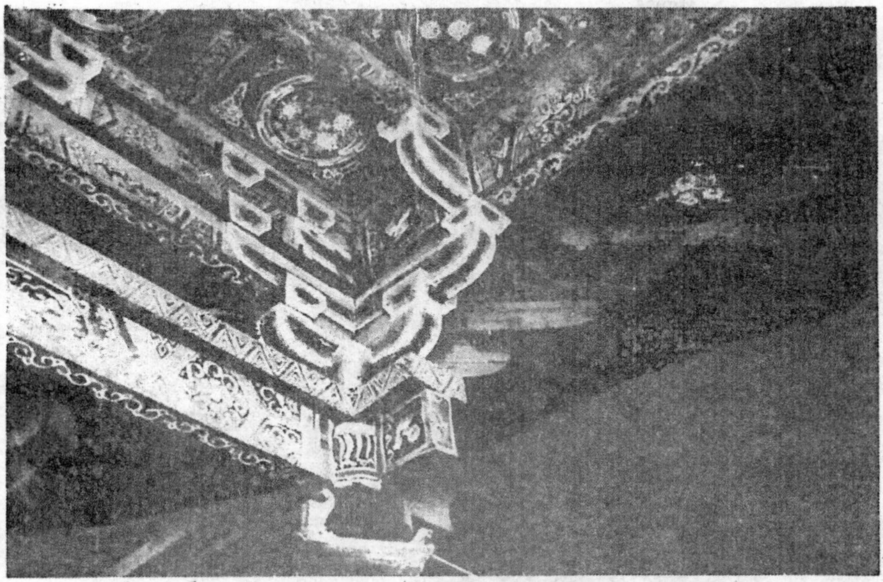

插圖十六　教藏內簷轉角鋪作

插圖十七　教藏山面出際

插圖十八　敎藏鴟吻

插圖十九　敎藏壁藏鴟尾

插圖二十　教藏垂獸

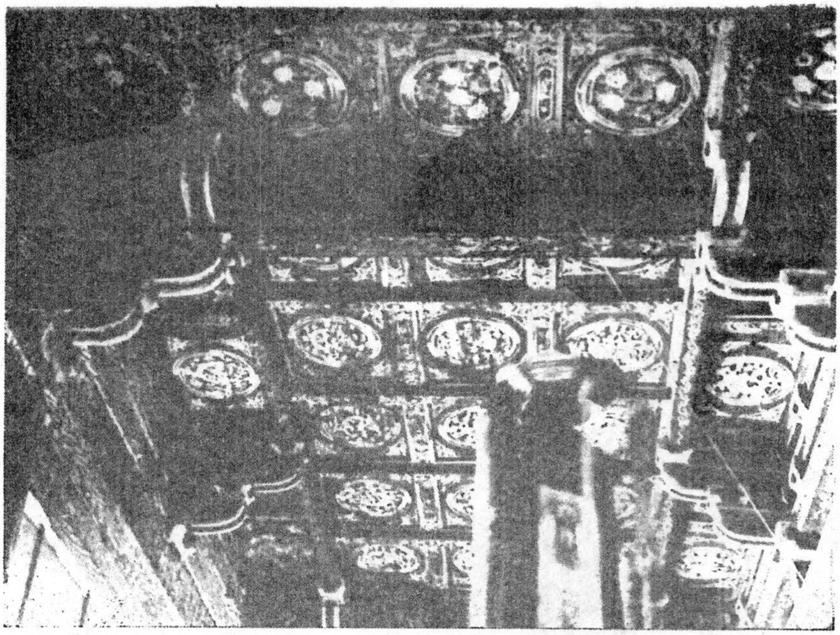

插圖二十一　教藏外槽斗栱

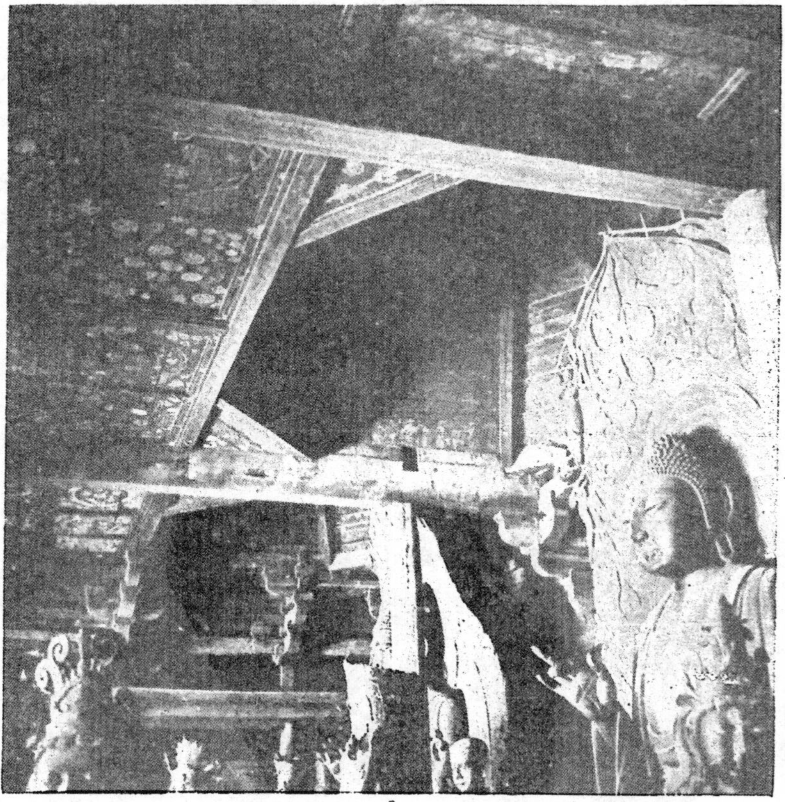

插圖二十二　教藏藻井

插圖二十三　教藏佛像（其一）

插圖二十四　教藏佛像（其二）

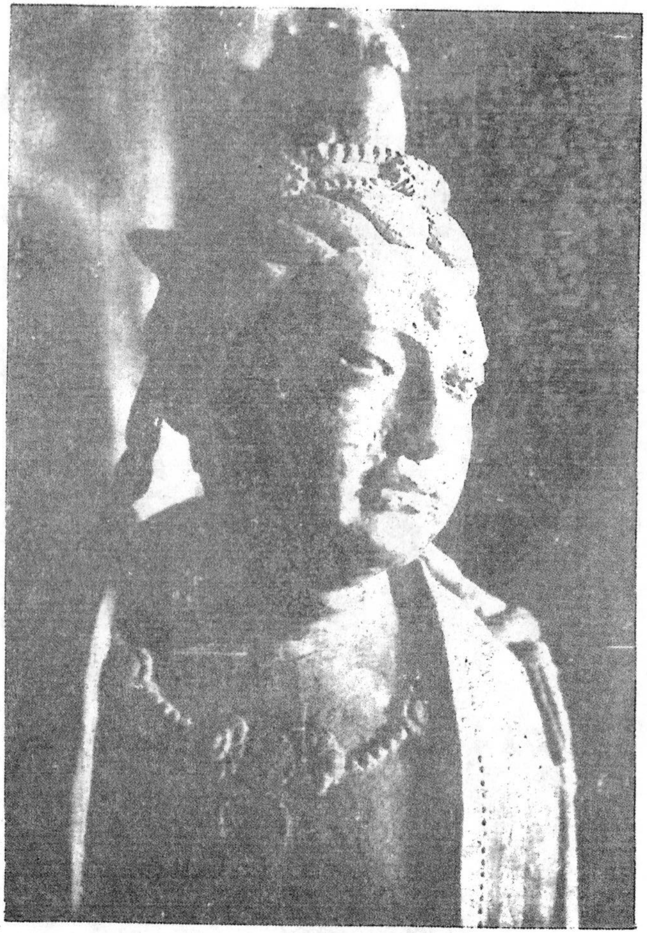

插圖二十五　教藏佛像（其三）

插圖二十六　教藏佛像（其四）

插圖二十七　教藏佛像（其五）

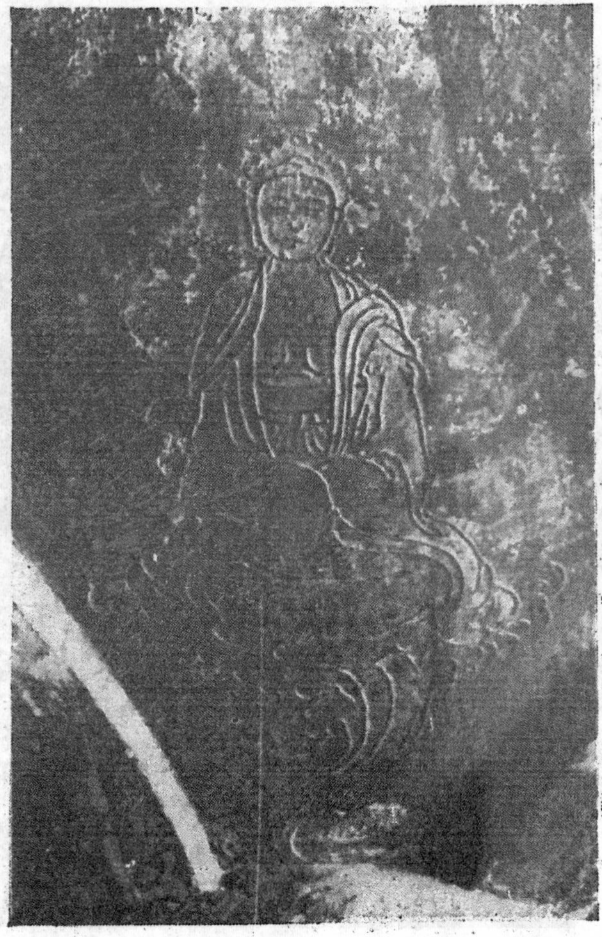

插圖二十八　教藏如來佛座蓮瓣紋樣

插圖二十九　教藏當心間如來佛

插圖三十　教藏如來佛之背光飛仙

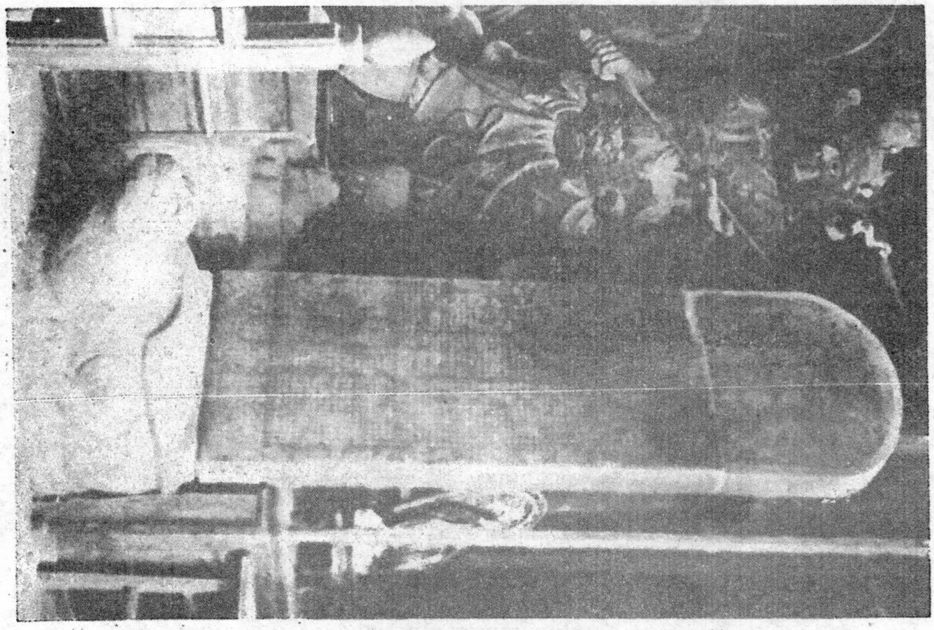

插圖三十二 縣藏元至元碑

插圖三十一 縣藏金大定碑

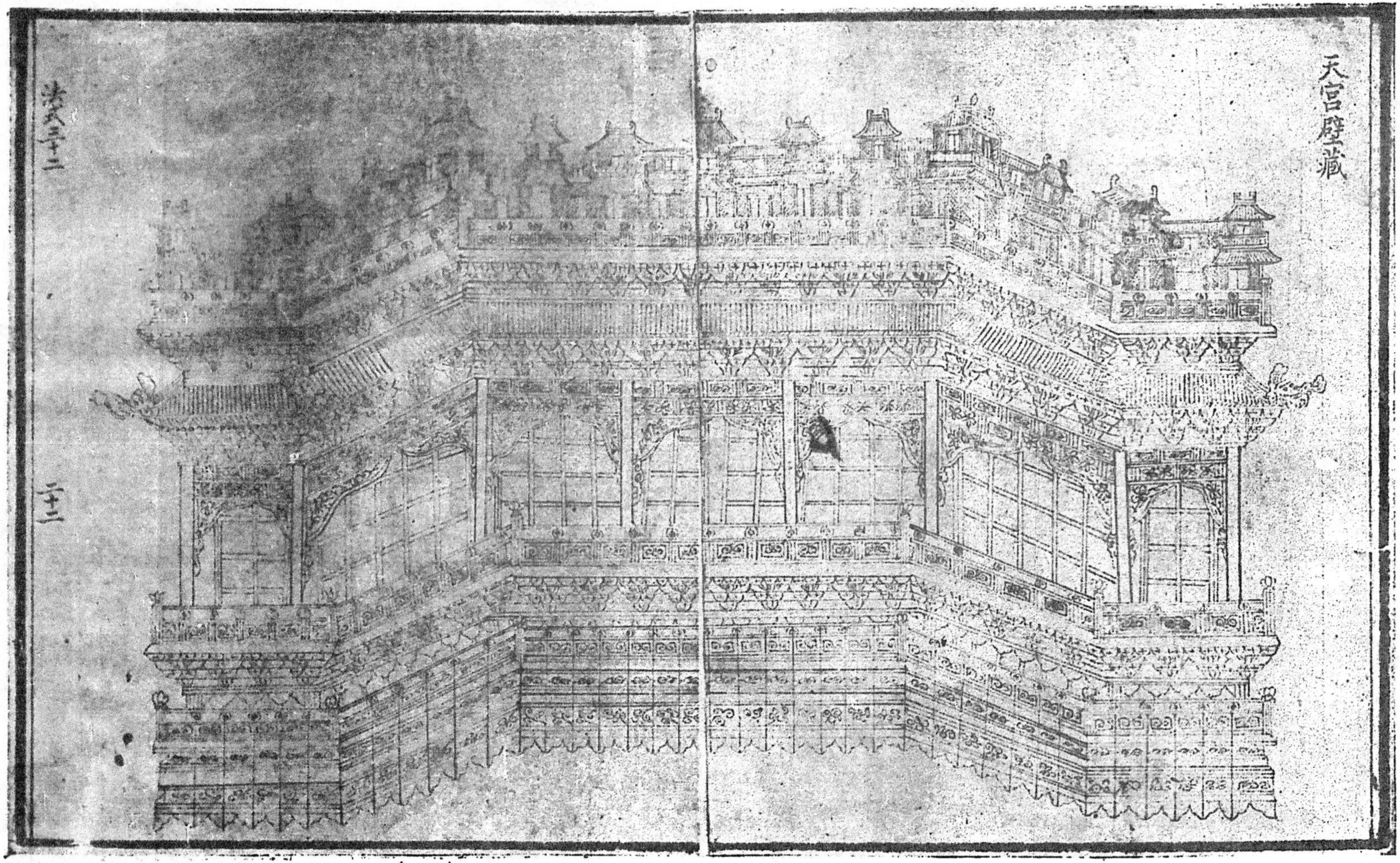

插圖三十三 營造法式天宮壁藏（故宮本）

插圖三十四　教藏之壁藏

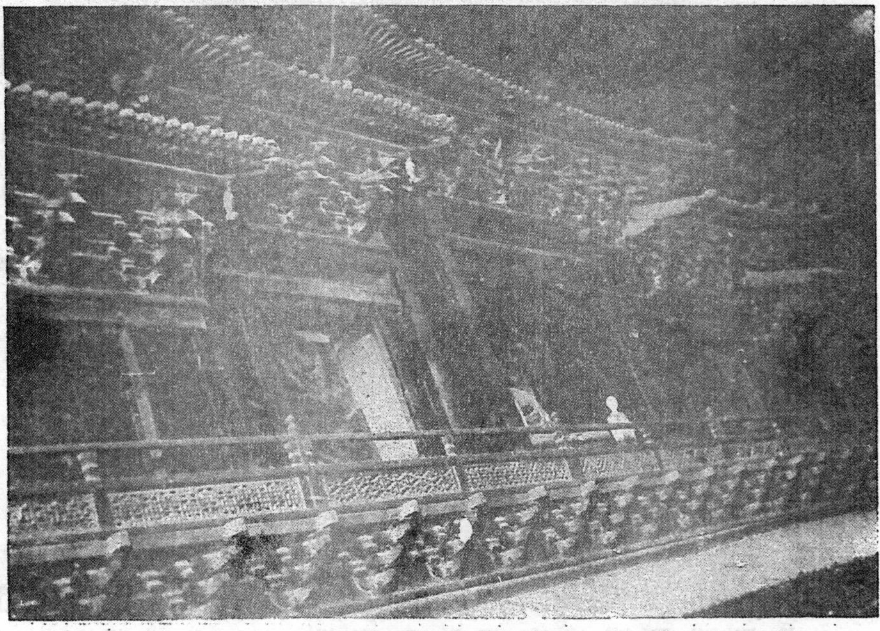

插圖三十五　教藏北壁壁藏之上層

插圖三十六　教藏西壁壁藏之九脊頂

插圖三十七　教藏西壁天宮樓閣及圜橋子

插圖三十八　壁藏下簷斗栱（其一）

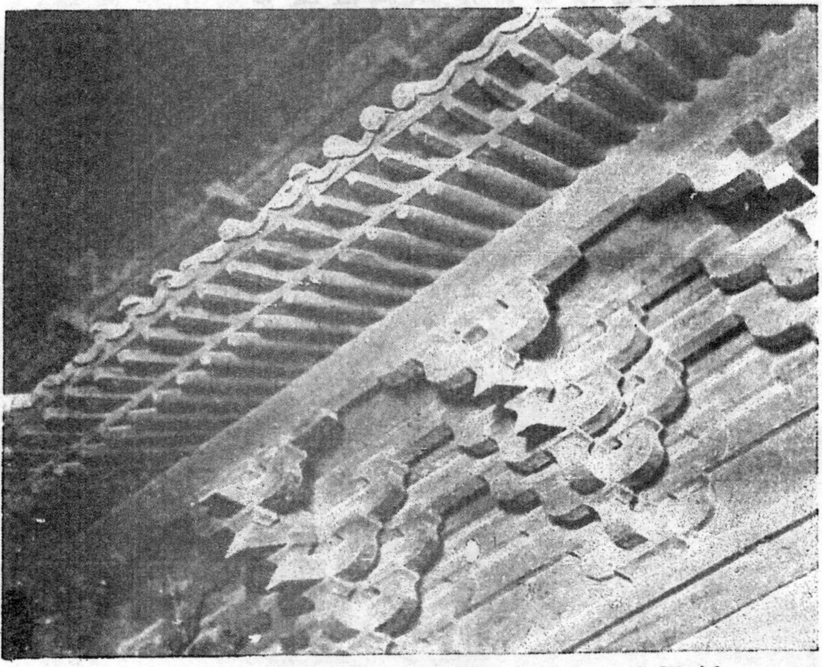

插圖三十九　壁藏下簷斗栱（其二）

34205

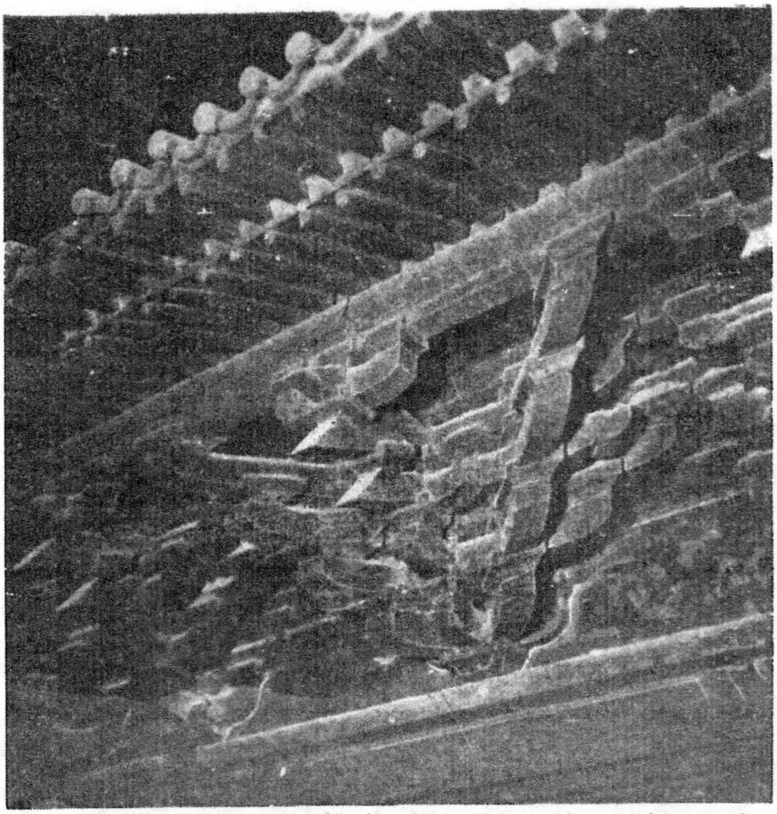

插圖四十　北壁壁藏上層當心間補間鋪作

插圖四十一　天宮樓閣挾屋斗栱

插圖四十二　天宮樓閣平坐斗栱之後尾

插圖四十三　天宮樓閣平坐中部斗栱

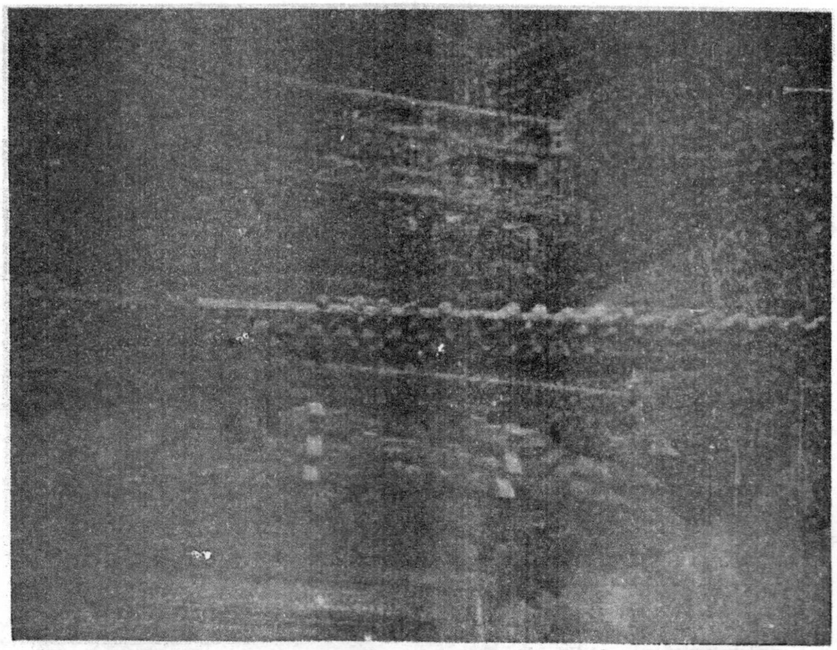

插圖四十四　壁藏下層外轉角鋪作

插圖四十五　北壁壁藏上層次間外轉角鋪作

插圖四十六　西壁壁藏下層外轉角鋪作

插圖四十七　天宮樓閣中央三間柱頭及轉角鋪作

插圖四十八　西壁藏平坐外轉角鋪作正面

插圖四十九　西壁壁藏平坐外轉角鋪作側面及圜橋子底面

插圖五十　天宮樓閣平坐外轉角鋪作

插圖五十一　壁藏下簷內轉角鋪作

插圖五十二　壁藏平坐內轉角鋪作

插圖五十三　壁藏上簷內轉角鋪作

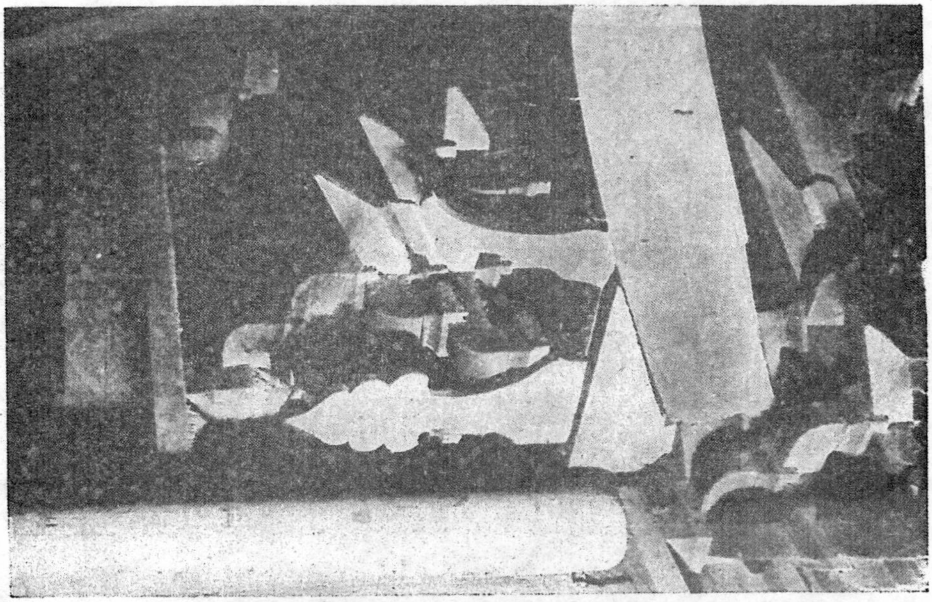

插圖五十五　壁藏博風版及懸魚

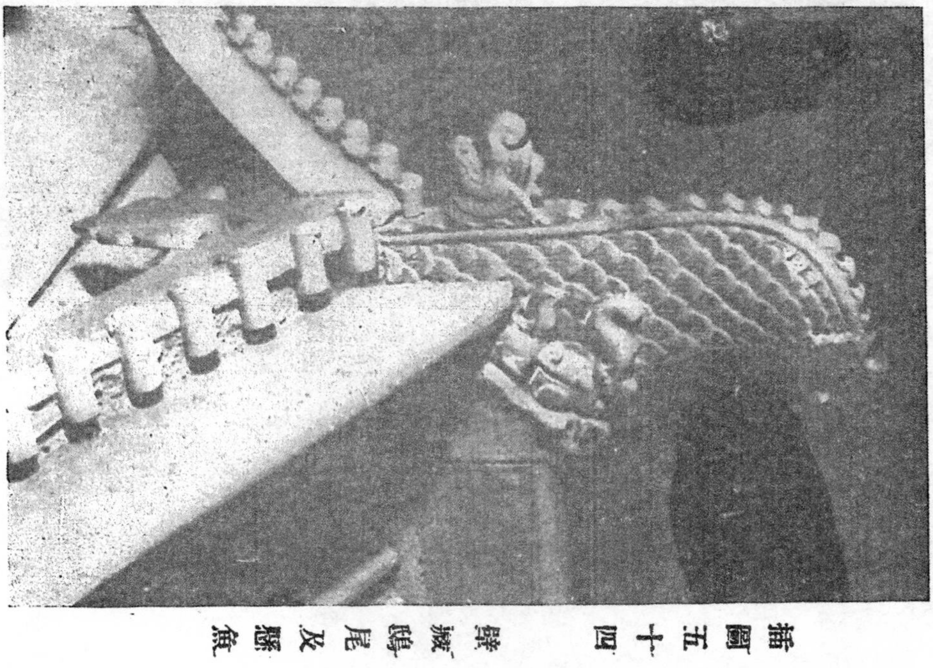

插圖五十四　壁藏鴟尾及懸魚

插圖五十六　壁藏鈎闌

插圖五十八　華嚴寺海會殿側面

插圖六十　海會殿外簷梢間之生起

插圖六十一　海會殿外簷當心間

插圖六十二　海會殿外簷當心間柱礎

挿圖六十三　海會殿梁架（其一）

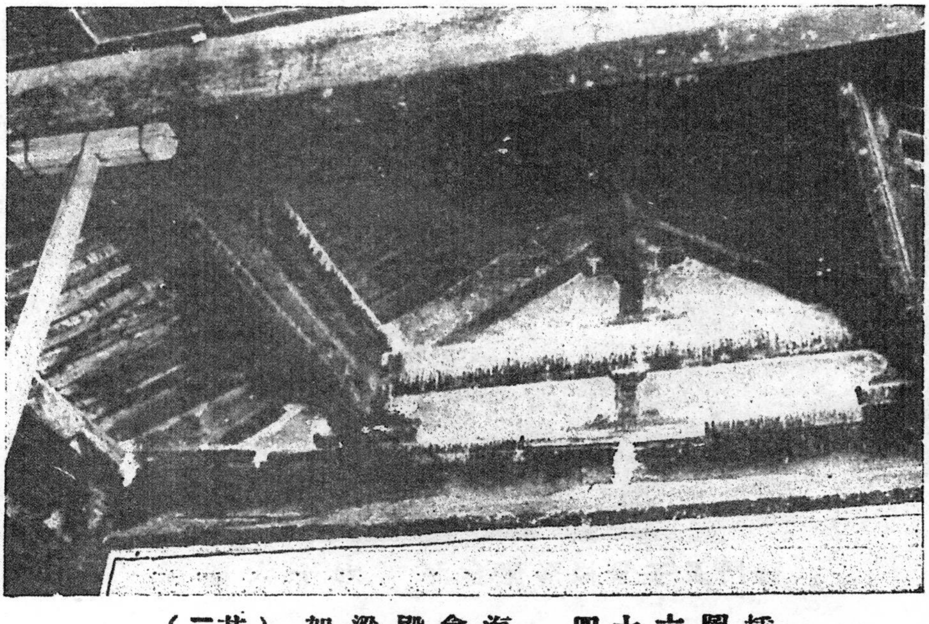

挿圖六十四　海會殿梁架（其二）

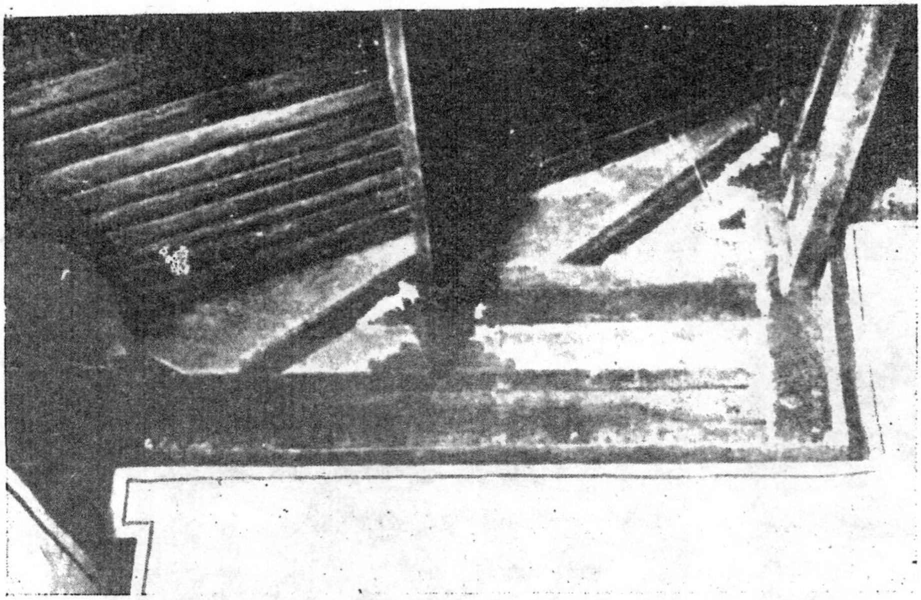

插圖六十五　海會殿梁架（其三）

插圖六十六　海會殿簷椽飛子及門簪

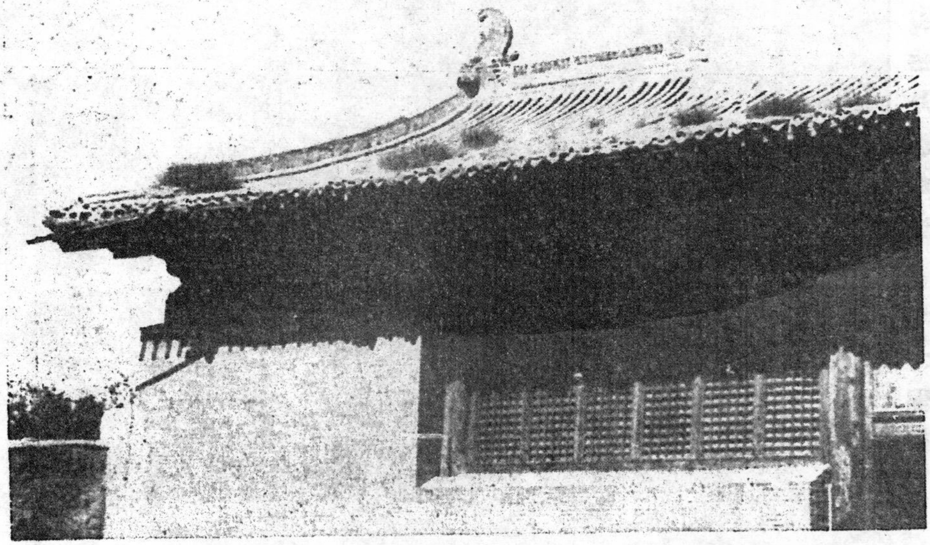

插圖六十七　海會殿次間窗及獸吻

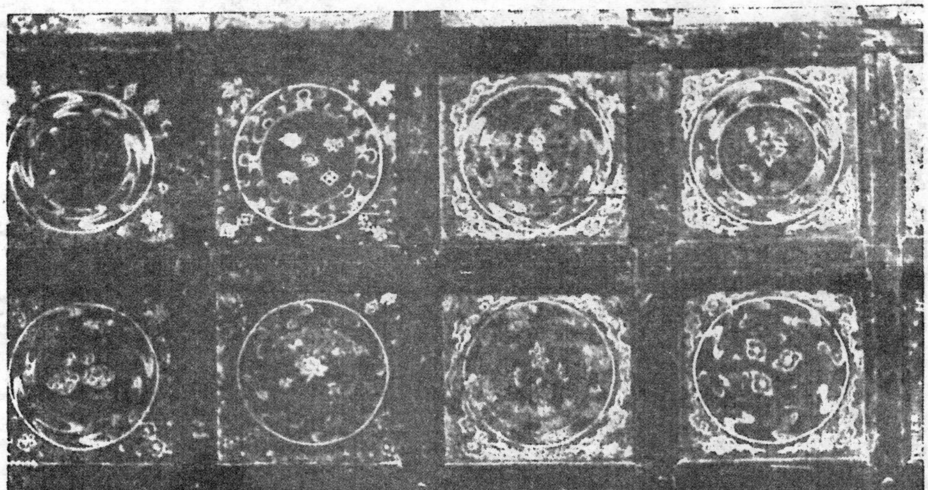

插圖六十八　海會殿平棊

插圖六十九　海會殿當心間佛像及塑壁

插圖七十　海會殿次間佛像

插圖七十一　華嚴寺大雄寶殿月臺

插圖七十二　大雄寶殿鐵爐及經幢

插圖七十三　大雄寶殿近景

插圖七十四　大雄寶殿內簷柱頭鋪作

插圖七十五　大雄寶殿外簷柱頭鋪作正面

插圖七十七　大雄寶殿外簷柱頭及補間鋪作之後尾

插圖七十八　大雄寶殿外簷轉角鋪作正面

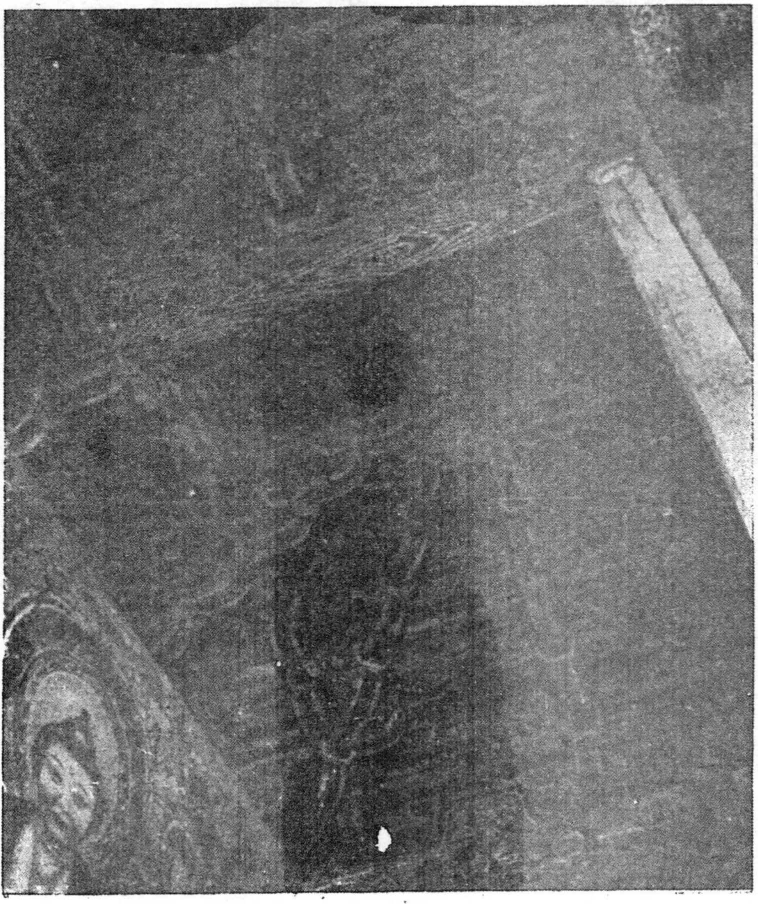

插圖七十九　大雄寶殿外簷轉角鋪作後尾

插圖八十一 大雄寶殿西面當心間補間鋪作

插圖八十二 大雄寶殿東面當心間補間鋪作之後尾

34225

插圖八十三　大雄寶殿外簷梢間補間鋪作正面

插圖八十四　大雄寶殿外簷梢間補間鋪作側面

插圖八十五　大雄寶殿外簷梢間補間鋪作之後尾

插圖八十六　大雄寶殿外檐全景

挿圖八十七　大雄寶殿佛像及內簷柱頭鋪作

插圖八十八　大雄寶殿屋頂

插圖八十九　大雄寶殿之門

插圖九十　大雄寶殿佛像（脇侍）

三　善化寺

略史

寺在今大同內城南門之西，南向。通志縣志謂創於唐開元間，賜名開元寺，確否難知。僅據金世宗大定十六年（一一七六年）碑，知寺有銅鐘，鑄於後唐清泰三年（九三六年）。石晉初易名大普恩寺。自是以後，迄於遼末，文獻無徵，不悉其詳。迨遼末保大之亂，寺燬於火，存者什不三四。至金太宗天會六年（一一二八年），經僧圓滿修復，事具金大定十六年朱弁所撰西京大普恩寺重修大殿碑記。碑現存山門內，紀圓滿重修事蹟頗詳，爲此寺歷史最重要之證物。茲節錄原文如次；

大金西都普恩寺，自古號爲大蘭若。遼後屢遭烽燼，樓閣飛爲埃坋，堂殿聚爲瓦礫。前日棟宇所僅存者十不三四。驕兵悍卒指爲列屯，而喧寂頓殊矣。殘僧去之而飲泣，遺黎過之而增欷，閱歷滋久，散亡稍還。於是寺之上首通元文慧大師圓滿者，思童戲於畫沙感夙因於遺礎發勇猛心德不退轉。捨衣盂凡二十萬，與其徒合謀協力，化所難化悟所未悟；開尸羅之壇，闡盧舍之教；以慈爲航，遂其先登之志，以信爲門，感懷後至之趾。於斯時也，人以須達自期家乃給孤相勉，感蘊至願爭捨所愛。彼髓腦支體，尙無所吝，況百骸外物哉。於是輦幣委珠金脫袍鬻裘償者相系於道，累月逾時，殆無虛日。經始於天會之戊申，落成於皇統之癸亥。凡爲大殿，暨東西朶殿羅漢堂文殊普賢閣，及前殿大門，左右斜廊合八十餘楹。瓴甓變於埏埴丹艧供其繪畫。榱椽梁柱節而不侈。階序牖闥，廣而有容。爲諸佛薩埵，而天龍八部合爪掌圍繞，皆選於名筆；爲五百尊者而侍衞供獻各有儀物，皆塑於善工……始於柴館之三年，歲在庚戌冬十月，乃遷於茲寺。

就上文所載與實狀參照圖版拾伍，知朱氏所記，精覈異常，非如尋常碑記，徒騖詞藻之騁駛者。

據宋史弁本傳及高宗本紀，弁徽州婺源人，少負文名，高宗建炎元年，以通問副使偕王倫至金，留居大同十餘載，金之名王貴人，多遣子弟就學，至紹興十三年和議成，南歸，任奉議郎，翌年卒。考宋建炎元年至紹興十三年，卽金天會皇統間，其時圓滿慘苦經營，重興此寺，皆爲弁所親覩，而弁歸於紹興十三年，卽金熙宗皇統三年，此寺重修工事落成之時，前碑所載重修事蹟，亦至是年戛然而止，則此文應出弁手，非後人僞託，可知也。至碑立於金世宗大定十六年，後於寺之落成三十三載，以華嚴寺元至正十年碑證之，乃事所常有，不足爲異。茲摘舉要點，考訂於後；

(一)遼史載天祚帝保大二年(一一二二年)金兵陷西京，碑文中「遼後屢遭烽燼」一語，當指保大二年及其後數年言。迨金太宗天會六年戊申(一一二八年)僧圓滿始發願重修此寺。

(二)興工後三年，卽天會八年庚戌(一一三〇年)圓滿遷居寺內，碑文「築館之三年」係指天會六七八年言。

(三)重修工程經始於天會六年，至熙宗皇統三年癸亥(一一四三年)凡閱時十五載，全部告竣。

(四)據碑文「前日棟宇所僅存者十不三四」，知圓滿重修時，遼時殿閣，猶存一部，非全數蕩爲灰燼。今按大雄寶殿之結構，宛然遼式，與前部三聖殿山門稍異。而朱弁所撰碑文題爲「西京大普恩寺重修大殿碑記」，亦明言大殿係「重修」而非「重建」，是實物與文獻雙方俱能符合。故決此殿之架構，仍爲天會重修前之物。

(五)以結構式樣言，西樓與大雄寶殿極相類似，宜俱爲天會以前物，當於下文分別論之。又碑文中無西樓名，祇言文殊普賢二閣。今按西樓上層猶奉普賢像，其作風與大殿諸像一致。則今之東西樓，應爲文殊普賢二閣之俗稱。故文中仍稱爲普賢閣。

（六）三聖殿在大雄寶殿南，即碑中所載之前殿。其式樣與山門略同。疑二者均爲天會間圓滿所重建，詳下文。

（七）東西廊已毀，僅餘一部階基之故址，即圖版拾伍所示之點線是已。又東西廊必依垣而設，今圖中東西垣未成一直線，與碑文「左右斜廊」合。

（八）東西朶殿及東西配殿，未見此碑，年代不明。

（九）羅漢殿與五百尊者俱無存。依佛寺之配列習慣，羅漢殿不應居東西廊以內。就實狀論，亦無容納之餘地。疑在其兩側，或大雄寶殿迤北一帶。

（十）碑文「天龍八部合爪掌圍繞，出自名筆」，當指壁畫言。今無存。

寺自圓滿重修後，至元末二百餘年間，僅山門內存金章宗明昌元年（一一九〇年）所立大金西京大普恩寺重修釋迦如來成道碑銘并序一碑，知明昌間曾修理釋迦如來像，餘無可考。其後明代修葺紀錄可稽者如左；

（一）宣德三年（一四二八年）僧大用增修山門內崇禎六年重修善化寺碑記。

（二）正統十年（一四四五年）僧大用奏請藏經，又爲整飭爲多官習儀之所，復更其名爲善化寺山門內明萬歷十一年碑，及三聖殿內清乾隆五年重修善化寺碑記。

（三）歷年以深，舊規漸廢，臺基盡毀，廊廡將頹。於是鄰居善士，不欲以千年古剎，廢於一日，乃與寺僧謀修之……始於萬歷四年，中有水患，九年而告成矣。大都以堅實久遠爲計；故樸實之務多，藻繪之文鮮。塑像非其毀者不以更，粧嚴非甚陋者不以飾。惟於朽者易之，頹者理之。新其廡壁，甃其臺基。增二亭於臺上，以蔽鐘鼓。易石欄於四週，以壯觀瞻。廊內及臺下之地，悉以磚石砌之……至於改易其牆垣，則體制益峻。開廣其山門，則氣概愈宏……又樹坊於通衢之外，俾見者咸知所仰焉（山門內萬歷十一年碑）。

（四）萬歷四十四年（一六一六年）總兵王威等重修三聖殿（三聖殿內清乾隆五年重修善化寺碑記）。

（五）崇禎六年（一六三三年）僧嚴心重修山門（山門內崇禎六年重修善化寺碑記）。

據上列紀錄，知明宣德正統間，僧大用重修此寺，並奏請藏經，改名善化寺，爲多官習儀之所，於寺之復興，厥功頗偉。惜萬歷崇禎康熙三碑語焉不詳。其後萬歷初總兵郭琥等捐修，見前舉第（三）項張時中所撰萬曆十一年碑記。其主要工程僅建鐘亭鼓亭石欄坊楔與塑補諸像，及甃地等事，而縣志卷五題爲郭琥改造，似嫌過當。迨清順治初，姜瓖據大同叛，寺復遭殘毀，見三聖殿內乾隆五年重修善化寺碑記。其節略如次：

雲中有善化寺，居城之西南隅，地址規制宏闊端嚴。始於唐元宗開元年間，名之曰開元寺。其後傳之久，更其名曰大普恩寺。迨遼末兵燹，而後不無殘廢。金太宗天會六年，寺僧圓滿重修葺焉，而古刹爲之一新。歷明正統十年，僧大用奏請藏經，又爲整飭,爲多官習儀之所,復更其名曰善化寺。萬歷崇禎年間亦因之,而規制猶爲可觀。至國朝姜瓖而後,復遭摧折。臺基盡廢,廊廡俱頽。棍徒指爲賭局,頑童視爲戲地。從心存之徒源慶,目覩心傷,與本街檀越田見龍胡兆晟等商議,募化衆善高佩玉等。從康熙四十七年起至康熙五十五年工止。數年之間,風雨不避,晝夜不辭,勤勞之至。工程告竣,易其廢而高者以復,舉其頽而墜者以興;廊廡盡爲甎牆,初無一間之弗固;臺基悉爲齊備,又無幾微之或虧。晝六十餘間之壁,聖像巍巍。整三座聖像之儀,金身燦燦。立鐘樓於廟中,居民有靜聽之樂。移僧房於廊外,殿宇無騷擾之憂。厥後軍需煩興,造置駱駝鞍屜,廊屋盡被塡砌,階級又致損傷,大殿土牆將有口覆之憂。沿及乾隆五年,其徒廣德從京受戒歸,源慶與其徒又向衆善募化。灰灌階級,甎包殿牆,棟宇愈見輝煌。

如上碑所述,此寺於康熙乾隆間,經源慶廣德二人,再度重修,保存之功,直可與圓滿大用輩,後先輝映。所云壁畫六十餘間,今存大雄寶殿內一部,雖非佳構,尚不失爲巨作。其僧房鐘樓地點,均無可考。以現狀推之,今大雄寶殿迤北及西北一帶,有平房多所,或卽源慶所建之僧房。鐘樓疑爲數年前焚燬之東樓,因舊文殊閣重建者。但確否若是,尙待蒐求證物,非今日所能論定。又縣志卷五載「乾隆五年知府盛典重修」及「三十五年又修」二項。依年代言,前者卽廣德自京受戒歸，向衆善募化一事，因碑文未載，補記於此。

自乾隆重修後，迄於最近，歷時一百六十餘載，因證物缺乏，其間經過情形，無從冥索。若寺之現狀，大雄寶殿西北之平房，祗餘殘垣敗壁，零落不堪屬目。殿以南一區，爲寺之主要部分圖版拾伍，僅殿本身及三聖殿東西朶殿四者保存較佳，山門次之，西樓及東西配殿又次之，東樓與東西廊無存。

現存諸建築之年代，根據結構式樣與紀錄所示，推定大雄寶殿，普賢閣，三聖殿，山門四處，爲遼金二代遺物。惟東西朶殿與東西配殿，因文獻缺乏，而結構上亦無可憑以論斷其時代之特徵，故其年代，非今日所能斷定，僅據配殿梁下之題記，知非清代所構耳。

大雄寶殿

臺• 大雄寶殿爲善化寺之正殿，在三聖殿後，南向。 自山門經東西配殿，三聖殿，東西樓，至此恰符伽藍七堂之數圖版拾伍。 臺之平面，隨殿身作長方形，其前附月臺，與同時諸例一致。惟殿前廣場甚闊，而月臺高度不足三公尺，遠不逮華嚴寺教藏及大殿二臺之崇偉。 臺係磚築，據東南隅殘毀處所示者插圖九十一，外部構以單磚甚薄，內部則以水平層與垂直層交互疊砌，不與外部連屬，疑非同時所構。

月臺面闊與殿之中央五間略等。 其面闊進深，約爲五與三之比，一如殿本身所採之比例圖版拾伍。 正面設石級二十步。 級盡爲牌坊三間。 左右六角亭各一，居左者懸鐘。 稍後中央有明萬曆二十三年鐵焚爐一具，製作極劣。 臺之外緣舊有石欄，現唯存正面一部。 據山門內明萬曆十一年碑，欄與鐘鼓二亭，俱建於明萬曆四年至九年之間，但除石欄外，現存牌坊等恐經後世修理，非原物矣。

殿之平面• 殿面闊七間。 進深十架椽；每三架一間，故側面爲五間六柱。 面闊與進深，約爲五與三之比（圖版拾陸）。正面中央當心間，及左右梢間，闢門三處；門上設窗，餘無門窗。殿之內槽中央五間與左右二壁，築磚臺供佛像，詳下文。

殿內柱之配置與普通方式異。卽東西兩盡間與梢間之間，每縫用四柱；其間隔各等於二架椽之長。中央五間四縫則省去外槽之老簷柱及內槽之後金柱，祗用二柱（圖版拾陸）。各柱之距離，除後部簷柱與老簷柱之間爲二架椽外，自老簷柱至前金柱及前金柱至正面簷柱之間，皆係四架椽之長。故雖與華嚴寺大雄寶殿同爲進深十架椽，且同爲每縫二柱，而柱之位置與柱上梁栿之長稍異。依結構言，後者柱之排列，係對稱式；卽脊槫以前之架構，與脊槫後者可取同一方式，用材製作，俱較此殿簡便。然就利用殿內面積論之，此殿內外槽共深八椽架，所餘二架爲內槽以北之通道，可云修廣適得其度。華嚴寺大殿則爲三架，致內外槽之深，不及此殿。

•材栔•　材廣（卽材高）二十六公分，厚十七公分，以材高十五分爲標準，則高與厚爲十五與九・八之比，幾與法式無別。栔高十一至十二公分，平均十一公分半，合材高十五分之六・六分，其比例與薄伽敎藏殿接近。

•斗栱•　此殿有外簷柱頭鋪作，轉角鋪作各一種，補間鋪作四種，內簷柱頭鋪作二種，共八種。其附屬於梢間扒梁下，及駝峯，蜀柱，襻間等項者，另詳各條，不在此列。

（甲）外簷柱頭鋪作，係四鋪作重抄重栱造（插圖九十三）。櫨斗外側之出跳，列華栱二層。

善化寺大雄寶殿斗栱

柱頭鋪作

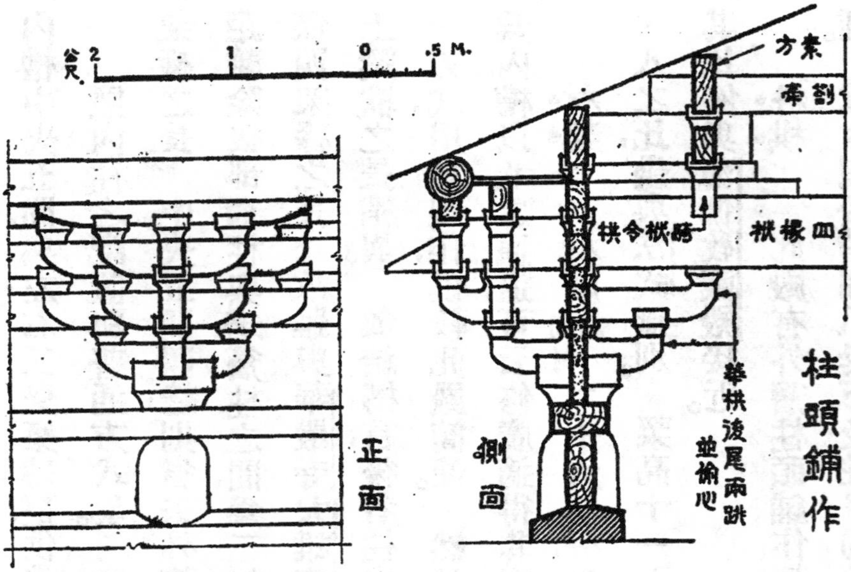

插圖九十三

第一跳計心，施瓜子栱，令栱，及羅漢枋各一層，枋上平鋪遮椽版。第二跳之長，較第一跳縮短約三分之一，栱端施令栱與耍頭相交。耍頭係內部乳栿或四椽栿之延長，上緣截割若批竹昂，置替木其上，受橑風槫。

爐斗內側之華栱後尾，亦二層（插圖九十三、四）。第一跳偷心。第二跳之端，貼於四椽栿或乳栿下，兩側未出瓜子栱，而於栿上相距一材一栔處，嵌騎栿令栱於栿身內。栱上施羅漢枋二層，其間置散斗。上層羅漢枋視下層者稍高，緊接椽下。椽與椽之空間，以石炭填塞。

爐斗左右兩側之結構，自爐斗出泥道栱，其上施柱頭枋三層，下層隱出慢栱，置散斗，最上為壓槽枋一層（插圖九十三）。

（乙）外簷轉角鋪作，係纏柱造，於轉角爐斗外，兩側

各增附角斗一具（挿圖九十五六）。其轉角櫨斗上正側二面華栱之出跳，及瓜子栱慢栱，

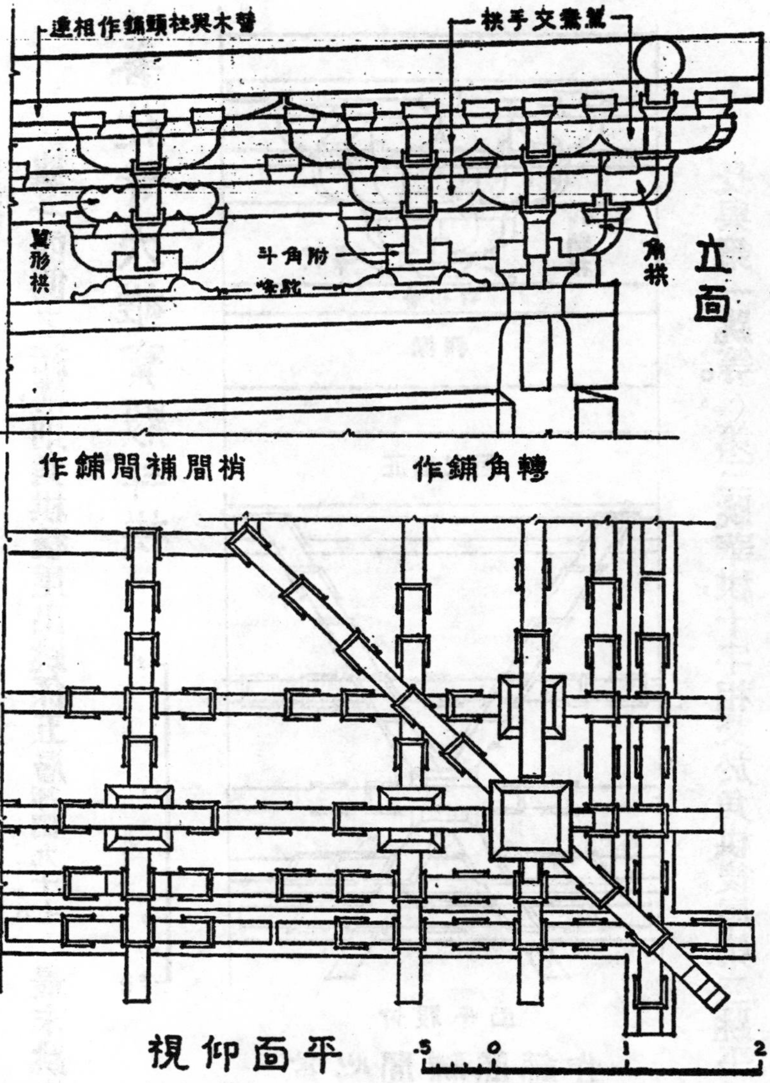

善化寺大雄寶殿斗栱

挿圖九十五

令栱耍頭等與前項柱頭鋪作完全脗合。角線上則施角栱三層，第三層上置寶瓶，受大角梁與子角梁。附角斗之長與高，與其他補間鋪作之櫨斗，胥較柱頭鋪作之櫨斗稍小，故其下承以駝峯，俾斗之上緣，與轉角櫨斗平。駝峯係長方形之木，表面隱出駝峯形狀。櫨斗外側華栱之出跳同前，惟跳上所施瓜子栱，

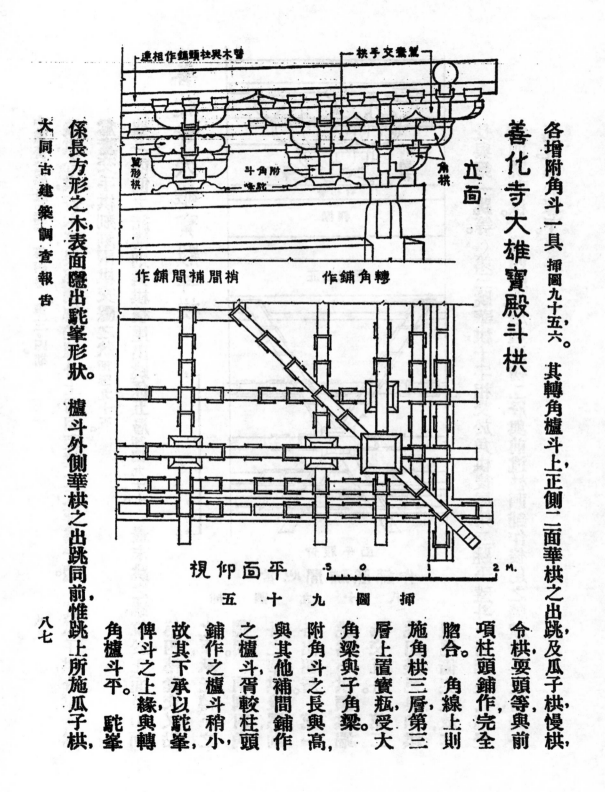

慢栱，令栱，替木等，與鄰側轉角櫨斗上者，因距離太近，連爲一體。 其瓜子栱，令栱，皆爲鴛鴦交手栱，剜刻兩栱交隱之狀插圖九十五。

櫨斗內側之結構，則角栱後尾出跳係五層插圖九十七。 最末跳之端，位於正面及山面第四椽縫交叉點之下，承托椽下之襻間。 兩側附角斗之華栱後尾，則各出四層。 第一跳爲小栱頭，栱端無交互斗。 第二跳因避免與角栱後尾衝突之故，其長與第一跳等。 第三跳華栱，十字相交於角栱後尾第二跳平盤斗上，而延長其端，受第四跳華栱。 第四跳上，施羅漢枋二層，與前述柱頭鋪作後尾之騎栿令栱上者，同一高度，貼於椽下。

善化寺大雄寶殿斗栱

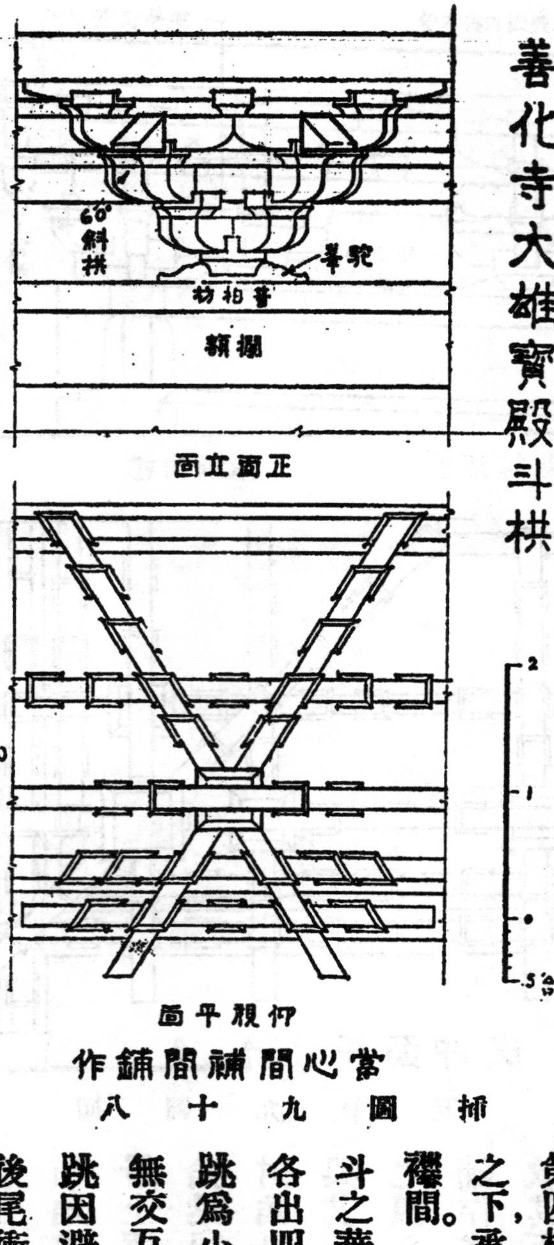

插圖九十八　當心間補間鋪作

轉角櫨斗與附角斗上之泥道栱聯併爲一，其餘柱頭枋，壓槽枋，同柱頭鋪作。

(丙)外簷南北二面當心間之補間鋪作(插圖九十八)；櫨斗亦較柱頭鋪作者稍矮，其下承以駝峯。其外側出跳自櫨斗兩角出平面六十度斜栱二縫，每縫列斜栱二層。第一跳斜栱上施瓜子栱，慢栱，及羅漢枋各一層。第二跳斜栱上施令栱與批竹昂式之耍頭相交，其上置替木與橑風槫。 斜栱前端之截割法，係與令栱方向平行。 瓜子栱，慢栱，令栱等之兩端，則與鄰接之斜栱方向平行。 其全體結構，極與華嚴寺大雄寶殿之當心間補間鋪作類似。

櫨斗內側之出跳，係延長外側斜栱與耍頭襯枋頭等之後尾，爲五跳(插圖九十八，九)。第一跳偸心。 第二跳施瓜子栱，慢栱，上置素枋二層，貼於椽下。 第三四兩跳俱偸心。第五跳之前端與壓槽枋十字相交，後端則施散斗，托於第四槫縫襻間之下，約分當心間襻間之長(卽當心間之面闊)爲三等分。 此項斜栱之形體，雖非下昂，但仍具槓桿作用，故不僅保持結構上之機能，絕對非裝飾品；其每縫所載之荷重，且較下述(戊)種普通補間鋪作所載者，約減六分之一，使荷重之分布，更爲安全。 各栱端之截割法，同外側，從略。

櫨斗左右之泥道栱，柱頭枋，同(甲)種柱頭鋪作。

(丁)外簷南北二面左右次間之補間鋪作插圖一〇〇—一〇一，櫨斗大小同前項(丙)種補間鋪作。　其櫨斗外側之正中出華栱二層。　第一跳華栱上施瓜子栱，慢栱及羅漢枋一層；第二跳施令栱與耍頭相交，上置替木，悉如(甲)種柱頭鋪作之結構。　所異者，第一跳瓜子栱之兩端，各出平面四十五度之斜栱。　其前端截割，與栱本身成四十五度，上置斜散斗，承托替木。　後尾則與第二層柱頭枋及耍頭交榫於櫨斗中線上，未延長於櫨斗之後。　遼構中除此殿外，清寧二年所建應縣佛宮寺塔之附階柱頭鋪作，亦用此法，但其斜栱結構櫨斗內外二側取對稱之方式，視此稍異。

善化寺大雄寶殿斗栱

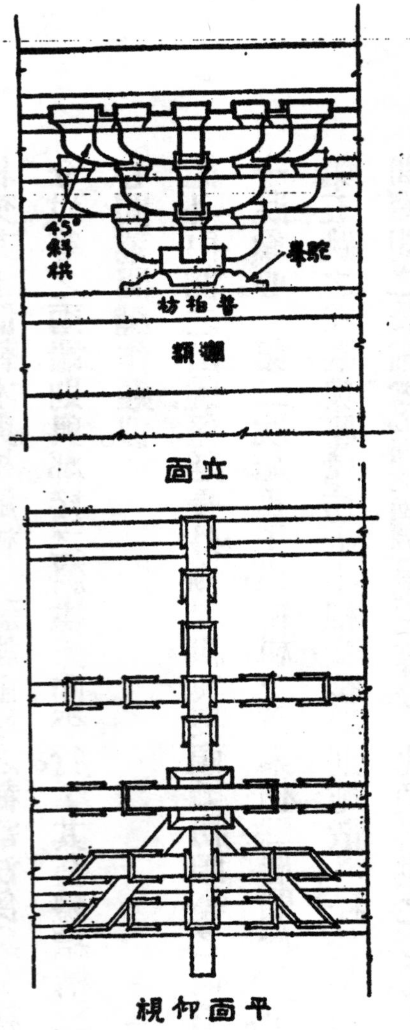

插圖一〇〇　次間補間鋪作

櫨斗內側之華栱後尾係五層插圖九十四。　第一跳偸心。　第二跳施瓜子栱，慢栱，其上置羅漢枋二層，緊貼椽下。 第三四兩跳偸心。 第五跳之端施散斗，支撑第四槫縫之襻間。

櫨斗兩側結構同柱頭鋪作。

（戊）外簷南北二面左右梢間之補間鋪作插圖一〇三，以較（丁）項，僅無櫨斗外側第二跳瓜子栱上之斜栱，其餘結構悉同。 又此殿兩山及背面補間斗栱，除（丙）（丁）（己）三種外，俱用此項鋪作，故其用途最廣，數量亦最多。

（己）外簷盡間之補間鋪作插圖九十五六，較前項（戊）種，祗易櫨斗外側第一跳，與內側第二跳上之瓜子栱爲翼形栱。 但栱上仍有瓜子栱，二者之間，以石灰塡塞，無散斗，餘件悉同。 其易跳上之瓜子栱爲翼形栱，與薄伽敎藏殿壁藏之第（二）種補間鋪作一致。

（庚）內簷柱頭鋪作，在後部老簷柱上者圖版拾玖貳拾，櫨斗正面出華栱二層。 第一跳偸心。 第二跳貼於六椽栿下，兩側未出瓜子栱。

櫨斗後側圖版拾玖，則延長正面第一跳華栱之後尾，爲劄牽，與後側第四槫縫之襻間相交。 第二跳之後尾，約於椽架中點垂直截去，壓於六椽栿之後尾下。

櫨斗左右無泥道栱，僅於櫨斗上置柱頭枋四層圖版貳拾，隱出泥道栱與慢栱，其間施散斗。 最上層散斗上裝替木，受後側第三縫槫。 故此項柱頭枋，兼具襻間作用。

(辛)內簷柱頭鋪作在左右梢間之前後金柱上者（圖版貳拾），較前述(庚)種斗栱，祗增內側華栱爲三層。第三跳之端，貼於梢間順梁下，偷心。其華栱之後尾第一跳延爲劄牽，第二三跳垂直截去（圖版貳拾）。左右柱頭枋之層次俱如(庚)種。

柱及礎石　此殿簷柱埋於牆內，其直徑與側脚，無由測度，惟生柱之法，則極顯著（圖版拾柒）。據實測結果，正面兩端之角柱，視當心間平柱，升高四十二公分，超過法式七間六寸之規定一倍以上。其中央三間正面簷柱之內側，附方形小柱，上端撐於第一跳華栱之後尾下，雖埋於牆內，係後代所增。

殿內諸柱之下徑，爲六十七公分。上徑等於櫨斗之長。柱高九·二八公尺。高與下徑，爲一與一三·七之比。在內額與四椽栿之兩端，各於柱側附櫬柱，如圖版拾陸所示。

礎石方一公尺，較柱徑二倍稍小，其上無覆盆彫飾（插圖一〇三），與華嚴寺諸例同。

梁架　殿內梁架分橫斷面與縱斷面二項。橫斷面中，因柱之排列有二柱四柱兩種（圖版拾陸），致中央四縫之梁架與東西兩端二縫異。遽覩之似極複雜。然兩端二縫自內額以上之柱頭枋，因適在山面第三槫縫下，兼爲槫下之襻間（圖版貳拾），如寶坻廣濟寺三大士殿之例，故實際上結構原則，仍極簡單。茲爲敘述簡便計，橫斷面兩端二縫，附述於縱斷面第三槫縫內，不另題標出，以免重複。

（甲）橫斷面　各簷柱間，於柱之上端，以闌額一層聯絡之。　闌額之前端，伸出角柱外部分，垂直截去，無楮頭綽幕，純係遼式。　其上施普拍枋承載斗栱。　枋之斷面，上緣微凸，祇於安裝櫨斗處刨平，與獨樂廣濟二寺及華嚴寺薄伽教藏殿異。

殿中央四縫之梁架，以每間祇用二柱（圖版拾玖），故自正面簷柱至前金柱之間，用四椽栿。栿之前端，截割為批竹昂式之耍頭，置於簷柱柱頭鋪作上，後端插入前金柱內。　次於四椽栿前端四分之一處，施簡單駝峯，兩肩斜刨，無鷹嘴及出入瓣，其上置櫨斗及素枋二層。　此項素枋，即第四槫縫之襻間。　自櫨斗口與襻間成九十度，向外出劄牽。　其前端與外側柱頭鋪作後尾第二跳上之羅漢枋十字相交，垂直截割。　後端則解割如栱狀，托於第三槫縫與第二槫縫間劄牽之下，以資聯絡（插圖一〇四）。　上層素枋上，施散斗及替木受第四縫槫。　槫下之襻間，與廣濟奉國二寺及大同遼金諸例，同為通長之素枋，未各間上下相閃，如法式所載。　又此殿襻間除脊槫下者，係一木劃製外，普通用素枋二層者居多，亦有重疊素枋三層或四層者。　各層素枋之間，於兩端近駝峯蜀柱處，施散斗。　當心間面闊較大者，復於各層素枋之中點置散斗，如補間鋪作（圖版貳拾）。　最上層素枋之上，施散斗及替木，托於槫下。

次於前述四椽栿之中點，復置駝峯。　每縫駝峯之間，施橫枋，上緣與駝峯上口平，俾支撐各縫之駝峯梁架，無傾側之虞。　枋與駝峯上，施普拍枋及櫨斗，上為襻間，以素枋四層累疊為之。

其上置散斗及替木，受第三縫槫圖版拾玖。第三縫與第四縫之間，聯以劄牽。劄牽之後端，置於第三縫之駝峯櫨斗上，前端與第四縫之襻間九十度相交插圖一〇四。

前金柱與後部老簷柱之間，相距亦四椽架之長，但柱上所載之梁則爲六椽栿。卽後端置於後部老簷柱之柱頭鋪作上，而延長其前端，與第三槫縫之襻間相交圖版拾玖。故正脊之前後，各爲三架椽之長，成對稱形狀。但栿身頗厚，未能嵌入前金柱櫨斗內，故於栿下另施枋一重，貼於栿下。此枋與法式卷五之順栿串同一性質；且亦爲二架椽之長，與法式置於乳栿下者相等，似可稱爲順栿串。串之前端，與第三槫縫之襻間第二層素枋十字相交。後端置於前金柱櫨斗口內，而延長其端於櫨斗後側，截割如華栱形狀。

六椽栿上，施繳背。其上，自栿之兩端前後第三槫縫起，各於六分之一處，施駝峯櫨斗，載四椽栿，栿上亦有繳背圖版拾玖。其與四椽栿九十度相交於櫨斗上者，爲素枋二層，卽前後第二槫縫之襻間。上層素枋施散斗與替木，受第二縫槫。

再次自四椽栿之兩端前後第二槫縫起，各於 span 四分之一處，設駝峯及扒梁圖版拾玖。扒梁高一材二栔，上緣與駝峯上口平，下緣嵌入四椽栿內，與栿成九十度。又於前述駝峯上施櫨斗，前後出華栱各一跳，上施素枋一層，其上置繳背高一栔，再上爲平梁。其在櫨斗左右兩側者，亦各出華栱一跳，上置素枋三層，卽前後第一槫縫之襻間，方向與扒梁同。襻間之上，施散斗替木，托受第一縫槫。

在前後第一縫槫下，自南至北兩端與槫下襻間第三層素枋九十度相交者，爲平梁圖版拾玖。梁之中點置鷹嘴駝峯立侏儒柱其上。柱上施櫨斗置翼形栱，與丁華抹頦栱相交，承受脊槫下之襻間。襻間高二材，係一木截割。兩側刻凹線區劃上下，使下層若單材襻間。又施义手斜撑於下部平梁兩端三分之一處，極似海會殿之結構。襻間上爲脊槫，斷面作八角形，而四角之斜稜微短，與其餘諸槫用圓徑者異。

後部老簷柱之位置，適在後部第三槫縫下圖版拾玖，故於柱之上端施內額與普拍枋，枋上再施柱頭鋪作，即前舉(庚)種斗栱。櫨斗之兩側，無泥道栱與慢栱，易以柱頭枋四層，即後部第三槫縫下之襻間。上層柱頭枋上，置散斗與替木，托載第三縫槫。

自後部老簷柱以北之梁架，係於老簷柱與簷柱間，用乳栿圖版拾玖，前端插入老簷柱內，後端則截割爲批竹昂式之耍頭，載於簷柱柱頭鋪作上。乳栿之中點，施駝峯櫨斗，斗上爲素枋二層構成之襻間，托受後部第四縫槫。襻間與前後之聯絡圖版拾玖；在前部者，延長老簷柱上第一層華栱之後尾爲劄牽，高一材一栔，與襻間之上層素枋十字相交。在後部者，自駝峯櫨斗口出劄牽，高一材，與下層素枋平；其後端則與簷柱柱頭鋪作內側第二跳上之羅漢枋相交。

(乙)縱斷面　縱斷面之梁架，在東西盡間上者圖版貳拾，自兩山簷柱至梢間諸柱間，施乳栿及繳背。栿之中點，於繳背上置駝峯及襻間，載山面第四縫槫插圖九十四，與前述橫斷面後部老簷柱至簷柱間之結構，完全符合。

山面第三槫縫，位於梢間諸柱上。係於柱上端施內額，各等於二椽架之長。其上爲普拍枋，及內簷柱頭鋪作（辛）種圖版貳拾。此項柱頭鋪作之結構，於櫨斗內側出華栱三層，皆偷心，第三跳之端，載次間順梁插圖一〇五，另詳下條。櫨斗外側，則延長內側第一跳華栱之後尾，爲劄牽，高一材一栔圖版貳拾，至山面第四槫縫下，與襻間之上層素枋十字相交，供聯絡第四槫縫與第三槫縫之用。其與華栱成九十度之柱頭枋四層，即山面第三槫縫之襻間，皆單材，表面隱出泥道栱與慢栱，其間配列散斗插圖一〇五。最上層散斗上施替木，受第三縫槫與橫斷面後部之第三槫縫一致。

次於前述梢間前後金柱上柱頭鋪作——即內簷柱頭鋪作（辛）種——之內側第三跳華栱上，施順梁，高一材一栔。梁之外端，與第四層柱頭枋相交，內端嵌入次間六椽栿上插圖一〇六。計左右梢間，各有順梁二根。此外與順梁平行而同在梢間者，又有扒梁二根，位於前後金柱與前後老簷柱之間圖版拾陸。其結構係於內額上第一層柱頭枋之上，施櫨斗，內側出華栱二層。後尾在外側者，皆垂直截割。內側第二跳華栱，則托受扒梁之外端。扒梁之內端，仍嵌於六椽栿上，與順梁同插圖一〇六。再次於順梁及扒梁上，各二分之一弱處，施駝峯，櫨斗上置素枋二層，與順梁扒梁成九十度角度圖版貳拾。 此素枋卽襻間，上施散斗替木，承受山面第二縫槫。 其在駝峯櫨斗上，與下層素枋相交者，爲華栱一層。 華栱上復施枋一層；其外端垂直截去，而內端嵌於次間之四椽栿上，聯絡山面第二槫縫與次間之梁架，使臻穩固插圖一〇六。

此殿梢間面闊，大於二架椽之長圖版拾陸，故山面第一槫縫位於次間梁架之外側，非適在次間平梁上，致其結構不及前述山面第三槫縫之簡單。 其法係延長橫斷面前後第一槫縫之襻間，於櫨斗外側，爲華栱二跳，以受槫，極爲特別圖版貳拾。 卽橫斷面前後第一槫縫下之第一第二，第三三層素枋，延至櫨斗外側，而截割其下二層，如華栱形狀插圖一〇六。 第一跳華栱上，施素枋二層，與平梁平行，卽山面第一縫槫下之襻間。 其上置散斗替木，受第一縫槫。 第二層華栱托載第三層素枋，枋之前端，截割爲批竹昂式之要頭。

自山面第一縫槫以內，有平面四十五度之角梁二根，自下而上，相續至頂，與脊槫相交。 其下以侏儒柱與丁栿—卽清式建築之太平梁—承之圖版拾陸。 其結構程次，係於次間與明間四椽栿上，施扒梁，與栿成九十度角度。 梁之上緣，與栿兩端之駝峯上口平圖版貳拾。 此一扒梁上，再各施櫨斗，出華栱一跳。 栱上載丁栿，復與扒梁成九十度角度插圖一〇七。 丁栿之中點，立侏儒柱，施櫨斗，與翼形栱，丁華抹頦栱等，受襻間及脊槫。 山面二角梁，卽相交於脊槫之上。

殿頂

殿係四注頂，卽營造法式之四阿殿，俗云五脊殿，又稱爲吳殿者。 據法式卷五陽馬條，雖無推山之名其時汴梁宮殿已有推山之法。但其結構與淸式推山異者，計有二點。（甲）宋式八椽五間至十椽七間之殿閣，兩頭增出脊槫各三尺。換言之宋式推山，僅於最上一架推三尺，非如淸式除方箭（卽簷端第一步架）不推外，其餘每步架皆推而所推之數亦異。（乙）法式陽馬條注謂：『於所加脊槫盡處，別施角梁一重』卽在平面上，除原有四十五度角梁自下而上相續至脊槫下外，復於脊槫兩端增三尺處至山面最上縫之兩端，增角梁一重（插圖一〇八）。今大雄寶殿係十椽七間四阿殿，而實測結果山面各椽架之長度皆相等而脊槫之兩端，亦未增出三尺故山面最末一架祇有平面四十五度之角梁二根（圖版拾陸），足證遼建築中尙有未用推山之法者。

遼宋推山之異同

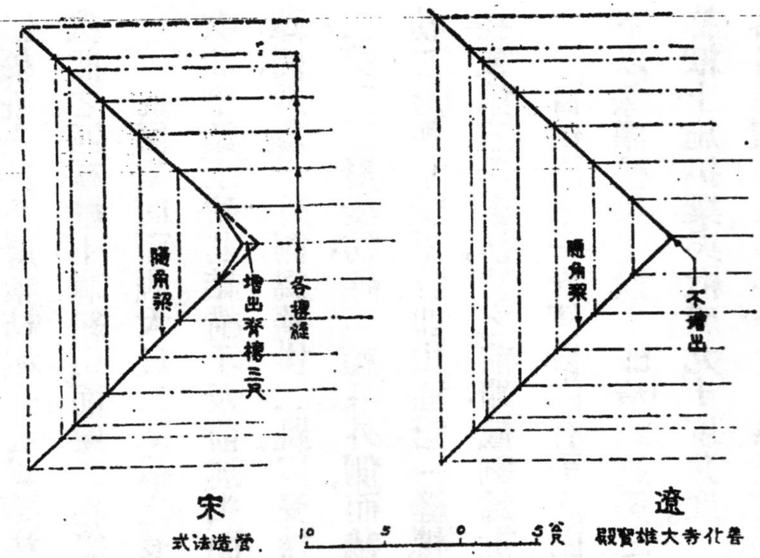

插圖一〇八

殿頂舉高之數自橑風槫之上皮至脊槫上皮，僅及前後橑風槫心距離四分之一，再加通進深百分之二•二，較法式瓪瓦廳堂猶低。又連接橑風槫上皮與脊槫上皮之直線，與水平線所成角度，約為二十七度四分之三，較華嚴寺薄伽教藏殿海會殿二者相去尚不甚遠。惟此殿屋頂之舉折則甚奇特，即自橑風槫至脊槫僅折第一與第二兩槫縫圖版拾玖。其自第二槫縫以下，直至簷端之橑風槫，係一直線，與法式每縫皆折者異。

此殿屋角上翹之結構，取二種方式。(甲)柱之高度自當心間平柱起，向兩側逐漸升高。(乙)自次間起，於簷端橑風槫之上，簷椽之下，施生頭木。生頭木之高愈近屋角愈高。最高處約高一材圖版拾柒。故簷端自當心間起呈反曲之狀插圖九十一。又其脊槫等亦施生頭木，故正脊微呈反曲圖版貳拾，俱與法式類似。出簷之長度自柱頭枋心至飛子外皮，不及簷柱高二分之一圖版拾玖，視薄伽教藏殿與海會殿稍小。但簷椽與飛子之比例，每簷椽一尺，約出飛子四寸，仍同。簷端勾滴之式樣，一部與華嚴寺薄伽教藏殿相似，當為遼金舊物。

殿自建立以來，迭經修葺，非止一度，故現存正脊垂脊之吻，皆為清式。惟諸脊僅塗黃堊，無線條雕飾，尚如華嚴寺大雄寶殿及薄伽教藏殿。茲依後二者，繪復原圖，如圖版拾柒所示。

牆•

殿之四周除正面設入口三處外，悉包以厚墉。其東北角以青磚修砌，顯係近代所修插圖一〇九。正面之牆厚一·四公尺，與西側者同。於磚砌羣肩之上，用土磚與水平層之木骨合砌插圖一一〇。木骨厚十八公分，自羣肩至牆頂，共十層，每層之間隔大小不等。在西壁南端，復有木骨一處，寬十公分，厚七公分，與水平層之木骨成九十度角度，貫入牆身內，以資聯絡。牆

34253

之表面塗厚堊，僅正面尙完好，西側者已全部剝落無餘。 善化寺中，除此殿外，三聖殿及山門之牆，亦採用同樣之結構法，而金初所建華嚴寺大雄寶殿，亦復如是。 頗疑此殿之牆係金天會間，僧圓滿重修此寺時，依舊架構補築其外牆，故與三聖殿山門等一致。 按營造法式磚作制度內，無磚與木骨混合之法，泥作內亦僅言鋪攀竹一種，惟卷三壕寨制度築城條，謂『每高五尺，用紝木一條，長一丈至一丈二尺，徑五寸至七寸』 然則此項水平層木骨，殆爲紝木同類之物也。

門窗 殿正面當心間與左右梢間各闢門一處。 門之寬度，約爲各間面闊五分之三。 兩側用圓柱，柱之上端，嵌闌額於內，直達普拍枋下皮插圖一一一。 每門裝扉二扇，無門釘，門簪上施方格眼櫺窗。 疑門，窗，圓柱及柱兩側之磚牆，俱爲後代修理時所改。 蓋依華嚴寺大雄寶殿之例，圓柱應爲方形槏柱，兩側裝腰串版；其門扉亦宜有門釘，如圖版拾柒所示之復原圖是也。

平棊藻井 殿內祇當心間一部，有平棊藻井，餘爲徹上明造圖版拾陸。 當心間又可分爲二部。 前部自第三槫縫下起，至前金柱之間插圖一一二，施平棊三列，每列四格。 其桯貼之結構插圖一一三，非貼位於桯上，如薄伽教藏殿之平棊，似係後代所構。 後部則自前金柱至老簷柱之間，施鬭八藻井圖版拾陸。 周圍列七鋪作重抄雙下昂重栱造斗栱插圖一一四。 第一二跳俱計心，第三跳偸心，第四跳施令栱。 其昂嘴與耍頭，皆批竹昂式。 此外又有平面六十度之斜栱二朵，結構式樣，與華嚴寺壁藏北側補間鋪作第(一一)種一致。 斗栱之上，施斜版，繪佛像。 其內又劃分三區。前部列方形平棊三格插圖一一四。後部列菱形平棊二格插圖一一五。此二部之斗栱，用五鋪作重抄重栱，其上覆背版，繪寫生華。中部則爲鬬八藻井；井外四隅之三角形內，施背版繪鳳。藻井內上下列斗栱二層。下層斗栱爲七鋪作重抄雙下昂重栱造；第一二跳計心，第三跳施翼形栱，第四跳施令栱，昂嘴耍頭亦皆批竹昂式。上層者係八鋪作卷頭重栱造，逐跳計心。中央覆圓形之背版，繪雙龍寶珠。其製作年代，依斗栱結構方法及昂嘴耍頭翼形栱斜栱等之形狀觀之，係與殿本身同爲遼代舊物，殆可斷言。

彩畫 外簷彩畫幾全體剝落無存，惟內簷自梁架以上，尙餘一部。據構圖花紋與色彩三項判之，此殿彩畫屢經修理，時代先後不一。如次間四椽栿上之斗栱，向外側挑出托受山面第一縫樽者，於外棱緣道內，繪寫生華；其栱頭且繪如意頭，當爲明以前之作品插圖一一六。次爲當心間藻井內之佛像，龍鳳，蓮荷華等構圖設色，似爲明物插圖一一四。而明間六椽栿底面之彩畫，枋心甚長，與兩端旋子花紋所示，極類北平明智化寺萬佛閣之彩畫，僅枋心內雜飾寫生華，爲後者所無插圖一一三，疑爲明末或清初所繪。其當心間前部之平棊插圖一一三，則係清式彩畫。

佛像 殿內中央五間，自東迄西，設磚臺，後接老簷柱，前達後金柱，約盡二椽架之長圖版拾陸。磚臺上，於每間中央各列如來像一尊，下承蓮座插圖一一七。座後角係方形，前部二角，則向內遞收三折圖版拾陸。上飾蓮瓣，火珠，三角柿蔕及獅首等插圖一一八，手法甚雄健。其三角柿蒂，曾著錄營造法式，明以後用者甚稀；獅首張口，踞前二足，極似義縣廣祐寺遼磚塔之雕刻，故此殿中央五佛之座，應俱爲遼物。 座上佛像，雖經後世修補，但其姿容凝重，無板滯之病，衣紋亦極流麗，宜與殿之年代相同。惜後部背光爲明以後所增（插圖一一九）。 中央三如來像之兩側，各有脇侍立像一尊，臺前每間又各有一像，立於六角蓮座上（插圖一二〇），俱權衡適度，確係遼塑。

沿東西壁復有磚臺，置立像各十二尊，卽護法二十四諸天像。 諸像姿態不一（插圖一二一），而以東壁六手觀音一尊，最爲豐美自然（插圖一二二），明清二代塑像中，決難覓此佳作。

壁畫 殿內壁畫，據乾隆五年碑，係康熙末葉僧源慶所監造，雖非傑構，亦不失爲大作。

殿之年代 殿之建立年代，據前引金大定十六年碑，題爲「西京大普恩寺重修大殿碑記」，是明言此殿於金天會間經僧圓滿重修，而非重建。 自是以後，迄於最近，無重建之紀錄，則殿之主要架構，爲遼構可知。 又以結構方式證之，其斗栱比例（見末章結論內）及前述耍頭替木，欒間，叉手，藻井，礎石與屋頂坡度，勾滴形狀等，胥與其餘遼代遺物符合，而同寺三聖殿，山門，及華嚴寺大雄寶殿所用之金代方式，未發現於此殿，俱爲有力之佐證。 第耶律氏享祚二百餘年，此殿究建於何時，尙屬不明。 據正面左右次間所用之補間鋪作論之，其外側第一跳瓜子栱之兩端，出四十五度斜栱之結構法，又見於遼道宗淸寧二年所造應縣佛宮寺塔，故疑殿之年代，與塔同爲遼中葉以後所建。 惟確否尙俟考證，非憑此孤證，所能決定。

普賢閣

大雄寶殿前之西，有所謂「西樓」者，巍然矗立（插圖一二三四），其東尙有遺址，遙相對立，即十餘年前罹災之東樓也。 按金大定十六年碑，無東西樓之稱，祇有「文殊普賢閣」之名。今西樓之上尙奉普賢像，殆即碑文所稱普賢閣歟。 據寺僧云閣內下層西壁舊有塑壁甚精美，二載前尙存，最近與平坐欄楯，門扉，月臺，踏道等同歸烏有，極足惋惜。

階基 殿建於磚砌階基之上，其平面作正方形。 階基前之月臺，較階基祇低一步，其磚砌部分已完全毀壞，祇餘土堆，尙可辨其原形。 月臺之前本有磚砌踏道，今已毀壞無遺。 階基高於現地面祇一・二三公尺，頗嫌低矮。

平面 閣平面（圖版貳拾壹），爲三間正方形，面東向。 下層之西偏，區以磚牆，牆上舊有塑壁，旁闢小門，內置扶梯，以達平坐內。 自平坐內起梯，折向東，升達上層。 上層正中供普賢像，並脇侍菩薩，正面當心間闢門。 周有平坐。 今閣之各層地版與平坐俱毀，自下層仰視，可直視上層椽栿，普賢像高峙於數支楞木之上，岌岌可虞。

柱之配列，上層與平坐及下層不同。　下層及平坐前後各四簷柱；山面各在縱中線上，立山柱，共爲三柱。　但上層山面改爲四柱，其二平柱立於平坐補間鋪作之上（圖版貳拾叁）。

材•栔•　普賢閣材高二十二或二十三公分，平均約二二•五公分；厚約十五或十六公分，平均約一五•五公分，較大雄寶殿所用之材，似減一等或兩等。　以材高爲十五分，則厚爲一〇•三分，約略爲三與二之比。　栔高十至十二公分，平均爲十一公分，合材高十五分之七•三强，較大於大同其他遼金建築。

斗栱•　下簷平坐，上簷，皆施斗栱，因位置及功用之不同，各異其結構。　各層斗栱雖皆出華栱二跳，但跳頭所施橫栱，則層各不同，以示各簷輕重之別，爲此閣斗栱最特殊之點。

（甲）下簷斗栱（插圖一二五），櫨斗之上，左右施柱頭枋三層，最下層隱出泥道栱，次層隱出慢栱，上層爲素枋。　此種左右各層全部用枋而不用栱之法，僅見於薄伽教藏殿壁藏南側之平坐，然壁藏爲小木作，其施諸實際建築者，倘屬初見。　自材料方面言，似微嫌其靡費，然在結構方面，固爲比較堅實之構造也。

與此三層枋相交者爲華栱兩跳及襯枋頭——清稱撐頭木——一層。　第一跳跳頭施翼形栱，第二跳跳頭施替木，以承橑風槫。　柱頭鋪作及補間鋪作皆如是。　惟後尾跳數則正脊二面之柱頭鋪作出華栱一跳，以承四椽栿，栿高二材一栔，故伸出柱頭中線以外部分斫作第二跳華栱及櫬枋頭。　山面柱頭鋪作之後尾則出華栱二跳插圖一二六，第一跳偷心，第二跳托受素枋一層，及與素枋九十度相交之楞木。　補間鋪作後尾亦出華栱兩跳，各跳之程次與山面柱頭鋪作同。　結構殊簡潔。

轉角鋪作除正面側面各出華栱兩跳外，更出角栱兩跳。　第一跳偷心，並翼形栱而無之；第二跳跳頭施替木，正側面相交，以承正側面相交之槫頭。　其後尾則惟角栱兩跳，以承斜梁。

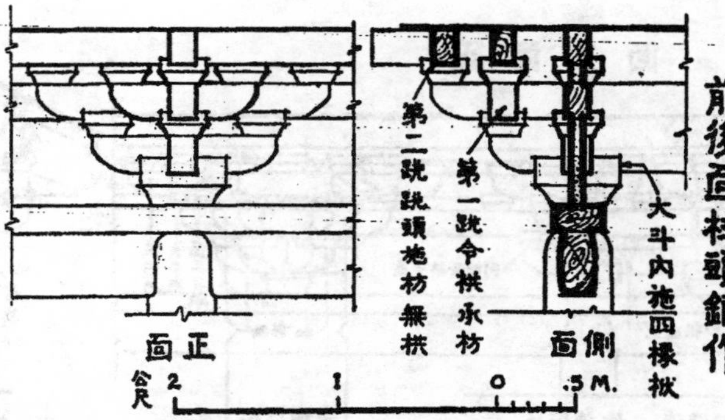

善化寺普賢閣平坐前後面柱頭鋪作

插圖一二七

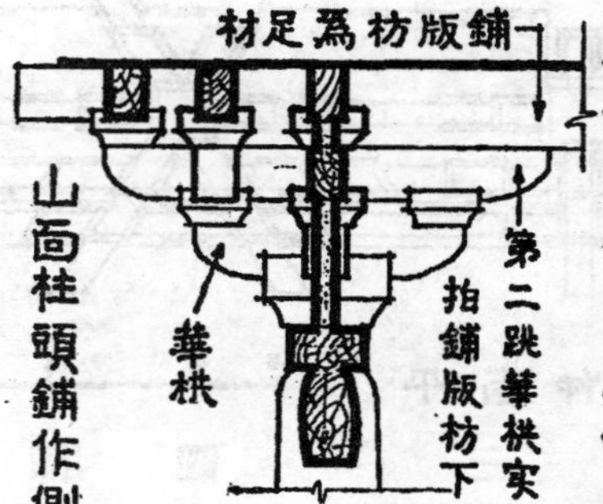

善化寺普賢閣平坐山面柱頭鋪作側面

插圖一二九

（乙）平坐斗栱插圖一二七，在正背二面柱頭鋪作及當心間補間鋪作，皆於櫨斗口內左右施泥道栱，其上施素枋兩層，下層枋上隱出慢栱。　櫨斗口前出華栱兩跳，第一跳跳頭施單令栱，上承素枋；第二跳跳頭祇一素枋插圖一二七、八。　柱頭鋪作之後尾即爲承重梁，高一材一栔，其外端斫作華栱兩跳，梁上繳背伸出爲耍頭，方整無飾。　當心間補間鋪作後尾則出華栱兩跳，承受承重平行之楞木（插

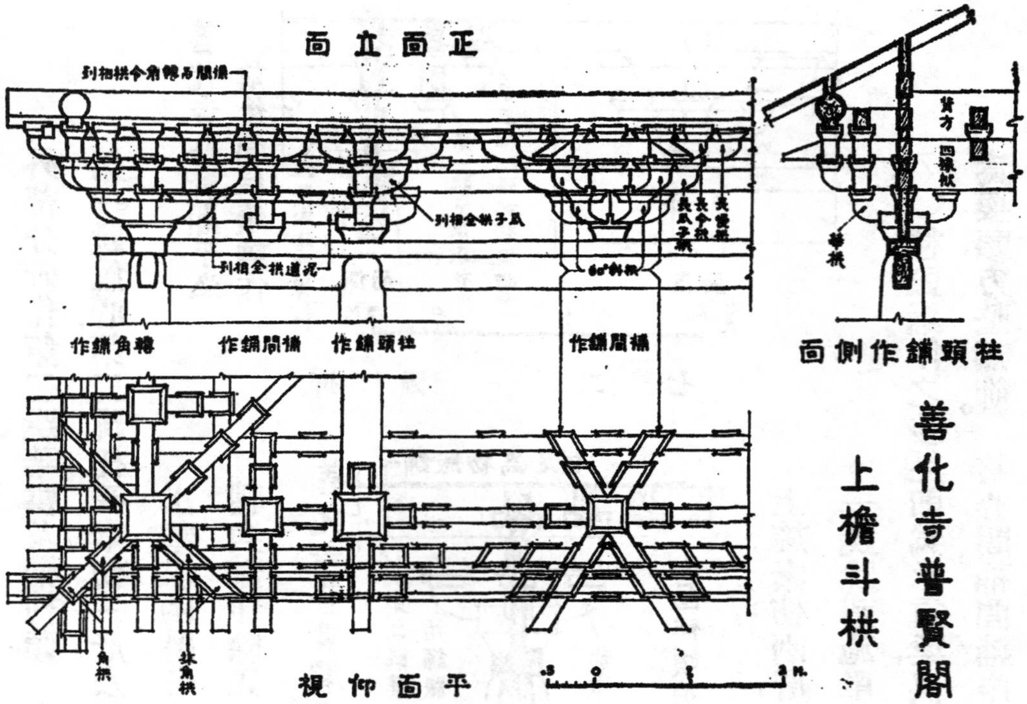

善化寺普賢閣
上檐斗栱

插圖一三〇

三〇)，楞木外端亦伸出爲耍頭。

山面柱頭鋪作之外側出跳，與前述正面柱頭鋪作完全相同，惟內側出跳（插圖一二九）因無承重梁，改爲華栱二跳，結構稍異。第一跳華栱偷心。第二跳華栱實拍直接置於鋪版枋下。枋爲足材，其外端伸出爲耍頭，與正背二面之楞木同。

轉角鋪作與梢間補間鋪作之泥道栱相聯，作鴛鴦交手栱，在側面伸出爲華栱，其上柱頭枋則貫通全面闊全進深，亦隱出鴛鴦交手之慢栱，但在側面則伸出爲第二跳華栱。補間鋪作華栱跳頭橫栱之配列，與柱頭鋪作及當心間補間鋪作同。轉角鋪作則正側面華栱之間，出角栱兩跳。第一跳跳頭施正側面並列之瓜子栱，第二跳跳頭之上爲耍頭。　後尾亦祇角栱兩跳，以承斜置之楞木。

（丙）上簷斗栱插圖一三〇，柱頭鋪作，轉角鋪作，及其間之補間鋪作等，於櫨斗口內，左右以連栱交隱之鴛鴦交手泥道栱相聯；其上施素枋三層，下層隱出慢栱，其上二層再隱出泥道栱，慢栱，更上爲壓槽枋。　柱頭鋪作及補間鋪作皆出華栱兩跳，其上更出批竹昂式之耍頭，與通長之替木相交。　轉角鋪作則除正側面各跳華栱及斜角線上之角栱外，更施與角栱成正角之抹角栱，使平面成爲米形。　各鋪作第一跳跳頭之上，施瓜子栱，慢栱，亦皆連栱交隱，其瓜子栱伸出爲側面第一跳角栱上之正華栱，慢栱則爲其上之耍頭。　抹角栱亦兩跳，其第一跳跳頭上亦有正華栱，與第二跳抹角慢栱相交，兩者之上更施耍頭。　第二跳角栱跳頭之上，有正側面令栱及第三跳角栱相交。　故轉角鋪作之上，第一跳出栱三縫，第二跳則五縫。　令栱承托橑風槫及其下通長之替木。角栱之上，舊應有寶瓶或角神以承角梁，今已毀失。

正面柱頭鋪作後尾，祇華栱一跳，其上卽爲四椽栿插圖一三一。　山面則華栱兩跳，以承與四椽栿成正角之丁栿；第二跳跳頭施羅漢枋兩層，與丁栿相交。　補間鋪作後尾華栱兩跳，亦承托此兩枋之下。　轉角鋪作後尾角栱三跳，第二跳跳頭承上述兩枋正面枋及山面枋之相交點；第三跳則承隱櫬角栱。（？）

上簷當心間前後面補間鋪作插圖一三〇與大雄寶殿當心間補間鋪作，頗相類似。 櫨斗之長較柱頭鋪作者稍小，內外出斜華栱兩縫，其平面與闌額作六十度角，每縫出兩跳，第一跳跳頭列瓜子栱慢栱及羅漢枋一層，第二跳跳頭列令栱與兩縫之耍頭相交，承其上之通長替木與撩風槫。 兩縫上之栱皆連栱交隱。 櫨斗左右出泥道栱一層，其上即爲三層之柱頭枋。 裏跳祗斜華栱兩縫，第一跳偷心，第二跳承托羅漢枋。 此類自櫨斗出斜華栱而無正華栱之補間鋪作，除華嚴寺大殿及善化寺大殿外，僅見於應縣佛宮寺木塔。

柱及柱礎　普賢閣平面爲正方形，然柱之配置，則下層正面與山面微有不同。正面用二平柱，山面僅一山柱，平坐柱之分配亦如之。 惟上層正面柱如下層，而山面則如正面。 山面二平柱係叉立於平坐補間鋪作之上。 故上層正面山面皆得見四柱。

下簷平柱高五·〇三公尺，徑五三公分，其高與徑之比，尚不及十與一。 角柱生起頗爲顯著，亦遠甚於法式「三間生起二寸」之規定。 平坐柱叉於下層柱頭鋪作之上，較下層柱移入少許圖版貳拾肆伍。 平坐及上層柱徑與下層略同，而柱高則各異；柱高與徑，並無固定之比率。 以材栔計，柱徑約合兩材一栔弱。 柱頭皆「卷殺作覆盆狀」，如遼金諸剎所常見。 柱礎埋藏磚下，未得見。

梁架●　各簷柱間，左右皆以闌額聯絡，其上施普拍枋以承斗栱。　闌額高四十公分，厚二十五公分，高厚成八與五之比。　角柱上闌額相交出頭方整無雕飾。

各層前後平柱柱頭鋪作之間皆施四椽栿（圖版貳拾肆伍）。　其大小皆約略相同，高五十四至五十六公分，厚四十二至四十四公分，高厚約為五與四之比，其斷面頗似清式梁。　此三層梁中下層除一部分承托樓梯之上部外，其惟一之功用祗在承托藻井。　次層為承重梁，梁本身之上更貼置高三十六公分，厚十五公分之繳背，將楞木嵌置其上，以承上層地版。　地版今已全部被毀。　上層四椽栿為屋蓋之承托者。　在梁背之上，按前後簷椽之長，安放背方，前端延長為襯枋頭（撑頭？），後端至平槫縫下，以承駝峯（插圖一三三），此種結構法，尙屬初見。　駝峯之上大斗之內有十字相交之令栱，以承平梁及與之相交之襻間替木（插圖一三三）。　平梁之上為侏儒柱，其上施丁華抹頦栱，栱上為襻間及替木（插圖一三四五）。

在平槫縫下，與槫平行自山面柱頭鋪作之上，達四椽栿上，與栿上之背方同高而與正角相交者，為丁栿（圖版貳拾伍）。　丁栿之上施駝峯，其上十字栱與四椽栿上者，連栱交隱（插圖一三二，五）。　栱上亦施平梁，梁上侏儒柱，叉手，丁華抹頦栱，一如四椽栿上平梁之制。　在兩際之下另加平梁，以承出際部分者，在遼金遺構中尙未見於他例，蓋因樓頂狹小，故須如此。　按法式卷五棟節：「出際之制」，有「更於丁栿背方添闋頭栿之法」，殆卽指此，卽後代之採步金梁也。　此相隣之平梁與蜀柱之間，復以斜撐聯合，如圖版貳拾伍所示。

閣頂：　閣有上下二簷，上簷爲九脊式頂。　閣前後橑風槫間之距離，爲一一・三八公尺，舉高二・九三公尺，約合四分中舉起一分，又加通長百分之六，僅同法式所規定甋瓦廳堂之制。其舉起角度約爲二十七度四分之三，與大雄寶殿完全相同。　其折下僅二十公分，尚不及舉高十分之一。

上下兩簷皆以筒瓦蓋頂。　正脊，垂脊，岔脊，博脊皆以磚壘成。　脊下用筒瓦兩路，以代線道瓦及當溝，脊上則以筒瓦扣脊。　正脊正中施磚雕牌樓爲飾，邊樓之旁爲龍頭；正樓及左右鴟頭之上，皆立剎形寶珠（插圖一二三）。　除剎形寶珠外，其做法與薊縣獨樂寺觀音閣脊飾頗相似，但觀音閣牌樓祗一間，當爲明以後物。　正吻做法與山門相同，惟剩南頭一吻，北頭已失。　兩際挑出僅較侏儒柱上之栱稍長。　博風版已殘毀，中垂懸魚由多數橫木拼成，其輪廓頗肥碩（插圖一二四）。

牆：　下層除正面當心間外，皆用磚牆壘砌，牆尚新整。　上層惟當心間當中三分之一闢門，其四周全部用薄牆壘砌。　牆用土磚，外塗黃土。

裝修：　下層門祗餘門框及橫披。　就門框觀之，其兩側應有櫼柱及腰串版，今俱無存。橫披之櫺作小方格。　上層亦唯餘門框，其上兩門簪扁方形，尚存遼代遺制。　平坐四周原有欄杆，今已毀壞無遺。　樓梯祗餘兩側之兩頰，踏板，踢板亦已無存。　下層平坐之斷面，係中平周斜，略如天龍山石窟之天頂，惟背版已全部凋落，僅餘桯貼（圖版貳拾肆，伍），皆最近所毀。

佛像　上層供普賢像，屢經後代重裝，猶存宋代之作風（插圖一三六）。其旁侍立像，當屬諸天之一，與大殿諸天像頗相似。下層原有塑壁及佛像，今俱毀。

年代　閣之建造，未見於寺內碑碣。但就結構方式考之，其斗栱之分配，各層祇用補間鋪作一朵，又下層用替木，上層用六十度角華栱；及方整之闌額頭；與屋頂坡度等，皆足證明其與大雄寶殿屬於同時代，要亦遼末幸免兵燹之遺構也。

三聖殿

三聖殿位於大雄寶殿之前，山門之後。殿五楹，單簷四阿（插圖一三七），內供一佛二菩薩像，爲寺之次要建築物。

階基　殿建於磚砌階基之上，其平面作長方形，較今地面祇高出一·一五公尺。階基之前為月台圖版拾伍，較階基低一級。月台之前，階基之後，中央皆設磚砌踏𨄉為上下之道，而無踏道。今基四周磚砌部分，多已毀壞，僅存基礎，略可辨原狀。階基與月台頂上墁磚，今亦破裂不平。

月臺中央有石盤一具，下承方座。盤之周圍劃分四格，刻麟，鹿，荷蕖，梅雀各一幅插圖一三八。其鳥獸姿態甚古拙，雲之形狀，亦極類薄伽教藏殿如來像背光上所雕者，決非元以後作品。就形體推之，疑盤為經幢之一部，自他處移至此者。

平面。　殿東西五間，南北八架圖版貳拾陸，平面作長方形。面闊進深之比，極與大雄寶殿接近。其南面當心間設門，次間闢窗。北面則惟當心間設門。其餘各簷柱間皆砌磚牆。在內柱位置之配置上，就余輩所知，此殿最為特殊。殿內柱共八，其中四為主柱，四為輔柱。其四主柱，中當心間二金柱置於後部第二槫縫之下，為內柱通常之位置。次間梢間間之金柱，則向前移至第二槫縫之下。此種不規則之配置法，尙屬初見。四輔柱中，二在當心間前金柱位置；二在次梢間柱後，通常金柱應在之位置。中三間沿後金柱砌扇面牆，牆前為磚臺，上供三聖像及侍立菩薩二尊。殿東北隅供關帝並侍像四。東次間有清乾隆五年重修善化寺碑記，為寺中重要文獻之一。

材栔。　三聖殿材高二十六公分，厚十六至十七公分，平均厚一六・五公分；高與厚約為

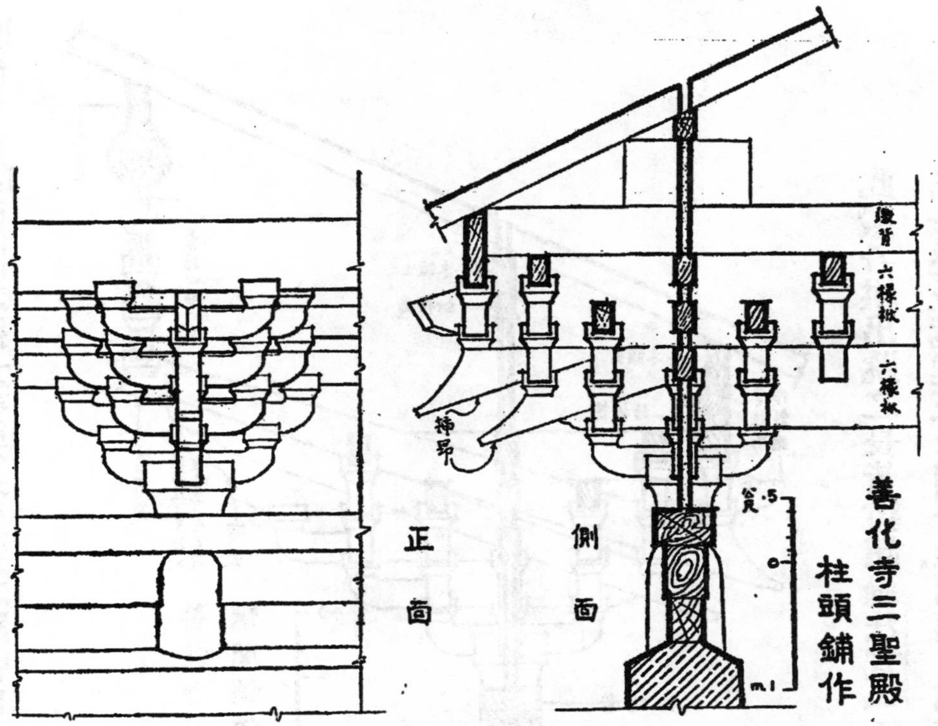

善化寺三聖殿柱頭鋪作

插圖一三九

三與二之比。栔高十至十一公分,合材高十五分之六。在材栔之應用上與法式所規定可稱符合。

斗栱· 此殿斗栱之種類,除外簷兩次間之補間鋪作外,餘為六鋪作單抄雙下昂重栱造;有柱頭鋪作,轉角鋪作,補間鋪作三種變化。次間之補間鋪作則為三抄,每跳皆有四十五度之斜栱,結構殊複雜,詳下文。

斗栱之配列,僅外簷當心間用補間鋪作二朵,餘皆一朵。按遼代遺物,自獨樂寺觀音閣山門至佛宮寺塔,無補間鋪作二朵之例,惟法式卷四總鋪作次序有「當心間須用補間鋪作兩朵,次間及梢間各用一朵」之紀載,疑此殿斗栱,係靖

34267

康亂後，隨金版圖之擴大，受宋式建築之影響也。

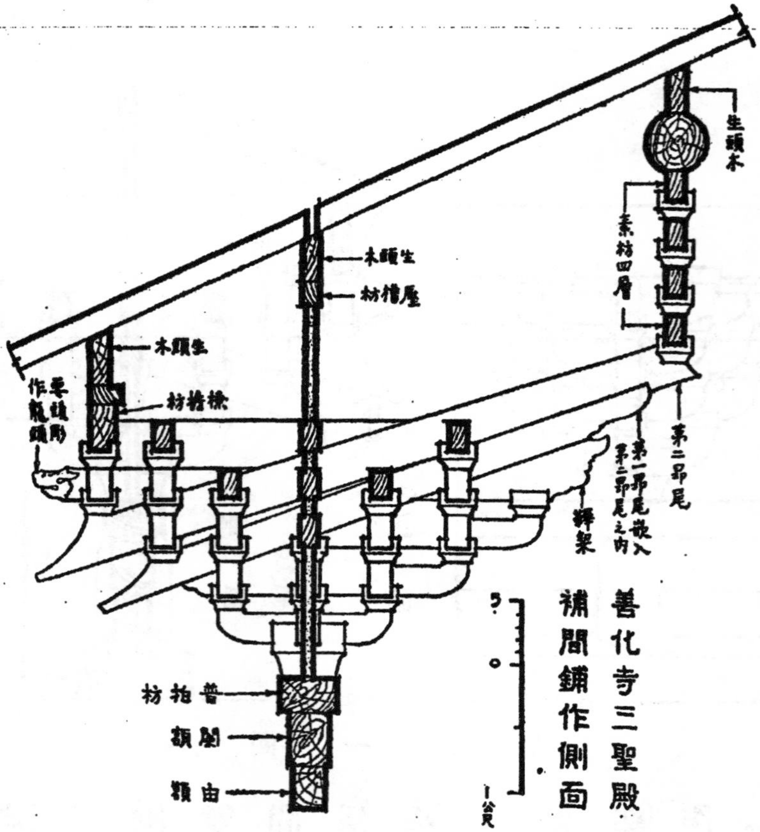

善化寺三聖殿補間鋪作側面

插圖一四一

（甲）外簷柱頭鋪作（插圖一三九），自櫨斗口外施華栱一跳。跳頭施瓜子栱慢栱及羅漢枋，與華頭子相交。華頭子上插昂，爲第二跳；跳頭亦施重栱素枋，如第一跳。第三跳亦爲挿昂，跳頭施令栱，與由內部伸出作耍頭之梁頭相交。耍頭係螞蚱頭形，如清式所常見。令栱之上，直接施橑簷枋，其斷面爲長方形。上述諸點，皆與法式符合。

此殿斗栱出跳之長，皆遠超過法式「不得過三十分……第二跳減四分」之規定。第一跳長竟達三十四分餘，而第二第三跳亦爲二十八分左右，與法式不符。

櫨斗口內左右伸出與華栱相交者，為泥道栱，其上施慢栱並柱頭枋三層。裏跳卷頭三跳（插圖一四〇）第一二跳重栱計心造，第三跳偷心直接托於乳栿之下。裏跳之長俱為三十二分弱，亦超過法式規定之數。

（乙）外簷正面當心間梢間，及山面之補間鋪作（插圖一四一），出跳之長度及栱之分配，與柱頭鋪作同，但出跳之法，則用下昂，在大同諸寺中，惟此殿有之。第一跳華栱跳頭之上，出華頭子，其上斜施下昂，昂後尾向上挑起。第二昂在第一昂上，與之平行而較長一跳。跳頭施令栱與耍頭相交。耍頭斲刻奇特，略似明清套獸而古勁過之。鋪作後尾出華栱三跳（插圖一四〇），第一第二兩跳重栱計心，惟第一跳跳頭之瓜子栱刻作雲形，如清式之「三福雲」，至為奇特。第四跳之位置上有不規則之三角形木，即法式所謂鞾楔，亦即清式菊花頭之前身。鞾楔刻作翼形卷瓣，緊托於第一昂尾之下。第一昂尾刻作簡單之兩卷瓣，托於第二昂尾下，而刻入槽內。第二昂尾方整無飾，尾端施散斗，以承托多層之素枋及枋上之槫，而完成其槓杆（Lever arm）之使命。

下昂之用，係利用槓杆原理，支撐簷部之重量。最古之例，見於薊縣獨樂寺觀音閣之柱頭鋪作，其昂尾壓於乳栿之下；但補間鋪作，則極簡略而無昂。正定隆興寺轉輪藏殿，則柱頭鋪作無眞昂，僅兩補間鋪作用之。其昂尾結構與全部權衡手法，俱與此殿

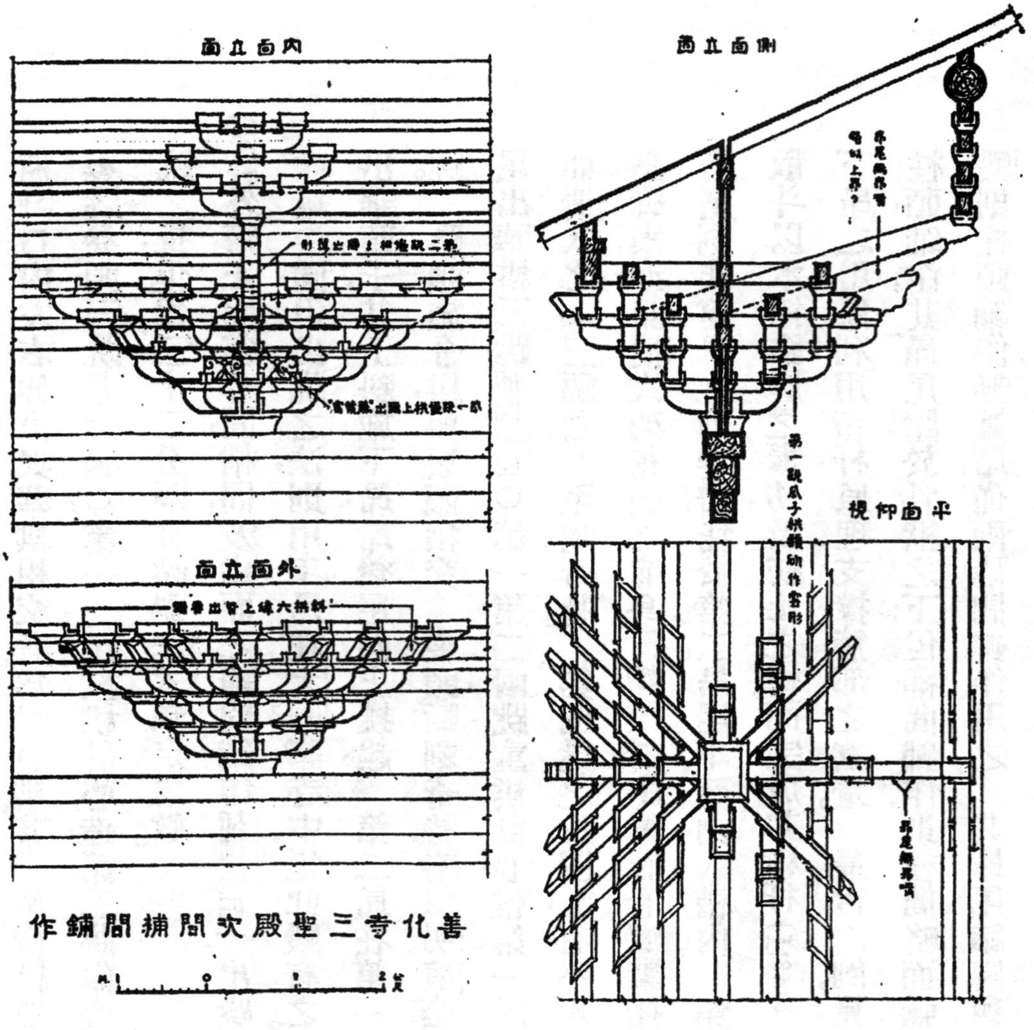

插圖一四二

相類，蓋皆與法式約略同時者也。

(丙)次間補間鋪作

插圖一四二三，自櫨斗向外正面出三抄；(即華栱三跳)，復自櫨斗兩角，在四十五度斜線上左右各斜出三抄至跳頭，與正面華栱出跳跳頭並列。第一跳華栱跳頭，復左右斜出兩跳；第二跳華栱跳頭，亦左右出一跳，胥至與第三跳跳頭並列爲止。第一第二跳正斜華栱之跳頭，各施加長之重栱素枋，與正斜各華栱相交。在第三跳正斜華栱之上，而與各華栱平行者，計有耍頭七排，此並列，與特長之令栱相交，而承於撩簷枋之下。斜栱之用，亦見於善化寺大雄寶殿及普

善化寺三聖殿轉角鋪作

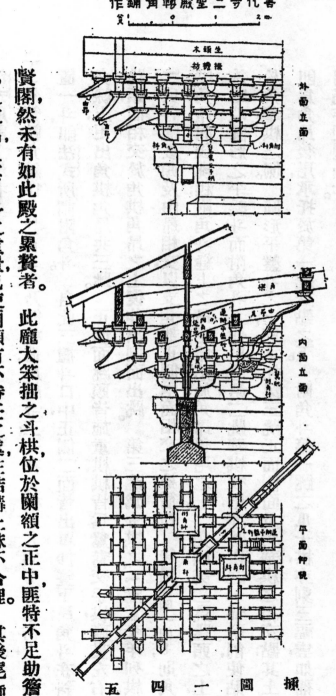

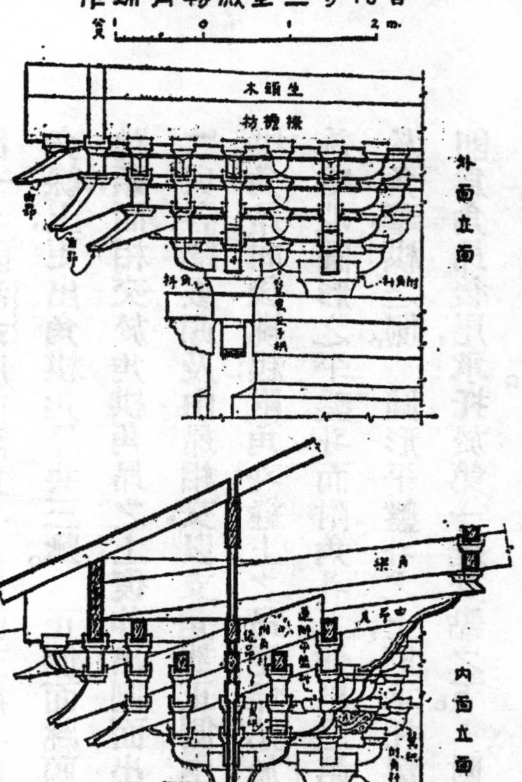

插圖一四五

賢閣，然未有如此殿之累贅者。此龐大笨拙之斗栱，位於闌額之正中，匪特不足助簷部之支出，且其自身之重量，已使闌額有不勝任之處，在結構上殊不合理。其後尾挿圖一四四，則較簡單，斜栱祇自櫨斗出兩跳。正面華栱之上亦有昂尾挑起，如當心間

補間鋪作，惟外側既無昂嘴，則其槓杆作用無由存立，而成一種純粹斜撐之作用，略似法式所謂上昂者。

(丁)外簷轉角鋪作 插圖一四五六，乃纏柱造，用櫨斗三；一在角柱上，其兩旁普拍枋上，又各置一斗，卽法式所謂附角斗。　自此三櫨斗口中正側二面皆出單抄雙下昂；角斗在斜角線上，更出角栱角昂共三跳。　正側面跳頭皆施重栱，栱皆爲鴛鴦交手栱，聯貫左右跳頭，而相交於角栱角昂之上，復伸出側面出跳。　第三跳爲令栱之『鴛鴦交手列栱，』與各縫耍頭及由昂相交，以支角部正側兩面相交之橑簷枋。　後尾 插圖一四七，則角栱角昂向後挑起；附角斗縫上之昂尾，係貼於角昂後尾之上。　角栱第二跳跳頭之上，施略似圓形之平盤斗，而附角斗上伸出之第二跳華栱後尾，亦將栱之一部斜劄，使貼於角華栱之側。　圓形平盤斗之上，則承托第三跳正面側面及角華栱之相交點；其上卽爲角昂後尾，承托於第一縫交點之下。　附角斗第一跳之瓜子栱，亦刻三福雲，如補間鋪作 插圖一四七。

(戊)內簷斗栱 圖版貳拾玖，叁拾，之位置及其功用，可分爲承梁與承枋兩種。　其構造皆至爲簡單。　沿內柱之一週，承枋之斗栱，皆在櫨斗內置泥道栱，栱上置三散斗以承槫下之枋。　與泥道栱相交者，有翼形栱。　其全鋪作之做法，可謂清式『一斗三升交蔴葉雲」之前身。其承梁之斗栱，則有華栱一跳，與泥道栱相交，其上又承雄大之替木，將梁置於其上。

沿第一槫縫之下，則惟在梁下施大斗，斗口內出角替以承平梁（圖版貳拾玖，拾叁）。

柱及柱礎　簷柱十八。其正面之六柱中，當心間二平柱高六．一九公尺，次柱高六．四八公尺，角柱高六，五九公尺，角柱高於平柱四〇公分，其生起遠超過法式「五間生高四寸」之規定。平柱下徑約五十八公分，高與徑約為一〇．七與一之比。柱頭小於櫨斗，微有卷殺作覆盆狀。內柱高達第三槫縫下斗栱之下，高約九．八〇公尺。當心間兩柱隱於扇面牆內；次柱下徑七十九公分，高與徑約為一二．四與一之比。柱頭亦有卷殺。按材栔計，簷柱徑約為二材一栔弱，內柱徑適為三材。

當心間二輔柱，位於前第二槫縫中線上，直支於四椽栿下。徑四十五公分，恐為後世所加。次間後第三槫縫亦置二輔柱，但左右各向內移少許。其主要功用，似為殿內扇面牆兩端邊沿之用。

柱礎為方形平石，無覆盆雕飾，約大於柱徑半倍。

梁架

（一）簷柱各柱頭間左右施闌額，高四十二公分，其下施由額（？）高三十四公分，厚稍遜，其上施普拍枋，寬於闌額圖版貳拾玖。 闌額角柱出頭處，刻作菊花頭形圖版貳拾柒。

(二)當心間前面簷柱與後面內柱之間施龐大之六椽栿，外端置於平柱柱頭鋪作之上，內端交榫於後內柱圖版貳拾玖。 六椽栿分上下兩層，下層高兩材一栔，置於華栱之上；上層高兩材兩栔，外端之下半斫為耍頭。 六椽栿與後內柱交榫處以碩大簡勁之角替承托之。 六椽栿之上為四椽栿，前(外)端置於前面第二槫縫下之侏儒柱上，後端則置於後內柱上插圖一四八。 後內柱與侏儒柱上皆施斗栱以承四椽栿，如上文所述。在第三槫縫之下，亦施斗栱，以承劄牽。

四椽栿亦分上下二層插圖一四九，下層高一材一栔又半材(？)，約合兩材，上層約合一材一栔。梁栿兩肩作三卷瓣。 在梁下斗栱大斗之上緊托梁下者有機能略同替木之構材，其高一材或足材，內端卒作楷頭，姑稱為「楷頭栱」。 上層梁兩端之長僅達槫圖版貳拾玖。

四椽栿上，在第一槫縫置矮拙之侏儒柱，與次間之順扒梁相交。 順扒梁上有普拍枋，枋上置斗，斗內施楷頭栱，上承平梁插圖一四九。 平梁亦分上下兩層，下層高一材一栔；上層高不及兩栔，但較下層兩旁寬出少許，如額上之普拍枋圖版貳拾玖。

脊槫縫下之侏儒柱與合楷相交，置於平梁之上。 合楷之厚較侏儒柱稍薄，故於侏儒柱之下端作凹口叉於合楷上。就形制與結構意義言此合楷極似清式之角背，而與大雄寶殿海會殿及營造法式之駝峯異。侏儒柱上安斗斗上安襻間兩面出耍頭並安叉手。襻間之上爲足材襻間，緊貼於脊槫之下圖版貳拾玖。

(三)後簷柱與內平柱之間施乳栿長兩椽。乳栿亦分上下二層各高兩材。正中施矮柱及斗栱，以承劄牽及其上之槫圖版貳拾玖。

(四)次間內柱與前簷柱之間安大梁如當心間，惟梁之長僅及五椽，殆受木料長度之限制，故權將柱之位置，移前相就圖版叁拾。五椽栿上無四椽栿，惟在前第二槫縫上用矮柱以承內額，額上施普拍枋，枋上安斗栱，以承山面第二縫槫。後端交榫於內柱，亦以碩大之角替承之插圖一五〇。

(五)次間後乳栿長三椽，廣如當心間後乳栿，惟在後第二槫縫上安矮柱，以承後內額；如前面結構。第三槫縫下亦施矮柱與駝峯相交以承斗栱，及其上之劄牽圖版叁拾。

(六)次間前後第二槫縫之下施順扒梁二圖版叁拾叁拾壹，內端置於六椽栿上外端置於山面第二槫上插圖一五一。順扒梁上施普柏枋，枋上坐斗，約在梁中而略偏於山面斗；內施楷頭栱以承太平梁插圖一五二。太平梁上之侏儒柱，駝峯，叉手等部分，一如平梁。脊槫及兩垂脊內之隱角梁，即相交於太平梁侏儒柱之上。在太平梁與山面第二槫之間，又施大斗，斗上施素枋兩重，以承山面第一槫；斗內更有角華栱一，耍頭一，與素枋斜角相交，以爲支承隱角梁之輔材。

(七)兩山梢間之內，兩山簷柱與次內柱上大梁之間，施乳栿，外端在兩山柱頭鋪作之上，內端在大梁之下（圖版叁拾壹）。頭高一材一栔，外端伸出爲耍頭；其上復施一材。在內柱之後者，柱之內端與侏儒柱相交（插圖一五三），置於後面乳栿之上。在內柱之前者，則將五椽栿斷削，將乳栿嵌入，使與後面者同高。兩層乳栿之上更施一枋，高一材，自簷簷枋達第三槫縫以內，在槫縫之下，承矮小之駝峯於此枋之上，以承斗栱及槫枋。

(八)各槫之下，皆施素枋數層，爲襻間（圖版貳拾玖叁拾叁拾壹），其各槫縫之分配如次；

(甲)脊槫縫　侏儒柱下斗內施襻間一材，兩面出耍頭，襻間上隱出栱形，上施散斗以承「實拍」，卽脊槫下之無斗襻間，高一材一栔。各架侏儒柱之間亦施聯絡構材，卽法式所稱順脊串。

(乙)第一槫縫　槫置於梁頭上，其下緊貼半材襻間，以下更施襻間兩層，上層與梁頭交，下層與楷頭栱交於斗內。

(丙)第二槫縫　第二槫縫卽內額縫（插圖一五四）。槫置於四椽栿之兩端，槫下亦爲半材實拍襻間，並襻間兩材，下層襻間及楷頭栱之下，更承以相交之栱，置於斗內。山面第二槫縫，卽於內額斗栱之上施與四椽栿大小相同之栿，其上更施繳背以承椽，不用圓形斷面之槫。

（丁）第三槫縫　與上一縫略同，但用襻間三材半而不用最下層栱。　最上半材貼於槫下。　上層襻間與劄牽交，次層與楷頭栱交，下層與栱交。

綜上觀之，則可見此殿槫下輔材——襻間——之分配，由下向上遞減，各縫之分配如左表；

簷柱縫　壓槽枋－襻間（枋）－襻間（枋）－襻間（枋）－慢栱－泥道栱－斗

第三槫縫　槫－半襻間－襻間－襻間－斗

第二槫縫　槫－半襻間－襻間－栱－斗

第一槫縫　槫－半襻間－襻間－斗

脊槫縫　槫－一材一栔襻間－襻間－斗

殿頂。　殿亦四注頂，如大雄寶殿，但有極微之推山。　前後橑簷枋間之距離爲二二．一〇公尺，舉高七．二六公尺。　按營造法式卷五舉屋之法『殿閣樓臺先量前後橑簷枋心相去遠近，分爲三分……舉起一分』，則舉高應爲七．三七公尺，較之實測所得雖相差十公分，但因梁栿年久下彎，足以致此，故與法式規定之舉法大體可云符合。　其舉起角度爲三十三度餘，與大雄寶殿有顯著之差別。　至於其每縫折下之數，則遠過法式所定，致使屋坡之角度頗呈陡峻之象。各架槫縫之水平距離，異於他殿之均等排列，卽下兩架長而上兩架短，而椽之實長，則長短相間，故自下起第一第三兩架較短，第二第四兩架較長。亦爲初見之作法。

此殿簷柱既有顯著之生起，復自平柱始於槫上施生頭木，故簷之全部，成爲兩端翹起圓和之曲線，如其他諸殿。出簷長度，約合簷柱淨高之半強。每簷椽一尺，僅出飛子三寸五分強，視上述其他諸殿，皆較短。

蓋頂用筒瓦。正脊垂脊皆用磚壘砌，無線道雕飾，上亦覆筒瓦。正吻上部已毀，下部則張口啣脊。吻上唇向上微翻，兩側鬣捲作圓圈，與獨樂寺觀音閣正吻頗相似，恐爲明代物（圖版貳拾柒）。

牆•　山面之全部，與前面之梢間，及後面之次梢間，皆砌雄厚之牆。牆厚約一·一八公尺，收分率約爲百分之八·五。牆下部之裙肩，靑磚壘砌，高不及牆高五分之一，爲所見遼金諸例裙肩之通常高度，而異於清式「按牆高三分之一」之規定。裙肩以上有水平木骨一層，又有與此成九十度之木骨，插入牆內，見西側山牆。木骨係與土磚壘砌，外塗黃堊。正面次間裝修之下爲檻牆，高約爲牆高五分之二。

裝修•　前後當心間皆闢門。在由額之下置額（清式上檻），兩側於平柱之旁，樹槏柱，下爲地栿（清式下檻）。腰串（清式中檻）以上爲「走馬板」。腰串之下，地栿之上，爲立頰。立頰與槏柱間，復用腰串（清式腰枋）其間空檔，安泥道版（清式餘塞板）。原有門扇已失，而在門扇地位，代以磚砌小門，爲最近改作（圖版貳拾柒）。

正面次間在檻牆之上，安置欞窗，每窗四十九欞。

彩畫 外簷彩畫幾已全部剝蝕無遺，惟內簷梁栿之下面，尙有多處清晰可辨。西次間五椽栿之下面（插圖一五五）與營造法式卷三十三之『合蟬鷰尾』頗相類似，而清式最常見之『一整二破』尙無蹤影。若與法式及明智化寺暨清彩畫比較，則其年代似在明初，而較大雄寶殿梁上彩畫尤古。其狹長枋心內之華紋，寫實之意頗重。斗栱之栱頭畫青綠如意，亦非後代所有。

佛像 殿內中央三間扇面牆之前爲磚臺，上供佛像，中爲如來（插圖一五六），左右爲菩薩（插圖一五七），如來左右尙有脇侍二尊（插圖一五八）。如來全部金身，菩薩則塗丹雘。像座形制與大雄寶殿像座完全相同。

磚臺前部之中央凸出少許，上供如來小像並脇侍，頗嫌蛇足之贅。扇面牆背後爲韋馱。殿東北角，供關帝並侍立諸像。

年代 三聖殿卽大定十六年碑所稱前殿。其結構式樣與大雄寶殿及普賢閣有顯著之差別，而較近於法式所規定。其全部構架由梁枋斗栱以至各件之雕飾卷殺，俱較大殿流暢精研，但亦微嫌煩瑣。其爲金天會六年（一一二八年）至皇統三年（一一四三年）間落成諸殿之一，殆無可疑。較之薄伽教藏殿，則約後百年矣。

山門

山門爲善化寺之正門，在三聖殿之前圖版拾伍。門東西五楹，南北兩楹，單簷四阿插圖一五九，一六〇。正中爲出入孔道。

•階基•　山門建於磚砌階基之上，其高尙不及一公尺半。階基之上面，視門內地磚較低少許，但前低後高，故自門內至前面階基，有踏階兩級之別，至後面則僅高一級，不用踏步而將階面斜墁圖版叄拾伍。階基之前爲月台，較階基低一級，其前面中央設石踏道八級。月台之上，左右立石獅各一。階基後面正中設踐蹽。

階基及月台皆全部磚砌。磚之砌法，每層臥立相間。其上面四周用壓闌石。清式稱階條石。

•平面•　門東西五間，南北四架，平面爲狹長之長方形；其長與深，約略爲五與二之比弱圖版叄拾貳。當心間南北闢門，爲寺之出入道。南面次間闢窗，左右各設天王像二尊。梢間三面

34280

皆砌磚牆。 東梢間之東北隅，爲金大定十六年碑所在。

山門柱之分佈極爲齊整，前後簷各六柱，縱中線上立山柱中柱六，共爲十八柱，將門分爲十間圖版叁拾貳。

材栔： 山門材廣二四公分，厚十六公分，廣厚恰爲三與二之比。 栔廣十至十一公分，約合材高十五分之六强。 材栔比例，與法式可稱符合。

斗栱： 外簷斗栱爲五鋪作單抄單昂重栱造，計有柱頭鋪作，轉角鋪作，補間鋪作三種；而柱頭鋪作，因功用之不同，又有三種變化。 內簷斗栱施於縱中線上，有柱頭鋪作，補間鋪作兩種。內外簷斗栱之配列，當心間與左右次間，皆用補間鋪作二朵，非遼式所有。 惟營造法式卷四總鋪作次序小注內謂「若逐間皆用雙補間，則每間之廣，丈尺皆同。」 今按山門各間面闊尺寸圖版叁拾貳，當心間與次間僅差三十五公分，可云約略相同，而補間鋪作又同爲二朵，與法式完全符合，疑與前述三聖殿同受宋式之影響也。

（甲）外簷柱頭鋪作 插圖一六一，二 櫨斗口裏外出華栱一跳，跳頭各施瓜子栱，慢栱及素枋一層。 第二跳爲平置之華栱，外端作假昂嘴及華頭子，跳頭施令栱，承其上通長之替木與橑風槫，內端栱頭施令栱，素枋各一層。 與令栱平而與之相交，緊置於第二跳假昂之上者，爲乳栿伸出斫作耍頭之部分。 在柱左右中線上，與此諸層栱枋相交者，爲

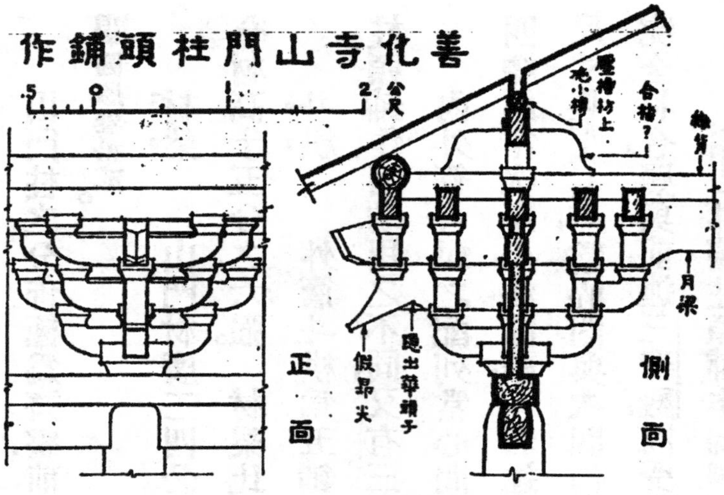

插圖一六一

泥道栱，慢栱與其上兩層之柱頭枋及壓槽枋一層。

但次間柱頭鋪作後尾（插圖一六三）除承托與正面成正角之乳栿外，更須出斜栱兩跳，以承托四十五度之抹角梁，直達山面山柱柱頭鋪作上。　山柱柱頭鋪作後尾（圖版叁拾貳陸），正角相交者爲華栱後尾及其上兩層之中柱柱頭枋，但在兩斜角上均出斜栱，以承受前後次柱上之抹角梁。

（乙）外簷轉角鋪作（插圖一六四）共有三櫨斗，如三聖殿轉角鋪作之制。　角櫨斗及附角斗，在正面及側面各出華栱一跳，昂一跳；華栱跳頭施重栱，昂跳頭施令栱。　角櫨斗斜角線上則出斜栱斜昂及由昂。　正面側面各層栱皆爲鴛鴦交手栱。　後尾（插圖一六三）以斜栱爲主，計三層，第四五層爲角昂及由昂挑起之後尾，承托於角梁之下。附角斗內，惟華栱後尾出一跳，計心；第二跳卽交於第二跳角栱之上。　第二跳角栱之上施平盤斗，以承第三跳角栱與之相交之令栱。　令栱上之素枋，卽與角昂尾相交。

（丙）補間鋪作插圖一六二五，櫨斗口內出華栱及下昂各一跳。第一跳施重栱，第二跳施令栱與要頭交。其特可注意之點，卽下昂之爲插昂，其內端長祗及一跳而不向後挑起。後尾爲華栱兩跳，跳頭栱之分配如外跳插圖一六三，頗爲簡單樸實。

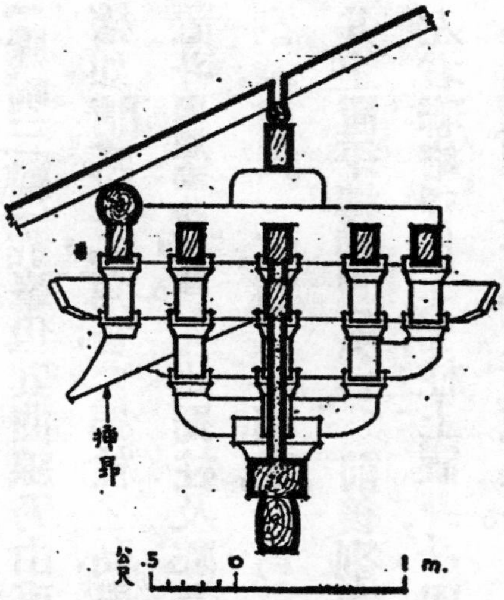

插圖一六五 善化寺山門補間鋪作側面

（丁）內簷柱頭鋪作插圖一六六，在中柱柱頭之上。其主要功用在承托中柱與前後簷柱上之乳栿，故前後面完全相同。櫨斗口內前後出華栱兩跳，跳頭上各栱之分配，與外簷柱頭鋪作後尾同。

（戊）內簷補間鋪作插圖一六六，前後兩面均與外簷補間鋪作之後尾完全相同。

柱及柱礎。 山門之柱，惟前後簷及縱中線上三列。內外簷斗栱相同，故內外柱之高度亦相等。平柱之高爲五·八六公尺，角柱高六公尺，生起十四公分；與法式「五間生高四寸」之規定，較爲接近。平柱下徑約四十七公分，高與徑約爲一二·五與一之比。其所呈現象，殊嫌過於瘦長。按材栔計柱徑適爲兩材之高。柱下應有石礎，如其他諸殿，但掩於現有磚下，不得見。

梁架。 沿簷柱一週各柱頭間，並縱中線上各柱頭間，皆施闌額。闌額高三十三公分，厚二十二公分。　角柱出頭處斫法略如法式卷三十之『楷頭綽幕』。　北面當心間平柱，出丁頭栱以承闌額，即清式角替之前身。　闌額上置普拍枋，大小同闌額，其上安斗栱插圖一六二。

山門梁栿皆爲月梁，爲北方所罕見。　其屋架分配法，即法式卷三十一所見之『四架椽屋分心用三柱』；　其惟一不同之點，在法式圖之中柱直達平栿之下，而山門中柱僅與簷柱同高，上施斗栱以承乳栿圖版叁拾伍。　乳栿之上施繳背插圖一六六爲扁置之一材。　其上正中置駝峯，左右駝峯之間施襻間一材，襻間之上亦扁置一材爲普拍枋，枋上乃置斗。　駝峯爲法式卷三十之『鷹嘴三瓣』駝峯，但其曲線乃由直線之木塊上隱出。　中柱中線上，則在梁上立蜀柱，柱下安合楷，如清式之『角替』；　蜀柱之高與駝峯及普拍枋之總高度同。蜀柱左右以襻間相聯絡，其上亦置斗圖版叁拾伍陸。　此蜀柱及駝峯上之斗皆出華栱及泥道栱相交，泥道栱上承襻間，華栱上承劄牽，前後一致，而前後劄牽乃爲一整木斫作月梁兩段之形插圖一六七。　梁頭與襻間兩材相交，其上置平槫插圖一六八。　前後劄牽相接處亦立侏儒柱，柱下之合楷，形如兩瓣駝峯，柱頭以襻間左右聯絡，插圖一六九柱上置斗，斗內施襻間，兩面出耍頭，如法式『丁華抹頦栱』之制。　其上更施足材襻間及脊槫，左右施叉手。

各槫縫下襻間之分配如左；

脊槫縫　槫—足材襻間—襻間—斗

平槫枋　槫—襻間—襻間—泥道栱—斗

簷柱縫　小槫—壓槽枋—襻間(枋)—襻間(枋)—慢栱—泥道栱—斗

右分配法亦上簡而下繁，如三聖殿襻間之分配。劄牽下侏儒柱上斗栱，亦左右施襻間，次間一材，施於泥道栱上，在當心間出為慢栱，以承『月梁形』之襻間。

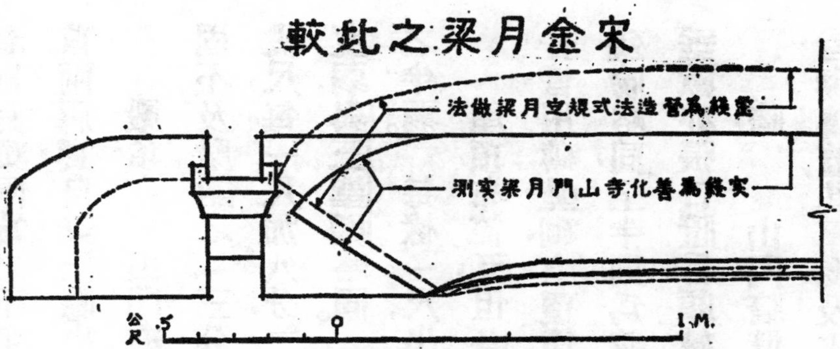

插圖一七〇

月梁之用，雖今日尚盛行於南方，然在北方則較罕見。山門之月梁，計有乳栿及劄牽兩種。法式卷五『造月梁之制：……乳栿三椽栿，各廣四十二分，……；若劄牽，其廣三十五分』。而山門乳栿祗高兩材，合三十分，並栿上繳背，則高四十一分餘。劄牽亦高兩材，合三十分，不及法式所規定。至於月梁卷殺之法，亦與法式稍異。法式『梁首不以大小，從下高二十一分。其上餘材，自斗裏平之上，隨其高勻分作六分；其上以六瓣卷殺，每瓣長十分。其梁下當中䫜六分；自斗心下量三十八分為斜項。如下兩跳者長六十八分，斜項外，自下起䫜，以六瓣卷殺，每瓣長十分；第六瓣盡處下䫜五分。去三分，留二分作琴面；自第六瓣盡處漸起至心，又加高一分，令勢䫜圜和。』以兩者相較（插圖一七〇），其區別甚明顯。至於尤應特別注意者，則月梁兩端之下半非自梁斫出而爲略似替木之構材，托於梁下，非眞正斫成之月梁。而梁首兩肩，實自梁上隱出，並無實際卷殺，故雖有月梁之形，而實皆直梁也。

殿頂．　山門亦四注頂。前後橑風槫間之距離，爲一一·八四公尺，舉高三·六四公尺。固不及殿閣之『三分中舉起一分』，亦不及甋瓦廳堂之『四分中舉起一分，又通以四分所得丈尺每一尺加八分』而祗及四分中舉一分，又加通丈尺百分之六弱。其舉起角度爲三十三度弱，與三聖殿略同。　角柱較平柱生起十五公分，簷部翹起亦頗圓和。　出簷長度約合柱淨高之半弱。　每椽一尺出飛子尚不及二寸五分，爲大同遼金諸建築中之最短者。

屋頂布筒瓦，但各部瓦隴之疎密不同，卽山面密於正面，而正面中部又密於兩旁。　正脊垂脊皆用磚疊砌，上覆筒瓦一隴，脊下亦橫施筒瓦二隴，以代線道及當溝。　正吻下半，與三聖殿之殘吻略同，上半則爲較小之龍，盤踞其上，龍首向內，背獸殊肥大。　較之華嚴寺吻雄壯遠遜之。垂獸亦張口瞪目，頗嫌呆板（圖版叁拾叁）。

牆．　山門牆壁門窗之分配，與三聖殿不同。　前面之梢間，後面之次梢間，及山面之全部，皆砌磚牆，其厚度及收分率，則皆與三聖殿略同。　西面山牆內砌木骨七層，如大雄寶殿及三聖殿之制。　前面次間直櫺窗下爲檻牆，原高約合柱高之半，但現狀則於原有檻牆之上，加砌磚數層，將窗之下部遮去約四分之一。

裝修　當心間南北面簷柱間皆設門，上爲走馬版，兩側爲泥道版，惟南面立頰直達腰串之下，而北面則達闌額下，故門桯部分之構造，前後略有不同（插圖一五九，一六〇）。　門扇樸素，並門釘無之，恐爲近代添改者。　立頰外側之抱鼓（插圖一七一）雕鐫頗饒古趣。

前面次間在檻牆之上安直欞窗，直欞中段施二橫欞。　現惟西面窗尚存，東面者已毀（插圖一五九）。　山門後面無窗。

山門南面當心間懸額一方，題「威德護世」（圖版叁拾叁）。

塑像　山門內東西次間置天王像四尊，坐於磚基之上，塑工殊劣（插圖一七二）。　較之大雄寶殿及三聖殿諸像，不及遠矣。　門前月台上石獅，頗惡劣，恐爲明以後物。

碑碣　山門東北間立碑兩通。　其一爲金大定十六年（一一七六年）朱弁撰西京大普恩寺重修大殿碑記（插圖一七三），爲本寺最重要之史料。　其一爲金明昌元年（一一九〇年）大金西京大普恩寺重修釋迦如來成道碑銘並序，僅知其修理佛像，於建築上無所紀述。　東次間北面有明萬曆十一年（一五八三年）碑；當心間地下又有崇禎六年重修善化寺碑記殘碑，皆寺史重要資料。

年代　山門即大定十六年碑所稱大門。　其結構式樣，與法式較爲接近，顯然與三聖殿屬於同一系統，蓋亦同爲天會皇統間落成者也。

東西朵殿

平面：東西朵殿在大雄寶殿左右，俱南向圖版拾伍，距大殿各三公尺餘，其間連以短垣，但東側者已加屋蓋，利用爲附屬小屋插圖一七四五。　殿皆建於臺上，與大殿之臺連屬爲一，唯稍低。西朵殿之前，有磚踏步九級，東朵殿亡。

二殿之平面大小，幾完全一致，即面闊三間，進深四架椽，四圍除門窗外，皆包以磚牆圖版拾陸。東朵殿內中央臺上奉地藏像，俗稱爲地藏殿。　兩側沿牆壁復設磚臺，列十閻羅像，製作甚劣，係近代所造。　西朵殿內磚臺配列同前，惟其中央供觀音像插圖一七六，故又云觀音殿。　此像雖經後世塗飾，大體猶存遼式，其餘諸像，俱係清代作品。

立面：二殿皆於正面當心間闢門圖版拾柒，門外以青磚砌圓券，與他部手法不符，顯爲最近所增插圖一七四五。　左右次間則於坎牆上，施直櫺窗，面闊幾盡一間之闊。　簷柱上，施闌額與普拍枋，前者伸出次間隅柱外之部分，非垂直截割，而飾以楷頭綽幕，如三聖殿所用者插圖一七七。　枋上載四椽栿，其前端挑出普拍枋外側者，剜刻略似近世之麻葉頭，而形制較古插圖一七八。

殿頂爲懸山式。簷端施簷椽飛子各一層，僅簷椽具卷殺。山面懸魚之形狀，略如華嚴寺壁藏所示，尚存古式。屋頂修理未久，正吻係清式，圖版拾柒所示，則依壁藏改繪之復原圖。

斷面 二殿之橫斷面插圖一七九係於普拍枋上施四椽栿。自前後簷柱心約四分之一處，於四椽栿上各立蜀柱。柱下貫合楷，俾與下部之栿聯絡，無傾側之虞。按合楷始見於三聖殿，山門，非大同諸遼構所有，疑故朵殿之年代最早亦不出金初。蜀柱之上端作凹形之榫，嵌平梁於內。梁與四椽栿皆直梁，但於蜀柱內側刻斜線，表示其爲月梁。外端伸出蜀柱外部分，仍雕蕨葉頭，與前述四椽栿同。蜀柱上，與平梁九十度相交者，爲前後第一縫槫，槫下施枋一層，兩端插入蜀柱內。

平梁之中點，復施侏儒柱及合楷，與四椽栿上者同一方式。柱上置脊槫插圖一七九。槫之兩側，各出叉手，斜撐於平梁之兩端，近第一縫槫處。脊槫下有枋二層。上層緊貼槫下，補助槫之荷載力。下層離隔稍遠，僅用以聯絡各縫之蜀柱，即法式卷五侏儒柱條所云之『順脊串』。惟宋式順脊串隔間用之，此則各間俱有，恰與遼宋襻間之異同同一方式。明清官式建築於檩下施墊版與隨檩枋，結構層次與此類似，且係每間皆有，疑自遼式演繹改進者。

年代 東西朵殿之建造年代，俱無確鑿文獻可據。以結構方法衡之，其四椽栿不直接置於簷柱上，其下施普拍枋一層，與四椽栿闌額二者之前端，剜刻蕨葉頭及梁架叉手，槫枋，懸魚等所示式樣，與大同遼金遺物一部脗合，非北平清式建築所有。但上述各項，尙爲今日大同通行之建築法，非若補間鋪作之蜀柱與翼形栱之要頭，爲遼或金特有之方法，可憑以論斷其建造時代者。故此殿之結構式樣雖古，其年代則暫難論定。若依前述合楷與楷頭綽幕，及下列之東西配殿推之，最早亦不出金初，最晚當爲清以前所建。

東西配殿

東西配殿位於三聖殿前，圖版拾伍面闊各三間，覆懸山頂，插圖一八〇。其平面面闊，進身，及梁架結構，與東西朶殿完全一致，當爲同時所建。據梁下題記，知清初曾經修理，故其建造年代至遲當爲明構。現二殿門窗俱毀，祇餘梁架牆壁，支撑風雨中。其結構同東西朶殿，從略。

插圖九十一　善化寺大雄寶殿正面

插圖九十二　大雄寶殿外簷柱頭鋪作正面

插圖九十四　大雄寶殿山面外簷柱頭及補間鋪作之後尾

插圖九十六　大雄寶殿外簷轉角及補間鋪作正面

插圖九十七　大雄寶殿外簷轉角及補間鋪作之後尾

插圖九十九　大雄寶殿外簷當心間補間鋪作之後尾

插圖一〇一　大雄寶殿外簷次間補間鋪作正面

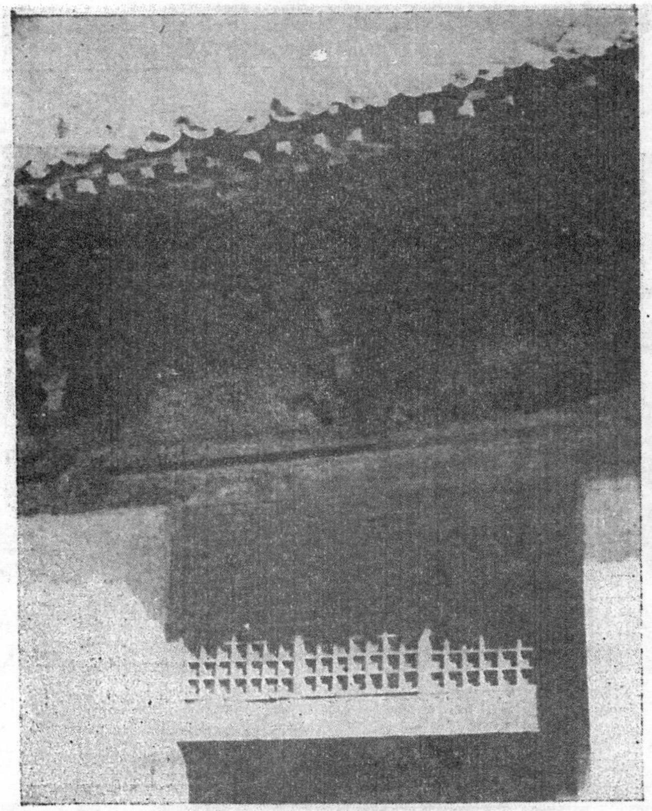

插圖一〇二　大雄寶殿外簷梢間補間鋪作正面

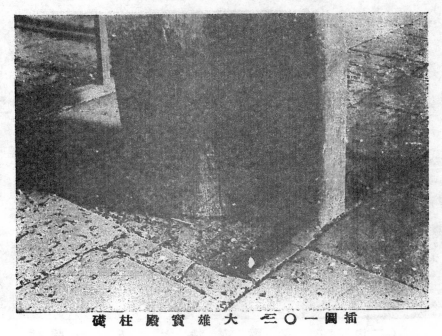

插圖一〇三　大雄寶殿柱礎

插圖一〇四　大雄寶殿梁架（其一）

插圖一〇五　大雄寶殿梁架（其二）

插圖一〇六　大雄寶殿梁架（其三）

插圖一〇七　大雄寶殿梁架（其四）

插圖一〇九　大雄寶殿東面山牆

插圖一一〇　大雄寶殿西面山牆

插圖一二　大雄寶殿外槽全景

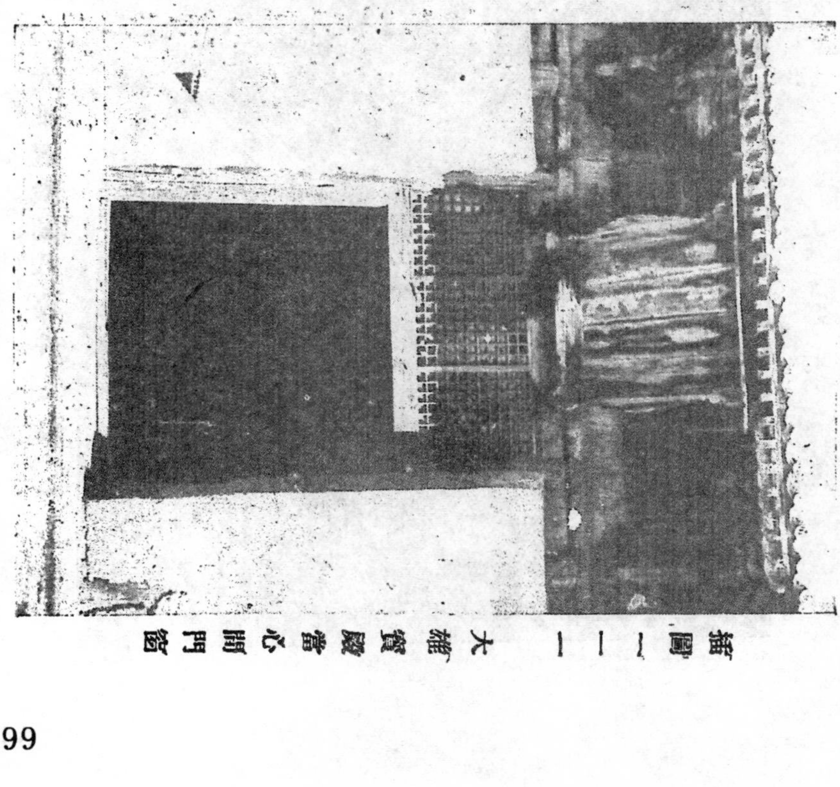

插圖一一　大雄寶殿當心間門窗

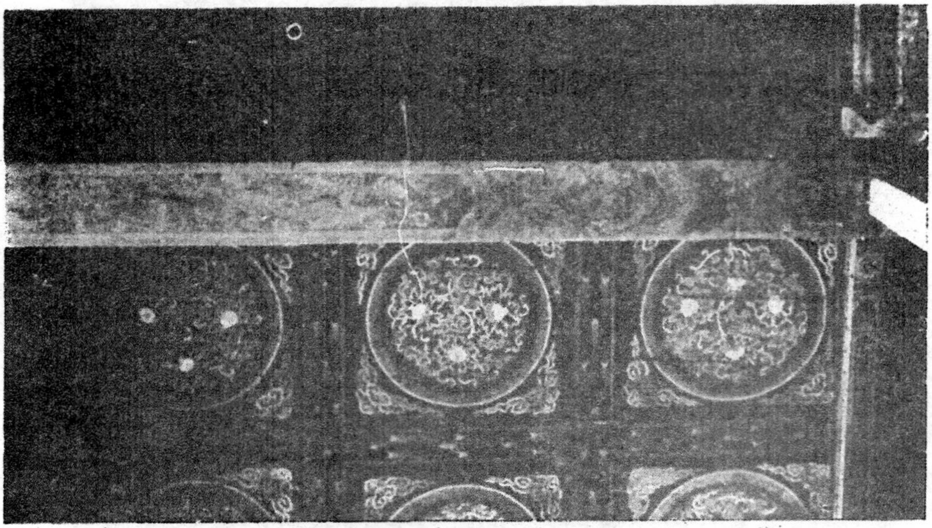

插圖一一三　大雄寶殿外檐平棊及四椽栿彩畫

插圖一一四　大雄寶殿鬪八藻井（其一）

插圖一一五　大雄寶殿鬭八藻井（其二）

插圖一一六　大雄寶殿斗栱彩畫

插圖一一七　大雄寶殿內槽佛像

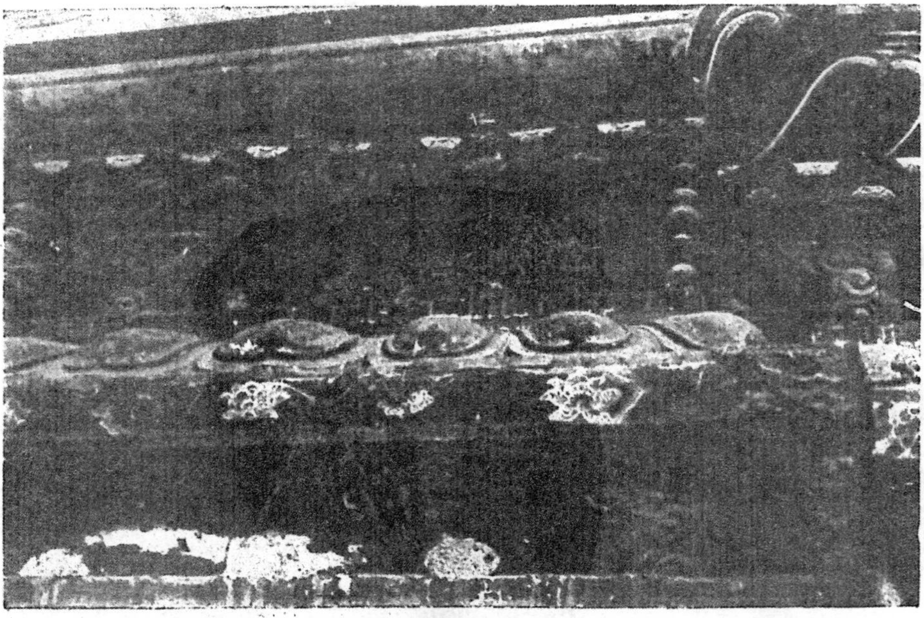

插圖一一八　大雄寶殿佛座之雕刻

插圖一一九　大雄寶殿如來佛

插圖一二〇　大雄寶殿脇侍

插圖一二一　大雄寶殿諸天（其一）

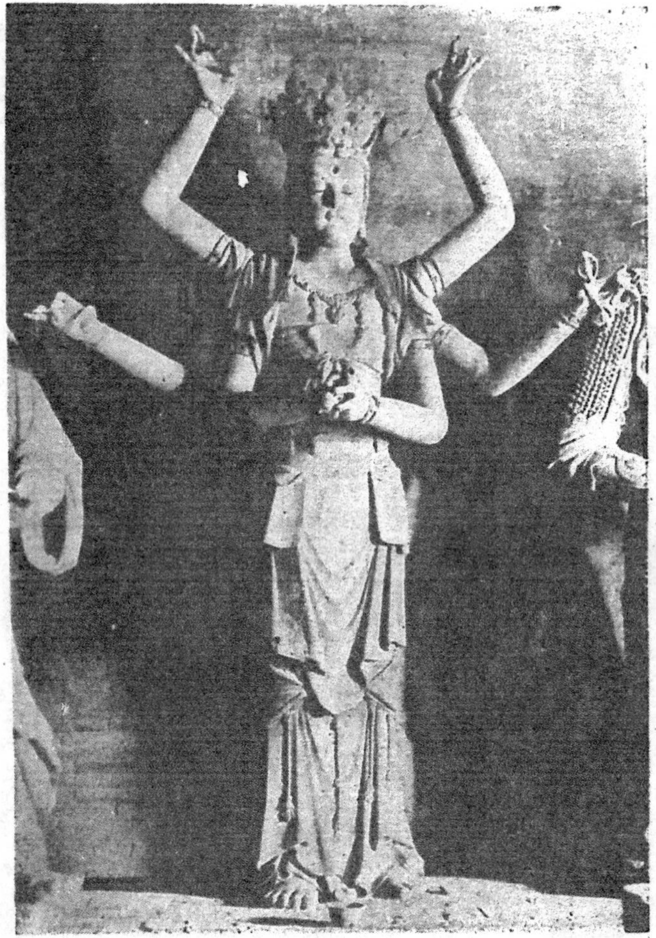

插圖一二二　大雄寶殿諸天（其二）

插圖一二三　善化寺普賢閣正面

插圖一二四　善化寺普賢閣側面

插圖一二五　普賢閣正面各層斗栱

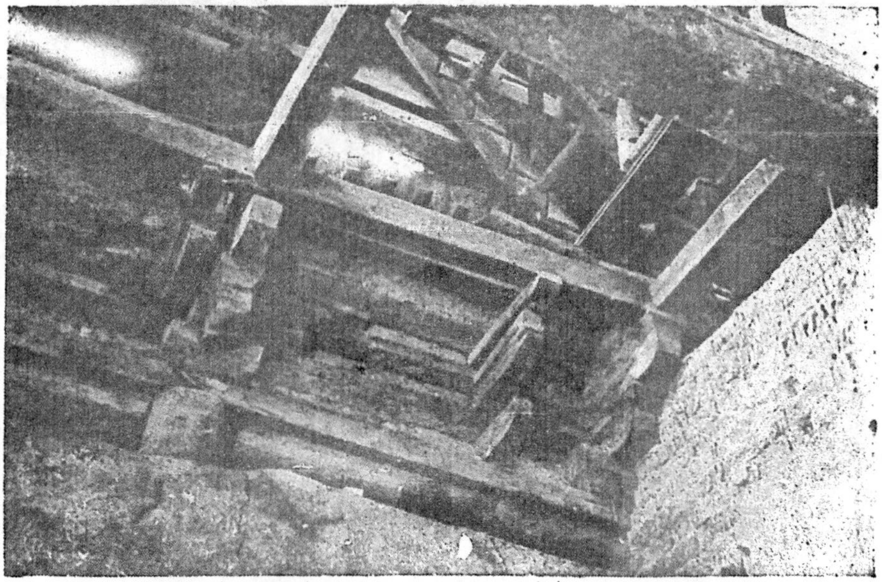

插圖一二六　普賢閣山面柱頭及補間鋪作之後尾

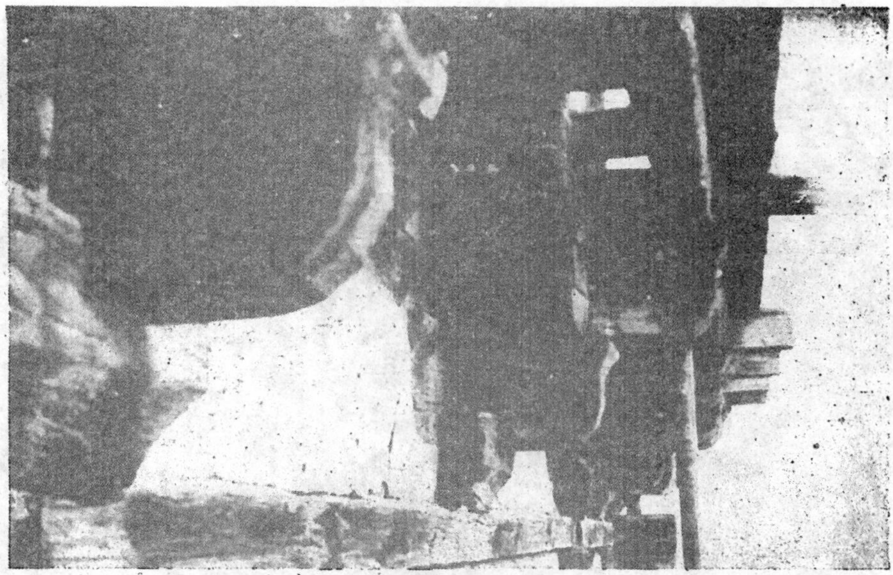

插圖一二八　普賢閣平坐斗栱之側面

插圖一三一　普賢閣上簷斗栱後尾及兩際結構

插圖一三二　普賢閣梁架（其一）

插圖一三三　普賢閣梁架（其二）

插圖一三四 普賢閣梁架（其三）

插圖一三五 普賢閣平梁及闌頭栿下斗栱

插圖一三六　普賢閣佛像

插圖一三七　善化寺三聖殿正面

插圖一三八　三聖殿前石盤

插圖一四〇　三聖殿外簷柱頭及補間鋪作後尾

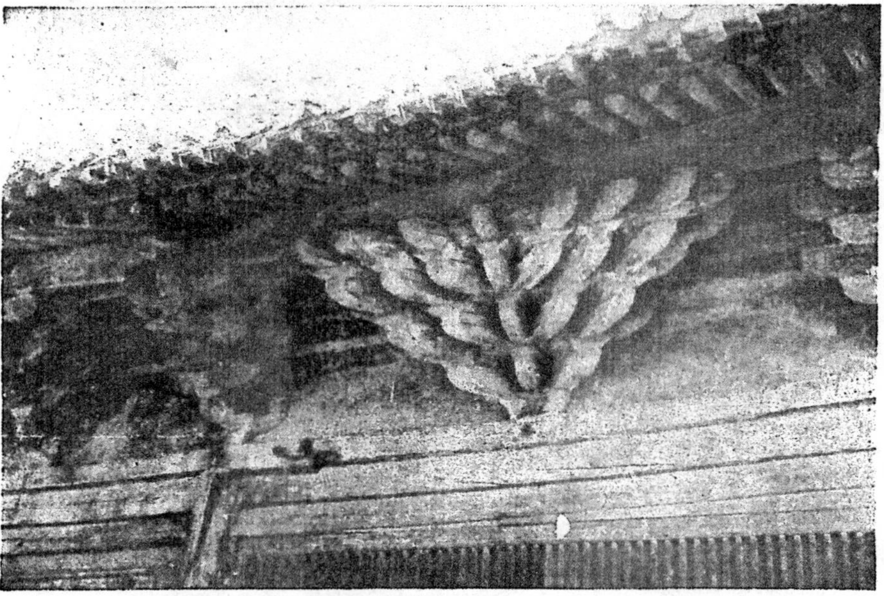

插圖一四三　三聖殿外簷次間補間鋪作正面

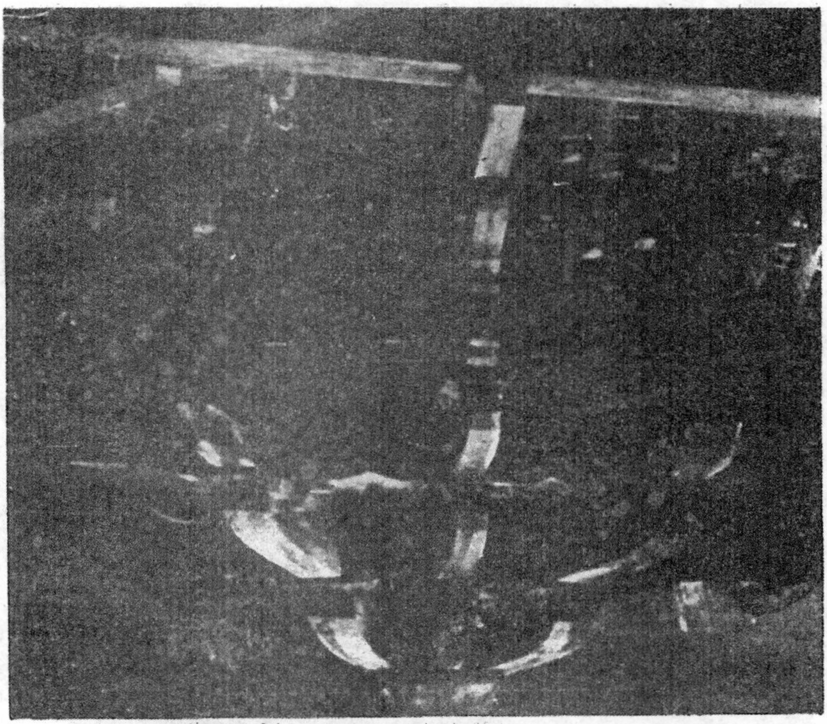

插圖一四四　三聖殿外簷次間補間鋪作之後尾

插圖一四六　三聖殿外簷轉角鋪作正面

插圖一四七　三聖殿外簷轉角鋪作後尾

插圖一四八　三聖殿梁架（其一）

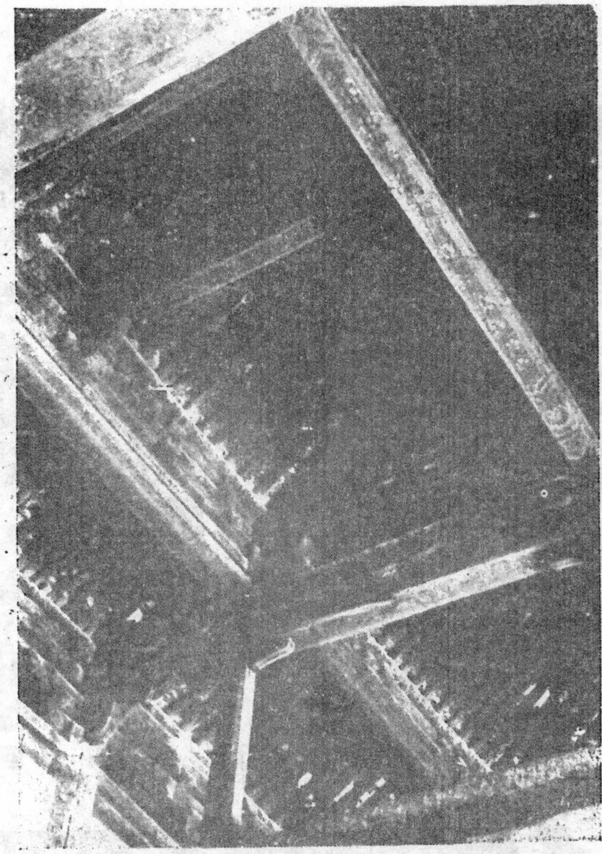

插圖一四九　三聖殿梁架（其二）

插圖一五〇　三聖殿梁架（其三）

插圖一五一　三聖殿梁架（其四）

插圖一五二　三聖殿梁架（其五）

插圖一五三　三聖殿梁架（其六）

插圖一五四　三聖殿第二榑縫襻間

插圖一五五　三聖殿綵畫

插圖一五六　三聖殿佛像（其一）

插圖一五七　三聖殿佛像（其二）

插圖一五八　三聖殿佛像（其三）

插圖一五九　善化寺山門正面

插圖一六〇　山門背面

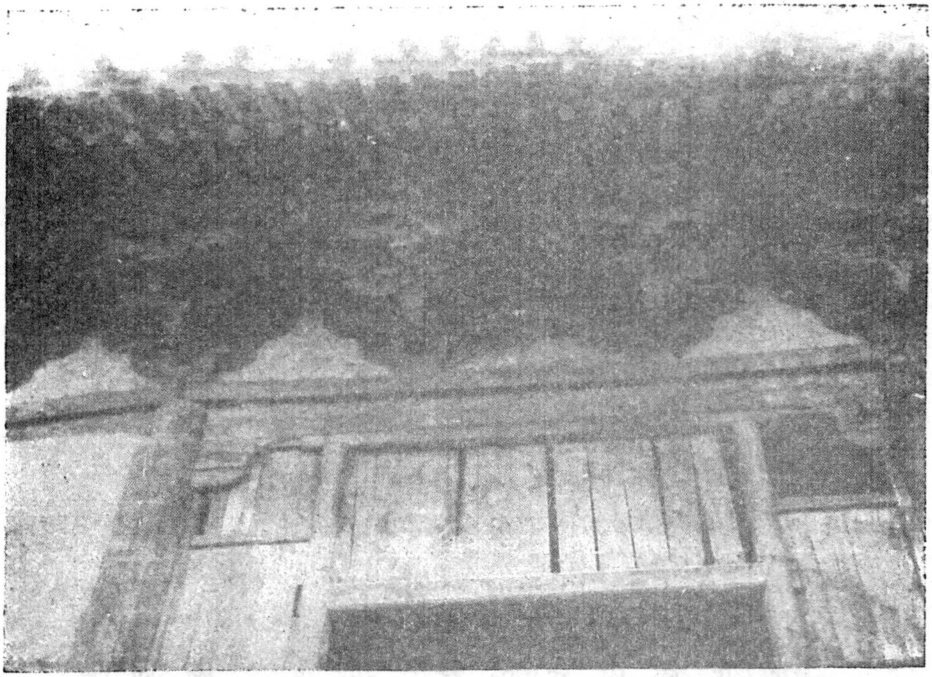

插圖一六二　山門背面柱頭及補間鋪作

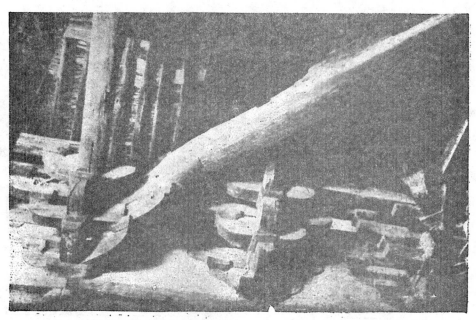

插圖一六三　山門外簷斗栱之後尾及抹角梁

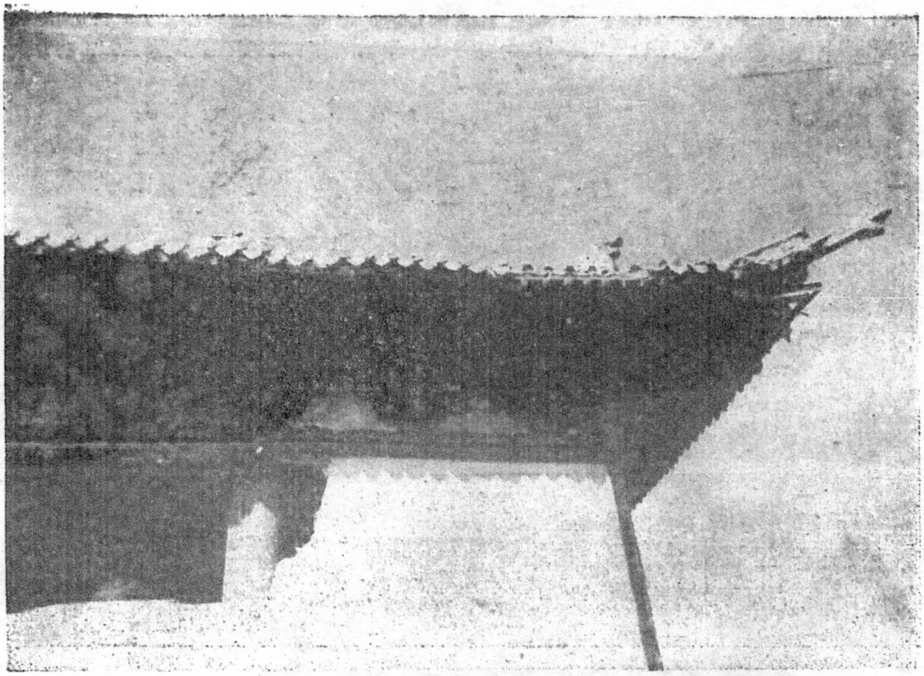

插圖一六四　山門外簷轉角鋪作正面

插圖一六六　山門內簷柱頭與補間鋪作及乳栿

34323

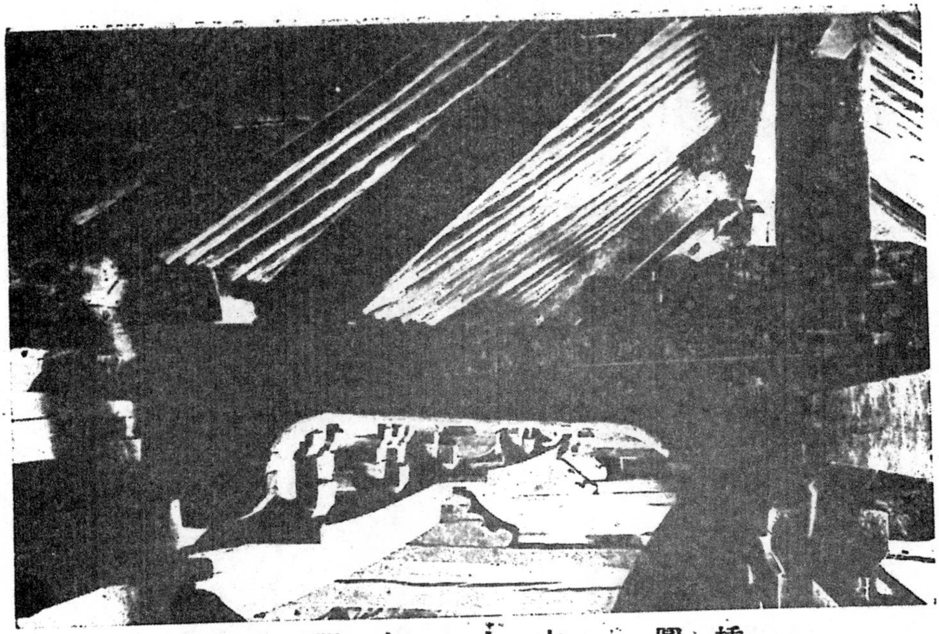

插圖一六七　山門月梁

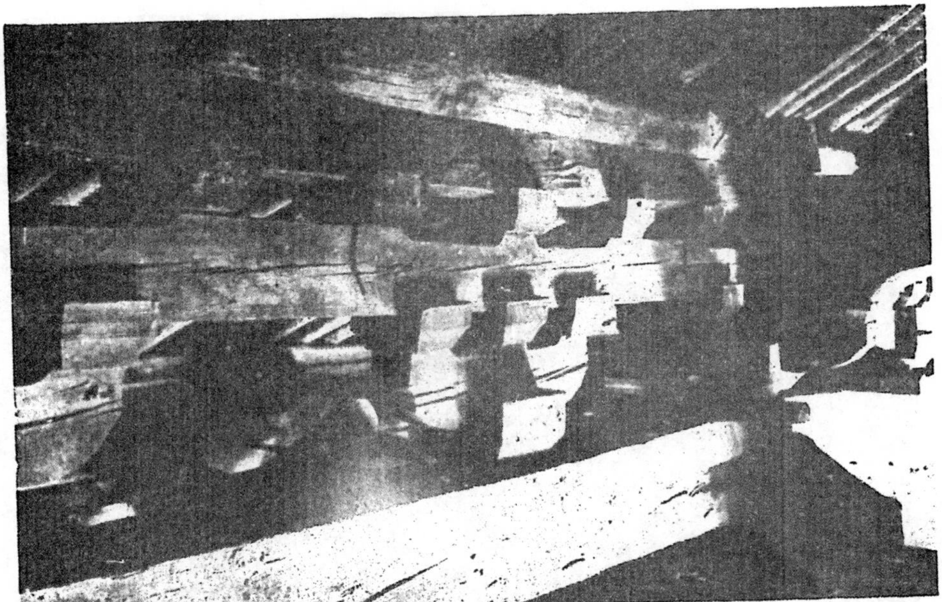

插圖一六八　山門第一槫縫襻間

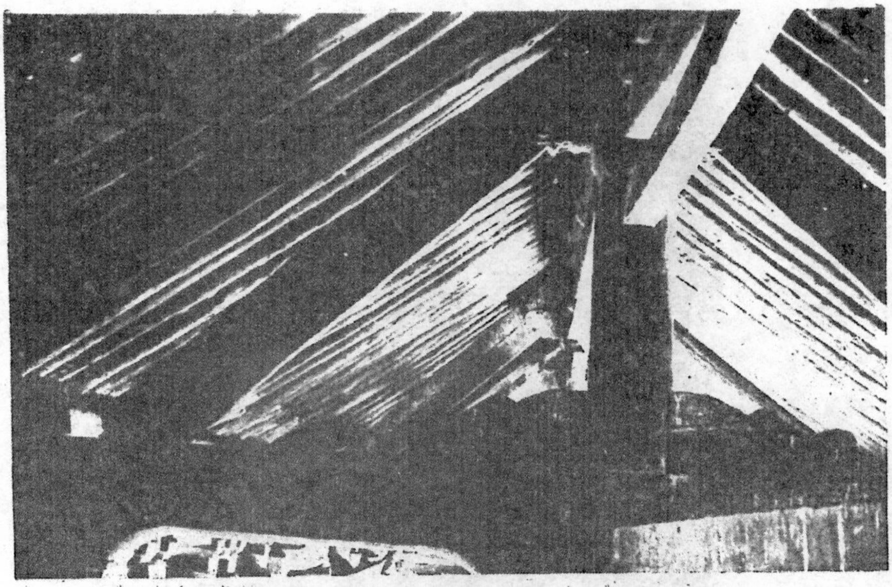

插圖一六九　山門株儒柱及叉手

插圖一七〇　山門抱鼓石

插圖一七二　山門天王像

插圖一七三　山門金大定碑

插圖一七四　善化寺東朶殿外觀

插圖一七五　西朶殿正面

插圖一七六　西朵殿觀音像

插圖一七七　東朶殿闌額及普拍枋

插圖一七八　東朶殿之出簷

插圖一七九　東朵殿內部梁架

插圖一八〇　善化寺西配殿正面

四　結論

前述華嚴善化二寺諸建築之建造年代，除東西朶殿與東西配殿不計外，以遼興宗重熙七年（一〇三八年）所建之華嚴寺薄伽教藏殿爲最早，金太宗天會六年至熙宗皇統三年間（一一二八年—一一四三年）落成之善化寺三聖殿山門爲最晚。其間相距雖僅百有五載，然其各個建築之結構，及結構上所產生之式樣，實與時代互爲嬗遞，不乏異同；如斗栱比例，與補間鋪作之朶數，及屋頂坡度，即其犖犖大者。故自此可窺遼金二代建築變遷之痕迹，及其與各時代之相互關係。茲歸納前文所述平面配置，材栔斗栱比例，大木架構，屋頂坡度等項之特徵，作遼金結構變遷之初步檢討。其次要事項，如柱礎，門窗，藻井，彩畫等，散見各篇，不復贅及。

臺・　大同遼金佛寺之主要建築物，若華嚴寺大雄寶殿，薄伽教藏殿，及善化寺大雄寶殿，皆建於高臺上。其前復有月臺；臺之正面設石級；與義縣奉國寺大雄寶殿，大體符合，當爲遼金通行方法之一。又其月臺正面樹坊楔後列鐘鼓二亭平面皆作六角形，據寺內諸碑，大都建於明萬歷間。此外義縣奉國寺月臺上亦有鐘亭碑亭各一。第諸例俱無確實紀錄可憑，不知其爲遼金以來之配列法，抑係後世所增建。

二寺之次要建築若華嚴寺海會殿與善化寺三聖殿山門，其臺及月臺均甚低矮，依營造法式，祗能稱爲「階基」非「臺」甚明。當時「臺」與「階基」之應用依前述諸例，似以建築物之爲主要或次要定之也。

殿之平面。 諸殿平面，除善化寺普賢閣爲方形外，其餘俱爲長方形。面闊與進深之比，係變化於 5:3.6至5:1.89 之間極不一律。但二寺內鄰接建築所示之比例，偶有極相接近，如華嚴寺之薄伽教藏殿與海會殿；及善化寺之大雄寶殿與三聖殿，頗足引人注意。茲依進深大小，列舉如次：

名稱	面闊與進深之比
華嚴寺薄伽教藏殿	五比三•六
華嚴寺海會殿	五比三•五七
善化寺大雄寶殿	五比三•〇四
善化寺三聖殿	五比二•九四

華嚴寺大雄寶殿　五比二•五六
善化寺山門　五比一•八九

各間之面闊，以當心間爲最大，左右次梢盡諸間，依次減小，俱如常例。惟大同遼建築之補間鋪作，每間皆僅一朶，較宋式尤爲疎朗。其後金初善化寺三聖殿之當心間，與山門之當心間，次間，各用補間鋪作二朶，似其時已受營造法式之影響，然其間隔，仍無明清二代平身科斗栱之叢密。故其各間面闊進深之尺寸，不受補間鋪作之朶數與其每朶寬度所縛束，爲當時平面配置特點之一。面闊中，以善化寺三聖殿當心間七•六八公尺爲最闊，華嚴寺薄伽教藏殿梢間四•五六公尺爲最狹，椽架之水平距離，以二公尺至二公尺半者居多數。

平面配置中尤足令人讚美者，卽前舉六建築之內柱配列，各依實用上之需求，取不同方式，極合建築原則。其特徵影響與各時代之關係，可得論舉者如左：

(一)殿內中央一區，其內槽內安置佛座，而外槽爲瞻拜頂禮之所，皆須取較大空間，故力圖減少其中央部之柱數，期合於實用。故殿之平面配置，除少數例外——華嚴寺海會殿與善化寺山門——中央數縫之柱，俱不與兩山簷柱一致（挿圖一八一）。

(二)兩山簷柱之間隔，在較大建築——華嚴寺之薄伽教藏殿，大雄寶殿，與善化寺之大雄寶殿，三聖殿等——各等於二架椽之長。內部之柱，僅其鄰接一縫，因便於承載簷

遼宋元明清平面比較

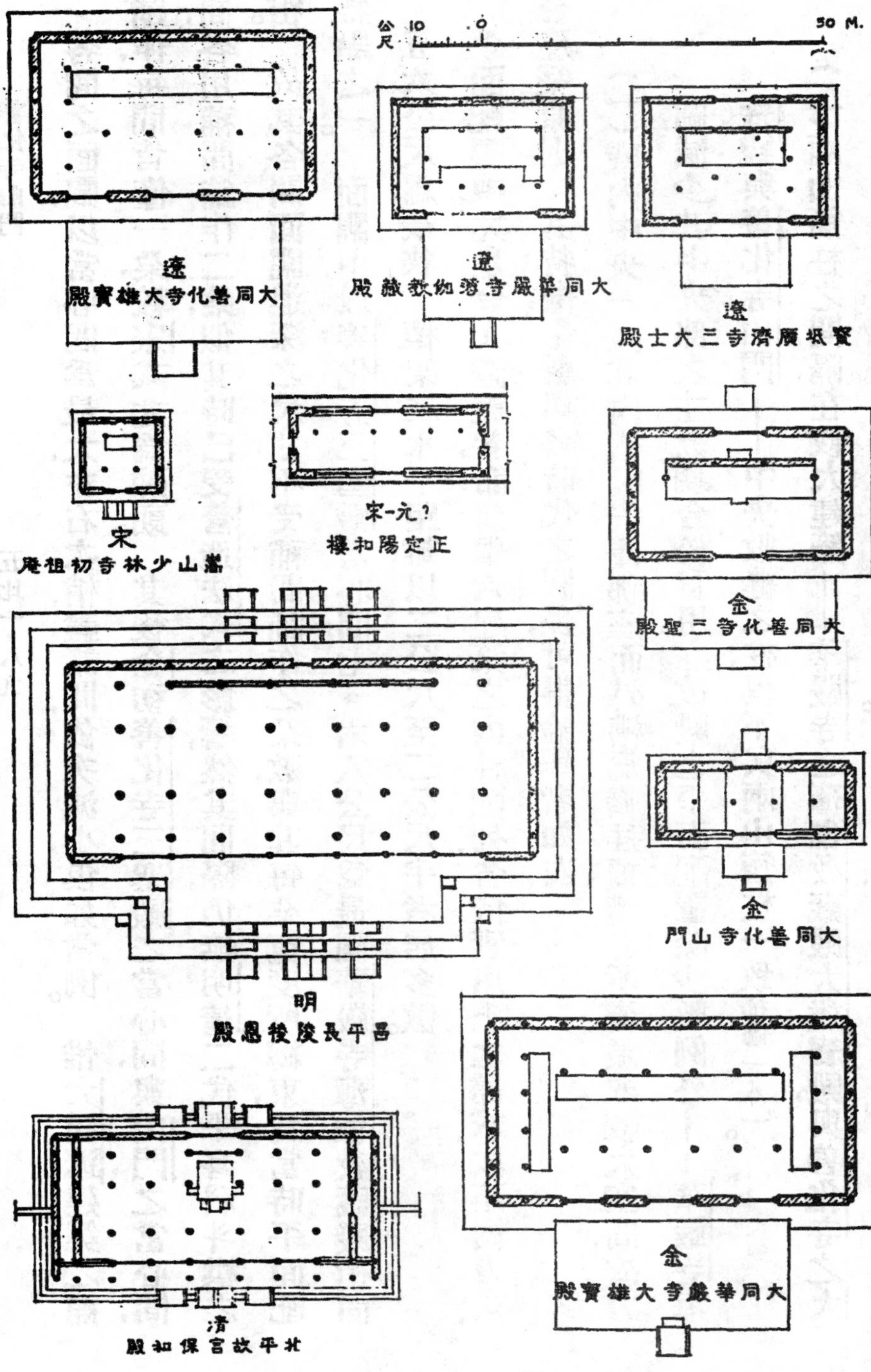

插圖一八一

柱上乳栿之後端，與支撐屋頂重量之故，取同樣配列之法。自此以內，柱數卽皆減少。但鄰接之縫，亦有不與兩山簷柱一致，如善化寺之三聖殿插圖一八一，殆受材料所限制也。

(三)柱數既減，於是在橫斷面上梁之開間，與梁架之結構，隨之亦異。故殿內梁架結構之方式，與結構所產生之外觀，頗饒變化，無雷同之病。

(四)減柱之法，前乎此者，有遼廣濟寺三大士殿既已如是。同時及稍後之例，則有嵩山宋少林寺初祖庵及元正定陽和樓，足證此法曾盛行於宋遼金元諸代。惟明清二代柱之配置，漸成呆板固定之方式；卽殿內柱皆依正面及山面雙方之簷柱，比比排列，無減柱之制，若明長陵祾恩殿與北平太和殿等，其例不遑枚舉。卽此一端，可覘我國建築，自明以來，漸趨退化之途矣插圖一八一。

材栔。大同遼金諸建築之材栔尺寸，因年代久遠，木材受自然力之影響，收縮彎捩，不一其狀。余輩實測時，求與建造當時所用之尺寸，不致相差過鉅，乃於同建築內，實測數處，取其平均數值。茲將大同諸例與薊縣獨樂寺及寶坻縣廣濟寺之材栔，依其大小，表列於後，並推算其與材廣之比例，以供參考。

殿名	材廣(高)	材厚	栔廣(高)

華嚴寺大雄寶殿	（面闊九間）	三○•○公分	二○•○公分（合材廣十五分之一○分）	一四•○公分（合材廣十五分之七分）
善化寺大雄寶殿	（面闊七間）	二六•○公分	一七•○公分（合材廣十五分之九•八分）	一一•五公分（合材廣十五分之六•六分）
善化寺三聖殿	（面闊五間）	二六•○公分	一六•五公分（合材廣十五分之九•五分）	一○•五公分（合材廣十五分之六分）
獨樂寺山門	（面闊三間）	二四•五公分	一六•八公分（合材廣十五分之一○•三分）	一二•三公分（合材廣十五分之七•五分）
獨樂寺觀音閣	（面闊五間）	二四•○公分	一六•五公分（合材廣十五分之一○•三分）	一○•○公分（合材廣十五分之六•三分）
善化寺山門	（面闊五間）	二四•○公分	一六•○公分（合材廣十五分之一○分）	一○•五公分（合材廣十五分之六•六分）
廣濟寺三大士殿	（面闊五間）	二三•五公分	一六•○公分（合材廣十五分之一○•二分）	一二•○公分（合材廣十五分之七•六分）
華嚴寺薄伽教藏殿	（面闊五間）	二三•五公分	一七•○公分（合材廣十五分之一○•九分）	一○•五公分（合材廣十五分之六•七分）
華嚴寺海會殿	（面闊五間）	二三•五公分	一六•五公分（合材廣十五分之一○•五分）	一一•○公分（合材廣十五分之七分）
善化寺普賢閣	（面闊三間）	二二•五公分	一五•五公分（合材廣十五分之一○•三分）	一一•○公分（合材廣十五分之七•三分）

前表中數字所示結構上之特徵，可歸納爲四項。

（一）遼金建築是否如營造法式視建築物之面闊間數定材爲九等，雖不可考。但前表中，除少數例外—善化寺三聖殿與獨樂寺山門—其餘材廣之尺寸，俱隨面闊之間數而增減。在原則上，似與法式一致。且遼金面闊五間殿閣所用之材廣，多數在二十四公分左右，尤足證建造當時，必有依面闊間數定材廣尺寸之法則也。

（二）法式所載材之廣厚比例：『材廣十五分，厚十分，』斷面爲三與二之比。遼金諸例之材厚自九・五分至一〇・九分不等，大體不離材厚十分之規定。且前舉諸例之平均數爲一〇・二分，與法式極相接近。故宋遼金三代之材，可云同隸於三比二原則之下插圖一八二。

唐宋遼材栔之比較

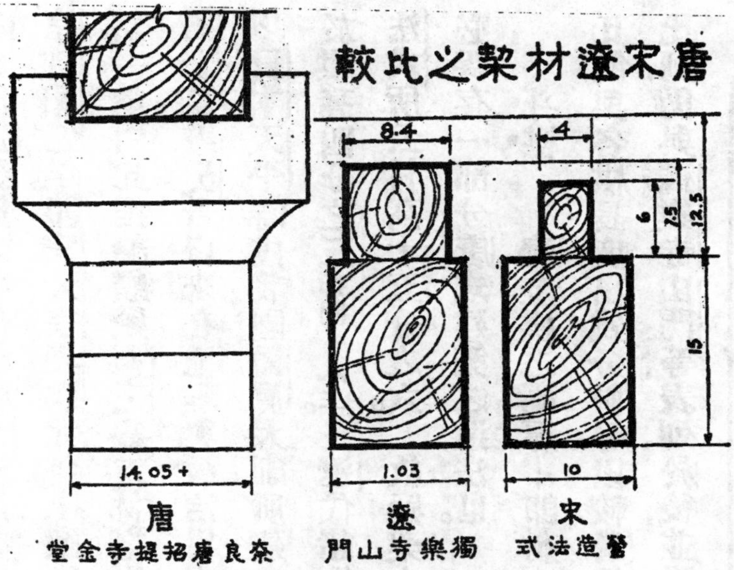

插圖一八二

(三)法式栔之高度爲材廣十五分之六。遼金諸例則無一不超過此數。其最大者如薊縣獨樂寺山門之栔爲材高二分之一，依法式推算，等於材廣十五分之七・五分插圖一八二。又上述諸例之平均數六・八分，亦較法式大。

(四)法式栔厚四分，故其栔之廣厚與材同爲三與二之比。遼金之例，不第栔廣增大，其厚亦超出法式一倍或一倍以上插圖一八二。如獨樂寺山門之栔厚一三・八公分，合材廣十五分之八四分；華嚴寺薄伽教藏殿之栔厚一二・五公分，合材廣十五分之八分是也。

綜上而言，宋遼金三代材之比例，大體符合，而栔之比例，則遼金較宋式稍大，乃唐宋間結構變遷極可注意之事項。蓋遼代遺構中若獨樂寺觀音閣山門，與廣濟寺三大士殿華嚴寺薄伽教藏殿四建築之年代皆較法式成書之時（宋哲宗元符三年）更早。而獨樂寺二遼構建於遼聖宗統和二年，卽宋太宗雍熙元年上距唐亡僅七十七載所用建築方法當係承受唐式建築之餘緒。故由此推論頗疑遼宋雙方材之比例俱係遵守唐代遺規未與變更。否則燕雲十六州自石晉割讓契丹以來在地理與政治界限比較與中原隔絕何以巧合若是也。至於栔廣之異同，以日本天平時代我國鑑眞大師所建之唐招提寺證之其栱與栱之空間—卽栔廣之分位—等於栱高四分之三（插圖一八二）。遼代諸例最高者爲栱高二分之一強雖視唐招提寺略低但高於法式所云材高十五分之六。故疑栔之高度自唐至宋係由高減低而遼栔之高適居二者之間，必保存一部分唐式建築之遺法也。

斗栱。遼金栱之高厚—卽材之廣厚—與宋式大體一致具見前節。惟其櫨斗之長高比例，與各栱長度出跳分數等以較營造法式未能盡合。茲以材廣十五分爲標準推算各分件比例，仍與獨樂寺山門等表列於後，並附以法式所載以資參證。

	遼							金			宋
	獨樂寺山門	廣濟寺三大士殿	華嚴寺薄伽教藏殿	華嚴寺壁藏	華嚴寺海會殿	善化寺大雄寶殿	善化寺普賢閣上層	華嚴寺大雄寶殿	善化寺三聖殿	善化寺山門	營造法式

櫨斗長	三二·二分	三五·七分	三一·九分	三一·九分	二七·五分	三四·六分	二七·三分	三三·〇分	二八·一分	二八·八分	三二·〇分
櫨斗高	一九·六分	二二·七分	一七·二分	一八·八分	一六·〇分	二〇·八分	一九·三分	一九·五分	三三·〇分	一五·六分	二〇·〇分
第一跳長	三〇·六分	二八·一分	三二·九分	二八·三分	二四·五分	三〇·一分	三〇·七分	二五·五分	二四·一分	三二·二分	三〇·〇分
第二跳長	二一·九分	一七·六分	二一·一分	三三·五分	一四·五分	二〇·八分	三二·〇分	二五·五分	二八·三分	二五·三分	三〇分或二六分
第三跳長				二四·八分					二七·七分		?
第四跳長				二四·八分							?
耍頭長	二九·四分	二七·五分	三〇·九分	二七·〇分		二七·四分	三〇·〇分	二八·〇分	二四·八分	三三·八分	二五·〇分
泥道栱長	七三·一分	七五·四分	七五·九分	六七·七分		六四·一分	七三·〇分	六一·〇分	七三·七分	六七·五分	六二分或七二分
瓜子栱長		六六·四分	六四·九分	六〇·二分		六〇·六分	五九·三分	六一·〇分	六五·八分	六六·三分	六二·〇分
令栱長	六七·五分	六六·四分	六二·二分	六〇·九分		六二·八分	五九·三分	六一·〇分	七三·七分	七四·四分	七二·〇分
正心慢栱長	一二八·七分	一三三·六分	一三四·五分	一〇九·〇分	九六·三分				一〇九·六分	一〇八·八分	九二·〇分
外拽慢栱長		一〇八·五分	一二四·三分	一〇三·〇分		一二一·四分	一二〇·三分		一〇三·七分	一〇六·三分	九二·〇分

前表數字所示，及其他特徵，論列如次；

(一)遼金櫨斗之長，多數大於法式之規定。故前舉十例之平均數三十四分，大於法式之三十二分。惟進深參差不一，如善化寺三聖殿者進深較面闊稍小，非正方形。櫨斗之高平均二〇·五分，則與法式相差甚微，大體比例可云相等（插圖一八三）。

(二)如前所述櫨斗全體之比例，宋遼金三代雖無顯著之差別，然其局部比例，則遼金櫨

34339

宋遼金櫨斗散斗比較

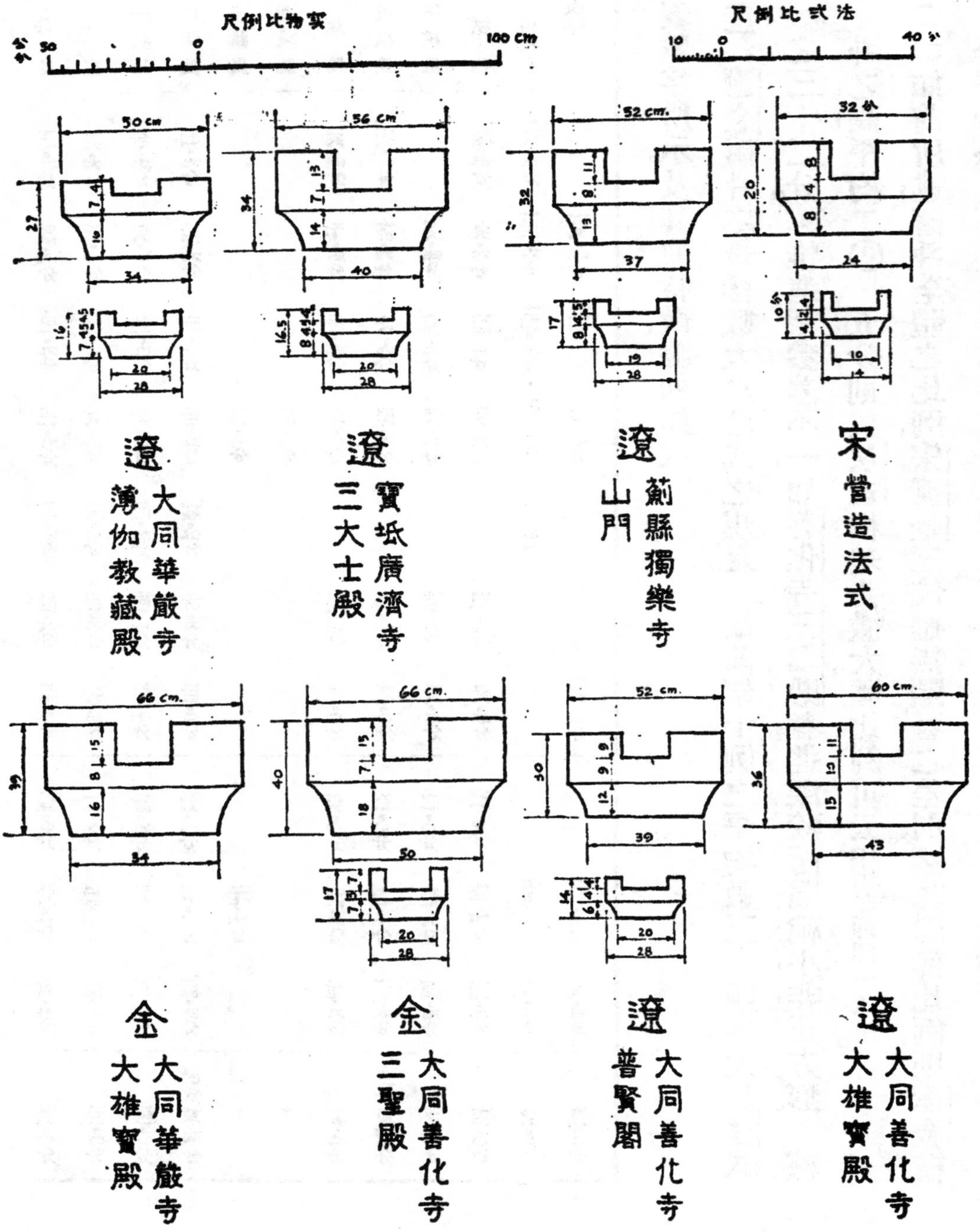

插圖一八三

斗之『欹』，較其本身之『耳』稍高；櫨斗之『平』，亦半數超過材高十五分之四，均與法式異插圖一八三。茲以材高十五分之一，除實測尺寸，與法式比較如左

	耳高	平高	欹高
遼獨樂寺山門	七・〇分	五・〇分	七・六分
遼廣濟寺三大士殿	八・〇分	四・八分	八・九分
遼華嚴寺薄伽教藏殿	二・八分	四・四分	一〇・〇分
遼善化寺大雄寶殿	六・八分	五・三分	八・七分
遼善化寺普賢閣上簷	六・〇分	四・〇分	九・三分
金善化寺三聖殿	八・六分	四・〇分	一〇・四分
金華嚴寺大雄寶殿	七・二五分	四・〇分	八・二五分
宋營造法式	八・〇分	四・〇分	八・〇分

(三)散斗之比例，如下表所示，亦與櫨斗同一情狀。 卽其通長，通高，底長等胥與法式接近，而其『欹』，均較本身之『耳』稍高：『平』亦較法式規定之二分稍大插圖一八三。 此『欹』與『平』之總和，卽栔之高度；依前引唐招提寺之例，似遼與金初之櫨斗散斗局部比例，介乎唐宋二者之間，足證前述栔之高度，逐漸減低，乃確鑿不移之事實。

	通長	底長	通高	耳高	平高	欹高
遼獨樂寺山門	一六·七分	一二·七分	一〇·〇分	二·五分	二·七分	四·八分
遼廣濟寺三大士殿	一七·五分	一二·一分	一〇·五分	二·九分	二·八分	四·八分
遼華嚴寺薄伽教藏殿	一八·二分	一二·三分	一〇·二分	三·五分	二·四分	四·三分
金善化寺三聖殿	一五·九分	一一·六分	一〇·〇分	四·〇分	二·〇分	四·〇分
宋營造法式	一六·〇分	一二·〇分	一〇·〇分	四·〇分	二·〇分	四·〇八

(四)法式斗栱出跳之長，以三十分為標準。其在七鋪作——即清式九彩——以上者，第二跳得減四分，六鋪作——即清式七彩——以下者不減，見同書卷四華栱條。遼代遺物中，除寶坻廣濟寺三大士殿一例外，大多數在五鋪作之第二跳，即已減短，且所減之數俱較法式規定者大。如薊縣獨樂寺山門，與本文華嚴寺薄伽教藏殿及善化寺大雄寶殿，幾達材廣十五分之十分。即其第二跳之長，視第一跳約縮短三分之一，為遼式斗栱最特殊之一事。但金代建築所減之數，已不如遼代之甚，且有五鋪作第二跳不減，如華嚴寺之大雄寶殿，與遼寶坻廣濟寺三大士殿同為例外。

(五)耍頭之長，除善化寺三聖殿山門外，均較法式大。

(六)泥道栱，瓜子栱，令栱三種之長度，在法式有二種方式。(甲)泥道栱與瓜子栱相等，

遼宋金各種栱長度比較

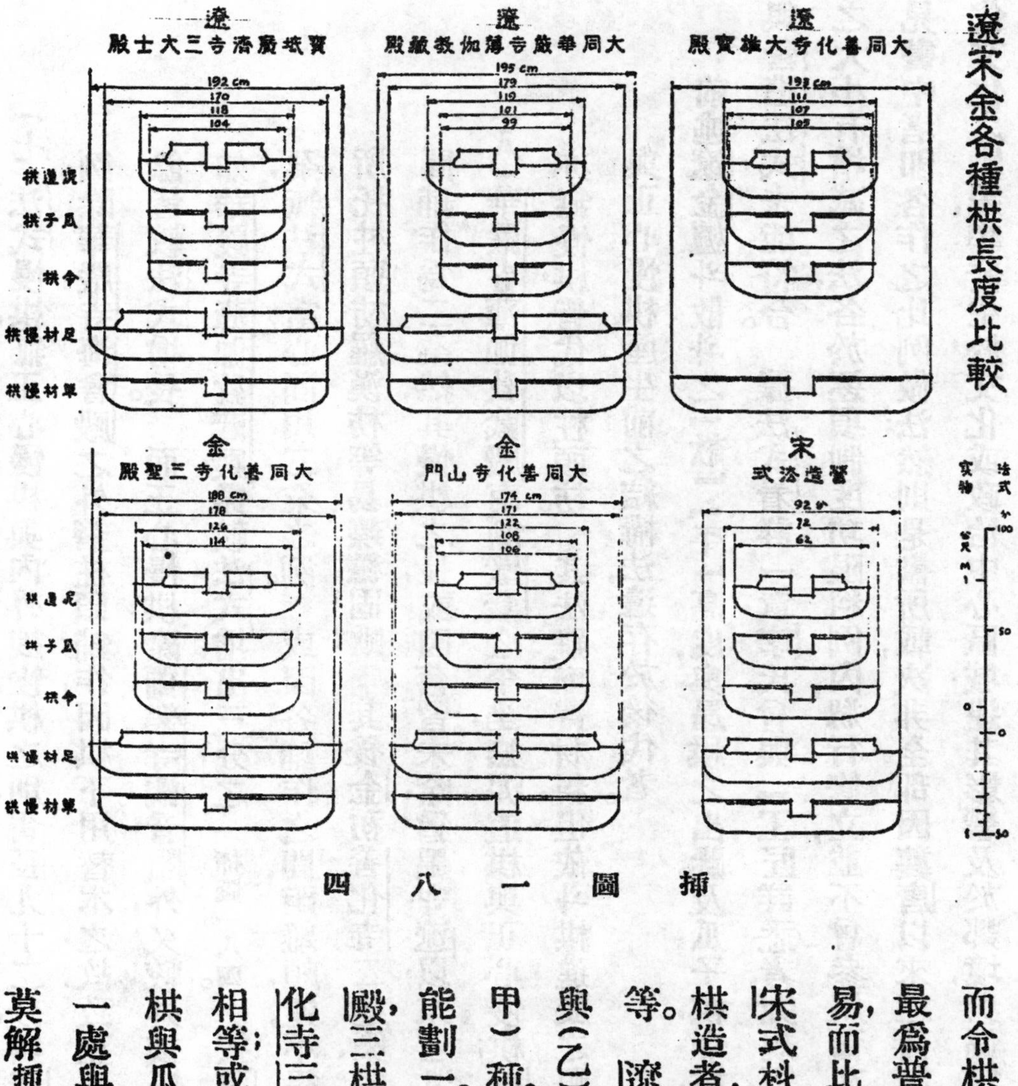

插圖一八四

而令栱稍長插圖一八四，其法最爲普徧自宋至清，名稱雖易，而比例沿襲未變。（乙）宋式料口跳及鋪作全用單栱造者，泥道栱之長與令栱等。遼代泥道栱之長，大體與（乙）種接近，尙未發見（甲）種。惟金初建築，已未能劃一。如華嚴寺大雄寶殿，三栱之長度相等；或如善化寺三聖殿，泥道栱與令栱相等；或如同寺之山門，泥道栱與瓜子栱相等。然竟無一處與遼式一致，其故令人莫解插圖一八四。

（七）法式慢栱，無正心慢栱與內外拽慢栱之別，胥長九十二分，與清式萬栱同。遼金之例，除華嚴寺海會殿之外簷柱頭鋪作因栱下用替木之故致正心慢栱長度特短外，其餘皆較法式增長。而正心慢栱除獨樂寺觀音閣外，又較外拽慢栱稍長。其最長者，如華嚴寺薄伽教藏殿幾較法式增出三分之一（插圖一八四）。按遼代補間鋪作皆僅一朵，無法式當心間用二朵之例。或因各鋪作之間距離頗遠，不得不增加慢栱之長，使所托柱頭枋羅漢枋等易臻穩固歟？其後金初善化寺二建築雖受宋式影響，增加補間鋪作為二朵，然其慢栱之長，或因舊習未除，猶墨守遼以來之遺法，未能盡改也。

（八）華嚴寺薄伽教藏殿南側壁藏之平坐，無泥道栱與正心慢栱；善化寺普賢閣之上簷亦無慢栱，皆代以柱頭枋。其法雖靡費材料，但依斗栱進展之順序觀之，似為泥道栱與正心慢栱產生前之結構法，遺存於後代者。

前述遼金櫨斗散斗之「欹」「平」高度與昂栱之出跳，及瓜子栱令栱慢栱三種之長度，俱與營造法式未能符合。據法式看詳一章，李氏曾與「工匠詳悉考究規矩，比較諸作利害，隨物之大小，有增減之法，各於逐項制度功限料例內，剏行修立，並不曾參用舊文」。其所云制度，散見書中者，即各作之比例做法；然則是書所載，決非全部因襲唐以來之舊制可知矣。且考各時代文化之變遷，率發生於文化或政治中心區域，逮其影響及於鄰境與偏僻地點，必年代較晚。

故當新變動之發生，僻遠之地每尙遵守前時代之法則。 前舉諸例，皆隸屬於舊日燕雲十六州內；其地自石晉割讓契丹以來，比較與汴梁文化交換不易，而獨樂廣濟二寺及華嚴寺薄伽教藏殿等，又皆建於法式成書以前，宜其不能一一符會。 至於契丹一族，雖竊據邊陲二百餘年，然其固有文化程度甚低，絕無影響建築細部比例之理由可以成立。 故遼式斗栱與法式不同諸點，非為唐代建築法之遺留，卽與斜栱同為燕雲一帶特有之方式。 惟斜栱一類，未著錄營造法式，分布範圍，亦傾重於燕雲諸州及其鄰接區域，如正定龍興寺之類。 而斗栱比例所異者，僅為細部尺寸，若其結構程次，仍與宋式大體脗合。 故遼代斗栱之比例，或尙保留一部分唐代矩矱，非純屬地方色彩，殊未可知。 書之以待異日之證實。

斗栱種類，散見前文者，無慮三十餘種，可謂盡意匠變化之能事，然其中最特別者，無如斜栱一類。 斜栱之產生與其發達之過程，雖尙不明，若其應用範圍，則遼代遺物中，僅有轉角鋪作及補間鋪作二類，至金初善化寺山門，始如正定龍興寺摩尼殿，用於柱頭鋪作。 斜栱之排列，在平面上不出四十五度與六十度二種（插圖一八五）。 其內外取對稱方式者，係利用槓桿作用，支撐簷部重量，如轉角鋪作之抹角栱與補間鋪作之四十五度或六十度斜栱，皆能使荷重分布較普通斗栱更為安全。 但斜栱之後尾或前端，未延長於內側或外側者，已非健全之結構，若善化寺大雄寶殿之次間補間鋪作，與善化寺山門之山面柱頭鋪作，已啟墮落之徵兆。 馴至如金初所建

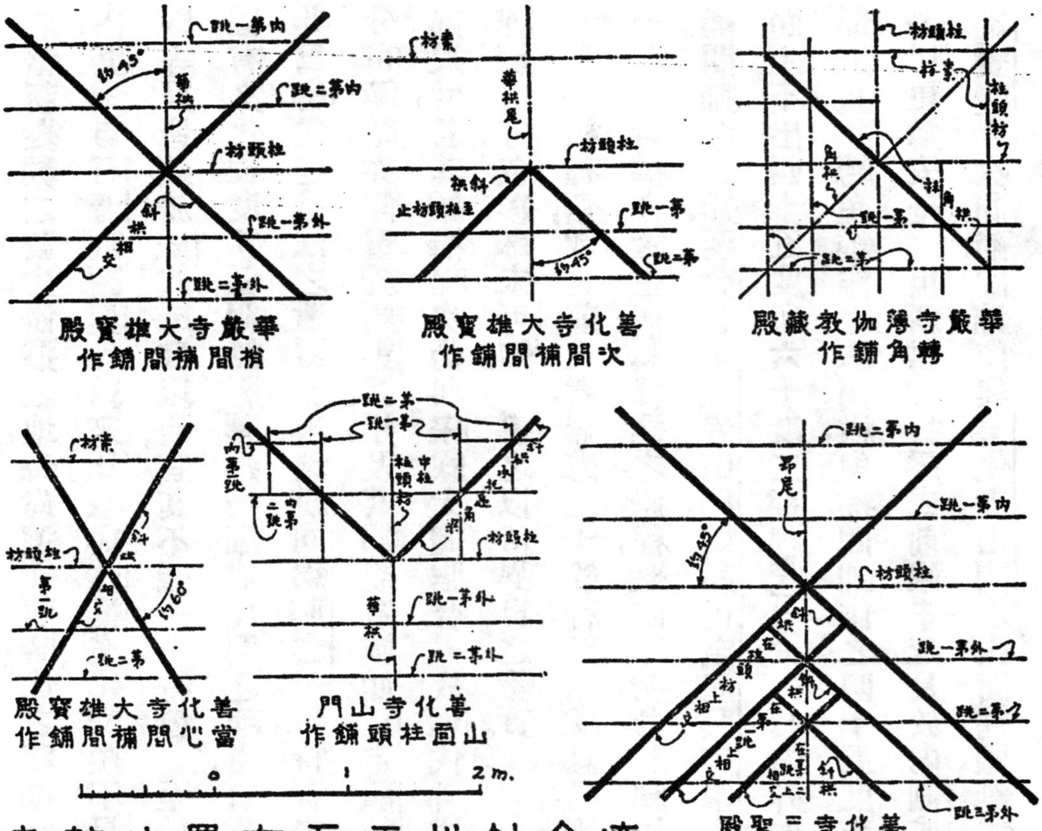

遼金斜栱平面布置比較表

插圖一八五

三聖殿之次間補間鋪作，外側每跳交互斗上，皆出四十五度之斜栱，而延於內側者，祇櫨斗上斜栱二縫。此繁瑣笨重之斗栱，既無美感可言，而徒增其本身重量，使闌額下垂，在結構上極不合理。故斜栱逐漸衰微，寖至於廢棄失傳，未始不基於結構之退化也。

下昂之結構，在遼代遺物中，最足表示最初階級之結構法，如遼初薊縣獨樂寺觀音閣上簷柱頭鋪作，及遼末應縣佛宮寺塔二例，其後尾均壓於草栿下，與日本法隆寺金堂，及法式卷四飛昂條『如當柱頭，卽以草栿或丁栿壓之』，一致，此外尚未見補間鋪作用下昂者。迨金初善化寺三聖殿，始於昂後尾挑斡上施斗，托載第三縫榑下之襻間插圖一四一，與法式『若屋內徹上明造，卽用挑斡』同。 現存宋代遺構，如正定龍興寺轉輪藏殿，及嵩山少林寺初祖庵，均用挑斡及斗，足徵此法在北宋頗爲普徧，而燕雲一帶至金天會皇統間，始見其例，豈此法自靖康亂後，始流傳北方耶? 依下述要頭月梁諸例，似此假說有成立之可能。

法式插昂之制，遼代遺構中迄未發見。 僅見於金初善化寺三聖殿之柱頭鋪作插圖一三九，及同寺山門之補間鋪作插圖一六五。 殆與前述下昂後尾之結構法，同受宋式之影響。

要頭形狀，就今日已知者，自遼迄於金初，共有五種插圖一八六。 其第一種雖非發現於大同，但爲比較遼金要頭之變遷，合述於後，以供參考。

（一）遼代要頭之形狀，以垂直截割者最爲簡單。 使用此類要頭之建築物，僅有薊縣獨樂寺觀音閣，義縣奉國寺大雄寶殿，及應縣佛宮寺塔三處。 在數量上，遠不及批竹昂式之普及，疑爲唐式之殘留，非當時流行式樣。

（二）遼代要頭最普通者，無如批竹昂式一種，自薊縣獨樂寺起，大多數遺構，皆採用此式，非僅大同二寺而已。 又與遼接壤之宋建築，如正定龍興寺摩尼殿，亦復如是。

（三）金初重建之華嚴寺大雄寶殿有要頭二種。 一爲批竹昂式，用於柱頭鋪作。 一爲牛翼形栱式用於補間鋪作。　翼形栱雖見於獨樂寺觀音閣，但就已知之例，其應用於耍頭，以遼末應縣佛宮寺塔之內簷斗栱爲最早。

（四）金初善化寺三聖殿柱頭鋪作之耍頭，亦與補間鋪作異。　前者與宋式略同，後者刻龍首，在遼金遺物中尚屬初見。

（五）法式耍頭形狀，略似清式之螞蚱頭，惟遼代迄無其例，僅金初善化寺山門與三聖殿柱頭鋪作二處與之髣髴相似。　但宋式鵲臺下之斜線，係用直線，金初二例則向內微曲，不無小異。

以上五種耍頭，以時代先後別之：第一種見於遼初者二處，即獨樂寺觀音閣與奉國寺大雄寶殿；遼末者一處，即應縣佛宮寺塔；而金初尙無其例，疑其法至遼末漸歸淘汰。　第二種爲遼代比較普偏之方法，惟金初建築，僅華嚴寺大雄寶殿有之，似入金以後日就式微。　第三種翼形栱式耍頭，發生於遼末。第四種僅見於金初。　惟除應縣大同三建築外，尙無同樣之證物，故此二者之分布範圍與其流

宋遼金耍頭比較

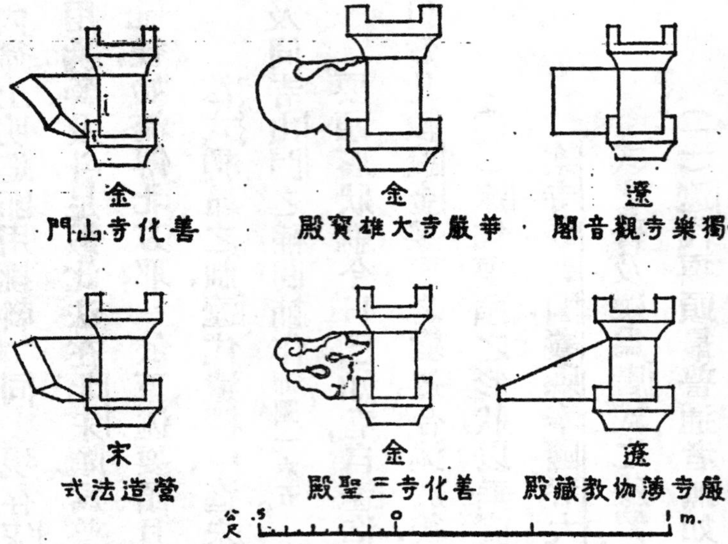

插圖一八六

遼宋金元明清闌額普拍枋之比較

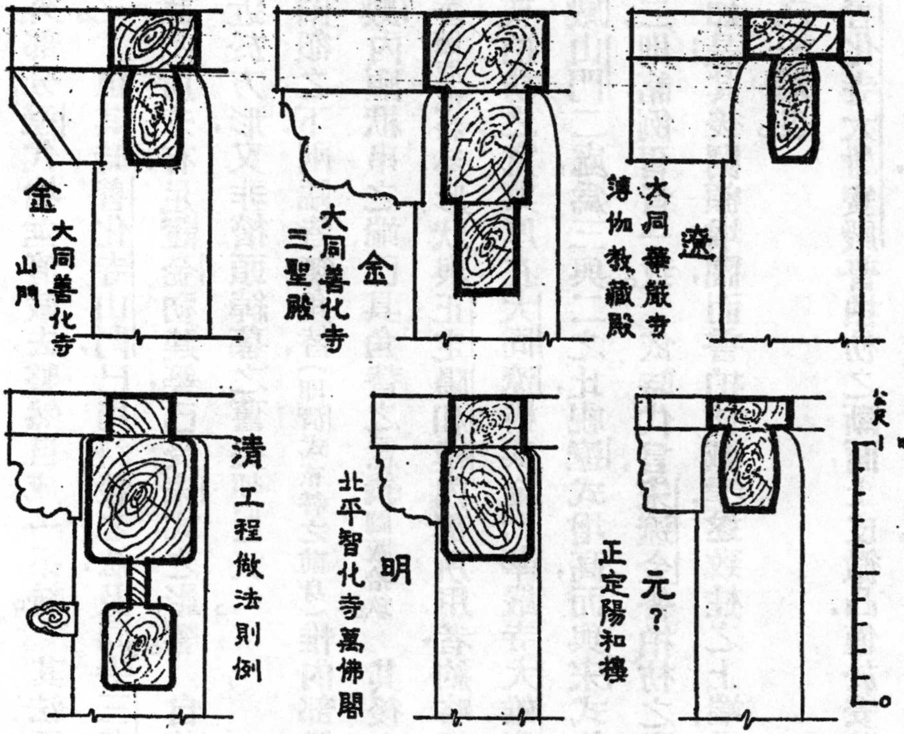

插圖一八七

傳之暫遠，暫難論定。　至於以二種形狀不同之要頭區別柱頭鋪作與補間鋪作，遼構中尚未發見。法式之要頭，自北宋至於今日，壽命最稱長永，然遼代遺構中無用此式者，僅金初善化寺三聖殿山門，有類似之結構，則此法傳入燕晉北邊，似在北宋亡國後也。

梁架　大同遼金闌額，除金初善化寺三聖殿，於闌額之下加由額，外其餘皆僅闌額一層。額之高厚比例，以華嚴寺薄伽教藏殿所用五比二爲最高，餘皆升降於二比一至八比五之間，大體與法式接近。　惟元明以後，逐漸加闊，至清幾與柱徑相等，耗費材料，而不合結構原則，可謂退化甚矣插圖一八七。闌額之端，伸出角柱外部分，遼代均垂直截去，整然自成一系統。其法至金初猶未全廢，如華嚴寺大雄寶殿，尚沿用之。但其時善化寺山門已用斜殺之法；及同寺三聖殿用類似宋式之「楷頭綽幕」，均爲遼代諸例所未有，足證金初建築，已受宋式之影響。自此以後，逐漸嬗變，至明清霸王拳之輪廓線，已近於方形，又非楷頭綽幕之舊矣插圖一八七。

闌額之下，兩端皆無角替(即清式雀替之前身)惟內部梁架下有之。最早者，爲遼建善化寺大雄寶殿內順栿串之端，已具角替之意義圖版拾玖。其後金初所建同寺三聖殿六椽栿下，則有正式角替圖版貳拾玖，形狀與正定陽和樓內部所用者，約略相同。

普拍枋之寬與厚，在大同遼構與金初華嚴寺大雄寶殿，皆在二比一左右。惟金初善化寺三聖殿山門二處，爲三與二之比，視遼式增高，而與宋式比較接近。普拍枋之寬，約爲櫨斗長三分之二，則諸例胥皆一致。依時代言，宋遼金普拍枋之寬度，無一不較闌額大；明初之大同城樓，猶復如是；其後闌額增闊，而普拍枋減窄，遂致柱之上端，呈無法歸宿之情狀插圖一八七，亦爲結構退化之一端也。

善化寺大雄寶殿普拍枋之斷面，上皮微凸，僅於安裝櫨斗處，刨平，極奇特。此法可使櫨斗無左右傾側之虞，且可省去無謂剷削之工，甚得結構要領。

梁之形狀，遼代遺物皆爲直梁，惟金初善化寺山門用假月梁，故疑月梁之制，隨北宋之亡，與金版圖之擴大，始傳入北方。梁之斷面大多數狹而高，但亦有近於方形之例外，如善化寺普賢閣之四椽栿高與厚爲五與四之比。梁之兩側有卷殺，俱同法式。

遼代梁架之層次及其細部手法，如繳背，駝峯，侏儒柱，丁華抹頦栱，叉手等，均如法式所載，足爲遼宋建築同導源於唐式之證。惟金初善化寺三聖殿山門，易駝峯爲合楷手法漸變。頗疑清式瓜柱下之角背，淵源於此。此外遼金二代之欑間結構，亦與宋異。蓋宋式欑間見營造法式卷五侏儒柱條者，係隔間上下相閃，遼金則爲各間通長，似較宋式更爲穩固。明清之金枋脊枋，亦係各間通長，殆受遼金之影響，而檁下枋上之空間，施墊版，亦似由遼金欑間之散斗替木等改進者。至於金初善化寺三聖殿山門之欑間層次，自下而上，各縫呈遞減之狀，匪特爲遼構所未有，亦爲法式與明清諸代所無。惟此二例之外，尚未發現同樣證據，其影響與分布範圍，暫難論斷。

屋頂： 遼建築之屋頂坡度，比較甚低。除壁藏係小木作可置不論外，餘若華嚴寺薄伽教藏殿爲二十四度，海會殿二十五度，善化寺大雄寶殿與普賢閣二十七度四分之三，與獨樂廣濟二寺皆在二十八度以內，可謂爲遼建築特徵之一。逮金初善化寺三聖殿山門，則增至三十三度左右，與遼式之差別最爲顯著（插圖一八八）。

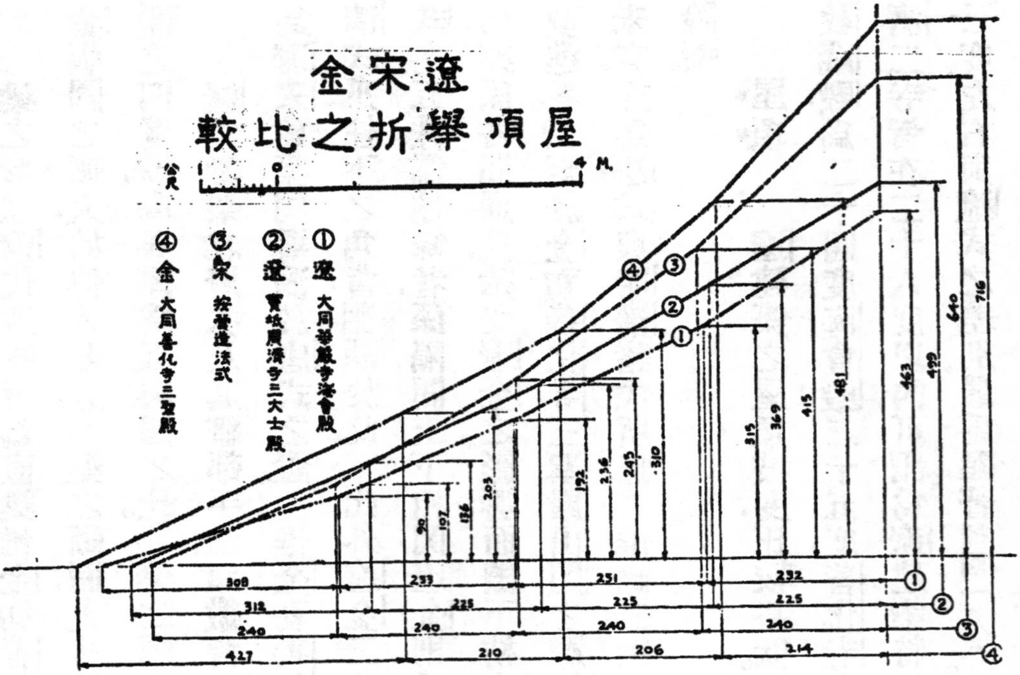

插圖一八八

屋頂之折縫，大同遼金遺物多數不如法式之秩序整然。若華嚴寺海會殿第二縫所折極微（圖版拾貳）；善化寺大雄寶殿僅折第一第二兩縫，自第二縫以下至簷端成一直線（圖版拾玖）；又如同寺三聖殿最上一架竟超出四十五度以上（圖版貳拾玖）；律以獨樂廣濟二寺，似均逸乎常軌以外。

遼代屋頂用四注式者，如廣濟寺三大士殿及善化寺大雄寶殿，俱無推山。金初善化寺三聖殿，則於山面最上一架向外推出少許（圖版貳拾陸），與遼式異。惟此爲孤證，尚難斷其卽受宋式之影響。此外與三聖殿同時建造之山門，因梢間進深之半數（卽簷柱至分心柱間之距離）較梢間之面闊略小，而角梁須搭交於梢間分心柱之上，故不能不向內推展，與普通

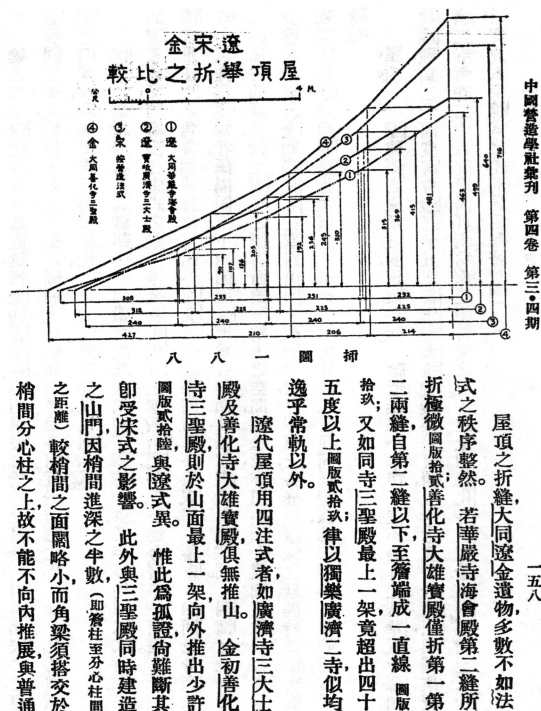

推山相反圖版叁拾貳。同時前後二面之榑與蠻間因須與山面之榑在角梁上結合故在平面上，自次間起向內彎曲未能成一直線。然此爲特殊之例，不能據以論斷金初屋頂之制度也。

宋式建築出簷之結構，據法式卷四造栱之制，及卷五棟榑諸條，計有二種。（甲）於令栱上施狹而高之橑簷枋以承簷椽與飛簷椽。（乙）易橑簷枋爲橑風榑。其中（乙）種因榑徑較大，故於榑下施替木一層，俾榑與令栱二者易於接合。遼代遺構中用（乙）種者占大多數。其偶用（甲）種之例，如華嚴寺薄伽敎藏殿內之壁藏與應縣佛宮寺塔，切斷面比較近於方形，不若宋式橑簷枋等於二材之高，故仍置替木於枋下，未脫（乙）種之窠臼。惟金初善化寺三聖殿則與（甲）種類似，足爲宋式北來之又一證明。至於替木之變遷，在遼代祗華嚴寺薄伽敎藏殿之壁藏，與善化寺普賢閣二處之上簷，及廣濟寺三大士殿之梢間，因補間鋪作距離較近，故於令栱上施通長之替木，若淸式之挑簷枋，其法與法式卷五替木條：『如補間鋪作相近者，卽相連用之』符合。入金後華嚴寺大雄寶殿與善化寺山門，雖補間鋪作甚疎朗，乃亦用挑簷枋，似其時替木之制，漸歸淘汰矣。

大同遼金之鴟尾，現存華嚴寺壁藏，與薄伽敎藏殿，大雄寶殿三處。前者製於遼中葉，下部有吻，而上部爲魚尾分叉形。據前引靖康緗素雜記，尙保存一部唐式。後二者之形狀完全相同，依獨樂寺山門，與廣濟寺三大士殿二例，及華嚴寺大雄寶殿之重建紀錄，至遲亦爲金初作品。

以較壁藏之鴟尾，則此祇能稱爲「鴟吻」，因其吻後增足一具，已非魚類所應有。而分叉之尾在下者平直伸出，業失去魚尾之形狀，宜乎明清以來遂歸淘汰。惟其上叉向外卷曲，表面飾魚尾紋，尙如壁藏之鴟尾耳（插圖十八）。頗疑明清二代獸吻之尾向上卷曲甚高，卽由此上叉發達而成。

勾滴之形狀，如華嚴寺之薄伽敎藏殿大雄寶殿及善化寺大雄寶殿三處，尙遺存一部，與薊縣獨樂寺觀音閣山門義縣奉國寺大雄寶殿暨歷史博物館所藏宋大觀間鉅鹿勾滴，完全符合。卽其上下緣略成平行之曲線，與下緣具鋸齒狀之紋樣，俱非明清官式建築所有，疑爲遼金舊式。

牆● 大同遼金遺構因氣候之故，俱無外廊，而於簷柱之間甃以厚牆。其下部爲磚砌，裙肩上以橫直木骨與土磚合砌，未見於明清二代，祇北平元妙應寺塔以靑磚與水平木骨混用，尙存其法。諸例中以善化寺大雄寶殿三聖殿山門三建築所示之結構法，最爲明顯。華嚴寺之薄伽敎藏殿與大雄寶殿因屢經修理，僅見裙肩上木骨一層，疑其一部必尙保存遼金原狀也。

綜上所述，遼與北宋建築在時間上雖爲同期，然其結構手法，實有合有不合。其合者，當俱導源於唐式；不合者不僅與宋式異，且與金代遺物未能一致，如補間鋪作之朶數與櫨斗散斗之欹平，及各栱長度屋頂坡度等，卽其最重要者。此殆因燕雲一帶自五代沒入契丹以來，比較與中原文化隔絕，除一部分固有地方色彩外，必保留若干唐式手法所致也。至於金初建築，如斗拱比例所示，似極龐雜，已無遼式整然一貫之系統。而其中與遼式異者，每不乏與營造法式符合，則其一部，必爲北宋亡後所受宋建築之影響。同時明清二代官式建築之斗栱比例，與霸王拳，雀替，角背，隨檁枋，挑簷枋，螞蚱頭等，或胎息於遼金舊法，或爲宋式之遺留，依此數例，亦得以證實。惟大同遼金建築，在我國建築史中所處地位，如是其重要，而其現狀則任其飄零風雨中，未加人力之維護。行見數十載後，此珍貴之古物，歸於頹廢淪爲塵壤。甚望地方當局與海內熱心人士，共策保存之術焉。

五 附錄

大同東南西三門城樓

大同城之沿革，據清道光十年大同縣志，及圖書集成考工典所載，現城係明洪武五年，大將軍徐達，因舊土城之南半增築。城作方形，每面闢門一，各建城樓其上。又建角樓四，敵樓五十有五。其西北角樓曰乾樓，八角三層，最稱雄壯，清道光初猶存。今角樓敵樓俱亡。北門城樓，於數載前毀後重建，俗惡不堪。唯東南西三門樓，尚未全毀。諸樓平面，俱爲凸字形，外觀結構，亦皆一致。據余輩所量東南二樓之平面尺寸插圖一八九，各間面闊進深，雖略有參差，爲數極微，足證此二者係同時所建，縣志所述，信非虛妄。惟二樓年久失修，梁架之一部，暴露於風雨中，距毀滅之期，已日近一日。此外僅西門城樓，保存稍佳插圖一九〇。但其現狀，較十餘年前關野貞氏所攝像片，載於支那建築內者，殘毀部分，又增加多處矣。

大同東門南門城樓平面

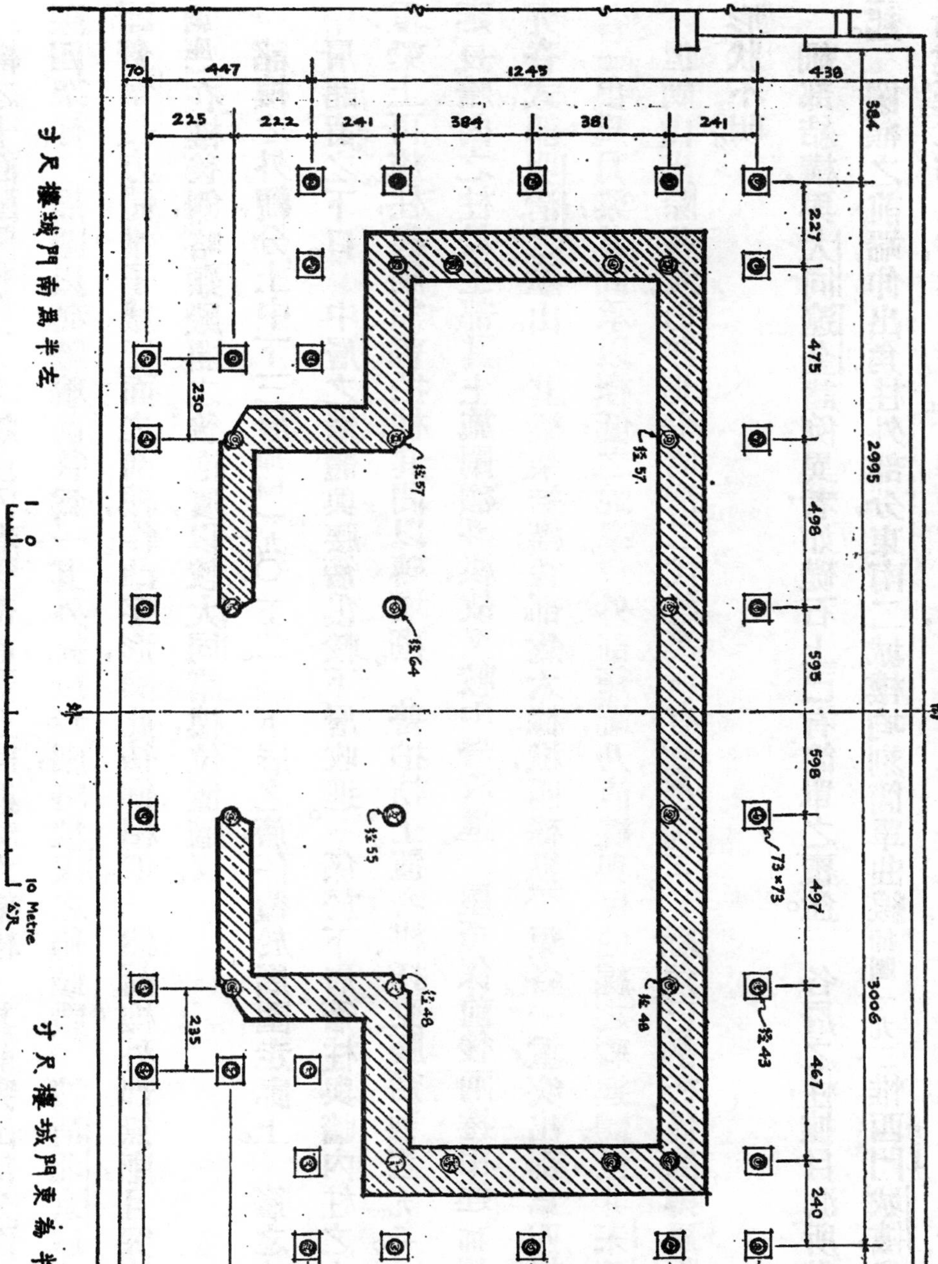

插圖一八九

34357

樓之平面配置插圖一八九，牆以內者後部面闊五間進深六架椽。其前突出部分，面闊三間，進深四架椽。周圍以磚牆聯前後爲一，其外繞以走廊，略似宋之龜頭殿。按淸北京城諸門樓，平面胥爲長方體，惟子城正面之箭樓作凸字形，與此彷彿相似。然箭樓外部無廊，且突出部分（即廡座）在樓後側，略類殿閣之後抱厦，以較大同諸樓，位置適反。

諸樓之外觀，分上中下三層插圖一九〇—一九一。下層之簷，係覆於周圍走廊上。簷之上端，緊接中層諸窗之下口。中層之壁體與腰簷，俱較下層收進。係於下層簷柱與牆內柱之上，施梁一重，梁上再施柱與闌額普拍枋，其間以磚塡砌。普拍枋上置斗栱，托受腰簷插圖一九二。上層則延長牆內之柱於上部，其上施闌額斗栱，故又較中層收進。屋頂係前後兩捲相連插圖一九一，均九脊式，卽明淸之歇山。其梁架結構：後部爲六椽栿，四椽栿，平梁各一重，突出部爲四椽栿，平梁各一，俱爲月梁，其間承以極低之駝峯。外部簷端乃直線與反曲線之聯連體，已非宋遼金舊法。但兩山出際甚大，仍非北平明淸二代建築所有插圖一九三。懸魚已黴朽，僅餘搏風版上一部，形狀不明。

細部結構，與大同遼金諸例異者，如礎石上已有簡單之覆盆。各層之柱，據目測所得，俱無生起。闌額之前端伸出角柱外部分東南二城樓均刻簡單曲線插圖一九三，惟西門城樓與北平明淸建築之霸王拳極相接近。普拍枋之高，亦已增大插圖一九三。其伸出角柱外部分，在平面上兩角刻凹線，與正定陽和樓趙縣石佛寺塔定興縣大悲觀三處完全一致。後二者據銘刻紀錄確爲元代遺構，故大同諸城樓所用普拍枋之手法，當爲元式之遺留。

外簷斗栱：下簷爲四鋪作單抄重栱，腰簷及上簷爲五鋪作雙抄重栱，逐跳計心。補間鋪作之配列，以正面背面之中央三間用二朵者爲最多，山面面闊大者用一朵，其餘梢間及走廊面闊小者，俱無補間鋪作。故其斗栱比例雖非雄大，但因間隔疎朗之故，無瑣碎纖弱之印象。其結構特點如次：

(一)外簷之腰簷與上簷斗栱，於櫨斗左右兩側施泥道栱與慢栱，其上再施栱一層，代替柱頭枋（插圖一九四）。此法甚奇特，在今日已知宋遼以來遺構中，尚屬初見。

(二)腰簷與上簷柱頭鋪作之要頭，係內部挑尖梁之延長。正面之闊較下部之栱稍大；其前端上部又易鵲臺爲蕪葉雲（插圖一九三），皆與正定府文廟前殿之要頭一致。當思成調查府文廟時，疑其年代與廟內所存元至正十七年碑，前後同期，而不能確定，見彙刊四卷二期正定調查紀略一文。今按大同諸城樓建於明洪武五年，距元亡僅四載，所用方法，應爲元末通行之方式，足證前項推測，尚無外誤。又按北平明清二代柱頭科之翹昂寬度，自挑尖梁以下，成遞減情狀。大同諸樓之上層斗栱，雖較要頭稍闊，而其下二層之栱，皆寬度相等，與北平諸例異，足爲過渡時代之證物（插圖一九四）。

（三）耍頭之形狀，除柱頭鋪作外，皆如宋式，惟鵲臺下斜線，向內微凹，非直線，尚如金初善化寺三聖殿山門二例。耍頭之上，延長襯枋頭之前端伸出挑簷枋外側，宛刻瓣葉雲，極特別插圖一九三。

（四）大同遼金遺構之斗栱出跳無下昂者，其轉角鋪作在平面四十五度角線上，自下而上，皆用角栱，無由昂。諸城樓則於角栱上，施由昂插圖一九三四，與遼金遺物異。

依前述各項結構上之特點觀之，其中一部尚保存遼金舊法，另一部則與元代遺構所用之方法符合，可證其確係明初所建。其後諸樓雖迭經修理，見縣志卷五營建一章，但其主要架構，如前所述，應爲建造以來之舊物。

鐘樓

鐘樓在大同西門內清遠街東段。平面爲正方形插圖一九五。下層每面三間，空其當心間爲門，兩側次間悉甃磚壁。門以內，截去四隅磚壁之內角，故鐘樓下層之外部作八角形。

大同城內鼓樓下層平面

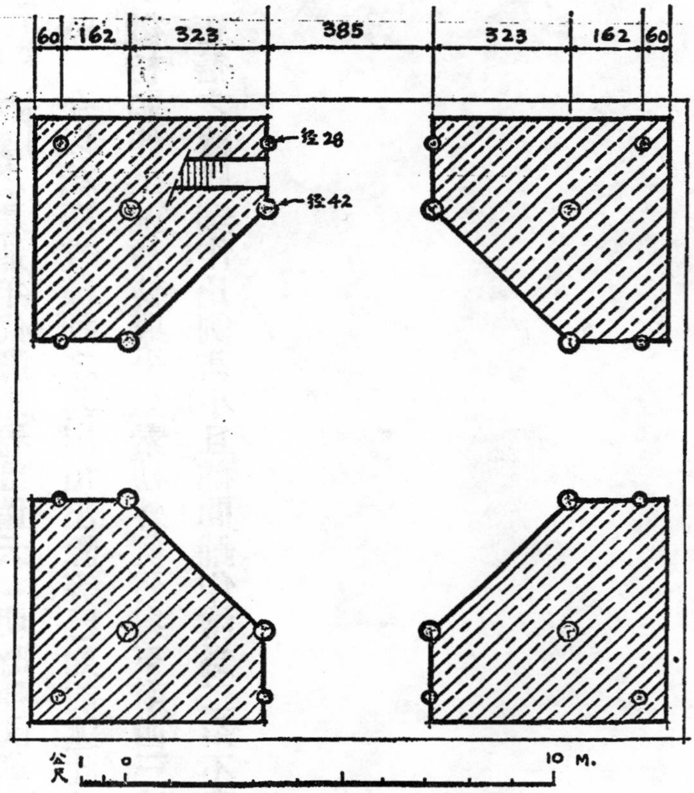

插圖一九五

鐘樓外觀插圖一九六係上下二層，但上層另附腰簷，遠觀之若三層。下層之柱與闌額埋於牆內，僅當心間之闌額露出。 其上施普拍枋及四鋪作單抄重栱造斗栱；除柱頭鋪作外，每間僅有補間鋪作一朵。 斗栱之結構插圖一九七，係於櫨斗左右，出泥道栱慢栱各一層；正面則出華栱一跳，跳上施令栱與要頭相交，其上延長襯枋頭於挑簷枋外側，刻蔴葉雲，與諸城樓之下簷斗栱一致。 惟轉角鋪作改正側二面華栱上之要頭爲單栱承托襯枋頭之前端，稍異插圖一九七。

上層每面亦三間，壁體較下層收進，外繞以廊。 廊設於平坐上，其下斗栱爲五鋪作卷頭重栱造，僅當心間施補間鋪作一朵，左右次間無插圖一九六。 其上設欄楯及柱。 柱上置闌額，普拍

34361

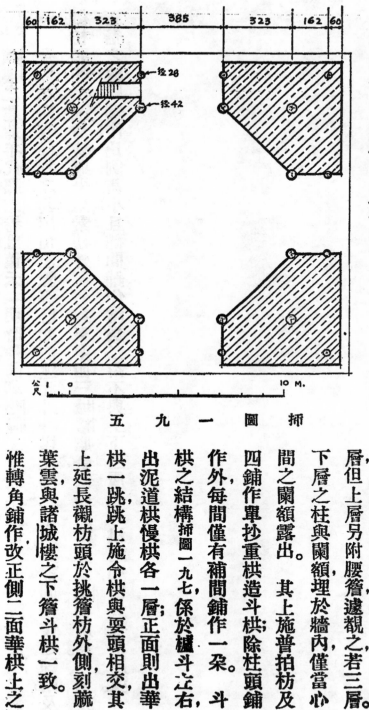

枋，及四鋪作單抄重栱之纏腰鋪作，以受腰簷。廊內之柱，則較腰簷高出一段，於闌額普拍枋上，施五鋪作單抄單昂亦祗當心間設補間鋪作一朵。其上屋頂爲九脊頂。正脊東西向。兩山出際與簷端曲線等，俱同城樓。

鐘樓之建造年代，縣志卷五僅云「明時建，國朝乾隆二十六年重修，」未言究建於明之何時。

今以結構式樣判之，其屋頂出際等已如前述；此外斗栱比例之雄大，與補間鋪作之疏朗，及襯枋頭伸出挑簷枋與平坐素枋外側，胥與東南西三城樓脗合，故疑此樓亦爲明初所建。至於腰簷之纏腰鋪作，比例甚小；且補間鋪作增爲二朵，不與上下二層之斗栱調和，當爲後世所改。

插圖一九〇　大同西門城樓背面

插圖一九一　大同南門城樓側面

插圖一九二　南門城樓突出部側面

插圖一九三　南門城樓下簷斗栱

插圖一九四　南門城樓腰簷及上簷斗栱

插圖一九六　大同鐘樓外觀

插圖一九七　鐘樓下簷及平坐斗栱

雲岡石窟中所表現的北魏建築目錄

34368

雲岡石窟中所表現的北魏建築

梁思成
林徽音
劉敦楨

緒言

廿二年九月間，營造學社同人，趁着到大同測繪遼金遺建華嚴寺，善化寺等之便，決定附帶到雲岡去遊覽考察數日。

雲岡靈巖石窟寺爲中國早期佛教史蹟壯觀。因天然的形勢，在綿亙峭立的巖壁上，鑿造龕像，建立寺宇，動偉大的工程，如水經注㶟水條所述「……鑿石開山，因巖結構，眞容巨壯，世法所希，山堂水殿，煙寺相望……」；又如續高僧傳中所描寫的「……面別鐫像，窮諸巧麗，龕別異狀，駭動人神……」；則這靈巖石窟更是後魏藝術之精華——中國美術史上一個極重要時期中難得的大宗實物遺證。

但是或因兩個極簡單的原因，這雲岡石窟的彫刻，除掉其在宗教意義上，頻受人民香火，偶遭帝王巡幸禮拜外，十數世紀來，直到近三十餘年前，在這講究金石考古學術的中國裏，却並未有人注意及之。

我們所疑心的幾個簡單的原因，第一個淺而易見的，自是地處邊僻，交通不便。第二個原因，或是因爲雲岡石窟諸刻中，沒有文字。窟外或崖壁上，卽使有如續高僧傳中所稱之碑碣，却早已漫沒不存痕跡，所以在這偏重碑拓文字的中國金石學界裏，便引不起什麼注意。第三個原因，是士大夫階級好排斥異端，如朱彝尊的雲岡石佛記，卽其一例，宜其湮沒千餘年，不爲通儒碩學所稱道。

近人中，最早得見石窟，並且認識其在藝術史方面的價値和地位；發表文章記載其彫飾形狀；考據其興造年代的，當推日人伊東（註一）和新會陳援菴先生（註二），此後專家作有統系的調查和詳細攝影的，有法人沙畹（Chavannes）（註三）日人關野貞，小野諸人（註四），各人的論著，均以這時期因佛敎的傳佈，中國藝術固有的血脈中，忽然滲雜旺而有力的外來影響，爲可重視。且西域所傳入的影響，其根苗可遠推至希臘古典的淵源，中間經過複雜的途徑，迤邐波斯，蔓延印度，（揷圖二）更推遷至西域諸族，又由南北兩路，健馱羅及西藏，以達中國。這種不同文化的交

34370

流濡染，爲歷史上最有趣的現象，而雲岡石刻便是這種現象極明晰的實證之一種，自然也就是近代治史者所最珍視的材料了。

根據着雲岡諸窟的彫飾花紋的母題（motif）及刻法，佛像的衣褶容貌及姿勢（插圖一），斷定中國藝術約莫由這時期起走入一個新的轉變，是毫無問題的。以漢代遺刻中所表現的一切戇直古勁的人物車馬花紋（插圖二），與六朝以還的佛像飾紋和浮彫的草葉瓔珞飛仙等等相比較，則前後判然不同的傾向，一望而知。僅以刻法而論，前者單簡冥頑，後者在質樸中忽而柔和生動，更是相去懸殊。

但雲岡彫刻中，「非中國」的表現甚多，或顯明承襲希臘古典宗脈，或繁富的滲雜印度佛教藝術影響；其主要各派原素多是囫圇包倂，不難歷歷辨認出來的。因此又與後魏遷洛以後所建伊闕石窟—卽龍門—諸刻（插圖三）稍不相同。以地點論，洛陽伊闕已是中原文化中心所在；以時間論，魏帝遷洛時，距武州鑿窟已經半世紀之久，此期中國本有藝術的風格得到西域襲入的增益後，更是根深蒂固，一日千里，反將外來勢力積漸融化，與本有的精神冶於一鑪。

雲岡彫刻既然上與漢刻迥異，下與龍門較，又有很大差別，其在中國藝術史中，固自成一特種時期。近來中西人士對於雲岡石刻更感興趣，專誠到那裏謁拜鑑賞的，便成爲常事，攝影翻印，到處可以看到。同人等初意不過是來大同機會不易，順便去靈巖開開眼界，瞻仰後魏藝術的重要表現；如果獲得一些新的材料則不妨圖錄筆記下來作一種雲岡研究補遺。

以前從搜集建築實物史料方面我們早就注意到雲岡龍門及天龍山等處石刻上『建築的』(architectural)價值所以造像之外影片中所呈示的各種浮彫花紋及建築部分（若門楣，欄杆柱塔等等）均早已列入我們建築實物史料的檔庫。這次來到雲岡，我們得以親目撫摩這些珍罕的建築實物遺證同行諸人，不約而同的第一轉念便是作一種關於雲岡石窟『建築的』方面比較詳盡的分類報告。

這『建築的』方面有兩種：一是洞本身的佈置構造及年代，與敦煌印度之差別等等，這倒是比較簡單的；一是洞中石刻上所表現的北魏建築物及建築部分這後者却是個大大有意思的研究也就是本篇所最注重處，亦所以命題者。然後我們當更討論到雲岡飛仙的彫刻，及石刻中所有的彫飾花紋的題材式樣等等最後當在可能範圍內研究到窟前當時歷來及現在的附屬木構部分以結束本篇。

二　洞名

雲岡諸窟，自來調查者各以主觀命名，所根據的，多倚賴於傳聞，以訛傳訛，極不一致。如沙畹書中未將東部四洞列入，僅由東部算起；關野雖然將東部補入，却又遺漏中部西端三洞。至於伊東最早的調查只限於中部諸洞，把東西二部全體遺漏，雖說時間短促，也未免遺漏太厲害了。

本文所以要先釐定各洞名稱，俾下文說明，有所根據。茲依雲岡地勢分雲岡為東中西三大部。每部自東迄西依次排號，小洞無關重要者從略。再將沙畹，關野，小野三人對於同一洞的編號及名稱，分行列於底下，以作參考。

	沙畹命名	關野命名（附中國名稱）	小野調查之名稱
東部			
第一洞		No. 1（東塔洞）	石鼓洞
第二洞		No. 2（西塔洞）	寒泉洞
第三洞		No. 3（隋大佛洞）	靈巖寺洞
第四洞		No. 4	
中部			
第一洞	No. 1	No. 5（大佛洞）	阿彌陀佛洞
第二洞	No. 2	No. 6（大四面佛洞）	釋迦佛洞

第三洞	No. 3	No. 7（西來第一佛洞）	準提閣菩薩洞
第四洞	Mo. 4	No. 8（佛籟洞）	佛籟洞
第五洞	No. 5	No. 9（釋迦洞）	阿佛閃洞
第六洞	No. 6	No. 10（持鉢佛洞）	毘盧佛洞
第七洞	Mo. 7	No. 11（四面佛洞）	接引佛洞
第八洞	No. 8	No. 12（椅像洞）	離垢地菩薩洞
第九洞	No. 9	No. 13（彌勒洞）	文殊菩薩洞
西部			
第一洞	No. 16	No. 16（立佛洞）	接引佛洞
第二洞	No. 17	No. 17（彌勒三尊洞）	阿閃佛洞
第三洞	No. 18	No. 18（立三佛洞）	阿閃佛洞
第四洞	No. 19	No. 19（大佛三洞）	寶生佛洞
第五洞	No. 20	No. 20（大露佛）	白佛耶洞
第六洞		No. 21（塔洞）	千佛洞

本文僅就建築與裝飾花紋方面研究，凡無重要價值的小洞，如中部西端三洞與西部東端

二洞均不列入故篇中名稱，與沙畹關野兩人的號數不合插圖六。此外雲岡對岸西小山上有相傳造像工人所鑿自爲功德的魯班窰二小洞；和雲岡西七里姑子廟地方被川水衝毀僅餘石壁殘像的尼寺石祇洹舍，均無關重要，不在本文範圍以內。

二 洞的平面及其建造年代

雲岡諸窟中，只是西部第一到第五洞平面作楕圓形，或杏仁形，與其他各洞不同。關野常盤合著的支那佛敎史蹟第二集評解，引魏書興光元年於五緞大寺爲太祖以下五帝鑄銅像之例，疑此五洞亦爲紀念太祖以下五帝而設，并疑魏書釋老志所言曇曜開窟五所，卽此五洞，其時代在雲岡諸洞中爲最早。

考魏書釋老志卷百十四原文：『……興光元年秋，勅有司於五緞大寺內，爲太祖以下五帝，鑄釋迦立像五，各長一丈六尺。……太安初，有師子國胡沙門邪奢遺多浮陁難提等五人，奉佛像三，到京都，皆云，備歷西域諸國，見佛影迹及肉髻，外國諸王相承，咸遣工匠，摹寫其容，莫能及難提所造者。去十餘步，視之炳然，轉近轉微。又沙勒胡沙門，赴京致佛鉢，並畫像迹。和平初，師賢卒，曇曜代之更名沙門統。初曇曜以復法之明年，自中山被命赴京，值帝出見于路，……帝後奉以師禮。曇曜白帝於京城西武州塞，鑿山石壁，開窟五所，鐫建佛像各一，高者七十尺，次六十尺。彫飾奇偉，冠於一世。……」

所謂「復法之明年」自是興安二年公元四五三，魏文成帝即位的第二年，也就是太武帝崩後第二年。關於此節，有續高僧傳曇曜傳中一段紀載年月非常清楚：「先是太武皇帝太平眞君七年，司徒崔皓令帝崇重道士寇謙之，拜爲天師，珍敬老氏。虔劉釋種，焚毀寺塔。至庚寅年（太平眞君十一年），太武感癘疾，方始開悟。帝心旣悔，誅夷崔氏。至壬辰年（太平眞君十三年亦即安興元年）太武云崩，子文成立，卽起塔寺，搜訪經典。毀法七載，三寶還興，曜慨前陵廢，欣今重復……」由太平眞君七年毀法，到興安元年「起塔寺」「訪經典」的時候，正是前後七年，故有所謂「毀法七載，三寶還興」的話；那麼無疑的「復法之明年」卽是興安二年了。

所可疑的只是：（一）到底曇曜是否在「復法之明年」見了文成帝便去開窟；還是到了「和平初，師賢卒」他做了沙門統之後，才「白帝於京城西……開窟五所」？這裏前後就有八年的差別，因魏文成帝於興安二年後改號興光，一年後又改太安，太安共五年，才改號和平的。（二）釋老志文中「後帝奉以師禮，曜白帝於京城西……」這裏「後」字亦頗蹊蹺。到底這時候，距曇曜初見文成帝時候有多久？見文成帝之年固爲興安二年，他稟明要開窟之年（卽使不待他做了沙門統）也可在此後兩三年三四年之中，帝奉以師禮之後！

總而言之，我們所知道的只是曇曜於興安二年公元四五三入京見文成帝，到和平初年公元四六〇做了沙門統。至於武州塞五窟，到底是在這八年中的那一年興造的則不能斷定了。

釋老志關於開窟事，和興光元年鑄像事的中間又記載那一節太安初師子國（錫蘭）胡沙門難提等奉像到京都事。並且有很恭維難提摹寫佛容技術的話。這個令人頗疑心與石窟鐫像有相當瓜葛。即不武斷的說，難提與石窟巨像有直接關係，因難提造像之佳，「視之炳然」……，而猜測他所摹寫的一派佛容必然大大的影響當時佛像的容貌或是極合理的。雲岡諸刻雖多犍陀羅影響而西部五洞巨像的容貌衣褶卻帶極濃厚的中印度氣味的。

至於釋老志，『曇曜開窟五所』的窟或即是雲岡西部的五洞，此說由雲岡石窟的平面方面看起來我們覺得更可以置信。（一）因為它們的平面配置自成一統系，且自左至右五洞適相聯貫。（二）此五洞皆有本尊像及脇持面貌最富異國情調插圖四與他洞佛像大異。（三）洞內壁面列無數小龕小佛彫刻甚淺，沒有釋迦事蹟圖。塔與裝飾花紋亦甚少，和中部諸洞不同。（四）洞的平面由不規則的形體進為有規則之方形或長方形乃工作自然之進展與要求。因這五洞平面的不規則，故斷定其開鑿年代必最早。

支那佛教史蹟第二集評解中又謂中部第一洞為孝文帝紀念其父獻文帝所造，其時代僅次於西部五大洞。因爲此洞平面前部，雖有長方形之外室，後部仍爲不規則之形體，乃過渡時代最佳之例。這種說法，固甚動聽，但文獻上無佐證，實不能定讞。

中部第三洞，有太和十三年銘刻；第七洞窗東側有太和十九年銘刻，及洞內東壁曾由葉恭綽先生發現之太和七年銘刻。文中有『邑義信士女等五十四人……共相勸合爲國興福，敬造石廟形像九十五區及諸菩薩，願以此福……』等等。其他中部各洞全無考。但就佛容及等星彫刻作風而論，中部偏東諸洞，仍富於異國情調（插圖六）。偏西諸洞，雖洞內因石質風化過甚，形像多經後世修葺，原有精神完全失掉，而洞外崖壁上的刻像，石質較堅硬，刀法伶俐可覩佛貌，又每每微長，口角含笑，衣褶流暢精美，漸類龍門諸像。已是較晚期的作風無疑。和平初年到太和七年，已是二十三年，實在不能不算是一個相當的距離。且由第七洞更偏西去的諸洞，由形勢論，當是更晚的增闢，年代當又在太和七年後若干年了。

西部五大洞之外，西邊無數龕洞（多已在崖面成淺龕）以作風論，大體較後於中部偏東四洞，而又較古於中部偏西諸洞。但亦偶有例外，如西部第六洞的洞口東側，有太和十九年銘刻，與其東側小洞，有延昌年間的銘刻。

我們認爲最希奇的是東部未竣工的第三洞。此洞又名靈巖，傳爲曇曜的譯經樓，規模之大，爲雲岡各洞之最。雖未竣工，但可看出內部佛像之後，原計劃似預備鑿通，俾可繞行佛後的。

外部更在洞頂崖上鑿出獨立的塔一對插圖三十六塔後石壁上又有小洞一排，爲他洞所無。以事實論頗疑此洞因孝文帝南遷洛陽，在龍門另營石窟平城（卽大同）日就衰落故此洞工作半途中輟但確否尙須考證。以作風論關野常盤謂第三洞佛像在北魏與唐之間，疑爲隋煬帝紀念其父文帝所建。新海中川合著之雲岡石窟竟直稱爲初唐遺物。這兩說未免過於武斷。事實上隋唐皆都長安洛陽，決無於雲岡造大窟之理史上亦無此先例。且卽根據作風來察這東部大洞的三尊巨像的時代也頗有疑難之處。

我們前邊所稱早期異國情調的佛像面容爲肥圓的；其衣紋細薄，貼附於像身，（所謂濕褶紋者）佛體呆板殭硬，且權衡短促；與他像修長微笑的容貌，斜肩而長身，質實垂重的衣裾褶紋，相較起來顯然有大區別。現在這裏的三像，事實上雖可信其爲雲岡最晚的工程但像貌衣褶權衡，反與前者所謂異國神情者同出一轍，驟反後期風格。

不過在刀法方面觀察起來，這三像的各樣刻工又與前面兩派不同，獨成一格。這點在背光和頭飾的上面尤其顯著。

這三像的背光上火焰極其迴繞柔和之能事，與西部古勁挺强者大有差別；脇侍菩薩的頭飾則繁富精緻，（ornate）花紋更柔圓近於唐代氣味（論者定其爲初唐遺物，或卽爲此。）佛容上耳，鼻，手的外廓刻法，亦肥圓避免銳角，項頸上三紋堆疊，更類他處隋代彫像特徵。

這樣看來，這三像豈爲早期所具規模，至後（遷洛前）才去彫飾的，一種特殊情況下遺留的作品？不然豈太和以後某時期中雲岡造像之風暫歛，至孝文帝遷都以前，鐫建東部這大洞時，刻像的手法乃大變，一反中部風格，倒去摹倣西部五大洞巨像的神氣？再不然，卽是興造此洞時在佛像方面有指定的印度佛像作模型鐫刻。　關於這點，文獻上旣苦無材料幫同消解這種種啞謎。

東部未竣工的大洞興造年代，與佛像彫刻時期，倒底若何，怕仍成爲疑問，不是從前論斷者所見得的那麼簡單『洞未完竣而輟工』。近年偏西次洞又遭鑿毀一角，東部這三洞，災故又何多？

現在就平面及雕刻諸點論，我們可約略的說：西部五大洞建築年代最早，中部偏東諸大洞次之，西部偏西諸洞又次之。　中部偏西各洞及崖壁外大龕再次之。　東部在雕刻細工上則無疑的在最後。

離雲岡全部稍遠，有最偏東的兩塔洞，塔居洞中心，注重於建築形式方面，瓦簷斗栱及支柱，均極清晰顯明，佛像反模糊無甚特長，年代當與中部諸大洞前後相若；尤其是釋迦事蹟圖，宛似中部第二洞中所有。

就塔洞論，洞中央之塔柱彫大尊佛像者較早，彫樓閣者次之。　詳下文解釋。

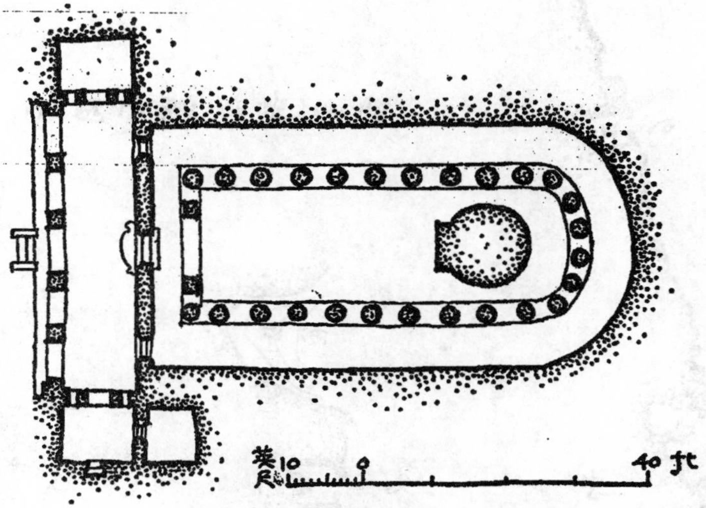

印度 Ajanta 第二十九支提窟平面

(Fergusson)

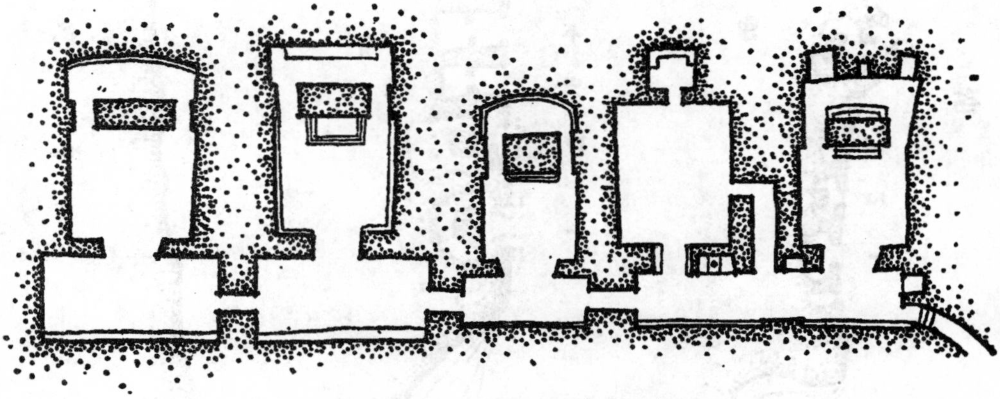

新疆 Kumtura 石窟平面

(Von Le Coq)

插圖五

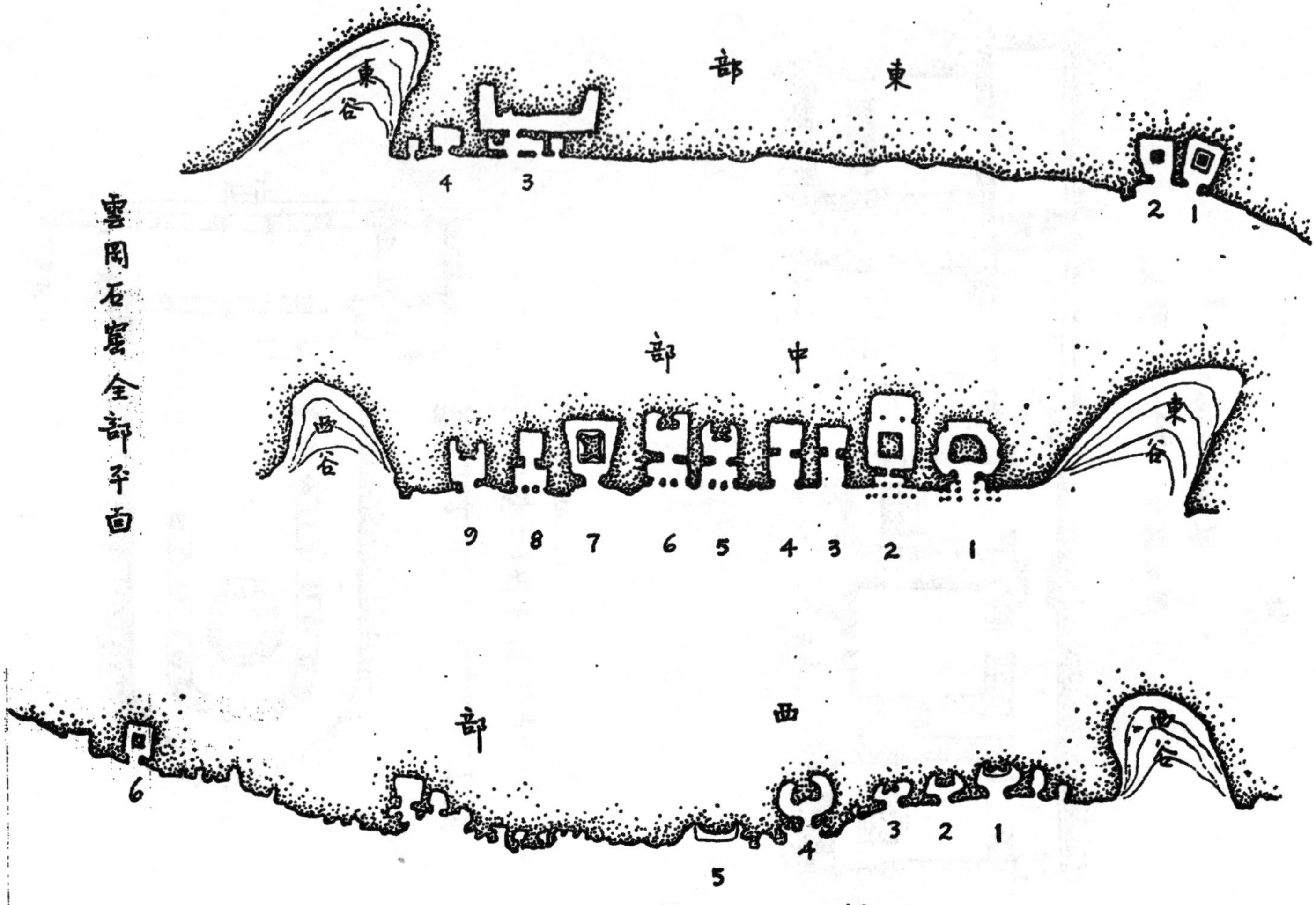

插圖六

三 石窟的源流問題

石窟的製作受佛教之啟迪毫無疑問，但印度 Ajanta 諸窟之平面 插圖五，比較複雜，且縱穴甚深，內有支提塔，有柱廊，非我國所有。據 von Le Coq 在新疆所調查者 插圖五，其平面以一室爲最普通，亦有二室者。室爲方形，較印度之窟簡單，但是諸窟的前面用走廊連貫，驟然看去多數的獨立的小窟團結一氣，頗覺複雜，這種佈置，似乎在中國窟與印度窟之間。

燉煌諸窟，伯希和書中沒有平面圖，不得知其詳。就像片推測，有二室聯結的。有塔柱，四面彫佛像的。室的平面，也是以方形和長方形居多。疑與新疆石窟是屬於一個系統，只因沒有走廊聯絡，故更爲簡單。

雲岡中部諸洞，大半都是前後兩間。室內以方形和長方形爲最普通。當然受燉煌及西域的影響較多，受印度的影響較少。所不可解者，曇曜最初所造的西部五大窟，何以獨作橢圓形，杏仁形 插圖六，其後中部諸洞，始與燉煌等處一致？豈此五洞出自曇曜及其工師獨創的意匠？抑或受了敦煌西域以外的影響？在全國石窟尚未經精密調查的今日，這個問題又只得懸起待考了。

四　石刻中所表現的建築形式

（一）塔

雲岡石窟所表現的塔分兩種；一種是塔柱，另一種便是壁面上浮彫的塔。

（甲）　塔柱是個立體實質的石柱，四面鏤着佛像，最初塔柱是模仿印度石窟中的支提塔，挿圖七，純然爲信仰之對象。這種塔柱立在中央，爲的是僧衆可以繞行柱的周圍禮讚供養。伯希和燉煌圖錄中認爲北涼建造的第一百十一洞，就有塔柱，每面皆琢佛像。雲岡東部第四洞，及中部第二洞，第七洞，也都是如此琢像在四面的，其受燉煌影響，當沒有疑問。所宜注意之點，則是由支提塔變成四面彫像的塔柱中間，或尙有其過渡形式，未經認識，恐怕仍有待於專家的追求。

稍晚的塔柱，中間佛像縮小，柱全體成小樓閣式的塔，每面鏤刻着欂柱，斗栱，當中刻門栱形，（有時每面三間或五間）浮彫佛像，卽坐在門栱裏面。雖然因爲連着洞頂，塔本身沒有頂部，但底下各層，實可作當時木塔極好的模型。

與雲岡石窟同時或更前的木構建築，我們固未得見，但魏書中有許多建立多層浮圖的記載，且洛陽伽藍記中所描寫的木塔，如熙平元年（公元五一六）胡太后所建之永寧寺九層浮圖，距雲岡開始造窟僅五十餘年，木塔營建之術，則已臻極高程度，可見半世紀前，三五層木塔，必已甚普通。於至木造樓閣的歷史根據，史料更無疑的已有相當年代；如後漢書陶謙傳說「笮融大起浮屠寺，上累金盤，下爲重樓。」而漢刻中重樓之外，陶質冥器中且有極類塔形的三層小閣，每上一層面闊且遞減（插圖八）。故我們可以相信雲岡塔柱或浮彫上的層塔，必定是本着當時的木塔而鐫刻的，决非臆造的形式。因此雲岡石刻塔，也就可以說是當時木塔的石仿模型了。

屬於這種的雲岡獨立塔柱，共有五處，平面皆方形（伽藍記中木塔亦謂「有四面」），列表如下：

東部第一洞	二層	每層一間	插圖九
東部第二洞	三層	每層三間	插圖十
中部東山谷中塔洞	五層？	每層？間	
西部第六洞	五層	每層五間	插圖十一
中部第二洞 中間四大佛像 四角四塔柱	九層	每層三間	插圖十二

上列五例，以西部第六洞的塔柱爲最大，保存最好。塔下原有台基，惜大部殘毀不能辨認。

上邊五層重疊的閣面闊與高度成遞減式，即上層面闊同高度比下層每次減少使外觀安穩雋秀。這個是中國木塔重要特徵之一，不意頻頻見於北魏石窟彫刻上，可見當時木塔主要形式已是如此，只是平面似尙限於方形。

日本奈良法隆寺，藉高麗東渡僧人監造，建於隋煬帝大業三年公元六〇七，間接傳中國六朝建築形制。雖較熙平元年永寧寺塔晚幾一世紀，但因遠在外境，形制上亦必守舊，不能如文化中區的迅速精進。法隆寺塔插圖十三共五層，平面亦是方形；建築方面已精美成熟，外表玲瓏開展。推想在中國本土，先此百餘年時，當已有相當可觀的木塔建築無疑。

至於建築主要各部，在塔柱上亦皆鐫刻完備，每層的閣所分各間，用八角柱區隔，中彫龕栱及像，（龕有圓栱，五邊栱兩種，間雜而用。）柱上部放坐斗，載額枋，額枋上不見平板枋。斗栱僅柱上用一斗三升，補間用『人字栱』檐椽祗一層，斷面作圓形，椽到閣的四隅，作斜列狀，有時簷角亦微微翹起。椽與上部的瓦隴間隔則上下一致。最上層因須支撑洞的天頂，所以並無似浮彫上所刻的刹柱相輪等等。除此之外，所表現各部，都是北魏木塔難得的參考物。

又東部第一洞，第二洞的塔柱，每層四隅皆有柱，現僅第二洞的尙存一部分。柱斷面爲方形，微去四角。舊時還有欄杆圍繞，可惜全已毀壞。第一洞廊上的天花作方格式，還可以辨識。

中部第二洞的四小塔柱，位於刻大像的塔柱上層四隅。平面亦方形。閣共九層，向上遞

34386

減至第六層。下六層四隅，有淩空支立的方柱。這四個塔柱因平面小故簷下比較簡單，無一斗三升的斗栱，人字栱及額枋。柱是直接支於簷下，上有大坐斗，如同多立克式柱頭（Doric order），更有意思的就是簷下每龕門栱上左右兩旁有伸出兩卷瓣的栱頭，與奈良法隆寺金堂

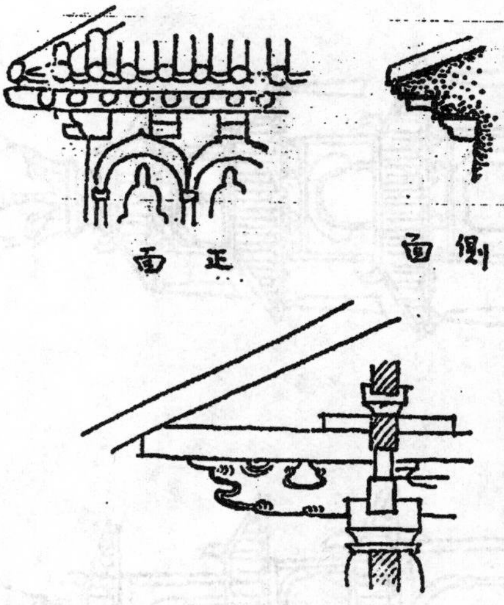

中部第二洞 塔柱簷下栱頭　奈良法隆寺 金堂雲肘木

插圖十四

上「雲肘木」即雲形栱或「玉蟲廚子柱上的「受肘木」極其相似，惟底下爲牆，且無柱，故亦無坐斗。插圖十四。

這幾個多層的北魏塔型，又有個共有的現象，值得注意的，便是底下一層簷部，直接托住上層的閣，中間沒有平坐。此點卽奈良法隆寺五層塔亦如是。閣前雖有勾闌，却非後來的平坐，因其並不伸出閣外，另用斗栱承托着。

（乙）浮彫的塔，偏見各洞，種類亦最多。除上層無相輪，僅刻忍冬草紋的，疑爲浮彫柱的一種外，（伊東因其上有忍冬草，稱此種作哥林特式柱 Corinthian order）其餘列表如下：

一層塔——（一）上方下圓，有相輪五重。插圖十五

見中部第二洞上層，及中部第九洞。

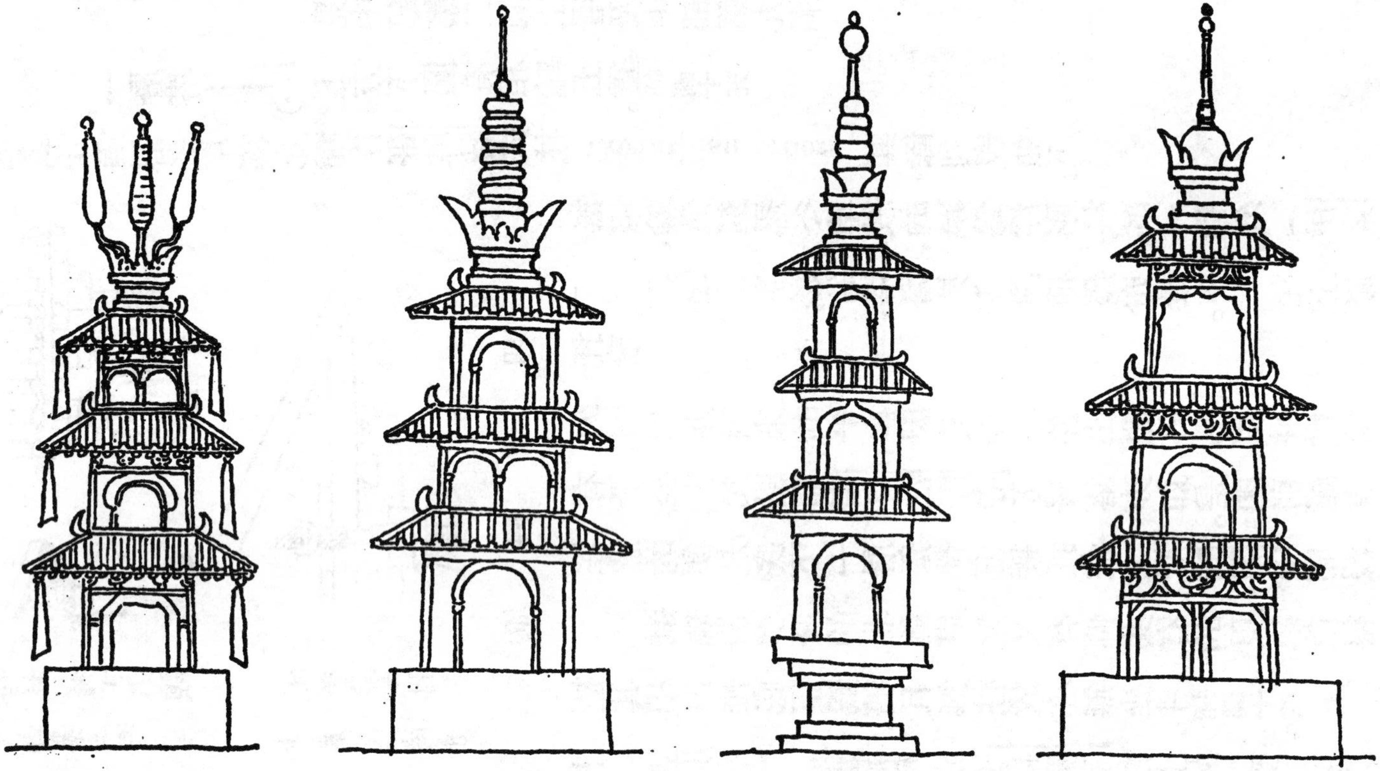

雲岡石窟浮彫三層塔四種

插圖十六

(二)方形，見中部第九洞。

三層塔——平面方形每層間數不同，挿圖十六。

(一)見中部第七洞，第一層一間，第二層二間，第三層一間，塔下有方座，脊有合角鴟尾，刹上具相輪五重及寶珠。

(二)見中部第八第九洞，每層均一間。

(三)見西部第六洞，第一層二間，第二三層各一間，每層脊有合角鴟尾。

(四)見西部第二洞，第一二層各一間，第三層二間。

五層塔——平面方形

(一)見東部第二洞，此塔有側脚。

(二)見中部第二洞有台基各層面闊，高度均向上遞減，挿圖十七。

(三)見中部第七洞。

七層塔——平面方形，挿圖十八。

見中部第七洞塔下有台座，無梟混及蓮瓣。 每層之角懸幡，刹上具相輪五層及寶珠。

以上(甲)(乙)兩種的塔，雖表現方法稍不同，但所表示的建築式樣，除圓頂塔一種外，全是

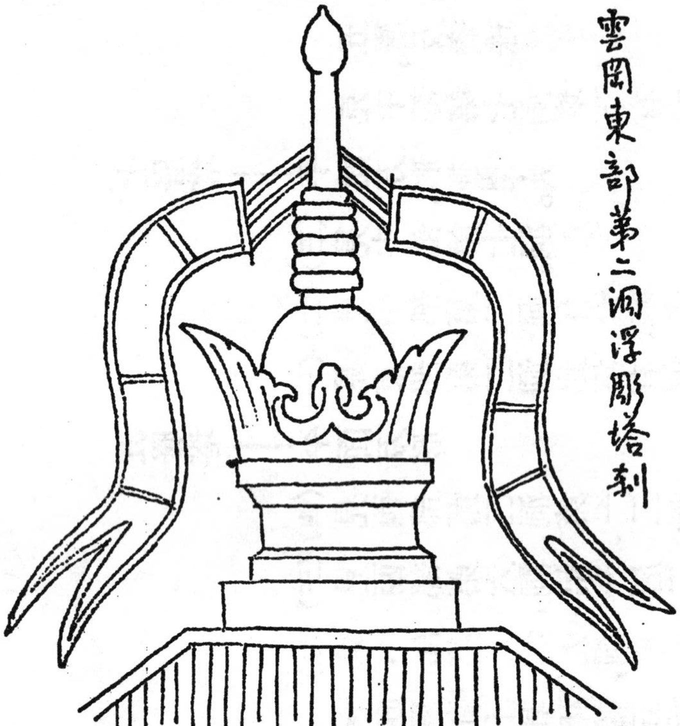

插圖十九

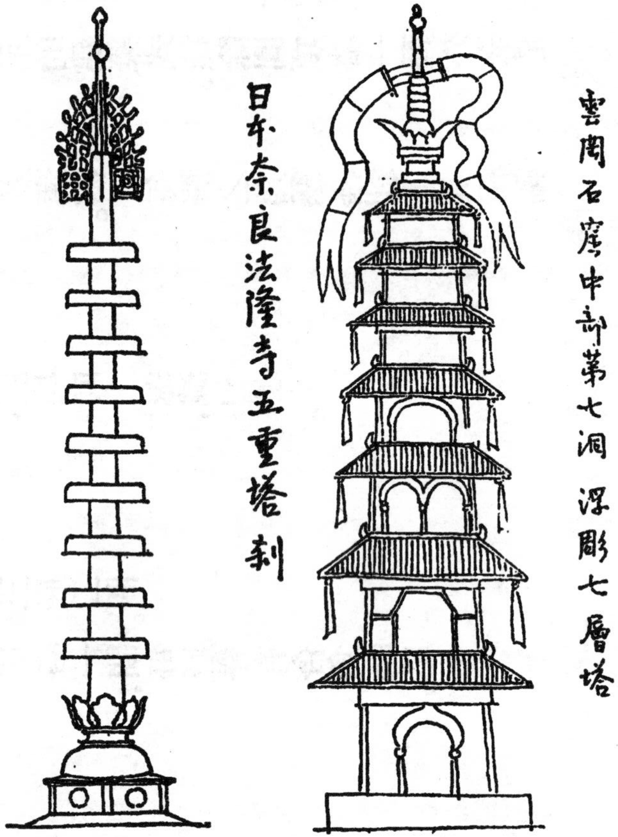

插圖十八

中國「樓閣式塔」建築的實例。現在可以綜合它們的特徵，列成以下各條。

(一)平面全限於方形一種，多邊形尚不見。

(二)塔的層數，只有東部第一洞有個偶數的，餘全是奇數，與後代同。

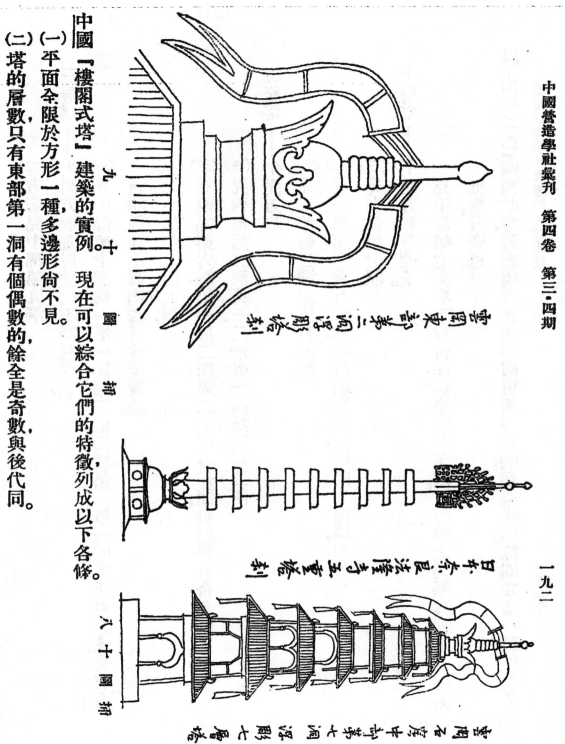

(三)各層面闊和高度向上遞減，亦與後代一致。

(四)塔下台基沒有曲線梟混和蓮瓣，頗像敦煌石窟的佛座，疑當時還沒有像宋代須彌座的繁縟彫飾。但是後代的梟混曲線，似乎由這種直線梟混演變出來的。

(五)塔的屋檐皆直檐（但浮彫中殿宇的前簷有數處已明顯的上翹）無裏角法，故亦無仔角梁老角梁之結構。

(六)椽子僅一層，但已有斜列的翼角椽子。

(七)東部第二窟之五層塔浮彫，柱上端向內傾斜，大概是後世側脚之開始。

(八)塔頂之形狀插圖十九東部第二洞浮彫五層塔，下有方座。其露盤極像日本奈良法隆寺五重塔，其上忍冬草彫飾，如日本的受花，再上有覆鉢，覆鉢上刹柱飾相輪五重，頂冠寶珠。可見法隆寺刹上諸物，俱傳自我國，分別只在法隆寺塔刹的覆鉢在受花下，雲岡的却居受花上。雲岡刹上沒有水煙，與日本的亦稍不同。相輪之外廓，上小下大，（東部第二洞浮彫）中段稍向外膨出。東部第一洞與中部第二洞之浮彫塔，一塔三刹，關野謂為「三寶」之表徵，其制為近世所沒有。總之根本全個刹，卽是一個窣堵波(stupa)。

(九)中國樓閣向上遞減，頂上加一個窣堵波，便為中國式的木塔。所以塔雖是佛教象徵意義最重的建築物，傳到中土，却中國化了，變成這中印合璧的規模，而在全個結構及外觀上，中國成分實又佔得多。如果後漢書陶謙傳所紀載的，不是虛僞，此種木塔在東漢末期，恐怕已經布下種子了？

（二） 殿宇

壁上浮彫殿宇共有兩種，一種是刻成殿宇正面模型；用每兩柱間的空隙，鐫刻較深佛龕而居像，插圖二十一二十二。另一種則是淺刻釋迦事蹟圖中所表現的建築物插圖二十。這兩種殿宇的規模，雖甚簡單，但建築部分，固頗清晰可觀，和浮彫諸塔同樣，有許多可供參考的價值，如同簷柱，額枋，斗栱，房基，欄杆，階級，等等。不過前一種既爲佛龕的外飾，有時竟不是十分忠實的建築模型；簷下瓦上，多增加非結構的花鳥，後者因在事蹟圖中，故只是單間的極簡單的建築物，所以兩種均不足代表當時的宮室全部的規矩。它們所供給的有價值的實證，故仍在幾個建築部分上。詳下文

（三） 洞口柱廊

洞口因石質風化太甚，殘破不堪，石刻建築結構，多已不能辨認。但中部諸洞有前後兩室者，前室多作柱廊，形式類希臘神廟前之茵安提斯（inantis）柱廊之佈置。廊作長方形，面闊

約倍於進深，前面門口加兩根獨立大支柱，分全面闊爲三間。這種佈置，亦見於山西天龍山石窟，惟在比例上，天龍山的廊較爲低小，形狀極近於木構的支柱及闌額。雲岡柱廊（最完整的見於中部第八洞，插圖二十三，四十四）柱身則高大無倫。廊內開敞，刻幾層主要佛龕。惜外面其餘建築部分均風化不稍留痕跡，無法攷其原狀。

五　石刻中所見建築部分

（一）柱

柱的平面雖說有八角形，方形兩種，但方形的，亦皆微去四角，而八角形的，亦非正八角形，只是所去四角稍多，「斜邊」幾乎等於「正邊」而已。

柱礎見於中部第八洞的，也作八角形，頗像宋式所謂櫍。柱身下大上小，但未有 entasis 及卷殺。柱面常有淺刻的花紋，或滿琢小佛龕。柱上皆有坐斗，斗下有皿板，與法隆寺同。

柱部分顯然得外國影響的，散見各處：如（一）中部第八洞入口的兩側有二大柱，柱下承以台座，略如希臘古典的 pedestal 疑是受健陀羅的影響。（二）中部第八洞柱廊內牆東南轉角

34393

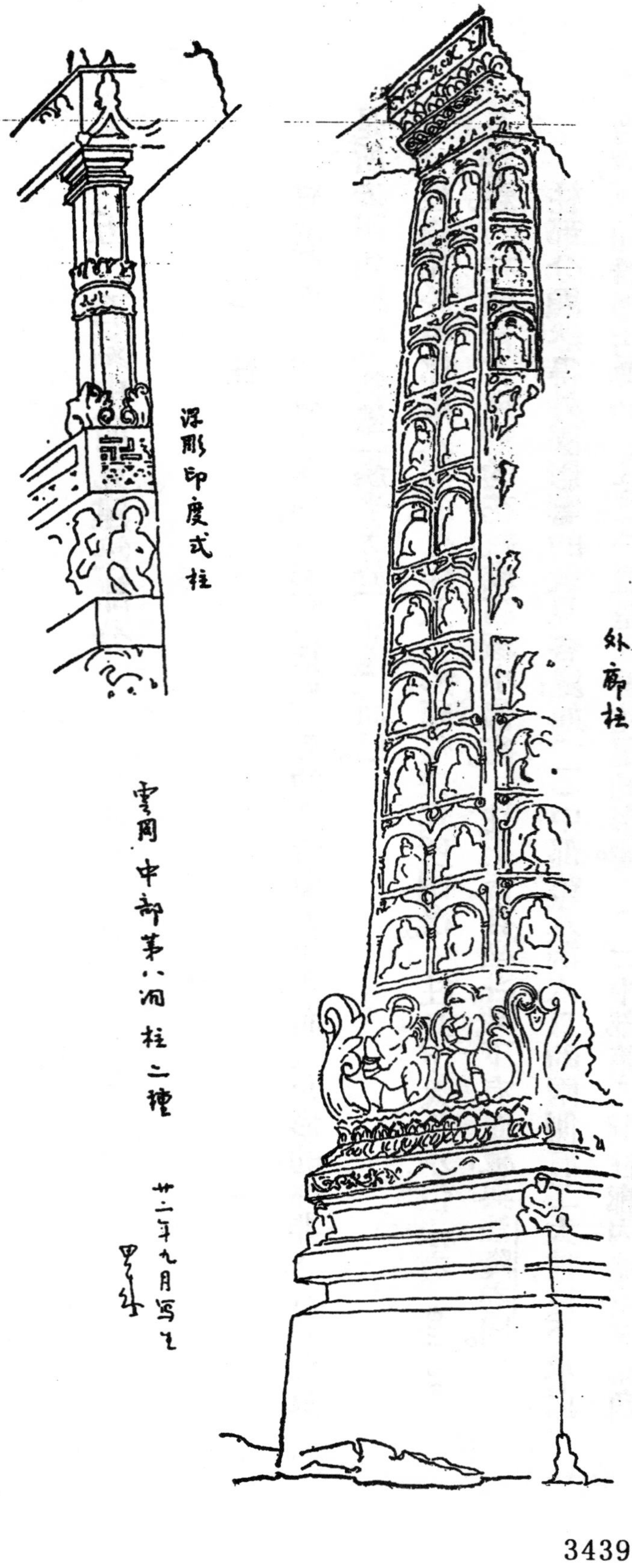

插圖二十三

處，有一八角短柱立於勾欄上面；插圖二十三；柱頭略像方形小須彌座，柱中段繞以蓮瓣形飾，柱脚下又有忍冬草葉由四角承托上來。這個柱的外形，極似印度式樣，雖然柱頭柱身及柱脚的彫飾，嚴格的全不本着印度花紋。（二）各種希臘柱頭；插圖二十四 中部第八洞有「愛奧尼亞」式

插圖二十五

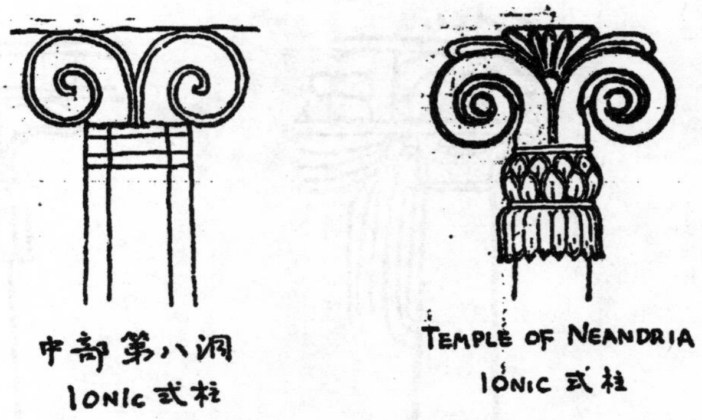

希臘古Ionic式柱頭

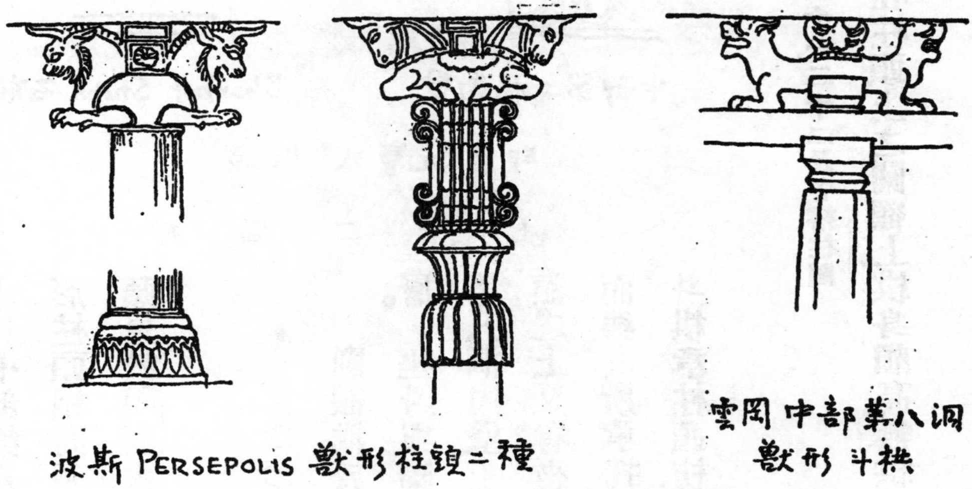

波斯式獸形柱頭

插圖二十六

柱頭（Ionic order）極似Temple of Neandria柱頭插圖二十五。散見於東部第一洞，中部三，四等洞的有哥林特式柱頭，但全極簡單，不能與希臘正規的 order 相比；且雲岡的柱頭乃忍冬草大葉，遠不如希臘 acanthus 葉的複雜。（四）東部第四洞有人形柱，但極粗糙，且大部已毀。（五）中部第二洞龕栱下有小短柱支托，則又完全作波斯形式，且中部第八洞壁面上，亦有獸形栱與波斯獸形柱頭相同插圖二十六。(六)中部某部浮彫柱頭，見於印度古石刻插圖二十七。

(二) 闌額

闌額載於坐斗內，沒有平板枋，額亦僅有一層。 坐斗與闌額中間有細長替木，見中部第五，第八洞內壁上浮彫的正面殿宇插圖二十一。闌額之上又有坐斗，但較闌額下，柱頭坐斗小很多，而與其所承托的斗栱上三個升子斗大小略同。斗栱承柱頭枋，枋則又直接承於椽子底下。

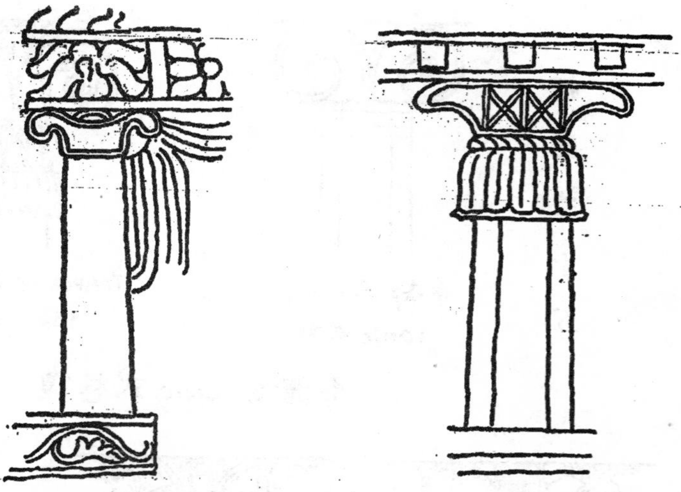

Bharhut Stupa 石刻　　中部第二洞南壁

印度"元寶式"柱頭

插圖二十七

(三) 斗栱 插圖二十一，二十二及各搭柱圖

柱頭鋪作一斗三升放在柱頭上之闌額上，栱身頗高，無栱瓣，與天龍山的例不同。 升有皿板。

補間，鋪作有人字形栱，有皿板，人字之斜邊作直線，或尚存古法。

中部第八洞壁面佛龕上的殿宇正面，其柱頭鋪作的斗栱，外形略似一斗三升，而實際乃刻兩獸背面屈膝狀，如波斯柱頭插圖二十六。

（四） 屋頂

一切屋頂全表現四注式，無歇山，硬山，挑山等。屋角或上翹，或不翹，無子角梁老角梁之表現。插圖二十一，二十二

椽子皆一層，間隔較瓦輪稍密，瓦皆筒瓦。屋脊的裝飾，正脊兩端用鴟尾，中央及角脊用鳳凰形裝飾，尚保留漢石刻中所示的式樣。正脊偶以三角形之火焰與鳳凰，間雜用之，其數不一，非如近代，僅於正脊中央放置寶瓶。見中部第五第六第八等洞。

（五） 門與栱

門皆方首。中部第五洞插圖二十八門上有斗栱檐椽，似模倣木造門罩的結構。

栱門多見於壁龕。計可分兩種：圓栱及五邊栱插圖二十九。圓栱的內週（introdus）多刻作龍形，兩龍頭在栱開始處。外週（extrodus）作寶珠形。栱面多彫趺坐的佛像。這種栱見

34397

於敦煌石窟及印度古石刻，其印度的來源甚爲明顯。所謂五邊栱者，卽方門抹去上兩角；這種栱也許是中國固有。我國古代未有發券方法以前有圭門圭竇之稱；依字義解釋，圭者尖首之謂，宜如⌂形，進一步在上面加一邊而成⬠，也是演繹程序中可能的事。在燉煌無這種栱龕，但壁畫中所畫中國式城門，却是這種形式，至少可以證明雲岡的五邊栱，不是從西域傳來的。後世宋代之城門，元之居庸關，都是用這種栱。雲岡的五邊栱栱面都分爲若干方格，格內多彫飛天；栱下或垂幔帳或懸瓔珞做佛像的邊框。間有少數佛龕不用栱門而用垂幛的插圖三十。

(六) 欄干及踏步

踏步祇見於中部第二洞佛蹟圖內殿宇之前插圖二十。大都一組置於堦基正中，未見兩組，三組之例。堦基上的欄干，刻作直欞，到踏步處並沿踏步兩側斜下。踏步欄干下端沒有抱鼓石，與南京棲霞山舍利塔雕刻符合。

中部第五洞有萬字欄干插圖二十四，與日本法隆寺勾欄一致。這種欄干是六朝唐宋間最普通的做法，圖畫見於燉煌壁畫中；在薊縣獨樂寺，應縣佛宮寺塔上則都有實物留存至今。

(七) 藻井

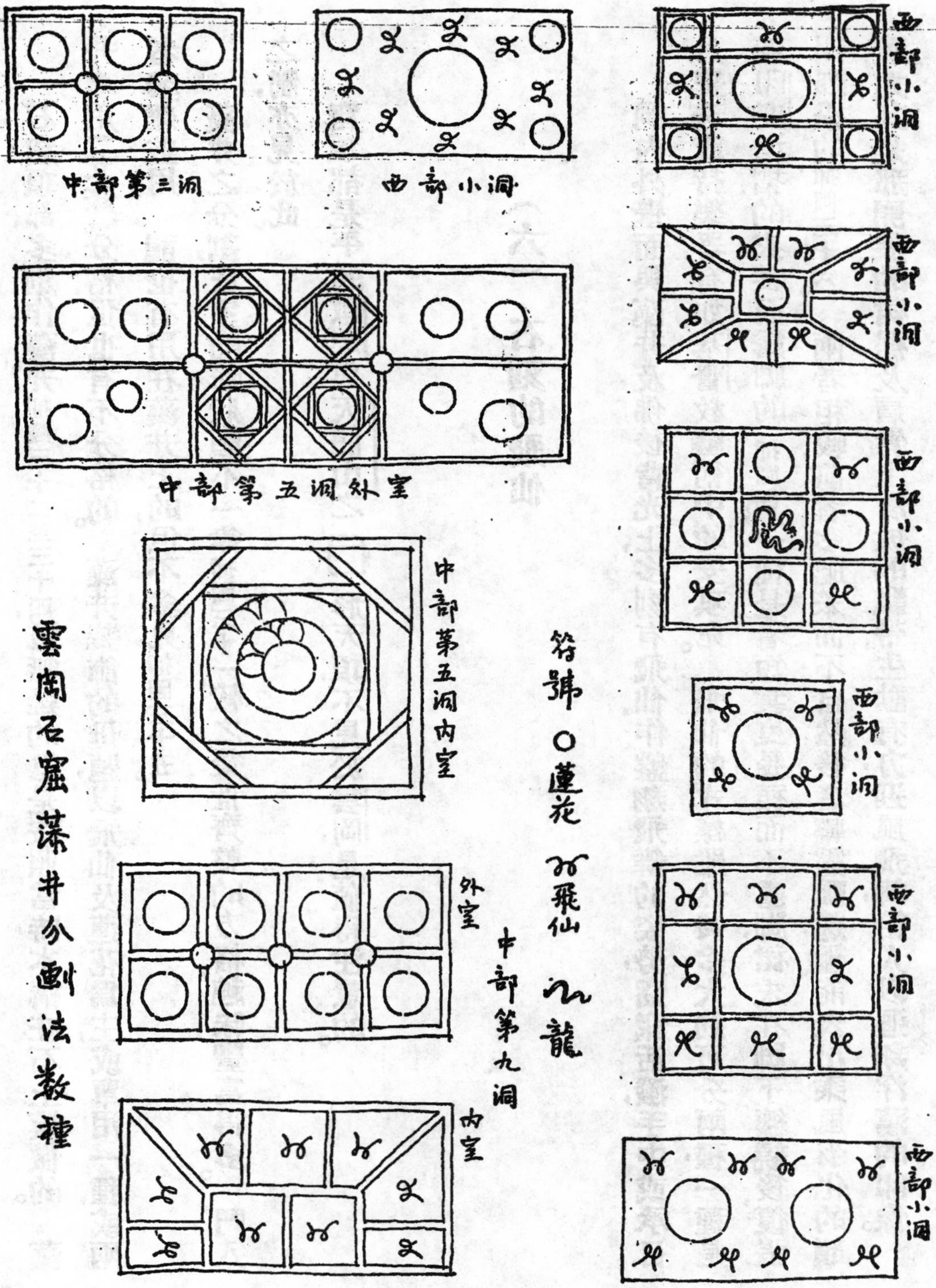
雲岡石窟藻井分劃法數種
中部第二洞
西部小洞
西部小洞
中部第五洞外室
西部小洞
中部第五洞內室
西部小洞
符號 ○蓮花 飛仙 龍
西部小洞
外室
中部第九洞
內室
西部小洞
西部小洞

插圖三十一

石窟頂部，多刻作藻井（插圖三十二至三十四）這無疑的也是按照當時木構在石上模倣的。藻井多用「支條」分格，但也有不分格的。藻井裝飾的母題，以飛仙及蓮花爲主，或單用一種，或兩者參雜並用。龍也有用在藻井上的，但不多見（插圖三十五）。

藻井之分劃，依室的形狀，頗不一律（插圖三十一）。較之後世齊整的方格，趣味豐富得多。門八之制，亦見於此。

窟頂都是平的，燉煌與天龍山之形天頂，不見於雲岡，是値得注意的。

（六）石刻的飛仙

洞內外壁面與藻井及佛後背光上，多刻有飛仙，作盤翔飛舞的姿勢，窈窕活潑，手中或承日月寶珠，或持樂器，有如基督教藝術中的安琪兒。飛仙的式樣雖然甚多，大約可分兩種，一種是着印度濕摺的衣裳，而露脚的（插圖四）；一種是着短裳曳長裙，而不露脚，裙末在脚下纏繞後，復張開飄揚的（插圖三十六）。兩者相較，前者多肥笨而不自然，後者輕靈飄逸，極能表出乘風羽化的韻致，尤其是那開展的裙裾及肩臂上所披的飄帶，生動有力，迎風飛舞，給人以迴翔浮蕩的印像。

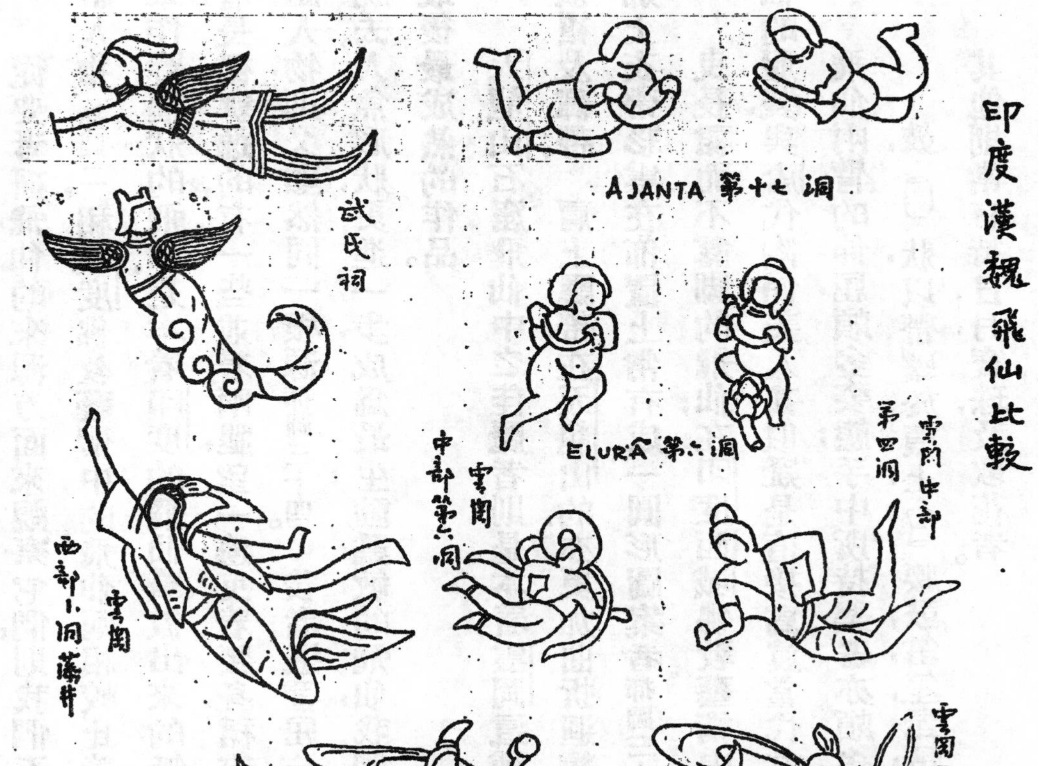
印度漢魏飛仙比較
AJANTA 第十七洞
武氏祠
ELURA 第六洞
雲岡中部第四洞
雲岡中部第六洞
雲岡西部小洞藻井
雲岡西部小洞栱西
雲岡西部小洞藻井
天龍山第三洞
龍門蓮花洞

插圖三十七

從要考研飛仙的來源方面來觀察它們則我們不能不先以漢代石刻中與飛仙相似的神話人物 插圖二，和印度佛教藝術中的飛仙兩相較比着看。 結果極明顯的看出雲岡的露脚肥笨作跳躍狀的飛仙是本着印度的飛仙摹倣出來的無疑，完全與印度飛仙同一趣味。 而那後者長裙飄逸的有一些並着兩腿望一邊曳着腰身裙末翹起頗似人魚與漢刻中魚尾托雲的神話人物，則又顯然同一根源 插圖三十四。 後者這種屈一膝作猛進姿勢的，加以更飄散的裙裾多脫去人魚形狀更進一步成爲最生動靈敏的飛仙，我們疑心它們在雲岡飛仙彫刻程序中必爲最後最成熟的作品。

天龍山石窟飛仙中之佳麗者，則是本着雲岡這種長裙飛舞的，但更增富其衣褶，如腰部的散褶及褲帶。 肩上飄帶在天龍山的，亦更加曲折迴繞，而飛翔姿勢亦愈柔和浪漫。 每個飛仙加上衣帶彩雲，在佈置上常有成一圓形圖案者 插圖三十七。

曳長裙而不露脚的飛仙，在印度西域佛教藝術中俱無其例，殆亦可注意之點。 且此種飛仙的服裝，與唐代陶俑美人甚似，疑是直接寫眞當代女人服裝。

飛仙兩臂的伸屈頗多姿態，手中所持樂器亦頗多種類，計所見有如下各件：

鼓  狀以帶繫於項上， 腰鼓，笛，笙，琵琶，箏，  (類外國harp)  但無鈸。

其他則常有持日月寶珠及散花者。

總之飛仙的容貌儀態亦如佛像，有帶濃重的異國色彩者，有後期表現中國神情美感者。前者身軀肥胖，權衡短促，服裝簡單，上身幾全袒露，下裳則作印度式短裙，纏結於兩腿間，粗陋醜俗。後者體態修長，風致嫻雅，短衣長裙，衣褶簡而有韻，肩帶長而迴繞，飄忽自如，的確能達到超塵的理想。

七　雲岡石刻中裝飾花紋及彩色

雲岡石刻中的裝飾花紋種類奇多，而十之八九，爲外國傳入的母題及表現，插圖三十八及三十九。其中所示種種飾紋，全爲希臘的來源，經波斯及健陀羅而輸入者，尤其是迴折的卷草，根本爲西方花樣之主幹，而不見於中國周漢各飾紋中。但自此以後，竟成爲中國花樣之最普通者，雖經若干變化，其主要左右分枝迴旋的原則，仍始終固定不改。

希臘所謂 acanthus 葉，本來頗複雜，雲岡所見則比較簡單；日人稱爲忍冬草，以後中國所有捲草，西番草，西番蓮者，則全本源於迴折的 acanthus 花紋。

圖中所示的『連環紋』，其原則是每一環自成一組，與他組交結處中間空隙，再塡入小花

雲岡中部諸窟彫飾紋樣數種

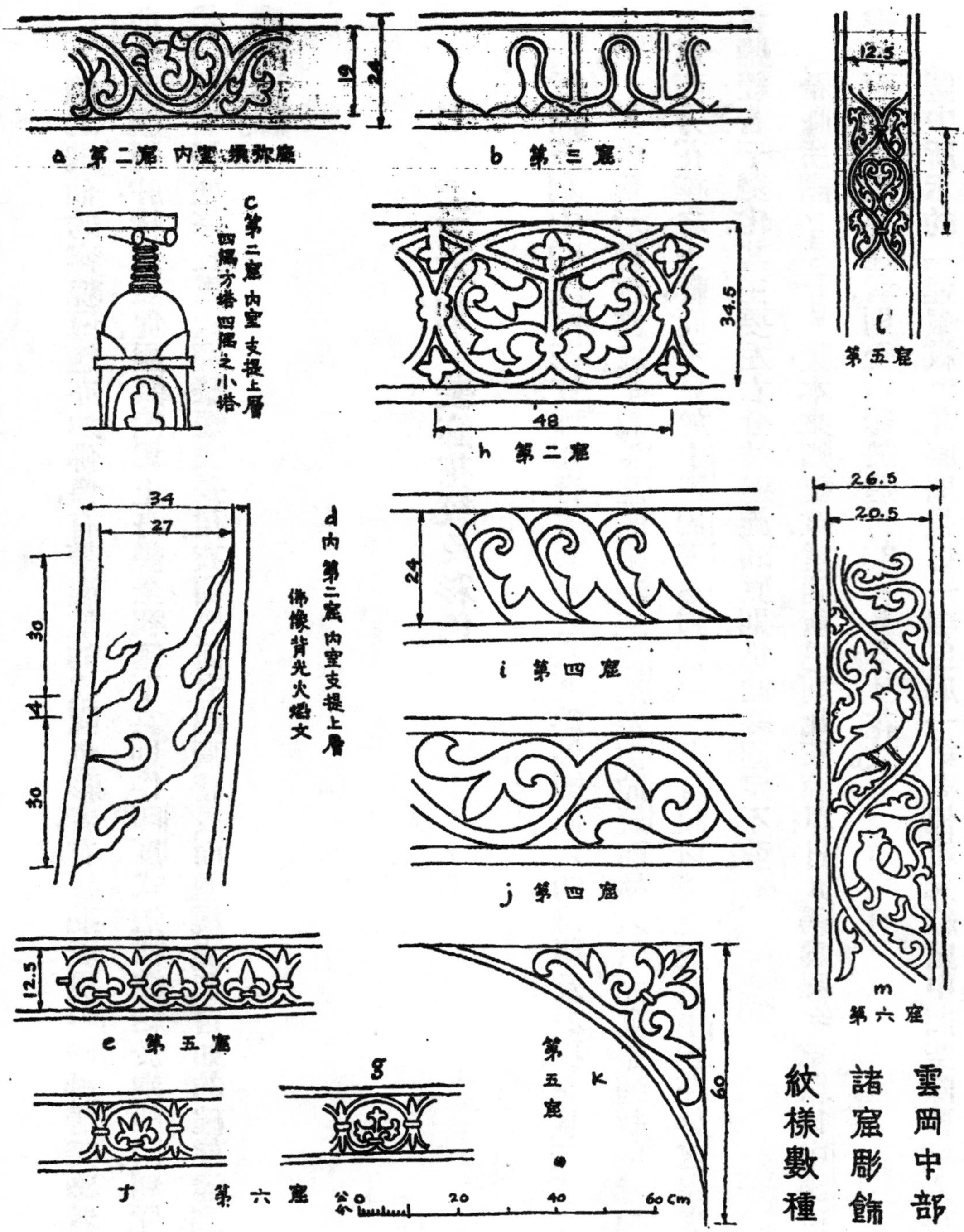

插圖三十八

雲岡各洞彫飾數種
鋸齒
鋸齒
瓔珞
垂幛
花繩
交蟠龍
花繩
繩紋
金翅鳥
鳳
中部第五洞萬字欄干
普通希臘式卍字文不見於雲岡
獸首
饕餮
火焰
鳳
興波斯柱頭恐不無關係
哥林特式柱頭？

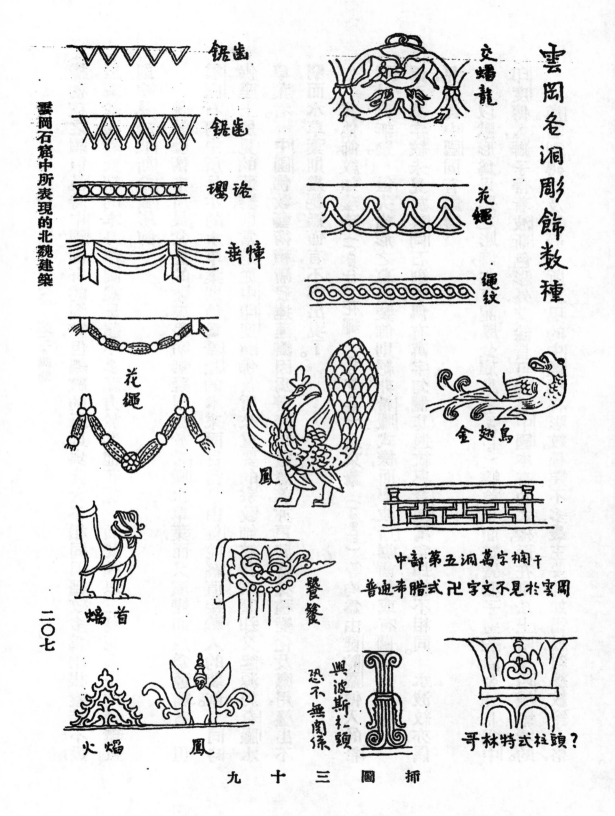

插圖三十九

樣；初望之頗似漢時中國固有的繩紋，但繩紋的原則，與此大不相同，因繩紋多爲兩根盤結不斷；以繩紋複雜交結的本身作圖案母題，不多藉力於其他花樣。而此種以三葉花爲主的連環紋，則多見於波斯希臘彫飾。

佛教藝術中所最常見的蓮瓣，最初無疑根源於希臘水草葉而又演變而成爲蓮瓣者。但雲岡石刻中所呈示的水草葉，則仍爲希臘的本來面目，當是由健陀羅直接輸入的裝飾。同時佛座上所見的蓮瓣，則當是從中印度隨佛教所來重要的宗教飾紋，其來歷却又起源於希臘水草葉者。中國佛教藝術積漸發達，蓮瓣因爲帶着象徵意義，亦更興盛，種種變化及應用，疊出不窮，而水草葉則幾絕無僅有，不再出現了。

其他飾紋如瓔珞（beads），花繩（garlands），及束葦（reeds）等均爲由健陀羅傳入的希臘裝飾無疑。但尖齒形之幕沿裝飾，則絕非希臘式樣，而與波斯鋸齒飾或有關係插圖三十九。眞正萬字紋未見於雲岡石刻中，偶有萬字勾欄，其迴紋與希臘萬字却絕不相同。水波紋亦偶見，當爲中國固有影響。

以獸形爲母題之彫飾，共有龍，鳳，金翅鳥（Garuda），螭首，正面饕餮，獅子，這些除金翅鳥爲中印度傳入，獅子帶着波斯色彩外，其餘皆可說是中國本有的式樣，而在刻法上略受西域影響的。

漢石刻磚紋及銅器上所表現的中國固有彫紋，種類不多，最主要的如雷紋，斜線紋，斜方格，斜方萬字紋，直線或曲線的水波紋，繩紋，鋸齒，乳箭頭葉，半圓弧紋等，此外則多倚賴以鳥獸人物爲母題的裝飾，如青龍，白虎，饕餮，鳳凰，朱雀，及枝柯交紐的樹，成例的人物車馬，及打獵時奔竄的犬鹿兎豕等等。

對漢代或更早的遺物有相當認識者，見到雲岡石刻的彫飾，實不能不驚詫北魏時期由外傳入嶄新花樣的數量及勢力！蓋在花紋方面，西域所傳入的式樣，實可謂喧賓奪主，從此成爲十數世紀以來中國彫飾的主要淵源。繼後唐宋及後代一切裝飾花紋，均無疑義的，無例外的，由此展進演化而成。

色彩方面最難討論，因石窟中所施彩畫，全是經過後世的重修，傖俗得很。外壁懸崖小洞，因其殘缺，大概停止修葺較早，所以現時所留色彩痕跡，當是較古的遺制，但恐怕絕不會是北魏原來面目。佛像多用朱，背光綠地；凸起花紋用紅，或青或綠。像身有無數小穴，或爲後代施色時用以釘佈布箔以塗丹青的。

八　窟前的附屬建築

論到石窟寺附屬殿宇部分，我們得先承認，無論今日的石窟寺木構部分所給與我們的印象爲若何，其佈置及結構的規模爲若何，欲因此而推斷千四百餘年前初建時的規制，及歷後逐漸增闢建造的程序，是個不可能的事。不過距開窟僅四五十年的文獻，如水經注裏邊的記載，應當算是我們考據的最可靠材料，不得不先依其文句細釋而檢討點事實來作參考。

水經注㶟水條裏雖無什麼詳細的描寫，但原文簡約清晰，亦非誇大之詞。「鑿石開山，因巖結構，眞容巨壯，世法所希。山堂水殿，烟寺相望。林淵錦鏡，綴目新眺。」關於雲岡巨構，僅這四句簡單的描述而已。這四句中，首次末三段，句句既是個眞實情形的簡說。至今除却河流乾涸，沙床已見外，這描寫仍與事實相符，可見其中第三句「山堂水殿，烟寺相望」，當也是卽景說事。不過這句意義，亦可作兩種解說。一個是：山和堂，水和殿，烟和寺，各各對望着，照此解釋，則無疑的有「堂」「殿」和「寺」的建築存在，且所給的印象是這些建築物與自然相照對峙，必有相當壯麗，在雲岡全景中佔據重要的位置的。

第二種解說則是疑心上段『山堂水殿』句爲含着詩意的比喻稱頌自然形勢的描寫。簡單說便是據山爲堂（已是事實）因水爲殿的比喻式描寫『山而堂水而殿』的意思因爲就形勢看山崖臨水前面地方頗近迫如果重視自然方面則此說倒也逼切寫眞但如此則建築部分已是全景毫末僅剩烱寺相望的『寺』而這寺倒底有多少是木造工程則又不可得而知了。

水經注裏這幾段文字所以給我們附屬木構殿宇的印象明顯的當然是在第三句上但嚴格說第一句裏的『因巖結構』却亦負有相當責任的。觀現今淸制的木構殿閣插圖四十一尤其是由側面看去實令人感到『因巖結構』描寫得恰當眞切之至。這『結構』兩字實有不止限於山巖方面而有注重於木造的意義蘊在裏面。

現在雲岡的石佛寺木建殿宇插圖四十一，二，三只限於中部第一第二第三三大洞前面山門及關帝廟右第二洞中線上。第一洞第三洞遂成全寺東西偏院的兩閣而各有其兩廂配殿。因巖之天然形勢東西兩閣的結構高度佈置均不同。第二洞洞前正殿高閣共四層內中留井周圍如廊沿梯上達於頂層可平視佛顏第一洞同之。第三洞則僅三層（洞中佛像亦較小許多）每層有樓廊通第二洞。但因二洞三洞南北位置之不相同使樓廊微作曲折頗增加趣味。此外則第一洞西有洞門通崖後洞上有小廊閣。第二洞後崖上有門尖亭閣在全寺的最高處。這些木建殿閣廂廡依附巖前左右關連前後引申成爲一組綠瓦巍峨點綴於斷崖林木間遙望頗壯麗，但此寺已是雲岡石崖一帶現在惟一的木構部分，且完全爲淸代結構，不見前朝痕迹。近來卽此淸制樓閣亦已開始殘破蓋斷崖前風雨侵凌固劇於平原各地木建損毀當亦較速。

關於淸以前各時期中雲岡木建部分到底若何在雍正朔平府志中紀載左雲縣雲岡堡石佛寺古蹟一段中有若干可注意的之點。

府志裏講『……規制甚宏寺原十所：一曰同升，二曰靈光，三曰鎭國，四曰護國，五曰崇福，六曰童子，七曰能仁，八曰華嚴，九曰天宮，十曰兜率。其中有元載所造石佛二十龕；石窰千孔，佛像萬尊。由隋唐歷宋元，樓閣層凌，樹木蓊鬱，儼然爲一方勝概。……』這裏的『寺原十所』的寺因爲明言數目當然不是指洞而講。『石佛二十龕』亦與現存諸洞數目相符。惟『元載所造』的『元』令人頗不解。雍正通志同樣句却又稍稍不同而曰『內有元時石佛二十龕。』這兩處恐皆爲『元魏時』所誤。這十寺既不是以洞爲單位計算的則疑是以其他木構殿宇爲單位而命名者。且『樓閣層凌，樹木蓊鬱』當時木構不止現今所餘三座，亦恰如當日樹木蓊鬱，與今之禿樹枯幹荒凉景象相形之下不能同日而語了。

所謂『由隋唐歷宋元』之說，當然只是極普通的述其歷代相沿下來的意思。以地理論，大同朔平不屬於宋而是遼金地盤；但在時間上固無分別。且在雍正修府志時，遼金建築本可仍然存在的。大同一城之內，遼金木建，至今尚存七八座之多。佛敎盛時，如雲岡這樣重要的宗教中心，亦必有多少建設。所以府志中所寫的「樓閣層凌」或許還是遼金前後的遺建，至少我們由這府志裏只知道「其山最高處曰雲岡，岡上建飛閣三重，閣前有世祖章皇帝（順治）御書「西來第一山五字」及康熙三十五年西征回鑾幸寺賜扁額，而未知其他建造工程。而現今所存之殿閣，則又爲乾嘉以後的建築。

在實物方面可作參考的材料的，有如下各點：

一，龍門石窟崖前並無木建廟宇。

二，天龍山有一部分有清代木建，另有一部則有石刻門洞，楣額，支柱，極爲整齊。

三，燉煌石窟前面多有木廊插圖四十四，見於伯希和燉煌圖錄中。前年關於第一百三十洞前廊的年代問題插圖四十五，有伯希和先生與思成通信討論，登載本刊三卷四期，證明其建造年代爲宋太平興國五年的實物。第一百二十窟A的年代是宋開寶九年，較第一百三十洞又早四年。

四，雲岡西部諸大洞，石質部分已天然剝削過半，地下沙石填高至佛膝或佛腰，洞前佈置，石刻或木建，蓋早已湮沒不可考。

五，雲岡中部第五至第九洞，尚留石刻門洞及支柱的遺痕插圖四十五，約略可辨當時整齊的佈置。這幾洞豈是與天龍山石刻門洞同一方法，不藉力於木造的規制的。

六，雲岡東部第三洞及中部第四洞崖面石上，均見排列的若干栓眼，即鑿刻的小方孔（插圖四十六），殆爲安置木建上的椽子的位置。察其均整排列及每層距離，當推斷其爲與木構有關係的證據之一。

七，因雲岡懸崖的形勢，崖上高原與崖下河流的關係，原上的雨水沿崖而下，佛龕壁面不免頻頻被水冲毁。崖石崩壞堆積崖下，日久填高，底下原積的殘碑斷片，反倒受上面沙積的保護，或許有若干仍完整的安眠在地下，甘心作埋沒英雄，這理至顯，不料我們竟意外的得到一點對於這信心的實證。在我們遊覽雲岡時，正遇中部石佛寺旁邊，與建雲岡別墅之盛舉，大動土木之後，建築地上，放著初出土的一對石質柱礎（插圖四十七），式樣奇古，刻法質樸，絕非近代物。不過孤證難成立，雲岡巖前建築問題，惟有等候於將來有程序的科學發掘了。

九　結論

總觀以上各項的觀察所及，雲岡石刻上所表現的建築，佛像，飛仙，及裝飾花紋，給我們以下的結論。

雲岡石窟所表現的建築式樣，大部爲中國固有的方式，並未受外來多少影響，不但如此，且使外來物同化於中國，塔卽其例。印度窣堵波方式，本大異於中國本來所有的建築，及來到中國，當時僅在樓閣頂上，佔一象徵及裝飾的部分，成爲塔刹。至於希臘古典柱頭如 gonid order 等，雖然偶見，其實只成裝飾上偶然變化的點綴，並無影響可說。惟有印度的圓栱（外週作寶珠形的）還比較的重要，但亦止是建築部分的形式而已。如中部第八洞門廊大柱底下的高 pedestal 插圖二十三，本亦是西歐古典建築的特徵之一，既已傳入中土，本可發達傳佈，影響及於中國柱礎，孰知事實並不如是，隋唐以及後代柱礎，均保守石質覆盆等扁圓形式，雖然偶有稍高的筒形，如插圖四十七，亦未見多用於後世。後來中國的種種基座，則恐全是由台基及須彌座演化出來的，與此種 pedestal 並無多少關係。

在結構原則上，雲岡石刻中的中國建築，確是明顯表示其應用構架原則的。構架上主要部分，如支柱，闌額，斗栱，椽，瓦，簷，脊，等，一一均應用，如後代；其形式且均爲後代同樣部分的初型無疑。所以可以證明，在結構根本原則及形式上，中國建築二千年來保持其獨立性，不曾被外來影響所動搖。所謂受印度希臘影響者，實僅限於裝飾彫刻兩方面的。

佛像彫刻，本不是本篇注意所在，故亦不曾詳細作比較研究而討論之。但可就其最淺見的趣味派別，及刀法略爲提到。 佛像的容貌衣褶，在雲岡一區中，有三種最明顯的派別。

第一種是帶着濃重的中印度色彩的；比較呆板殭定，刻法呈示在摹仿方面的努力。 佳者雖勇毅有勁，但缺乏任何韻趣；弱者則頗多傖醜。 引人興趣者單是其古遠的年代，而不是美術的本身。

第二種佛容修長，衣褶質實而流暢。 弱者質樸莊嚴；佳者含笑超塵，美有餘韻，氣魄純厚，精神栩栩，感人以超人的定，超神的動，藝術之最高成績，薈萃於一痕一紋之間，任何刀削彫琢，平暢流麗，全不帶烟火氣。 這種創造，純爲漢族本其固有美感趣味，在宗教藝術方面的發展。 其精神與漢刻密切關連，與中印度佛像反疏隔不同旨趣。

飛仙彫刻亦如佛像，有上面所述兩大派別，一爲摹倣，以印度像爲模型；一爲創造，綜合摹仿所得經驗，與漢族固有趣味及審美傾向，作新的嘗試。

這兩種時期距離並不甚遠，可見漢族藝術家並未奴隸於摹仿，而印度健陀羅刻像彫紋的影響，只作了漢族藝術家發揮天才的引火綫。

雲岡佛像還有一種，祇是東部第三洞三巨像一例。 這種佛像彫刻，藝術在精神方面乃大大退步，在技藝方面則加增諳熟，繁巧，講求柔和的曲線，圓滑的表面。 這傾向是時代的，還是主刻者個人的，却難斷定了。

裝飾花紋在雲岡所見中外雜陳，但是外來者，數量超過原有者甚多。觀察後代中國所熟見的裝飾花紋則此種外來的影響勢力範圍極廣。殷周秦漢金石上的花紋，始終不能與之抗衡。

雲岡石窟乃西域印度佛教藝術大規模侵入中國的實證。但觀其結果，在建築上並未動搖中國基本結構。在彫刻上只强烈的觸動了中國彫刻藝術的新創造，——其精神，氣魄，格調，根本保持着中國固有的。而最後却在裝飾花紋上輸給中國以大量的新題材，新變化，新刻法，散佈流傳直至今日，的確是個值得注意的現象。

註一　伊東忠太：北淸建築調查報告，見建築雜誌第一八九號。　伊東忠太：支那建築史。

註二　陳垣：山西大同武州山石窟寺記。

註三　Edouard Chavannes: Mission archeologique dans la Chine Septentrionale.

註四　小野玄妙：極東之三大藝術。

插圖一 雲岡造像

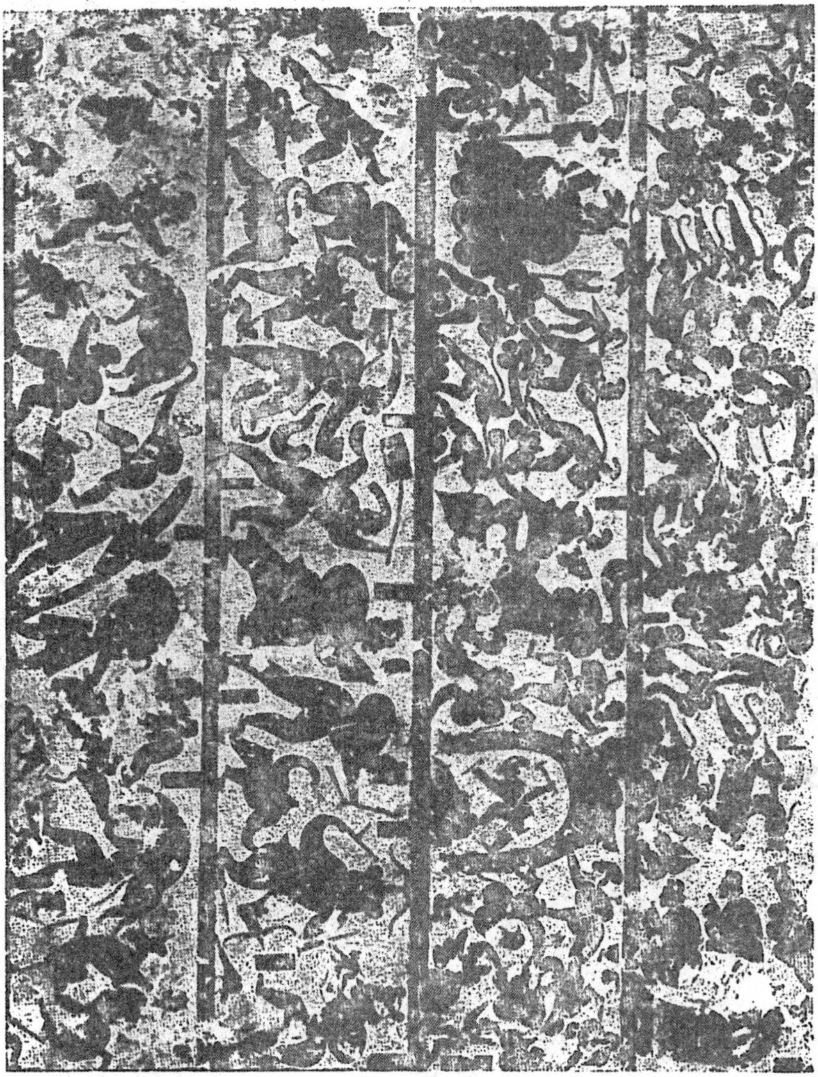

插圖二 武梁祠漢代畫像

插圖三　龍門造像

插圖四　雲岡中部第四洞門拱西側像

插圖七 Karlê 支提塔

34422

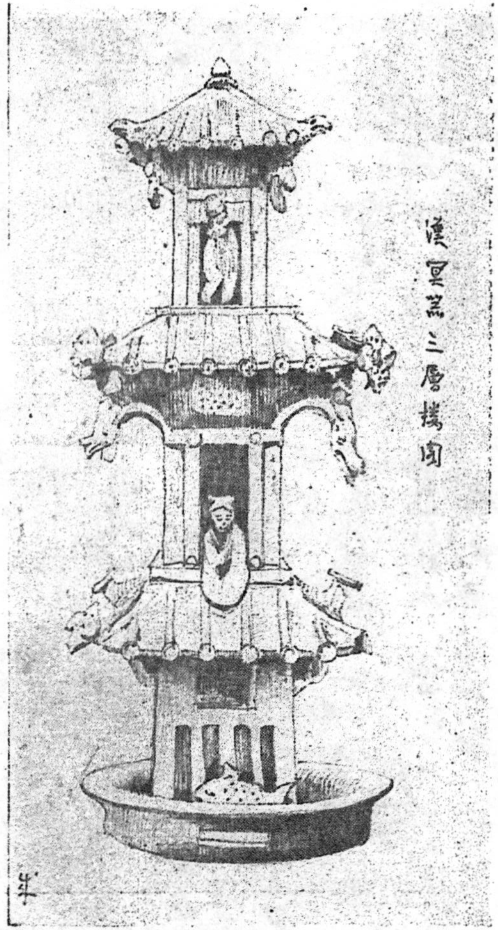

插圖八　漢冥器三層樓閣

插圖九　雲岡東部第一洞二層塔柱

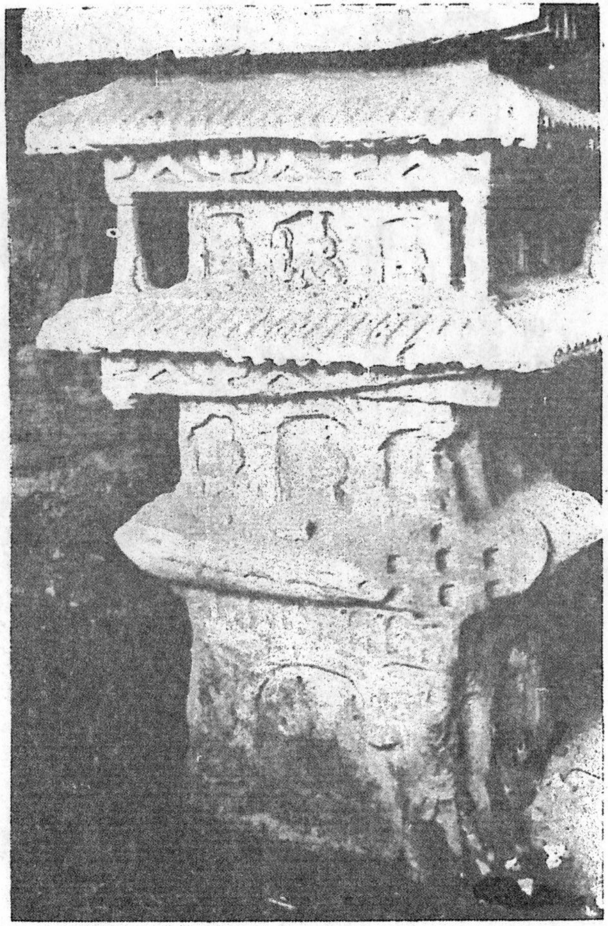

插圖十　東部第二洞三層塔柱

插圖十一　西部第六洞五層塔柱

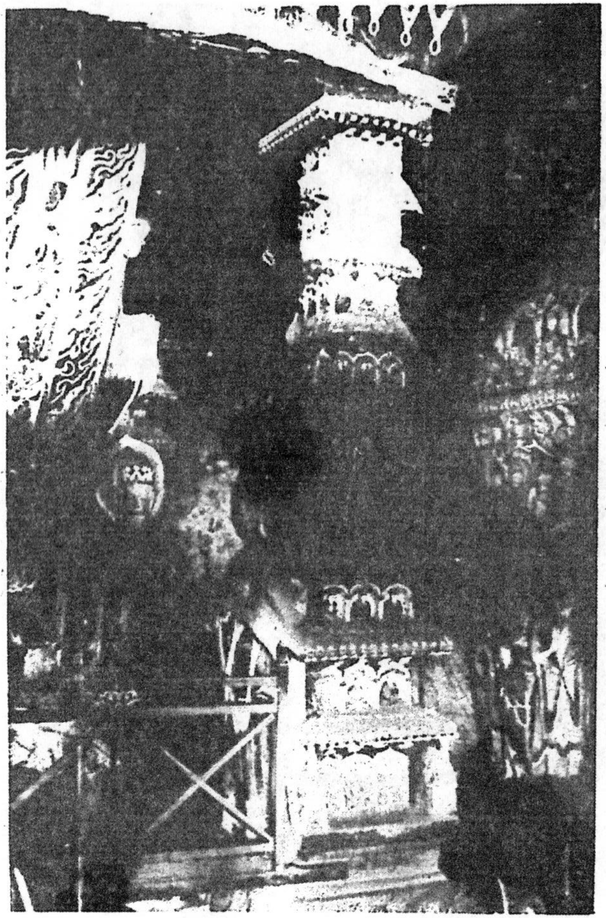

插圖十二　中部第二洞九層塔柱

插圖十三　日本奈良法隆寺五重塔

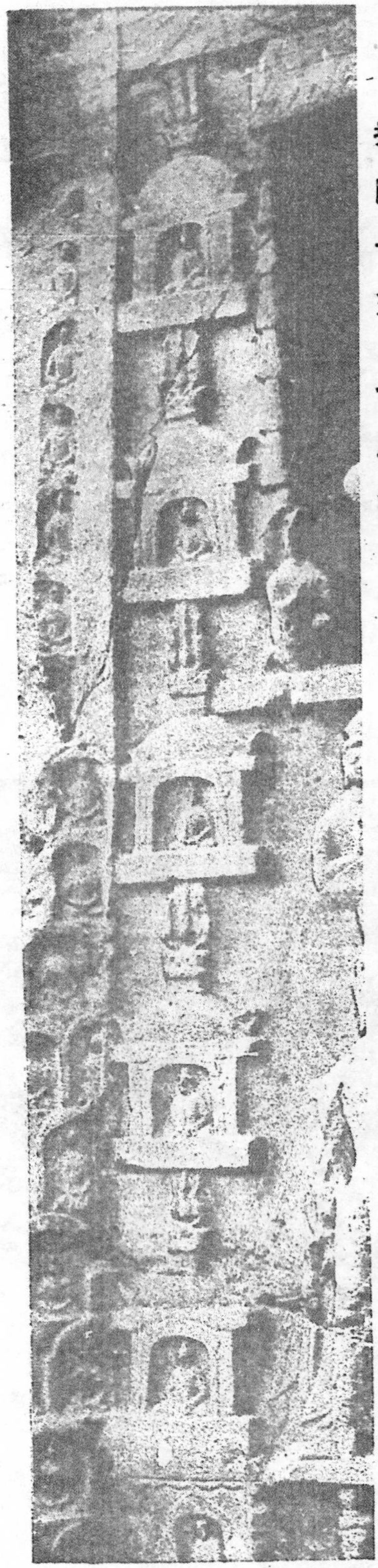

插圖十五一層塔

插圖十七a　中部第一洞浮彫五層塔

插圖十七b　中部第二洞浮彫五層塔

插圖二十　中部第二洞佛蹟圖

插圖二十一　中部第八洞東壁浮彫佛殿

插圖二十二　中部第八洞西壁浮彫佛像

插圖二十八 中部第五洞內門

插圖二十四 中部第八洞愛奧尼亞及哥林斯式柱並萬字欄干

34430

插圖二十九　栱龕及三層塔

插圖三十　垂幃龕

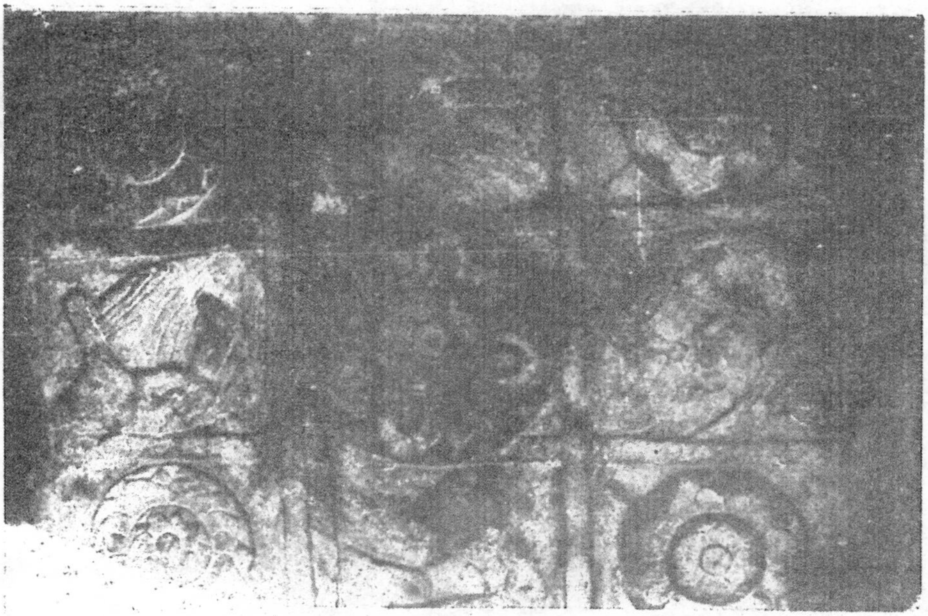

插圖三十二　西部某小洞藻井（其一）

插圖三十三　西部某小洞藻井（其二）

插圖三十四　西部某小洞藻井（其三）

插圖三十五　中部第八洞龍文藻井

插圖三十六 拱面飛仙

插圖四十 西部第五洞大佛背光裝飾

34434

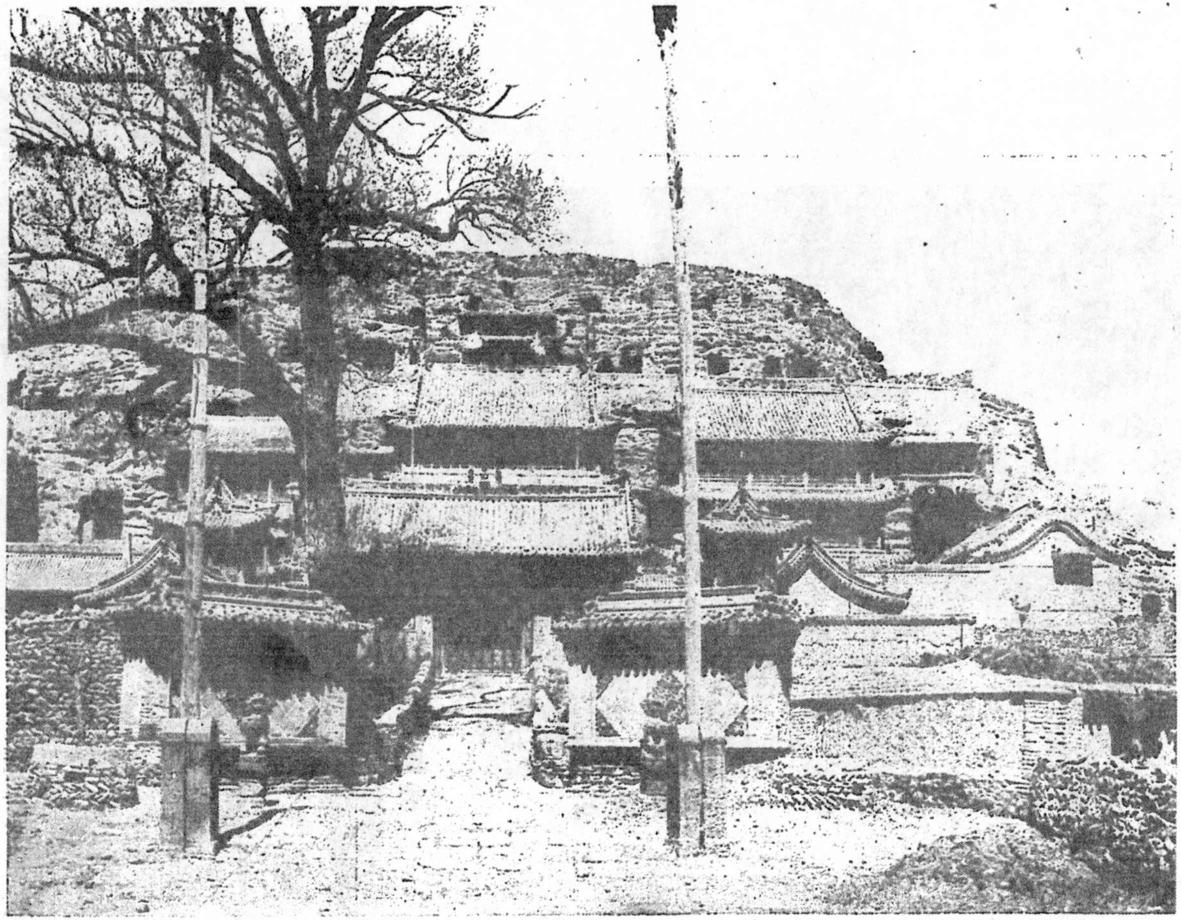

插圖四十一　中部第一第二第三各洞外部木構正面

插圖四十二　中部第二洞外部木構側面

插圖四十三　中部第三洞外部木構

插圖四十四　燉煌石窟外部木構

插圖四十五　中部第八洞外柱

插圖四十六　東部第三洞崖上椽孔

插圖四十七　雲岡別墅建築時出土蓮瓣柱礎

哲匠錄目錄續

第二 疊山

王　松

哲匠錄（續）

紫江朱桂辛啟鈐輯本
新會梁述任啟雄校補

第二 疊山

漢

劉武

劉武，漢孝文帝次子也；以孝文十二年立爲梁王。性喜營建苑囿宮室。嘗築東苑方三百餘里於睢陽，（今河南商邱縣）名曰「兎園」。園中有百靈山，山有膚寸石，落猿巖，棲龍岫；山下有雁池，池間有鶴洲，鳧渚；又有曜華宮，與諸宮觀相連，延亘數十里，奇果異樹，瑰禽怪獸畢備。

史記卷五十八梁孝王世家　梁孝王武者孝文皇帝子也而與孝景帝同母母竇太后也孝文帝凡四男長子曰太子是爲孝景帝次子武次子參次子勝孝文帝即位二年以武爲代王以參爲太原王以勝爲梁王二歲徙代王爲淮陽王以代盡與太原王號曰代王參立廿七年孝文後二年卒謚爲孝王……孝王築東苑方三百餘里廣睢陽城七十里大治宮室爲複道自宮連屬於平臺三十餘里

漢書卷四十七文三王傳　孝王築東苑方三百餘里廣睢陽城七十里大治宮室爲複道自宮連屬於平臺三十餘里

西京雜記卷二　梁孝王好營宮室苑囿之樂作曜華之宮築兎園園中有百靈山山有膚寸石落猿巖棲雲岫又有雁池

池間有鶴州鳧渚其諸宮觀相連延亘數十里奇果異樹瑰禽怪獸畢備王日與宮人賓客弋釣其中

三輔黃圖卷三曜華宮　梁孝王好營宮室苑囿之樂作曜華宮築兎園園中有百靈山有膚寸石落猿巖棲龍岫又有雁池池間有鶴州鳧渚其諸宮觀相連延亘數十里奇果異樹珍禽怪獸畢有王日與宮人賓客弋釣其中

元和郡縣圖志卷七　漢梁孝王大治宮室爲複道自宮連屬于平臺三十餘里與鄒枚相如之徒並游其上

史記索隱　平臺又名脩竹苑

太平御覽百五十九引史記　梁孝王築東苑三百里是曰兎園

案：今本史記無「是曰兎園」四字

康熙商邱縣志卷三古蹟　梁園在城東一作梁苑或云即兎園或云梁孝王築東苑方三百里大治宮室爲複道自宮連屬於平臺三十餘里西京雜記曰兎園中有百靈山落猿巖棲龍岫望秦嶺又有雁池池間有鶴洲鳧渚諸勝

袁廣漢

袁廣漢，漢茂陵富民，於北邙山下築園，東西四里，南北五里；激流水注其中，構石爲山，高十餘丈。

三輔黃圖卷四苑囿　茂陵富民袁廣漢藏鏹巨萬家僮八九百人於北邙山下築園東西四里南北五里激流水注其中構石爲山高十餘丈連延數里養白鸚鵡紫鴛鴦犛牛青兕奇獸珍禽委積其間積沙爲洲嶼激水爲波濤致江鷗海鶴孕雛產鷇延漫林池奇樹異草靡不培植屋皆徘徊連屬重閣修廊行之移晷不能徧也

西京雜記卷三　茂陵富民袁廣漢於北邙山下築園東西四里南北五里激流水注於中構石爲山高十餘丈連延數里

案：西京雜記雖託名漢劉歆所撰晉葛洪所錄，實出於梁吳均之手；然所載漢代故事必皆出於漢故老傳聞，非均所能憑空僞造。茲姑引以爲據。

三國—魏

曹丕

魏文帝曹丕，性喜營宮室苑囿，雕飾觀閣。黃初元年取白石英紫石英五色大石，於太行穀城之山，構疊景陽山於芳林園中，樹以松竹，實以禽獸。二年構築陵雲臺。於時百役繁興，丕每躬自掘土，故羣臣莫不參與其役。

三國志魏志卷二文帝　文皇帝諱丕字子桓武帝太子也中平四年冬生於譙……黃初二年築陵雲臺

晉孫盛魏春秋　黃初元年文帝愈崇宮殿雕飾觀閣取白石英及紫石英五色大石於太行穀城之山起景陽山於芳林園樹松竹草木捕禽獸以充其中於時百役繁興帝躬自掘土率羣臣三公以下莫不展力

晉

石虎

石虎，字季龍，晉五胡後趙主勒之從子也。迅捷凶暴，所向無敵。勒死，虎廢其子弘，自立為大趙天王。嘗起太武殿於鄴，造東西宮，皆漆瓦金鐺，銀楹金柱，珠簾玉壁，窮極技巧。又使尙書張羣發近郡男女十六萬人，車萬乘，運土築華林苑，周圍十里。苑中有千金隄，上有兩銅龍，相向引漳水出龍口，以注天泉池。

晉書卷一百六後趙載記石季龍上　石季龍勒之從子也名犯太祖廟諱故稱字焉……咸康元年季龍廢勒子弘羣臣

34443

巳下勸其稱尊號季龍下書曰王室多難海陽自棄四海業重故俛從推逼朕聞道合乾坤者稱皇德協人神者稱帝皇帝之號非所敢聞且可稱居攝趙天王以副天人之望於是赦其境內改年曰建武……起太武殿於鄴造東西宮至是皆就太武殿基高二丈八尺以文石綷之下穿伏室置衛士五百人於其中東西七十五步南北六十五步皆漆瓦金鐺銀楹金柱珠簾玉壁窮極伎巧又起靈風臺九殿於顯陽殿後

晉陸翽鄴中記(四庫本) 石虎以五月發五百里內民萬人築華林苑垣在宮西周環數十里羣臣或諫虎不從 華林苑在鄴城東二里石虎使尚書張羣發近郡男女十六萬人車萬乘運土築華林苑周迴數十里又築長牆數十里張羣以燭夜作起三觀四門又鑿北城引漳水於華林園虎於園中種衆果民間有名果虎作蝦蟇車箱闊一丈深一丈四搴掘根面去一丈(按說郛引此條句下有深一丈三字)合土載之植之無不生 華林園中千金隄上作兩銅龍相向吐水以注天泉池通御溝中三月三日石季龍及皇后百官臨中宴賞

北魏

茹皓

茹皓，字禽奇，北魏吳人。宣武帝時歷官肆州大中正，領華林諸作，皓性微工巧，多所興立，爲山於天淵池西，（天淵池北史作天泉池。）採掘北邙及南山佳石，徙竹汝潁，羅蒔其間，經構樓館，列於上下，樹草栽木，頗有野致。

魏書卷九十三本傳 茹皓字禽奇舊吳人也……爲肆州大中正府省以聞詔特依許遷驍騎將軍領華林諸作皓性微工巧多所興立爲山於天淵池西採北邙及南山佳石徙竹汝潁羅蒔其間經構樓館列於上下樹草栽木頗有野致世宗

心悅之以時臨幸

張倫

張倫，字天念，北魏上谷沮陽人。孝明帝時官大師農少卿，性豪侈，好爲園林山池，勝絕之景，誠非邦君諸王所能比擬。嘗疊作景陽山，重巖複嶺，嶔崟相屬，深谿洞壑，邐迤連接，高林巨樹，足使日月蔽虧，懸葛垂蘿，能令風煙出入，崎嶇石路，似壅而通，崢嶸澗道，盤紆復直，人工景物，有若天成。

洛陽伽藍記卷二　司農張倫……最爲豪侈齋宇光麗服翫精奇車馬出入逾於邦君園林山池之美諸王莫及倫造景陽山有若自然其中重巖複嶺嶔崟相屬深谿洞壑邐迤連接高林巨樹足使日月蔽虧懸葛垂蘿能令風烟出入崎嶇石路似壅而通崢嶸澗道盤紆復直是以山情野性之士遊以忘歸天水人姜質志性疎誕麻衣葛巾有逸民之操見偏愛之如不能已遂造亭山賦行傳於世

魏書卷二十四張袞傳　張袞字洪龍上谷沮陽人也……子度度曾孫白澤白澤長子倫字天念年十餘歲入侍左右稍遷護軍長史員外常侍轉大司農少卿

隋

楊廣

隋煬帝廣，嘗闢地周二百里，役民以百萬數，而營造西苑。苑內分十六院；聚土石爲山，鑿地爲五湖四海。詔天下貢鳥獸魚蟲草木花卉以實之。又鑿北海，周環四十里，中有三山，效蓬萊方丈瀛州。臺榭迴廊錯列其間。湖水深數丈；開溝道通五湖四海，以利龍鳳舸之往還。

隋書卷三煬帝紀　煬皇帝諱廣一名英小字阿麼高祖第二子也母曰文獻獨孤皇后上美姿儀少敏慧高祖及后於諸子中特所鍾愛

隋煬帝海山記（見唐宋傳奇集）……乃闢地周二百里爲西苑役民力常百萬數苑內爲十六院聚土石爲山鑿池爲五湖四海詔天下所有境內鳥獸草木驛至京師……天下共進花卉草木鳥獸魚蟲莫知其數此不具載詔起西苑十六院景明一迎暉二棲鸞三晨光四明霞五翠華六文安七積珍八影紋九儀鳳十仁智十一淸修十二寶林十三和明十四綺陰十五絳陽十六皆帝自制名院有二十人皆擇宮中嬪麗謹厚有容色美人實之每一院選帝常幸御者爲之首每院有宦者主出入市易又鑿五湖每湖方四十里南曰迎陽湖東曰翠光湖西曰金明湖北曰潔水湖中曰廣明湖湖中積土石爲山構亭殿曲屈盤旋廣袤數千間皆窮極人間華麗又鑿北海周環四十里中有三山效蓬萊方丈瀛州上皆臺榭回廊水深數丈開溝通五湖四海溝盡通行龍鳳舸……大業六年後苑草木鳥獸繁息茂盛桃蹊李徑翠蔭交合金猿靑鹿動輙成羣自大內開爲御道通西苑夾道植長松高柳帝多幸苑中無時宿御多夾道而宿帝往往中夜即幸焉

唐

楊務廉

楊務廉，唐中宗時將作大匠；素以工巧見用。嘗爲長寧公主造第於東都，右屬都城，左俯大道，累石爲山，浚土爲池，旁構三重之樓以憑觀極園庭之美。

新唐書卷八十三諸公主傳中宗八女　長寧公主韋庶人所生下嫁楊愼交造第東都使楊務廉營總第成府財幾竭乃擢務廉將作大匠又取西京高士廉第左金吾衛故營合爲宅右屬都城左頫大道作三重樓以憑觀築山浚池帝及后數

臨幸置酒賦詩……

趙履溫

趙履溫，唐中宗時司農卿。嘗爲安樂公主繕治定昆池，延袤數里，累石象華山，磴約橫邪，回淵九折，以石瀵水，引清流穿鋪而出，淙淙然下注，如瀑布。

新唐書卷八十三諸公主傳中宗八女 安樂公主最幼女帝遷房陵而主生解衣以裍之名曰裹兒姝秀辯敏后尤愛之下嫁武崇訓帝復位光艷動天下侯王柄臣多出其門……嘗請昆明池爲私沼帝曰先帝未有以與人者主不悅自鑿定昆池延袤數里定言可抗定之也司農卿趙履溫爲繕治累石肖華山磴約橫邪回淵九折以石瀵水又爲寶鑪鏤怪獸神禽間以瑮貝珊瑚不可涯計……

資治通鑑卷二百九唐紀 安樂公主與長寧公主競起第舍以侈麗相高擬於宮掖而精巧過之安樂公主請昆明池上以百姓蒲魚所資不許公主不悅乃更奪民田作定昆池延袤數里累石象華山引水象天津

李德裕

李德裕，字文饒，唐趙郡人。少力學，卓犖有大節；武宗時爲相，當國六年，弭藩鎮之禍，決策制勝，威權獨重。其私第在長安安邑坊東南隅。別構起草院，院有精思亭。舍宇雖不甚宏麗，而制度奇巧。庭際之怪石，珍松，嘉樹，芳草，儼若圖畫。其平泉別墅，則在洛陽城外三十里，伊闕之南，乃文饒未仕事時講學之所也。周圍十里，有臺榭百餘所，清流，翠篠，奇石，幽林，環繞其間，初履其境者，宛如身造仙府。

舊唐書卷一百七十四本傳　李德裕字文饒趙郡人……德裕幼有壯志苦心力學尤精西漢書左氏春秋恥與諸生同鄉試不喜科試年纔及冠志業大成……在長安私第別構起草院院有精思亭每朝廷用兵詔令制置而獨處亭中凝然握管左右侍者無能預焉東都於伊闕南置平泉別墅清流翠篠樹石幽奇初未仕時講學其中及從官藩服出將入相三十年不復重遊而題寄歌詩皆銘之於石今有花木記歌詩篇錄二石存焉…………

劇談錄卷下李相國宅　朱崖李相國德裕宅在安邑坊東南隅桑道茂謂爲玉椀舍宇不甚宏侈而制度奇巧其間怪石古松儼若圖畫在文宗武宗朝方秉相權威執與恩澤無比每好搜掇殊異朝野歸附多求寶玩獻之

賈氏譚錄　李德裕平泉莊怪石名品甚衆多爲洛城有力者取去唯禮星石及獅子石今爲陶學士徙置梁園別墅　又贊皇公平泉莊周圍十里構臺百餘所今基址猶存天下奇花異草珍松怪石靡不畢致其間故德裕自製平泉草木記今悉蕪絕唯雁鳴翅檜珠子柏蓮房玉蕊等蓋僅有存焉

白居易

白居易，字樂天，唐太原人。貞元進士，遷左拾遺，貶江州司馬；後召還，官至刑部尚書。謫居湓城時，立隱舍構草堂於廬山遺愛寺香爐峯之間。致仕後退居洛下之履道坊，疏沼，種樹，以營新第。重修洛都之香山寺，構石樓於其間。又鑿龍門潭南之八節灘以利舟楫。嘗自述曰：「從幼迨老，若白屋，若朱門，凡所止，雖一日二日，輒覆簣土爲臺，聚拳石爲山，環斗水爲池，其喜山水病癖如此。」

白氏長慶集卷二十六草堂記　匡廬奇秀甲天下山山北峯曰香爐峯北寺曰遺愛寺介峯寺間其境勝絕又甲廬山元

和十一年秋太原人白樂天見而愛之若遠行客過故鄉戀戀不能去因面峯腋寺作爲草堂明年春草堂成三間兩柱二室四牖廣袤豐殺一稱心力洞北戶來陰風防徂暑也敞南甍納陽日虞祁寒也木斲而已不加丹牆圬而已不加白砌階用石冪窗用紙竹簾紵幃率稱是焉堂中設木榻四素屏二漆琴一張儒道佛書各兩三卷樂天既來爲主仰觀山俯聽泉旁睨竹樹雲石自辰及酉應接不暇俄而物誘氣隨外適內和一宿體寧再宿心恬三宿後頹然嗒然不知其然而然自問其故答曰是居也前有平地輪廣十丈中有平臺半平地臺南有方池倍平臺環池多山竹野卉池中生白蓮白魚又南抵石澗夾澗有古松老杉大僅十人圍高不知幾百尺修柯戛雲低枝拂潭如幢竪如蓋張如龍蛇走松下多灌叢蘿蔦葉蔓駢織承翳日月光不到地盛夏風氣如八九月時下鋪白石爲出入道堂北五步據層崖積石嵌空垤塊雜木異草蓋覆其上綠陰濛濛朱實離離不識其名四時一色又有飛泉植茗就以烹燀好事者見可以永日堂東有瀑布水懸三尺瀉階隅落石渠昏曉如練色夜中如環珮琴筑聲堂西倚北崖右趾以剖竹架空引崖上泉脈分線懸自簷注砌纍纍如貫珠霏微如雨露滴瀝飄灑隨風遠去其四旁耳目杖屨可及者春有錦繡谷花夏有石門澗雲秋有虎谿月冬有鑪峯雪陰晴顯晦昏旦含吐千變萬狀不可殫紀覼縷而言故云甲廬山者噫凡人豐一屋華一簣而起居其間尚不免有驕穩之態今我爲是物主物至致知各以類至又安得不外適內和體寧心恬哉昔永遠宗雷輩十八人同入此山老死不返去我千載我知其心以是哉矧余自思從幼迨老若白屋若朱門凡所止雖一日二日輒覆簣土爲臺聚拳石爲山環斗水爲池其喜山水病癖如此一旦蹇剝來佐江郡郡守以優容撫我廬山以靈勝待我是天與我時地與我所卒獲所好又何求焉尙以冗員所羈餘累未盡或往或來未遑寧處待余異日弟妹婚嫁畢司馬歲秩滿出處行止得以自遂則必左手引妻子右手抱琴書終老於斯以成就我生平之志淸泉白石實聞此言時三月二十七日始居新堂四月九日與河南元集虛范陽張允中南陽張深之東西二林長老湊公朗滿晦堅等凡二十有二人具齋施茶果以樂之因爲草堂記　又卷五十九修香山寺

記　洛都四郊山水之勝龍門首焉龍門十寺觀遊之勝香山首焉香山之壞久矣樓亭𣂷崩佛僧暴露士君子惜之予亦惜之佛弟子恥之予亦恥之……因請悲智僧清閑主張之命僮幹將士復掌治之始自寺前亭一所登寺橋一所連橋廊七間次至石樓一所連樓一所連廊六間次東佛龕大屋十一間次南賓院堂一所大小屋共七間凡支壞補缺壘隤覆漏杇墁之功必精赭堊之飾必良……　又卷七十一開龍門八節石灘詩序　東都龍門潭之南有八節灘九峭石船筏過此例及破傷舟人楫師推挽束縛大寒之月躶跣水中飢凍有聲聞於終夜予嘗有願力及則救之會昌四年有悲智僧道遇適同發心經營開鑿貧者出力仁者施財於戲從古有礙之險未來無窮之苦忽乎一旦盡除去之茲吾所用適願快心拔苦施樂者耳豈獨以功德福報爲意哉……

舊唐書卷一百六十六本傳　白居易字樂天太原人……居易幼聰慧絕人襟懷宏放年十五六時袖文一篇投著作郎吳人顧況況能文而性浮薄後進文章無可恩者覽居易文不覺迎門禮遇曰吾謂斯文遂絕復得吾子矣貞元十四年始以進士就試禮部侍郎高郢擢升甲科吏部判入等授秘書省校書郎元和元年四月憲宗策試制舉人應才識兼茂明於體用科策入第四等……二年十一月召入翰林爲學士三年五月拜左拾遺……十年授江州司馬……在湓城立隱舍於廬山遺愛寺嘗與人書言之曰予去年始遊廬山到東西二林間香鑪峯下見雲木泉石勝絕第一愛不能捨因立草堂前有喬松十數株脩竹千餘竿青蘿爲牆援白石爲橋道流水周於舍下飛泉落於簷間紅榴白蓮羅生池砌居易與湊滿朗晦四禪師追永遠宗雷之迹爲人外之交每相攜遊詠躋危登險極林泉之幽邃至於翛然順適之際幾欲忘其形骸不經時不歸或踰月而返

新唐書卷一百十九本傳　……東都所居履道里疏沼種樹構石樓香山鑿八節灘自號醉吟先生爲之傳

李　濯

唐懿宗李漼，於苑中取石造山；崎危詰屈，有若天成。又命取終南草木植之，山禽野獸，縱其往復。造屋如庶民家，未及半年，奇花異草自然生滿宮殿。

池北偶談卷二十二引學圃藼蘇　唐懿宗於苑中取石造山崎危詰屈有若天成又命取終南草木植之山禽野獸縱其往復造屋如庶民家未及半年奇花異草自然生滿宮殿識者以爲丘墟之象與宋徽宗艮嶽事絕相類

案：學圃藼蘇六卷見四庫存目子部雜家類；云『明陳耀文撰』。八千卷樓書目同。

宋

梁師成

梁師成字守道。思精志巧，多才多藝。宋徽宗時官至太尉。徽宗性喜花石苑囿，築壽山艮嶽於汴京禁城上清寶籙宮之東，師成董其役。舟以載石，輿以輦土。朱勔蔡攸輩窮搜太湖靈壁林慮等地之花石以實之，驅散軍萬夫以役之，盡天下之巧工絕技以營之。按圖締構；累土積石而爲山，闕地引泉而爲池。山周十餘里，其最高峰高約九十步，上有亭，界分東西二嶺，直接南山；岡連阜屬，崢嶸環合，怪石複疊，嶄巖嵾嵯，千狀萬態，巧侔造化。南山之外又有小山，橫亘二里，名芙蓉城。峰之北爲景龍江，江外有大池，名曲江池；導江水穿石出罅，噴激濺注，纚纚如貫珠，霏微如雨露。宮室臺榭之最著者，有瓊津殿，絳霄樓，蕚綠華堂。其餘巖壑、洞峽、澗谿、沼沚；珍禽、奇獸、瓌花、異木；括天下之美，藏古今之勝，月增日益，不可殫紀。經始於政和七年，迄宣和四年，越六載乃成。始名『鳳凰山』，後以山在國之艮位，遂更名『艮嶽』。宣和六年，以金芝產於艮嶽之萬壽峯，復改稱「壽嶽」。又以嶽之正門曰華陽，故亦號「華陽宮」。

宋徽宗御製艮嶽記……太尉梁師成董其事師成博雅忠藎思精志巧多才可屬乃分官列職曰雍曰琮曰琳各任其事遂以圖材付之按圖度地庀徒僝工累土積石畚插之役不勞斧斤之聲不鳴設洞庭湖口絲谿仇池之深淵與泗濱林慮靈璧芙蓉之諸山取瓌奇特異瑤琨之石即姑蘇武林明越之壤荊楚江湘南粵之野移枇杷橙柚橘柑榔栝荔枝之木金蛾玉羞虎耳鳳毛素馨渠那末利含笑之草不以土地之殊風氣之異悉生成長養於雕欄曲檻而穿石出罅岡連阜屬東西相望前後相續左山而右水後谿而旁隴連綿彌滿吞山懷谷其東則高峯峙立其下則植梅以萬數綠萼承趺芬芳馥郁結構山根號萼綠華堂又旁有承嵐崑雲之亭有屋外方內圓如半月是名書館又有八仙館屋圓如規又有紫石之崖祈眞之嶝攬秀之軒龍吟之堂清林修出其南則壽山嵯峩兩峯並峙列嶂如屏瀑布下入鴈池池水清泚漣猗鳧鴈浮泳水面棲息石間不可勝計其上亭曰噰噰北直絳霄樓峯巒崛起千疊萬複不知其幾千里而方廣無數千里其西則參朮杞菊黃精芎藭被山彌塢中號藥寮又禾麻菽麥黍豆秔秫築室若農家故名西莊上有亭曰巢雲高出峯岫下視羣嶺若在掌上自南徂北行岡脊兩石間綿亘數里與東山相望水出石口噴薄飛注如獸面名之曰白龍沜濯龍峽蟠秀練光跨雲亭羅漢巖又西半山間樓曰倚翠青松蔽密布於前後號萬松嶺上下設兩關出關下平地有大方沼中有兩洲東爲蘆渚亭曰浮陽西爲梅渚亭曰雪浪沼水西流爲鳳池東出爲研池中分二館東曰流碧西曰環山館有閣曰巢鳳堂曰三秀以奉九華玉眞安妃聖像東池後結棟山下曰揮雲廳復由磴道盤行縈曲捫石而上既而山絕路隔繼之以木棧木倚石排空周環曲折有蜀道之難躋攀至介亭最高諸山前列巨石凡三丈許號排衙巧怪嶄巖藤蘿蔓衍若龍若鳳不可殫窮麓雲半山居右極目蕭森居左北俯景龍江長波遠岸彌十餘里其上流注山澗而行潺湲爲漱玉軒又行石澗爲煉丹凝眞觀圜山亭下視水際見高陽酒肆清澌閣北岸萬竹蒼翠蓊鬱仰不見明有勝雲庵躡雲臺蕭閑館飛岑亭無雜花異木

四面皆竹也又支流爲山莊爲回溪自山蹊石罅搴條下平陸中立而四顧則崖峽洞穴亭閣樓觀喬木茂草或高或下或遠或近一出一入一榮一凋四向周匝徘徊而仰顧若在重山大壑幽谷深崖之底而不知京邑空曠坦蕩而平夷也又不知郛郭寰會紛華而塡委也眞天造地設神謀化力非人所能爲者此擧其梗概焉……

宋蜀僧祖秀華陽宮紀事　政和初天子命作壽山艮嶽於禁城之東陬詔閹人董其役舟以載石輿以輦土驅散軍萬人築岡阜高千餘仞增以太湖靈壁之石雄拔峭峙功奪天造石皆激怒抵觸若踶若齧牙角口鼻首尾爪距千態萬狀殫奇盡怪輔以蟠木瘦藤雜以楊冬對靑蔭其上又隨其旋斡之勢斬石開徑憑險則設磴道飛空則架機閣仍於絕頂增高樹以冠之搜遠方珍材盡天下蠹工絕技而經始焉山之上下致四方珍禽奇獸動以億計猶以爲未也鑿地爲谿澗疊石爲隄埒任其石之性不加齊鑿因其餘土積而爲山山骨暴露峯棱如削飄然有雲姿鶴態曰飛來峯高於雉堞翻若長鯨腰徑百尺植梅萬本曰梅嶺接其餘岡種丹杏鴨脚曰杏岫又增土疊石間留隙穴以栽黃楊曰黃楊巘築修岡以植丁香積石其間從而設險曰丁嶂又得赬石任其自然增而成山以椒蘭雜植於其上曰椒崖接衆山之末增土爲大坡徙東南側栢枝榦柔順揉之不斷枝葉細結爲幢蓋鸞鶴蛟龍之狀動以萬數曰龍栢坡循壽山之西接竹成林復開小徑至數百步竹有同本而異幹者不可紀極皆四方珍貢又雜以對靑竹十居八九曰斑竹麓又得紫石滑淨如削面徑數仞因而爲山貼山卓立山陰置木櫃絕頂開深池車駕臨幸則驅水工登其頂開閘注水而爲瀑布曰紫石壁又名瀑市帳從艮嶽之麓琢石爲梯石皆溫潤淨滑曰朝眞磴又于州上植芳木以海棠冠之曰海棠州壽山之西別治園圃曰藥寮其宮室臺榭卓然著聞者曰瓊津殿絳霄樓萼綠華堂築臺高九仞周覽都城近若指顧造碧虛洞天萬山環之開三洞爲品字門以通前後苑建八角亭於其中央榱桷窗楹皆以瑪瑙石間之其地琢爲龍礎導景龍江東出安遠門以備龍舟幸東西擷景二園西則溯舟造景龍門以幸曲江池亭復自瀟湘江亭開閘通金波門北幸擷芳苑隄外築壘衛之濱水蒔絳桃海棠芙蓉垂

陽略亡隙地又于舊地作埜店麓治農圃開東西二關夾懸巖磴道隘迫石多峯棱過者膽戰股栗凡自苑中登羣峯所出入刃者此二關而已又為勝遊六七曰躍龍澗漾春波桃華閘鴈池迷真洞其餘勝迹不可殫紀工已落成上名之曰華陽宮然華陽大氐衆山環列于其中得平蕪數十頃以治園圃以闢宮門於西入徑廣於馳道左右大石皆林立僅百餘株以神運昭功敷慶萬壽峯而名之獨神運峯廣百圍高六仞錫爵盤固侯居道之中東石為小亭以庇之高五十尺御製記文親書建三丈碑附于石之東南陬其旁石若羣臣入侍幃幄正容凜若不可犯或戰栗若敬天威或奮然而趨又若傴取布危言以示庭諍之姿其怪狀奇態娛人者多矣上既悅之悉與賜號守吏以奎畫列於石之陽其它軒榭庭徑各有巨石棊列星布竝與賜名惟神運峯前羣石以金飾其字餘皆青黛而已此所以第其甲乙者也乃命羣峯其略曰朝日昇龍望雲生龍矯首玉龍萬壽老松棲霞捫參喊日吐月排雲衝斗靁門月窟磚螭坐師堆青凝碧金鼇玉龜疊翠獨秀棲煙嚲雲風門靁穴玉秀玉竇銳雲巢鳳雕琢渾成登峯曰觀蓬瀛須彌老人壽星卿雲瑞靄溜玉噴玉藴玉琢玉積玉疊玉叢秀而在於渚者曰翔鱗立津深者曰舞仙獨踞洲中者曰玉麒麟冠于壽山者曰南屏小峯而附于池上者曰伏犀怒猊儀鳳烏龍邸于沃泉上者曰留雲宿霧又為藏煙谷滴翠巖將雲屏積雪嶺其間黃石朴于亭際者曰抱犢天門又有大石二枚配神運峯異其居以壓衆石作亭庇之寘于環春堂者曰玉京獨秀太平巖寘于蕚綠華堂者曰卿雲萬態奇峯恬天下之美藏古今之勝於斯盡矣善致萬鈞之石徙百年之水者朱勔父子也善理百工之繁藝辨九州之珍產者閹人梁師成也……

宋龔明之中吳紀聞卷六　……朱勔因賂中貴人以花石得幸時時進奉不絕謂之花綱凡林園亭舘以至墳墓間所有一花一木之奇怪者悉用黃紙封識不問其家徑取之有在仕途者稍拂其意則以違上命文致其罪浙人畏之如虎花綱經從之地巡尉護途遇橋梁則撤以過舟雖以數千緡為之者亦毀之不恤……初勔之進花石也聚于京師艮嶽之上以移根日遠為風日所殘植之未久即槁瘁時時欲一易之故花綱旁午于道……

宋王明清揮麈餘話卷二　政和建艮嶽異花奇石來自東南不可名狀忽靈壁縣貢一巨石高二十餘丈周圍稱是舟載至京師毀水門樓以入千夫舁之不動或啟于上云此神物也宜表異之祐陵親洒宸翰云慶雲萬態奇峯仍以金帶一條掛其上石即遂可移省夫之半頃刻至苑中

楓窗小牘卷上　壽山艮嶽在汴城東北隅徽宗所築初名鳳凰山後改壽山艮嶽周圍十餘里其最高一峰九十步上有介亭分東西二嶺直接南山之東有蕚華綠華臺家大夫嘗承命作頌曰玉皇御天金母嫁女琱璧成車截瑛作麈龍馭崑丘鳥發元圃笑月光微看雲色阻荷露添華柳煙生燕九重歡眷六宮遜處石構椒房用當金宇碌碌宜增瑟瑟爲戸碧落深沉青霞墉堵小臣獻頌庶叶萬舞書館八仙館紫石巖棲眞磴覽秀軒龍吟堂山之南則壽山兩峯並峙有雁池噰噰亭山之西有藥寮西莊巢雲亭白龍沜濯龍峽蟠秀練光跨雲三亭羅漢巖又西有萬松嶺嶺畔有倚翠樓上下設兩閣閣下有平地鑿大方沼沼中作兩洲東爲蘆渚浮陽亭西爲梅渚雪浪亭西流爲鳳池西出爲雁池中分二館東曰流碧西曰環山有巢鳳閣三秀堂東池復有揮雪亭復由磴道上至介亭亭左有極目亭蕭森亭右有麗雪亭半山北俯景龍江引江之上流注山澗西行爲漱瓊軒又行石間爲煉丹凝觀圜山三亭下視江際見高陽酒肆及清澌閣北岸有勝筠庵躡雲臺蕭閒閣飛岑亭支流別爲山莊爲回溪又於南山之外爲小山橫亘二里曰芙蓉城窮極巧妙而景龍江外則諸館舍尤精山之西北有老君洞爲供奉道像之所其地又因瑤華宮火取其他作大池名曲江中有堂曰蓬壺東盡封丘門而止西則是天波門橋引水直西殆半里江乃折南又折北折南者過閶闔門爲複道通茂德帝姬宅折北者四五里屬之龍德宮既成帝自爲艮嶽記以爲山在國之艮位故名艮嶽嶽之正門名曰華陽故亦號華陽宮宣和五年朱勔於太湖取石高廣數丈載以大舟挽以千夫鑿河斷橋毀堰折牐數月乃至會初得燕山之地因賜號敷慶神運石石旁植兩檜一夭矯者名朝日升龍之檜一偃蹇者名臥雲伏龍之檜皆玉牌金字書之徽宗御題云拔翠琪樹林雙檜植靈囿上稍蟠木枝下拂龍鱗茂

撑擎天半分違卷虹南負爲棟復爲梁夾輔我皇后嗟乎檜以和議作相不能恢復中原已兆於半分南負而一結更是高廟御名要皆天定也巖曰玉京獨秀太平巖峰曰慶雲萬態奇峰又作絳霄樓直山北勢極高峻矗出雲表盡工藝之巧其後盡聞興築不已四方花竹奇石悉萃於斯珍禽異獸無不畢集命市人薛翁豢擾馴狎駕至迎立鞭扇間名萬歲山珍禽命局曰來儀所及金芝產於艮嶽萬歲峯又改名壽嶽

宋張淏艮嶽記　徽宗登極之初皇嗣未廣有方士言京城東北隅地協堪輿但形勢稍下儻少增高之則皇嗣繁衍矣上遂命土培其岡阜使稍加于舊矣而果有多男之應自後海內乂安朝廷無事上頗留意苑囿政和間遂即其地大興工役築山號壽山艮嶽命宦者梁師成專董其事時有朱勔者取淛中珍異花木竹石以進號曰花石綱專置應奉局于平江所費動以億萬計調民搜巖剔藪幽隱不置一花一木曾經黃封護視稍不謹則加之以罪斲山輦石雖江湖不測之淵力不可致者百計以出之至名曰神運舟楫相繼日夜不絕……靈璧太湖諸石二淛奇竹異花登萊文石湖湘文竹四川佳果異木之屬皆越海度江鑿城郭而至後上亦知其擾稍加禁戢獨許朱勔及蔡攸入貢竭府庫之積聚萃天下之伎藝凡六載而始成亦呼爲萬歲山奇花美木珍禽異獸莫不畢集飛樓傑觀雄偉瓌麗極於此矣越十年金人犯闕大雪盈尺詔令民任便斫伐爲薪是日百姓奔往無慮十萬人臺榭宮室悉皆拆毀官不能禁也

癸辛雜識前集艮岳　艮岳之取石也其大而穿透者致遠必有損折之慮近聞汴京父老云其法乃先以膠泥實塡衆竅其外復以麻筋雜泥固濟之令圓混日曬極堅實始用大木爲車致於舟中直俟抵京然後浸之水中旋去泥土則省人力而無他慮此法奇甚前所未聞也又云萬歲山大洞數十其洞中皆築以雄黃及盧甘石雄黃則辟蛇虺盧甘石則天陰能致雲霧滃鬱如深山窮谷後因經官拆賣有回回者知之因請買之凡得雄黃數千斤盧甘石數萬斤

宋史卷八十五地理志萬歲山艮嶽　政和七年始於上清寶籙宮之東作萬歲山山周十餘里其最高一峯九十步上有

介亭分東西二嶺直接南山山之東有萼綠華堂有書館八仙館紫石巖棲眞嶝覽秀軒龍吟堂山之南則壽山兩峯並峙有鴈池噰噰亭北直絳霄樓山之西有藥寮有西莊有巢雲亭有白龍沜濯龍峽蟠秀練光跨雲亭羅漢巖又西有萬松嶺嶺畔有倚翠樓上下設兩關關下有平地鑿大方沼沼中作兩洲東爲蘆渚亭曰浮陽西爲梅渚亭曰雪浪西流爲鳳池東出爲鴈池中分二館東曰流碧西曰環山有閣曰巢鳳堂曰三秀東池後有揮雪亭復由嶝道上至介亭亭左復有亭曰極目曰蕭森右復有亭曰麗雲半山北俯景龍江引江之上流注山澗西行爲漱瓊軒又行石間爲煉丹凝眞觀圜山亭下視江際見高陽酒肆及清澌閣北岸有勝筠庵躡雲臺蕭閒館飛岑亭支流別爲山莊爲回溪又於南山之外爲小山橫亘二里曰芙蓉城窮極巧妙而景龍江外則諸館舍尤精其北又因瑤華宮火取其地作大池名曰曲江池中有堂曰蓬壺東盡封丘門而止其西則自天波門橋引水直西殆半里江乃折南又折北折南者過閶闔門爲複道通茂德帝姬宅折北者四五里屬之龍德宮宣和四年徽宗自爲艮嶽記以爲山在國之艮故名艮嶽蔡條謂初名鳳凰山後神降其詩有艮嶽排空霄因改名艮嶽宣和六年詔以金芝產於艮嶽之萬壽峯又改名壽嶽蔡條謂南山成又改名壽嶽嶽之正門名曰陽華故亦號陽華宮自政和訖靖康積累十餘年四方花竹奇石悉聚于斯樓臺亭館雖略如前所記而月增日益殆不可以數計宣和五年朱勔於太湖取石高廣數丈載以大舟挽以千夫鑿河斷橋毀堰拆牐數月乃至賜號昭功敷慶神運石……

朱勔

朱勔，宋蘇州人。父冲以善治園圃名。蔡京器其能；遂以冲父子之名屬童貫竄置軍籍中，皆得官。徽宗垂意花石，勔取浙中珍異花竹石以進。後歲歲增加，舳艫相銜於淮汴間，號『花石綱。』勔之采石也，搜巖剔藪，斬山闢道，雖在江湖不測之淵，巉岏難躋之巔，百計以出之，必得而後已。嘗於太湖黿山取巨石，高四丈有奇，廣得其半，玲瓏嵌空，竅穴千百，專造大舟以載之，挽以千夫，鑿河斷橋毀堰拆閘，數月方至京師，賜號「昭功敷慶神運石」，立於艮嶽之上。勔緣此授節度使，父子俱建節鉞，乃起私第曰雙節堂；盤門內有園極廣，植牡丹數千本。園中有水閣，作九曲路，入之遊者多迷其涂。又闢綠水園於蘇州，內有魚池十八處。勔卒，其子孫多能世其業，尚以種藝疊石遊於權貴之門。俗呼爲「花園子」。

宋龔明之中吳紀聞卷六　朱沖微時以買賣爲業後其家稍溫易爲藥肆生理日益進以行不檢兩受徒刑既擁厚貲遂交結權要然亦能以濟人爲心每遇春夏之交即出錢米藥物募醫官數人巡門問貧者之疾從而賙之又多買弊衣擇市嫗之善縫紉者成衲衣數百當大寒雪盡以給凍者詣延壽堂病僧日爲供飲食藥餌病愈則已其子勔因賂中貴人以花石得幸時時進奉不絕謂之花綱凡林園亭館以至墳墓間所有一花一木之奇怪者悉用黃紙封識不問其家徑取之有在仕途者稍拂其意則以違上命文致其罪浙人畏之如虎花綱經從之地巡尉護送遇橋梁則撤以過舟雖以數千緡爲之者亦毀之不恤初江淮發運司于眞揚楚淮有轉般倉綱運兵各據地分不相交越勔既進花石遂撥新裝運船充御前綱以載之而以餘舊者載糧運直達京師而轉般倉遂廢糧運由此不繼禁衛至於乏食朝廷亦不之問也勔之寵日盛父子俱建節鉞即居第創雙節堂又得徽廟御容置之一殿中監司郡守必就此朝朔望勔嘗預內晏徽宗親握其臂與語勔遂以黃帛纏之與人揖此臂竟不舉弟姪數人皆結姻於帝族因緣得至顯官者甚衆盤門內有園極廣植牡丹數千本花時以繒綵爲幙帟覆其上每花標其名以金爲標榜如是者里所園夫畦子藝精種植及能壘石爲山者朝釋負擔暮紆金紫如是者不可以數計園之中又有水閣作九曲路入之春時縱婦女游賞有迷其路者朱設酒食招邀或遺以簪珥之

勵人皆惡其醜行一日勔敗檢估其家貲有黃發句者素與勔不協既被旨黎明造其室家人婦女盡驅之出雖閭巷小民之家無敢容納不數日已墟其圃所謂牡丹者皆析以爲薪每一扁榜以三錢計其直勔死又竄其家于海島前日之受誥身者盡褫之當時有謔詞云作園子得數載栽培得那花木就中堪愛時將介保義酬勞反作了今日殃害詔書下來索金帶這官誥看看毀壞放牙笏便擔屎擔𨚗依舊種菜又曰壘假山得保義幞頭上帶著百般材氣作模樣偏得人憎又識甚條制今日伏惟安置官誥又來索氣不如壘更壘個盆山賣八文十二初勔之進花石也聚于京師艮嶽之上以移根日遠爲風日所殘植之未久即槁瘁時時欲一易之故花綱旁午于道一日內宴諢人因以諷之有持梅花而出者諢人指以問其徒曰此何物也應之曰芭蕉有持松檜而出者復設問亦以芭蕉答之如是者數四遂批其頰曰此某花此某木何爲俱謂之芭蕉應之曰我但見巴巴地討來都焦了天顏亦爲之少破太學生鄧肅有進花詩大寓規諫之意至今傳于世

宋史卷四百七十佞幸本傳 朱勔蘇州人父沖狡獪有智數家本賤微庸於人梗悍不馴抵罪鞭背去之旁邑乞貸遇異人得金及方書歸設肆賣藥病人服之輒效遠近輻湊家遂富因循蒔園圃結游客致往來稱譽始蔡京居錢塘過蘇欲建僧寺閣會費鉅萬僧言必欲集此緣非朱沖不可京以屬郡守呼沖見京京語故沖願獨任居數日請京詣寺度地至則大木數千章積庭下京大驚陰器其能明年召還挾勔與俱以其父子姓名屬童貫竄置軍籍中皆得官徽宗頗垂意花石京諷勔語其父密取浙中珍異以進初致黃楊三本帝嘉之後歲歲增加然歲率不過再三貢貢物裁五七品至政和中始極盛細綱相銜于淮汴號花石綱置應奉局于蘇指取內帑如囊中物每取以數十百萬計延福宮艮嶽成奇卉異植充牣其中勔擢至防禦使東南部刺史郡守多出其門徐鑄應安道王仲閎等濟其惡竭縣官經常以爲奉所貢物豪奪漁取於民毛髮不少償士民家一石一木稍堪翫即領健卒直入其家用黃封表識未即取使護視之微不謹即被以大不恭罪及發行必徹屋抉牆以出人不幸有一物小異共指爲不祥惟恐芟夷之不速民預是役者中家悉破產或鬻賣子女以供其須

剔山鑿石程督峭慘雖在江湖不測之淵百計取之必出乃止嘗得太湖石高四丈載以巨艦役夫數千人所經州縣有拆水門橋梁鑿城垣以過者既至賜名神運昭功名截諸道糧餉綱旁羅商船揭所貢暴其上篙工柁師倚勢貪橫陵轢州縣道路相視以目廣濟卒四指揮盡給輓士猶不足京始患之從容言於帝願抑亦其太甚者帝亦病其擾乃禁用糧綱船戒伐冢藏毀室廬毋得加黃封帕蒙人園囿花石凡十餘事聽勔與蔡攸等六人入貢餘進奉悉罷自是勔小戢

吳風錄自朱勔創以花石媚進建節鉞而太湖石一座得銀盌千役夫賜郎官金帶石封爲磐固侯壘爲艮嶽至今吳中富豪競以湖石築峙奇峯陰洞至諸貴占據名島以鑿而嵌空妙絕珍花異木錯映闌圃雖閭閻下戶亦飾小小盆島爲玩以此務爲饕貪積金以充衆欲而朱勔子孫居虎邱之麓尙以種藝壘山爲業游於王侯之門俗呼爲花園子其貧者歲時擔花鬻於吳城而桑麻之事衰矣

光緒蘇州府志卷一百四十五雜記引顧丹五筆記　宋朱勔駐扎蘇州虎阜採辦花石綱置田三十萬畝建瑞光寺浮圖今胥門內朱家園園名綠水其廢園也相傳中有魚池十八處其藥田壞室可知矣

兪　徵「徵」或作「徽」

兪徵，字子淸，號且軒，宋吳興人。光宗時任大理少卿。築室與浮玉山對，號曰：「無塵」。又疊土石爲山峯之最高者至二三丈，大小凡百餘，羣峯之間，縈以曲澗，甃以五色小石，旁引淸流激石，高下使之有聲，淙淙然下注大石。潭上蔭巨竹壽藤，蒼寒茂密不見天日。潭旁橫石作杠，下爲石渠，潭水漲溢，卽自此瀉出。潭中多文龜斑魚，夜月下照，光景零亂，如窮山絕谷間也。蓋兪徵本工畫，胸中自有丘壑，故能出心匠之巧，至於此極。

圖繪寳鑑卷四　俞徵（一作徵）字子淸吳興人作竹石得文蘇二公遺意淸潤可愛光宗朝任大理少卿號且軒

癸辛雜識前集假山　前世疊石爲山未見顯著者至宣和艮嶽始興大役連艫輦致不遺餘力其大峯特秀者不特侯封或賜金帶且各圖爲譜然工人特出於吳興謂之山匠或亦朱勔之遺風蓋吳興北連洞庭多產花石而弁山所出類亦奇秀故四方之爲山者皆于此中取之浙右假山最大者莫如衛淸叔吳中之園一山連亘二十畝位置四十餘亭其大可知矣然余生平所見秀拔有趣者皆莫如俞子淸侍郎家爲奇絕蓋子淸胸中自有丘壑又善畫故能出心匠之巧峯之大小凡百餘高者至二三丈皆不事餖飣而犀珠玉樹森列旁午儼如羣玉之圃奇奇怪怪不可名狀大率如昌黎南山詩中特未知視牛奇章爲何如耳乃於衆峯之間縈以曲澗甃以五色小石旁引淸流激石高下使之有聲淙淙然下注大石潭上蔭巨竹壽藤蒼寒茂密不見天日旁植名藥奇草薜荔女蘿菟絲花紅葉碧潭旁橫石作杠下爲石渠潭水溢自此出焉潭中多文龜斑魚夜月下照光景零亂如窮山絕谷間也今皆爲有力者負去荒田野草凄然動陵谷之感焉

元

倪瓚

倪瓚，字元鎭，元無錫人。工詩，善書畫。所居有雲林堂，蕭閑館，淸閟閣；閣如方塔三層，疏窗四眺，遙巒遠浦，雲霞變幻，彈指萬狀。至正間，與僧天如等共商疊成長洲城東北隅之獅子林，瓚爲之圖。中有獅子峯，含暉峯，吐月峯，立雲堂，臥雲室，問梅閣，指柏軒，玉鑑池，冰壺井，修竹谷，小飛虹，大石屋，諸勝。湖石玲瓏，洞壑宛轉，上有合抱大松五株，故又名五松園。

明史卷二百九十八本傳　倪瓚字元鎭無錫人也家雄於貲工詩善書畫四方名士日至其門所居有閣曰淸閟幽迥絕

座藏書數千卷皆手自勘定古鼎法書名琴奇畫陳列左右四時卉木縈繞其外高木修篁蔚然深秀故自號雲林居士時與客觴咏其中

民國吳縣志卷三十九中第宅園林　獅子林在城東北隅潘儒巷元至正間僧天如惟則延朱德潤趙善良倪元鎮徐幼文共商壘成而元鎮爲之圖取佛書獅子座名之近人誤以爲倪雲林所築非也中有獅之峯含暉峯吐月峯立雲堂臥雲室問梅閣指柏軒玉鑑池冰壺井修竹谷小飛虹大石屋諸勝湖石玲瓏洞壑宛轉上有合抱大松五株故又名五松園……

……　又卷七十六下流寓　倪瓚字元鎮無錫人家雄於貲工詩善書畫四方知名士日至其門所居有雲林堂蕭閑館清閟閣閣如方塔三層疏窗四眺遠浦遙巒雲霞變幻彈指萬狀閣中藏書數千卷手自勘定古鼎法書名琴奇畫陳列左右四時卉木縈繞其外高木修篁蔚然深秀時與客觴咏其中自號雲林居士

明

米萬鐘

米萬鐘，字仲詔；以性好奇石，故又以「友石」自號。其先陝西安化縣人，由錦衣籍家於順天宛平縣。生有異質，馳聘翰墨；癖於好石，故善畫石。工畫山水，備極妍潔，亦自足名家。嘗構漫園，勺園，湛園於燕京城近郊。漫園在德勝門積水潭東，中有樓閣三層。勺園在城西之海淀，取海淀一勺之意，署之曰「勺」；又署曰「風煙里」。其景有五：一、色空天，二、太乙葉，三、松坨，四、翠葆榭，五、林於澨。園大僅百畝，穿池疊山，山峻湖廣，登高俯瞰，四面盡水；長隄曲橋，經緯其間；隄徑亂石磊砢，垂柳喬松蔭之；邱壑亭臺，棊布其間。又繪園景爲燈，都人稱爲「米家燈」。湛園成於萬歷二十五年，仲詔自題其園詩有：「主人心本湛」句，遂以「湛」名其園。園有石丈齋，石林仙館，繡佛居，竹渚，敲雲亭，飲光樓，猗臺。

明李維楨米仲詔詩序（見大泌山房集卷二十一） 米仲詔秦北地人也其大人始徙家京師自爲諸生能古文辭詩歌庶子黃昭素讀其試卷奇之舉南宮高第……家有湛園水石花竹之勝圖史琴尊之適恒與高人韻士共之余坐計典待決不鄙夷而招入社嘗與修禊事仲詔手爲之圖

野獲編卷二十四 米仲詔進士園事事模效江南幾如桓溫之於劉琨無所不似其地名海淀頗幽潔旁有戚畹李武淸新構亭館大數百畝穿池壘山所費已鉅萬尙屬經始耳

長安客話卷四 北淀有園一區水曹郎米仲詔新築也取海淀一勺之意署曰勺又署曰風煙里中所布景曰色空天曰太乙葉曰松坨曰翠葆榭曰林於澨種種會心品題不盡都人士嘖嘖稱米家園從而遊者趾相錯仲詔復念園在郊關不便日涉因繪園景爲鐙邱壑亭臺纖悉備具都人士又詫爲奇嘖嘖稱米家鐙

帝京景物略卷五 水所聚曰淀高梁橋西北十里平地出泉焉滮滮四去瀿瀿草木澤之洞洞磬折以參伍爲十餘奠瀦北曰北海淀南曰南海淀或曰巴溝水也水田龜坼溝塍冊冊遠樹綠以靑靑遠風無聞而有色巴溝自靑龍橋東南入於淀淀南五里丹陵沂沂南陂者六達白石橋與高梁水併沂而西廣可舟矣……米太僕勺園百畝耳望之等深步焉則等遠入路柳數行亂石數垛路而南陂焉陂上橋高於屋橋上望園一方皆水也水皆蓮蓮皆以白堂樓亭榭數可八九進可得四覆者皆柳也肅者皆松列者皆槐筍者皆石及竹水之使不得徑也棧而閣道之使不得舟也堂室無通戶左右無兼徑階必以渠取道必渠之外廓其取道也板而檻七之樹根楂材二之砌上下折一之客從橋上指了了也下橋而北園始門焉入門客懵然矣意所暢窮目目所暢窮趾朝光在樹疑中疑夕東西迷也最後一堂忽啓北窗稻畦千頃急視幸日乃

未暇。

明陳衎米氏奇石記（見春明夢餘錄）　米氏萬鍾心淸慾澹獨嗜奇石成癖宦遊四方袍袖所積惟石而已其最奇者有五因條而記之爲甕璧者二一高四寸有奇延袤坡陁勢如大山四面皆蹸踐砢如繪畵家皴法巖腹近山脚特起一小方臺凝厚而削臺面刻栢原二字小篆佳絕柏原滕國人杜本之子也本能詩工書尤以篆籀知名所著有篆訣此其遺物也其一塊然非方非圓渾璞天成周遭望之皆如屛嶂有脈兩道作殷紅色一脈闊如小指一細如縷絲自項上凹處垂下如湫瀑之射朝日也石可高八寸許圍將徑尺其聲視前石尤鏗亮色皆純黑凝潤如膏俱磬山產也更三石一英德產如雙蚪盤臥玲瓏透漏千溪萬徑穿孔鈎連雲煙宛轉欲興雷雨高四寸許長七寸有奇一兗州產又曰出嶧山深谷中灰褐色峨巖渾雅堅緻有聲大如拳一韶州產即仇池石也鐵色靚晶聲如響磬大亦如拳而峰巒洞壑層疊窈窕奇巧殊絕米公刻其底曰小武夷五石羅列各具形勝皆數百年物陰陽滋養風露薄蝕雖復頑然若有靈氣矣是日嚴桂盛開水天澄澈坐無俗客賓主盡歡雖是秋深如涉春和

姜紹書靈巖子石記（見韻石齋筆談卷上）　萬歷丙申歲米友石來尹玆邑簿書之暇觴詠於靈巖山見溪流中文石纍纍遺興褰裳撥之則繽紛璀璨髮縷絲縈其色白如霏雪紫若蒸霞綠映遠山之黛黑回瀚海之波黄琮可薦於廣禮赤文曾藏於禹穴更有天成魚鳥竹石暨大士高眞如鏡涵影自成文采友石得未曾有詫爲奇觀更具奩鍤采之重淵邑令所好風行影從源源而來多多亦善自玆以往知音競賞珍奇琳瑯想米顚袖中無此一種即坡老怪石供亦不必取之齊安江上矣

無聲詩史卷四　米萬鍾字友石元章之裔也由錦衣籍家於京師馳聘翰畧以風雅自命其於天機秀發尙有間然多蓄奇石有襄陽遺風繪事楷模北宋已前施爲巧瞻位置淵深不作殘山剩水觀蒼與中翰吳彬朝夕探討故體裁相彷彿焉

萬曆乙未成進士由縣令歷滿臬仕至太僕少卿

日下舊聞卷十一城市二引燕都遊覽志　湛園即米仲詔先生宅之左先生自叙曰歲丁酉居長安之苑西爲園曰湛有石丈齋石林仙籟館茶寮書畫船繡佛居竹渚敲雲亭曲水繞亭可以流觴即以灌竹竹外轉而松關又轉而花逕則飲光樓在望衆香國蓋其下也別逕十數級可以達臺俯瞰蔬圃　又卷十五城市六引　漫園在德勝門外積水潭之東米仲詔先生所構中有樓閣三層先生嘗爲湛園勺園及此而三　又卷二十二郊坰四引　勺園徑曰風煙里入徑亂石磊砢高柳蔭之南有陂陂上橋曰纓雲集蘇子瞻書下橋爲屏牆牆上石曰雀濱勒黃山谷書拆而北爲文水陂跨水有齋曰定舫舫西高阜題曰松風水月阜斷爲橋曰逶迤梁主人所自書也踰梁而北爲勺海堂吳文仲篆堂前怪石蹲焉栝子松倚之其右爲曲廊有屋如舫曰太乙葉周遭皆白蓮花也東南皆竹有碑曰林於澨有高樓濔竹林中曰翠葆樓鄒廸光書下樓北行爲槎枒渡亦主人自書又北爲水榭最後一堂北牕一拓則稻畦千頃不復有繚垣焉

春明夢餘錄卷六十五　海淀米太僕勺園園僅百畝一望盡水長隄大橋幽亭曲榭路窮則舟舟窮則廊高柳掩之一望彌際傍爲李戚畹園鉅麗之甚然遊者必稱米園焉

明史卷二百八十八文苑董其昌傳　米萬鍾字友石萬曆二十三年進士歷官江西按察使天啟五年魏忠賢黨倪文煥劾之遂削籍崇禎初起太僕少卿卒官

歷代畫史彙傳卷四十五　米萬鍾字仲詔號友石關中人以錦衣籍京師寄齋萬曆乙未進士歷官江西按察使天啟乙丑魏黨倪文煥劾之遂削藉崇正初起太僕少卿卒山水得倪迂法花卉似陳淳多蓄奇石故善畫石有襄陽風行草得家法尤善署書時邢張米董俱以書見稱又有南董北米之稱萬鍾擅名四十年書蹟徧天下著隸篆考譌

康熙宛平縣志卷五人物下人才　明米萬鍾字仲詔宛平人生有異質性孝友嗜學少時即以文章翰墨之名馳舉天下

……公生平嗜石人稱友石先生著有澄濟堂文集十二卷詩集十二卷易義四卷兵鈐十二卷石史十六卷及其他著述甚富行於世

高　倪

高倪，明萬歷間人。燕京宣武門內武功衞桂杏農宅其園有池，池中砌石爲山；中有一石，矻然蒼古，爲羣石冠。石陰刻有「萬歷三十年三月起堆疊石子高倪修造」十六字。

竹葉亭雜記卷七　宣武門內武功衞胡同桂杏農觀察莒卜居焉宅西有園曲榭方亭之前鑿小池砌石爲小山有一石矻然蒼古爲羣石冠苔蘚蒙密摩娑石陰得萬歷三十年三月起堆疊石子高倪修造十六字

林有麟

林有麟，字仁甫，明江蘇華亭人。萬歷間，官至四川龍安府知府。工畫山水；於所居素園闢玄池館以聚奇石因採宣和以後之石見於往籍者凡百種，具繪爲圖，綴以前人題詠，爲素園石譜四卷。又著青蓮舫琴雅四卷，凡古琴之制度，名稱，典故，賦詠，悉爲採錄。

素園石譜自序　石之大萃嵂盡於五岳而道書所稱洞天福地盤踪化人之居則皆有怪靑奇碧焉余性好遊鹿裘蝸杖歲入五湖杳靄間然西至於石城遠極於瀑梁湫雁而止所謂盪胸層雲决眥歸鳥者如少文臥見之而家有先人敝廬玄池二拳在逸堂左介少時絃誦之暇便居起之每焚香靜對肅然改容如見尊宿已於素園闢玄池館供禮石丈而三吳之殘崖斷壁塹崿巉坳者稍具焉雨深苔屋秋爽長林風入稜波哀玉自奏一編隱几莞爾不言一洗人間肉飛絲語境界余嘗謂法書名畫金石鼎彝皆足令人自遠而石尤近於禪生公點頭箭機莫逆而南宮九華謂可神遊其際此老顚書縱橫

千古或從此中悟入雖然九州之外復有九州五岳一拳尤可芥納若作是觀則齊安小兒江頭數餅已具有嵩華衡岱微體矣因檢緗篇自宣和帝而後有繪圖哦咏者手彙集之凡得四卷

四庫全書總目卷一百十四子部藝術類琴譜之屬存目　靑蓮舫琴雅四卷明林有麟編有麟字仁甫華亭人太僕寺卿景暘之子以父蔭官至龍安府知府凡古琴之制度名稱典故賦詠是編悉爲採錄……　又卷一百十六子部譜錄類存目　素園石譜四卷明林有麟撰有麟有靑蓮舫琴雅已著錄是編乃有麟於所居素園闢玄池館以聚奇石因採宣和以後石之見於往籍者凡百種具繪爲圖綴以前人題詠始蜀中永寧石終於松江普照寺達磨石大抵以意摹寫未必能一一肖其眞也

計成

計成，字無否，明吳江縣（唐名松陵鎮）人。生於萬歷十年。工畫，好蓄奇石，尤能以畫意築園，譽之者謂與荊關繪事無異。崇禎間，爲吳又予造園於晉陵。又爲汪士衡築園於鑾江。復爲鄭元勳作影園。箸有園冶三卷，於裝折門窗鋪地掇山諸作，力避流俗勦襲之弊。尤重相地借景，發前人所未發。海內論園林者，唯此一書而已。

園冶自序　不佞少以繪名性好搜奇最喜關仝荊浩筆意每宗之遊燕及楚中歲歸吳擇居潤州環潤皆佳山水潤之好事者取石巧者置竹木間爲假山予偶觀之爲發一笑或問曰何笑予曰世所聞有眞斯有假胡不假眞山形而假迎勾芒者之拳磊乎或曰君能之乎遂偶爲成壁覩觀者俱稱儼然佳山也遂播聞於遠近適晉陵方伯吳又予公聞而招之公得基於城東乃元朝溫相故園僅十五畝公示予曰斯十畝爲宅餘五畝可效司馬溫公獨樂制予觀其基形最高而窮其源

最深喬木參天虬枝拂地予曰此製不第宜掇石而高且宜搜土而下合喬木參差山腰蟠根嵌石宛若畫意依水而上構亭臺錯落池面篆壑飛廊想出意外落成公喜曰從進而出計步僅四里自得謂江南之勝惟吾獨收矣別有小築片山斗室予胸中所蘊奇亦覺發抒略盡益復自喜時汪士衡中翰延予鑾江西築似爲合志與又予公所構並騁南北江焉暇草式所製名園牧爾姑孰曹元甫先生遊於茲主人偕予盤桓信宿先生稱讚不已以爲荆關之繪也何能成於筆底予遂出其式視先生先生曰斯千古未聞見者何以云牧斯乃君之開闢改之曰冶可矣崇禎辛未之秋杪否道人暇於扈冶堂中題

園冶題詞　古人百藝皆傳之於書獨無傳造園者何曰園一有異宜無成法不可得而傳也異宜奈何簡文之貴也則華林季倫之富也則金谷仲子之貧也則止於陵片畦此人之異宜貴賤貧富勿容倒置者也若本無崇山茂林之幽而徒假其曲水絕少鹿柴文杏之勝而冒托於輞川不如嫫母傅粉塗朱祇益之陋乎此又他有異宜所當審者是惟主人胸有丘壑則工麗可簡率亦可否則强爲造作僅一委之工師陶氏水不得潆帶之情山不領迴接之勢草與木不適掩映之容安能日涉成趣哉所苦者主人有丘壑矣而意不能喻之工工人能守不能創拘牵繩墨以屈主人不得不盡貶其丘壑以狥豈不大可惜乎此計無否之變化從心不從法爲不可及而更能指揮運斤使頑者巧滯者通尤足快也予與無否交最久常以剩水殘山不足窮其底蘊妄欲羅十岳爲一區驅五丁爲衆役悉致琪華瑤草古木仙禽供其點綴使大地煥然改觀是亦快事恨無此大主人耳然則無否能大而不能小乎是又不然所謂地與人俱有異宜善於用因莫無否若也即予卜築城南蘆汀柳岸之間僅廣十笏經無否略爲區畫別現靈幽予自負少解結構質之無否愧如拙鳩宇內不少名流韵士小築臥遊何可不問途無否但恐未能分身四應庶幾以園冶一編代之然予終恨無否之智巧不可傳而所傳者只其成法猶之乎未傳也但變而通通已有其本則無傳終不如有傳之足述今日之國能即他日之規矩安知不與考工記並爲

膾炙乎崇禎乙亥午月朔鄭元勳書於影園

重刊園冶序

吾國建築喜用均齊之格局以表莊重自屋宇之配置以至鏤刻繪畫莫不皆然此在廟堂固屬宜稱若夫助心意之發舒極觀覽之變化人情所熹往往軼出於整齊畫一之外秦漢以來人主多流連於離宮別苑而視宮禁若樊籠推求其故宮禁爲法度所局必取均齊不若離宮別苑純任天然可以盡錯綜之美窮技巧之變卿士大夫居室亦靡不然故王侯第宅罕有遺留甚久者獨於園林之勝歌詠圖繪傳之不朽一邱一壑亦往往供人憑弔由斯而談吾國中古以後建築之美術藉造園以發揮者不可勝數而格局之正變卽以配置均齊與否爲衡私家園林之結構見於載籍最早者西京雜記之袁廣漢後漢書之梁冀爲尤偉頗足見兩漢人對於建築藝術之貢獻自是厥後稍復閔然及至趙宋道君皇帝留情藝術主持風雅更進一步而以詩情畫意寫入園林流風扇被波靡南渡故江表諸州至今猶多以名園著蓋以人爲之美入天然故能奇以淸幽之趣藥濃麗故能雅北宋以後藝術風尙轉移若此不獨於建築見之而建築之所關者尤巨也南省之名園勝景康兩朝移之而北故北都諸苑乃至熱河之避暑山莊悉有江南之餘韵今暢春圓明已圮灤莊僻遠靜明狹小頤和媕俗當日珍臺閒舘之盛亦幾於梓澤之邱墟然而過故都而攬勝終覺其苑囿之美猶非其他都邑所可幾及然則園林結構之術在今日已不絕如縷吾人寧能坐視其湮沒耶計無否園冶一書爲明末專論園林藝術之作余求之屢年未獲全豹庚午得北平圖書舘新購殘卷合之吾家所蓄影寫本補成三卷校錄未竟陶君蘭泉篤嗜舊籍遽付景印惜其圖式未合矩度耿耿於心闞君霍初近從日本內閣文庫借校重付剞劂並綴以識語多所闡發爲中國造園家張目與渠往年探索黃平沙髹飾錄辛苦爬剔同一興味其致力之勤有足稱者校印將竣爰述其原起中華民國二十年歲次辛未六月紫江朱啓鈐識於北戴河蠡天小築

陸疊山

陸疊山，佚其名字；明杭州人。以疊假山爲業，堆垛峰巒，坳折澗壑，絕有巧思。時號爲「陸疊山。」云。

西湖遊覽志 杭城假山稱江北陳家第一許銀家第二今皆廢矣獨洪靜夫家者最盛皆工人陸氏所疊也堆垛峯巒坳折澗壑絕有天巧號陸疊山張靖之嘗以詩贈之

清

張漣 張然

張漣，號南垣；淸初華亭人，徙秀州因家焉。少學畫於雲間之某氏，盡得其筆法。好寫人像，兼通山水，遂以其意壘石爲假山。故以疊石冶園著聞於時。君以此技游於江南諸郡者五十餘年，自華亭秀州外，於白門、於金沙、於海虞、於婁東、於鹿城，所過必數月。其所爲園，則李工部之橫雲，虞觀察之預園，王奉常之樂郊，錢宗伯之拂水，吳吏部之竹亭，徐司馬之漢槎樓爲最有名。爲之愈久，技藝愈精，土石草木，罔不熟識其性情。每創手之日，亂石散布如林，君躊躇四顧，主峰客脊，大礐小礒，咸默識於心，及役夫受命，君與客方談笑，漫應之曰「某樹下某石置於某處」，目不轉視，手不再指，若金在冶，不假斧鑿；甚至施竿結頂，懸而下縋，尺寸不爽，人以此服其能。又妙作盆池小山，數尺中巖岫變幻，溪流飛瀑，湖灘渺茫，樹木蓊鬱；點綴寺宇臺榭，石橋墓塔，頹墻敗闌，皆一一生動，令觀者坐遊終日不能出，亦從所未有。君死，有子四人，皆世其學，尤以然爲最知名。

然字陶菴；繼其父業，遊於北地。供奉內廷三十餘年，燕京之瀛臺，玉泉，暢春苑皆其所布置。又爲大學士宛平王公構怡園於燕京城南之南半截胡同；水石之妙，有若天然。

黃宗羲張南垣傳（見撰杖集） ……張漣號南垣秀水人學畫於雲間之某盡得其筆法久之而悟曰畫之皴澀向背獨不可通之爲壘石乎畫之起伏波折獨不可通之爲堆土乎今之爲假山者聚危石架洞壑帶以飛梁矗以高峯據盆盎之智以籠嶽瀆使入之者如鼠穴蟻垤氣象蹙促此皆不通於畫之故也且人之好山水者其會心正不在遠於是爲平岡小坂陵阜陂陁然後錯之石繚以短垣翳以密篠若是乎奇峯絕嶂纍纍乎牆外而人或見之也其石脈之所奔注伏而起突而怒犬牙錯互決林莽犯軒楹而不去若似乎處大山之麓截溪斷谷私此數石者爲吾有也方塘石洫易以曲岸迴沙邃闥雕楹改爲青扉白屋樹取其不凋者石取其易致者無地無材隨取隨足或者以平泉爲多事朱勔爲笨伯矣當其土山初立頑石方驅尋丈之間多見其落落難合而忽然以數石點綴則全體飛動若相唱和荊浩之自然關同之古淡元章之變化雲林之蕭疏皆可身入其中也漣爲此技既久土石草樹咸能識其性情每擬手之日亂石如林或臥或立漣躊躇四顧主峯客脊大礐小磯皆默識於心及役夫受命漣與客方談笑漫應之曰某樹下某石可置某所目不轉視手不再指若金在冶不假斧鑿人以此服其精……三吳大家名園皆出其手其後東至於越北至於燕請之者無虛日漣有四子皆衣食其業

吳偉業張南垣傳（見梅村家藏藁卷五十二） 張南垣名漣南垣其字華亭人徙秀州又爲秀州人少學畫好寫人像兼通山水遂以其意壘石故他藝不甚著其壘石最工在他人爲之莫能及也百餘年來爲此技者類學嶄巖嵌特好事之家羅取一二異石標之曰峯皆從他邑輦致決城闉壞道路人牛喘汗僅而得至絡以亘緪錮以鐵汁刑牲下拜劖顏刻字鉤填空青穹窿巖巖若在喬嶽其難也如此而其旁又架危梁梯鳥道游之者鉤巾棘履拾級數折傴僂入深洞捫壁投罅瞪

盻駭來南園過而笑曰是豈知爲山者耶今夫羣峯造天深巖蔽日此夫造物神靈之所爲非人力可得而致也況其地輒跨數百里而吾以盈丈之趾五尺之溝尤而效之何異市人摶土以欺兒童哉惟夫平岡小坂陵阜陂陁版築之功可計日以就然後錯之以石棊置其間繚以短垣翳以密篠若似乎奇峯絕嶂纍纍乎牆外而人或見之也其石脈之所奔注伏而起突而怒爲獅蹲爲獸攫口鼻含呀牙錯距躍決林莽犯軒楹而不去若似乎處大山之麓截谿斷谷私此數數石者爲吾有也方塘石洫易以曲岸迴沙邃闥彫楹改爲青扉白屋樹取其不凋者松杉檜栢雜植成林石取其易致者太湖堯峯隨宜布置有林泉之美無登頓之勞不亦可乎華亭董宗伯玄宰陳徵君仲醇亟稱之曰江南諸山土中戴石黃一峯吳仲圭常言之此知夫畫脈者也羣公交書走幣歲無虛數十家有不能應者用爲大恨顧一見君驚喜歡笑如初君爲人肥而短黑性滑稽好舉里巷諧媟以爲撫掌之資或陳語舊聞反以此受人嘲弄亦不顧也與人交好談人之善不擇高下能安異同以此遊於江南諸郡者五十餘年自華亭秀州外於白門於金沙於海虞於婁東於鹿城所過必數月其所爲園則李工部之橫雲虞觀察之預園王奉常之樂郊錢宗伯之拂水吳吏部之竹亭爲最著經營粉本高下濃淡早有成法初立土山樹木未添巖壑已具隨皴隨改煙雲渲染補入無痕即一花一竹疏密欹斜妙得俯仰山未成先思著屋屋未就又思其中之所施設窗櫺几榻不事雕飾雅合自然主人解事者君不受促迫次第結構其或任情自用不得已骫骳曲隨後有過者輒歎惜曰此必非南垣意也君爲此技既久土石草樹咸能識其性情每創手之日亂石林立或卧或倚君躊躇四顧正勢側峯橫支豎理皆默識在心借成衆手常高坐一室與客談笑呼役夫曰某樹下某石可置某處目不轉視手不再指若金在冶不假斧鑿甚至施竿結項懸而下縋尺寸勿爽觀者以此服其能矣人有學其術者以爲曲折變化此君生平之所長盡其心力以求彷彿初見或似久觀輒非而君獨規模大勢使人於數日之內尋丈之間落落難合及其既就則天墮地出得未曾有曾於友人齋前作荆關老筆對峙平礒已過五尋不作一折忽於其顚將數石盤互得勢則全體飛動蒼然不羣

所謂他人爲之莫能及者蓋以此也君有四子能傳父術晚歲辭涿鹿相國之聘遣其仲子行退老於鴛湖之側結廬三楹鬻名世張翁家傳（見南山全集卷七）張翁諱某字某江南華亭人遷嘉興君性好佳山水每遇名勝輒徘徊不忍去少時學畫爲倪雲林黃子久筆法四方爭以金幣來購君治園林有巧思一石一樹一亭一沼經君指畫即成奇趣雖在塵囂中如入巖谷諸公貴人皆延爲上客東南名園大抵多翁所構也……

阮葵生茶餘客話卷八　華亭張漣字南垣少寫人物兼通山水能以意壘石爲假山悉彷營邱北苑大癡畫法爲之巒嶼澗瀨曲洞遠峯巧奪化工其爲園則李工部之橫雲虞觀察之預園王奉常之樂郊吳吏部之竹亭爲最有名漣既死子然繼之遊京師如瀛臺玉泉暢春苑皆其所布置……王宛平怡園亦然所作……

吳長元宸垣識略卷十　七間樓在南橫街南半截胡同即怡園也康熙中大學士王熙別業……

王士禎居易錄卷四　大學士宛平王公招同大學士眞定梁公學士涓來兄（諱弘）遊怡園水石之妙有若天然華亭張然所造也然字陶菴其父號南垣以意刱爲假山以營丘北苑大癡黃鶴畫法爲之峯壑湍瀨曲折平遠經營慘澹巧奪化工南垣死然繼之今瀛臺玉泉暢春苑皆其所布置也……

曾燦過日集卷六引吳之振宋石門畫輞川圖注　郡人張南垣雜土壘石爲假山高下起伏天然第一叉妙作盆池小山數尺中巖岫變幻溪流飛瀑湖灘渺茫樹木蓊鬱點綴寺宇臺榭石橋墓塔頹牆敗閣皆一一生動令觀者坐遊終日不能出亦從來所未有

康熙嘉興縣志卷七下藝術　張漣字南垣少學畫得山水趣因以其意築圃壘石有王大癡梅道人筆意一時名藉甚董宗伯陳徵君亟稱之交書走幣若李工部之橫雲虞觀察之預園王奉常之樂郊錢宗伯之拂水園吳吏部之竹亭徐司馬之漢槎樓皆其得意作也舊以高架壘綴爲工不喜見土漣一變舊模穿深覆岡因形布置土石相間頗得眞趣吳梅村嘗

為之傳子孫多世其術今朱工部鶴洲曾侍郎倦圃錢學部綠谿皆其次子熊叔祥作亦有父風

葉洮

葉洮，字金城，號秦川；清青浦縣人。工畫山水，胸有邱壑。康熙間，營構暢春園，園中一樹一石，經畫布置，多出其手。

柴桑京師偶記　葉洮字金城靑浦人胸有邱壑暢春園一樹一石皆其布置洮告歸後復入都卒於旅舍朝廷特給內帑為之賻

國朝畫識卷八　葉洮字金城靑浦人善山水喜作大斧劈康熙中祇候內廷詔作暢春園圖本圖成稱旨即命監造既成以疾賜金乘傳歸復召入以勞卒於途

國朝書畫家筆錄卷一　葉洮字金城號秦川自稱山農工山水純用斧劈法

李漁

李漁，字笠翁；本浙江錢塘人，康熙時流寓金陵。嘗為賈漢復葺半畝園於燕京紫禁城外東北隅弓弦胡同。疊石壘土而為山，闕地導泉而為池。池中水亭，雙橋通之。平臺曲室，奧如曠如。又自營別業名伊園。晚年更築芥子園。所撰一家言中有居室部，於設計布置，別具心裁。亦營造學中之要籍也。

麟慶鴻雪因緣圖記（見小方壺齋輿地叢鈔第五帙）　半畝園在京都紫禁城外東北隅弓弦胡同內延禧觀對過園本賈膠侯中丞漢復宅李笠翁漁客賈幕時為葺新園壘石成山引水作沼平臺曲室奧如曠如易主後漸就荒落……憶昔

嘉慶辛未余曾小飲南城芥子園中園主章翁言石爲笠翁點綴當國初鼎盛時王侯邸第連雲競侈締造爭延翁爲座上客以壘石名於時內城有半畝園二皆出翁手

道濟

道濟，字石濤，號大滌子，又號清湘老人，苦瓜和尚，瞎尊者；清廣西梧州人。性耿介，工書畫，兼工疊石；嘗爲江都余氏築萬石園於揚州，用太湖石以萬計，故名「萬石」。園中有樾香樓，臨漪檻，援松閣，梅舫諸勝。又築揚州新城片石山房內池中之太湖石山一座，高僅五六丈，但奇峭可愛。

國朝畫徵續錄卷下　道濟字石濤號清湘老人又號大滌子又自號苦瓜和尚又號瞎尊者前明楚藩後也畫兼善山水蘭竹筆意縱恣脫盡窠臼晚游江淮人爭重之一時來學者甚衆今遺跡淮揚尤多

陳鼎瞎尊者傳　瞎尊者失其族名廣西梧州人前朝靖藩裔也性耿介不肯俯仰入時而嘐嘐然磊磊落落高視一切……

……弱冠即工書法善畫工詩

揚州畫舫錄卷二　釋道濟字石濤號大滌子又號清湘老人又號瞎尊者又號苦瓜和尚工山水花卉任意揮灑雲氣迸出兼工壘石揚州以名園勝名園以壘石勝余氏萬石園出道濟手至今稱勝蹟

嘉慶揚州府志卷三十古蹟一　萬石園汪氏舊宅以石濤和尚畫稿佈置爲園太湖石以萬計故名萬石中有樾香樓臨漪檻援松閣梅舫諸勝乾隆間石歸康山遂廢

履園叢話園林片石山房　揚州新城花園巷又有片石山房者二廳之後湫以方池池上有太湖石山子一座高五六丈甚奇峭相傳爲石濤和尚手筆

仇好石

仇好石嘗爲江氏壘怡性堂宣石山，山上有室，額曰：「水佩風裳」，聯云：「美花多映竹，無處不生蓮。」時好石年僅二十有一，因點是石得癆瘵而死。

揚州畫舫錄卷二　仇好石壘怡性堂宣石山　又卷十一　江氏買唐村掘地得宣石數萬盆古西村假石之埋沒土中者江氏因堆成小山搆室于上額曰水佩風裳聯云美花多映竹（杜甫）無處不生蓮（杜荀鶴）是石爲石工仇好石所作好石年二十有一因點是石得癆瘵而死

董道士

董道士，淮安人。疊九獅山。

揚州畫舫錄卷二　淮安董道士壘九獅山

戈裕良

戈裕良常州人，能以大小石鈎帶聯絡如造環橋法，積久彌固，可以千年不壞。嘗云：「要如眞山洞壑一般方爲能事。」儀徵之樸園，如皋之文園，江寧之五松園，虎邱之一榭園，孫古雲書廳前之石山及常熟北門內之蔣氏燕谷園，均出其手。至造亭館池臺一切位置裝修亦無不獨擅其長。

履園叢話藝能堆假山　堆假山者國初以張南垣爲最康熙中則有石濤和尚其後則仇好石董道士王天于張國泰皆爲妙手近時有戈裕良者常州人其堆法尤勝于諸家如儀徵之樸園如皋之文園江寧之五松園虎邱之一榭園又孫古雲家書廳前山子一座皆其手筆嘗論獅子林石洞皆界以條石不算名手余詰之曰不用條石易於傾頹奈何戈曰只將

大小石鉤帶聯絡如造環橋法可以千年不壞要如眞山洞壑一般然後方稱能事余始服其言至造亭臺池館一切位置裝修亦其所長　又園林燕谷　燕谷在常熟北門內今公殿右前臺灣知府蔣元樞所築後五十年其族子泰安令因培購得之倩晋陵戈裕良疊石一堆名曰燕谷園甚小而曲折得宜結搆有法余每入城亦時寓焉

大汕

大汕，字石濂；本吳僧，後主廣州長壽寺。多巧思，疊石爲山，有若自然。又以花梨紫檀點銅佳石作椅桌屛櫃盤盂杯椀諸物，往往有新意。

分甘餘話卷下　廣州有僧大汕字石濂自言江南人或云池州或云蘇州亦不知其果籍何郡善丹青疊山石構精舍皆有巧思剪髮爲頭陀自稱覺浪大師衣缽弟子游方嶺南居城西長壽庵蘿窗小牘　大汕字石濂本吳僧後主廣州長壽寺多巧思以花梨紫檀點銅佳石作椅桌屛櫃盤盂杯椀諸物往往有新意持以餉諸當事及士大夫無不贊賞者

陳英猷

陳英猷，字式靄；清廣東潮陽人。諸生，淹貫經史，旁及百家，尤精於易。晚年築室疊石山，僅容一榻，終日危坐，歷十四載。著演周易一書，門人稱「疊石先生」。

同治廣東通志卷二百九十五列傳　陳英猷字式靄潮陽人甫四齡母病輒欷歔不食弱冠倜儻有大志讀書直探閫奧淹貫經史旁及百家嗜孫吳兵書及武侯陣法然深自晦不露圭角尤精於易以爲疑義殊多晚年築室疊石山僅容一榻終日危坐歷十四載著演周易四卷多奪邵氏之席而翻程朱之臼以諸生卒於家門人稱疊石先生

劉砦峯

劉蓉峯，自築寒碧山莊於蘇州閶門外。　園中有十二峯，皆太湖之選。

履園叢話園林寒碧山莊　寒碧山莊在閶門外花步洞庭劉蓉峯觀察所築園中有十二峯皆太湖之選道光三年始開閶門來遊者無虛日傾動一時

周師濂

周師濂，清嘉道間會稽人。　以書畫詩名聞東南。　嘗疊浮石作小山，高僅二尺餘，而崢嶸幽邃，具巖壑勢。　山多石罅，栽小松七，木桃一；不數年松皆挺秀，與千年古松同其奇拔，木桃亦能結實，大如豆。

碧梧館叢話　會稽周竹生先生諱師濂嘉道間以書畫詩名聞東南喜栽花木經其手無不活嘗入市見小攤上有磁片一長寸餘寬半之白地靑字隸小蓬鷺三字款書米芾眞膺雖不可得而知書法亦古拙可愛也購以歸乃疊浮石作小山高二尺餘極深遠幽邃之致主峯中間嵌以所購磁片山背以靑田石作小碑刻七律一首云生成巖岫小玲瓏割取西泠一朶峰蟻穴細穿珠絡索鷲叢獨闢玉芙蓉水涵秋碧新開盎樹老冬靑宛臥松此上躬先疑有路仙風送我欲扶笻檢以石靑山多石罅栽小松七木桃一不數年松皆挺秀與千年古松同其奇拔不過具體而微耳木桃亦能結實大如豆山承以石盆蓄水養魚經數年不死亦不長一若均爲茲山特產者

王松

王松，字偉期，清江西義甯人。　爲諸生；工書畫，性耽花石，經營布置，別有巧思。

同治南昌府志卷五十三人物方技　王松字偉期義甯人爲諸生落落有奇氣工書畫性耽花石經營布置別有巧思晚年貧益甚終隱於畫醉筆狂揮皆得米顛生趣

明代營造史料

明王府制度

單士元

明太祖驅元而有天下，建都江左，君臨華胄，奄至蒙古，倜其雄才大略有以致之，且又爲多男之帝，有子至二十六人之多，當太祖定有天下時，諸子長者已皆弱冠，乃仿古藩封之制，大封親王，於各地，受封者稱藩國，曰秦愍王名樉藩封西安府 曰晉恭王名棡藩封太原府 曰周定王名橚藩封開封府 曰燕王名棣（即明太宗）藩封北平 曰楚昭王名楨藩封武昌府 曰齊王名榑藩封青州 曰潭王名梓藩封長沙府 曰趙王名杞早薨未就藩 曰魯荒王名檀藩封兗州府 曰蜀獻王名椿藩封成都府 曰湘獻王名栢藩封荆州府 曰代簡王名桂藩封大同府 曰肅莊王名楧藩封甘州府 曰遼簡王名植藩封廣寧府 曰慶靖王名㮵藩封青州 曰寧獻王名權藩封大寧 曰岷莊王名楩藩封雲南 曰谷王名橞藩封宣府 曰韓憲王名松未就藩 曰瀋簡王名模藩封潞州 曰安惠王名楹藩封平凉府 曰唐定王名桱藩封南陽府 曰郢靖王名棟藩封安陸州 曰伊厲王名㰘藩封河南府

藩封爲屏藩帝室之王國，國中一切設施皆有規制，關係宮殿城池之營造名稱，間數尺度，彩畫，莫不參攷古制，集在廷諸臣而折衷之，明代封王最早者在太祖洪武三年，就藩國最早者在洪

武十一年，其宮殿名稱則定于洪武七年，明太祖實錄：「洪武七年，正月始定親王宮殿城池名稱，國中所居前殿曰承運，中曰圓殿，後曰存心，四城門南曰端禮，北曰廣智，東曰體仁，西曰遵義。」尺度議定于洪武十一年，見明雷禮所撰國朝列卿記工部尙書趙翥傳，其定制如下：

城之範圍：

周圍三里三百九步五寸

東西一百五十丈二寸五分

南北一百九十七丈二寸五分

按城之範圍，乃取準于晉府，太祖實錄：「洪武十一年七月乙酉，工部奏諸王國宮城，縱廣未有定制，請以晉府爲準，周圍三里三百九步五寸，東西一百五十丈二寸五分，南北一百九十七丈二寸五分，制曰可。」

城池之尺度：

城高二丈九尺，下闊六丈，上闊二丈。

女牆高五尺五寸。

城濠闊十五丈，深三丈。

宮殿之尺度

正殿基高六尺九寸
月台高五尺九寸
正門高四尺九寸五分
廊房高二尺五寸
王宮門地高三尺二寸五分
後宮地高三尺二寸五分

宮殿間數：

承運殿十一間
圜殿九間
存心殿九間

合周圍兩廡凡百三十八間，按自承運至存心，爲王府之前部，若皇宮之外朝，卽今日所見之清故宮太和中和保和三殿是也。

前宮九間
中宮九間
後宮九間

合兩廂等室，凡爲屋九十九間。按前中後三宮，爲王府之後部，若皇宮之內廷，卽清故宮乾清交泰坤寧三宮是也。合周垣四門堂諸等室總爲宮殿屋室八百餘間。明史輿服志略載如此，証以實錄會典所記均合。

城樓宮殿之彩畫：

城樓飾青綠點金

城門飾丹漆金塗銅釘

前後各殿飾青綠點金窠横攢頂，中畫蟠螭，飾以金邊畫八吉祥花。

廊房飾青黛

殿座用紅梁金蟠螭

座後壁畫蟠螭彩雲後改爲龍

幰用紅銷金蟠螭

上爲洪武四年所定，見明史輿服志，九年又命中書省臣：惟親王宮得飾朱紅大青綠，其他屋室，止飾丹碧，見太祖實錄及明史輿服志。

瓦：

城樓青色

宮殿青色

門廡青色

其制如東宮見太祖實錄。

明史諸王表就藩者有廿二人，瀋簡王以下，永樂朝始就藩皆賜建宮室，太祖實錄，僅標出燕府落成規制，餘則不詳，其記燕府曰：「洪武十二年十一月甲寅燕府營造訖，繪圖以進，其制社稷山川二壇在王城南之右，王城四門，東曰體仁，西曰遵義，南曰端禮，北曰廣智，門樓廊廡二百七十二間，中曰承運殿十一間後曰圜殿，次曰存心殿，各九間，承運殿之兩廡爲左右二殿，自存心承運周廻兩廡至承運門，爲屋百三十八間，殿之後爲前後三宮，各九間，宮門兩廂等室九十九間，王城之外周垣四門，靈星門，餘三門同王城門名，周垣之內堂庫等室一百三十八間，凡爲宮殿室屋八百一十二間。」

按王府制度，至弘治朝小其規模下文所引圖書集成王府制度一則，與明會典所載者同，所謂穿堂殿疑卽洪武定制之圜殿，所演變者，前後二殿，卽爲承運存心是也，其餘小房院宇，依次排列，較洪武制度記載詳盡。

圖書集成經濟彙編考工典王府制度：

弘治八年，定王府制，前門五間，門房十間，廊房一十八間，端禮門五間，門房六間，承運門五間，前殿七間，周圍廊房八十二間，穿堂五間，後殿七間，家廟一所，正房五間，廂房六間，門三間，書堂一所，正房五間，廂房六間，門三間，左右盝頂房六間，宮門三間，廂房一十間，前寢宮五間，穿堂十間，後寢宮五間，周圍廊房六十間，宮後門三間，盝頂房一間，東西各三所，每所正房三間，後房五間，廂房六間，多人房六連，共四十二間。漿糨房六間，淨房六間，庫十間，山川壇一所，正房三間，廂房六間，社稷壇一所，正房三間，廂房六間，宰牲亭一座，宰牲房五間，儀仗庫正房三間，廂房六間，退殿門三間，正房五間，後房五間，廂房十二間，茶房二間，淨房一間，世子府一所，正房三間，後房五間，廂房十六間，典膳所正房五間，穿堂三間，後房五間，廂房二十四間，庫房三連二十五間，馬房三十二間，盝頂房三間，後房五間，廂房六間，養馬房一十八間，承奉司正房三間，廂房六間，承奉歇房二所，每所正房三間，廚房三間，廂房六間，六局共房一百二間，每局正房三間，後房五間，廂房六間，廚房三間，內使歇房二處，每處正房三間，廚房六間，歇房二十四間，祿米倉三連共廿九間，收糧廳正房三間，廂房六間，東西北三門，每門三間，門房六間，大小門樓四十六座，牆門七十八處，井一十六口，寢宮等處周圍甎徑牆通長一千八十九丈，裏外蜈蚣木築土牆共長一千三百一十五丈。

燕府實疑及元宮室全毀時期

按燕府本因元舊內殿，明太祖實錄祖訓錄皆言燕因元舊有實錄：「洪武三年七月詔建諸王府，工部尚書張允文言諸王宜各因其國擇地，請秦用陝西臺治，晉用太原新城，燕用元舊內殿，楚用武昌靈竹寺基，齊用青州益都縣治，潭用潭州玄妙觀，靖江用獨秀峯前，上可其奏，命以明年次第營之。」祖訓錄營繕門更將燕因元舊有特別申述，如「凡諸王宮室並依已定格式起造，不許犯分，燕因元舊有若王孫繁盛，小院宮室任從起造」。按上所引二書，則燕府乃沿元宮，並未盡依已定格式也，建文卽位，責燕府爲僭越，叔姪交惡，府第違制，亦爲原因之一，太宗實錄建文元年，燕王上書陳八事，其七曰：「…謂臣宮僭侈過於各府，此蓋皇考所賜，自臣之國以來二十餘年，並不曾一毫增益，其所以不同各王府者，蓋祖訓營繕條云明言燕因元舊有，非臣敢僭越也」。有此一書，則燕府違制，更可証明，太祖實錄書燕府落成極合規制，永樂上書則自承其宮室僭越過于各府，何前後所記事實相反，若是竊嘗疑焉，原太祖實錄初成于建文之手，永樂驅建文而有天下，凡二次改纂乃父之實錄，至若建文朝事蹟，則爲神宗萬曆時始附入，注一 太祖實錄所記燕府成一則，當爲改纂時之曲筆，此事請再以明史証之，明史輿服志書王宮制度有云：「洪武十二年，諸王府成」。不專言燕府，其敍述宮室配置與實錄所載燕府成盡合，明史窮百數十人之力，費時三十載，取材詳愼，諸王府成一語，必有所本，對彼不實之實錄，棄而不取，此爲當日史館諸公之正確史識也。至永樂上建文書事，爲永樂逝去將二百年後人所附入，固非雄才陰鷙永樂帝所能先知者也。

吾人今日之不憚煩質疑燕府者，非爲建文永樂辨論是非，其目的乃在考據元宮在明初被毀之程度，蓋燕旣因元舊有，則元宮獲存者幾何？無疑的明北京宮殿悉仿南京，其位偏東，與元宮無涉，元宮當然毀去，但其全毀年代，不在洪武改大都爲北平時，乃在永樂稱京師以後。紀毀元宮最早之書，當爲蕭洵故宮遺錄，然遺錄著者無序跋，其書名是否爲著者所命，亦不可知。刊行者爲吳節氏，吳序云：「故宮遺錄者，廬陵蕭洵之所撰也。革命之初，任工部郎中，奉命隨大臣至北平毀元舊都，因得編閱經歷云云。」序文年代在洪武二十九年，去時未遠，僅言毀元都，未專指宮苑。末附萬曆間趙琦跋，則侈言毀宮殿矣，如云：「故宮遺錄者，錄元之故宮也。洪武元年滅元，命大臣毀元氏宮殿。廬陵工部郎實從事焉，因而紀錄成帙，有松陵吳節爲之序。」此跋未免有附會事實之處，倜常考諸明太祖實錄，於洪武元年毀元宮事，不載一字，而更易都城事，屢見於册，如：

洪武元年八月，大將軍徐達命指揮華雲龍經理故元都，新築城垣，取北徑東西長一千八百九十丈。

洪武元年八月己卯，督工修故元都西北城垣。

洪武元年八月戊子，大將軍徐達遣右丞薛顯參政傅友德陸聚等，將兵略大同，令指揮葉國珍計度北平南城周圍凡五千三百二十八丈，南城故金時舊基也。

洪武元年八月壬辰，大將軍徐達遣指揮張煥計度元皇城周圍一千二十六丈。

洪武元年九月戊戌，大將軍徐達改元都安貞門爲安定門，建德門爲德勝門。

以上各則亦散見春明夢餘錄日下舊聞諸書，可知後來所謂洪武元年毀元宮者，當即係改易都城之事。闞霍初氏著元大都宮苑考，亦言洪武初毀元宮，多爲改造都市。又太祖實錄載：「洪武二年九月癸卯，詔以臨濠爲中都。初上詔諸考臣問以建都之地，或言關中險固，金城天府之國；或言天地之中，四方朝貢道里適均，汴梁亦宋之舊京；又或言北平元之宮室完備，就之可省民力；者所言皆善，惟有不同耳。長安洛陽汴梁，實周秦漢魏唐宋所建國，但平定初民未甦息，朕若建國于彼，供給物力悉資江南，重勞其民；若就北平，要之宮室不能無更作，亦未易也。今建業長江天塹，龍蟠虎踞，江南形勢之地，眞足以立國。臨濠則前江後淮，以險可恃，以水可漕，朕欲以爲中都，何如？羣臣皆稱善。至命有司建置城闕，如京師之制焉。」

觀上文，可知在明初尚有就都北平之說，則洪武滅元，未卽毀其宮殿，亦可爲証。蕭洵於洪武六年以工部主事在長興縣（注二）其隨大臣赴北平時雖不可考，但相信當在洪武六年以前。今假定明初毀元宮分二時期，則蕭洵所參與者，或在第一次。遺錄云云，近于遊記，未可盡指爲遺錄也。

第一時期：

明太祖實錄「洪武二年十一月丁卯，改湖廣行省趙耀爲北平行省參政，上以耀嘗從徐達取元都，知其風土人情邊事緩換，改授北平，且俾守護王府宮室……耀因奏進工部尙書張允文所取北平宮室圖，上覽之，令於元舊城基改造王府，耀受命卽日辭行」明年七月詔建諸王府，時工部尙書張允文請燕用元舊內殿，燕府之地位在太液池之西注三所謂內殿，雖未指名，以其方向考之，則爲元之隆福宮興聖宮一帶，是第一期毀元宮時，西部未毀。

第二時期

明太宗實錄「永樂十四年八月丁亥，作西宮，初上至北京，仍御舊宮，及是將撤而新之，乃命工部作西宮爲親朝之所。」春明夢餘錄「明太宗永樂十四年車駕巡幸北京，因議營建宮城，初燕邸因元故宮，卽今之西苑，開朝門於前，元人重佛，朝門外有大慈恩寺，卽今之射所，東爲灰廠，中有夾道，故皇城西南一角獨缺，太宗登極後，卽故宮建奉天三殿，以備巡幸受朝。」又太宗實錄「永樂十五年四月癸未，西宮成，其制中爲奉天殿，殿之側爲左右二殿，奉天之南爲奉天門，左右爲東西角門，奉天之南爲午門，午門之南爲承天門，奉天殿之北有後殿涼殿暖殿及仁壽景福仁和萬春永壽長春等宮，凡爲屋千六百卅楹。」此時元宮西部已全部消滅，同年六月，復去西宮里許，營建正式宮殿，爲遷都北京之預備，至十八年完成，又太宗實錄「永樂十七年十一月甲子，拓北京南城計二千七百餘丈。」

總觀上述之史料，明太祖時，元宮西部改為燕邸，迨燕王稱帝，永樂十五年於其舊邸建西宮，元代宮室始全消滅，所謂西宮者，蓋在當時已有遷都北京之計劃，正式宮殿則建於其舊邸之東也。又關係明代王府史料，除明史會典實錄等書所見者外，尚有如夢錄中之周藩紀周藩名橚為太祖第三子，藩封河南開封，開封原為宋人舊都，其城池遺跡宮殿舊基在明初猶有存者，周藩因之故周府制度亦較偉大，周藩紀記載頗詳，且極冗長，本期暫不錄。

註一　明史藝文志「明太祖實錄二百五十七卷，建文元年董倫等修，永樂元年解縉等重修，九年胡廣等復修，起元至正辛卯，訖洪武三十一年戊寅，首尾四十八年，萬曆時允科臣楊天民請，附建文帝元二三四年事蹟於後。」

註二　見長興縣志，又蕭洵為江西吉水人，吉水縣志載洵於洪武六年由工部主事任洛陽縣，誤。

註三　春明夢餘錄載燕邸因元故宮，朝門外有大慈恩寺，東為灰廠，據陳宗蕃氏燕都叢考：灰廠即今之府右街灰廠豁子，燕邸在太液池之西，可証。

同治重修圓明園史料（續）

劉敦楨

五　材料

歷來營建大役，首重採料。料之主要者，曰石，曰木，曰磚瓦，次爲石灰，顏料，油漆，銅，鐵等物。石有旱白玉，艾葉青，青白石，青砂石，豆渣石，虎皮石，紫石，白道石等，大都產於北平西北及盤山一帶。其旱白玉一種，產房山縣大石窩，兩宮鼎建記載明萬歷間重建三殿，採石於此，自明以來，即禁官民偸掘。石灰由工部派司官赴大石窩諸處設廠燒造，事竣撤銷注六十七。磚別爲城磚，金磚，海墁大磚三種。前者修砌牆壁用之，製自山東臨清州。殿庭內外甃地則以金磚，造於蘇州。皆沿前明舊規，由工部派員會同地方官督造，運京供用。陵寢等處海墁大磚，舊用臨清州城磚，嗣以品質粗劣，道光中就京造澄漿磚代之注六十八，即平東河西務俗稱「東窰」者是也。各色琉璃磚瓦，製於平西三家店西琉璃渠村，由部發給鉛料工銀，歸廠商趙氏承辦。顏料，油漆，銅，鐵等物，俱行文工部戶部領取。 木植一項，分大木，裝修，架木三類。 舊例各省解到木植，由工部委員會同通州皇木廠監督驗收，轉送大清門內木倉儲存備用。 其中架木一類，有桅木，架木，桐皮槁諸稱，各分一二三等，由江南江西湖南浙江等省按年採辦；附屬梂棍，則由直隸房山縣解送；俱運存工部木倉，大工開始，向部領用，事畢歸還。 惟諸園內天棚鳥雀房所用架木，自搭造後，不卽拆卸，黴朽者隨時撤換，無歸還之例注六十九。 各殿裝修舊由楠木作雷氏承造，康乾間開雕於金陵，見雷氏族譜；後因所用花梨木，鐵梨木，紅木等來自南洋，遂歸粵海關供應，但一部仍由雷氏及各廠工就京製辦注七十。 此外大木所需梁柱，斗栱，椽桁，數量最衆，採集不易，爲自來大工最困難之一事。 往往梁柱巨料，無術覓購，工程隨之停頓。 攷明大內建築工無巨細，悉以香楠締構，置官湖廣川黔諸省，採運垂二百年。 萬歷中重建二宮三殿，巨材漸稀，有減及等幫品之法注七十一。 清康熙初營太和等殿，四川所辦楠木不足百株，許酌量代以松木注七十二。 自是以後，雖亦間用楠木注七十三，然鴨綠江黃松與柏木二者實爲清宮苑陵寢最普通之材料。 顧松柏巨者仍難多得，於是梁柱幫品之風，視爲當然不足異矣。

注六十七　大清會典事例卷八百七十五『順治初年定大工需用石灰，委本部官開採燒造，於大石窩採白玉石，青砂石，馬鞍山採青砂石，紫石，白虎澗採豆渣石，牛欄山採青砂石，石景山採青砂石，青砂柱頂階條等石，其青白石灰，於馬鞍山，磁家務，周口，懷柔等處，置廠燒造，運京應用。』 又『康熙四十五年題准，大工需用石灰選工部司官請領工運價値，開採燒造冊報覈銷，事竣撤回』。同書卷八百七十八：『康熙五十二年題准，紅石口、蝎子山自靑龍山往北高兒山、破頭山、楊家頂一帶，禁止偷採石料』。

注六十八　前書同卷道光十年上諭：『昌陵聖德神功碑樓工程需用盖面海墁大磚，山東運到者磚質粗鬆，沙眼太多，難以選用，即由京燒造澄漿磚乘時備用』。

注六十九　前書同卷『康熙二十六年題准，每歲江南解架木二千四百根，江西、湖南各一千四百根，每省各解桐皮杉槁二百根，浙江省捐辦架木一千四百根，桐皮杉槁二百根。又直隸房山縣額存楸棍山地，每歲應解楸棍十九萬一千二百九十八根到部，以備各工取用』。又見同書卷五十八工部一章。前書卷八百七十八：『嘉慶十七年奏准，嗣後各處行取架木，工完後均令交回，不准援照內務府咨取鳥雀房天棚之例，以杜流弊』。

注七十　國立北平圖書館藏雷氏旨意檔：『同治十三年五月初一日，將木花牙樣三箱，洋布裝修樣二箱（三十七份）並五尺一桿，桌張畫樣十九張，開寫數單交堂，行文給坐京孫義館，去行粵海關，限一年陸續交京』。又堂諭司諭檔『同治十二年十二月初三日，貴寶諭各殿座裝修着雷思起辦，其餘小座裝修，交各處隨工自辦』。

注七十一　學海類編明賀仲軾兩宮鼎建記卷下：『兩宮梁棟長九丈圍一丈三四尺，見貯枬木中繩墨者百無一二，公苦之。偶見故楊司馬家乘載枬木甯品事甚悉……公乃具呈備述於堂，請題部堂如公議疏上，即報可』。又覆川湖貴減枬木尺寸疏：『照得枬木宮殿所需，每根動費千萬兩，不中繩墨，採將安用，即頭號不可必得，遠下二三號』云云。

注七十二　東華錄：「康熙八年三月，四川巡撫張德地奏採取枬木八十株，得旨，修造宮殿所用枬木不敷，酌量以松木湊用。」又「二十五年二月，九卿等議復入覲四川松威道王騭條奏，四川枬木採運艱難，應行停減，上諭著停止採運。」王慶雲熙朝紀政載是年上諭：「蜀中屢遭兵燹，豈宜重困，今塞外松木材大可用者多，取充殿材，可支數百年，何必楠木」云云。

注七十三　見注七十九吳棠摺。

同治重修此園，事出倉猝，其時歀料俱乏，遂拆園內藏舟塢及三山等處舊材，濟一時之急。惟重修殿宇不下三千餘間，舊料不抵什一，勢不得不另籌採購之策。茲據內務府檔冊奏底及雷氏文件所示者，列舉如次：

（一）撤用藏舟塢，近春園，三山，器皿庫，燈籠庫等處木石瓦片注七十四。

（二）李光昭報捐木植注七十五。

（三）行文兩湖，兩廣，四川，閩浙等省，每省採辦大件木料三千件，務於同治十三年三月內報明，迅卽運京注七十六。

（四）招商前往產木各省，設法採買注七十六。

（五）磚瓦石料及小件木植與各工應用各歀物料，就京覓購，或向各省行取注七十六。

（六）大件裝修交粵海關製辦，一部仍由雷氏在京雕製，各小殿裝修交各工自辦注七十。

上列諸項內，除第(一)項實施外，李光昭報捐之木植，截至停工止，僅採辦洋木三萬五千尺，運至天津，尚未抵京注七十七。(四)(五)二項胥無下文，詳狀不明。第(六)項裝修木料，交粵海關製辦者，因是年七月末旋卽停工，殆未着手；而雷氏就京所購柏木二萬斤，停工時內務府幾無法償付木價注七十八。然以上數項，皆枝節末事，關係較輕，其足影響工作前途者，厥爲指派兩湖兩廣閩浙四川等省各採大件木料三千件，未能實現，致安佑宮等處較大工程，自供梁後竟無術進行。據翁同龢李慈銘二家日記及內務府文件，祇同治十三年五月，內務府奏粵督瑞麟採辦木料，並進呈木樣及木植尺寸清單。閩浙二省雖有來文，見貴寶呈堂啟，惟原件未獲，無由揣測。其具章駁覆，未允照辦者，則有兩湖總督李瀚章與四川總督吳棠二人。就中吳棠一摺，縷陳採木困難諸點，最稱愷切，遂邀免解之諭注七十九。良以紅羊亂後，封疆大吏事權寖大，淸廷威信亦非康乾盛時可比。內府諸耶欲於大亂之後，以一紙咨文驅各督撫朘削小民膏脂，供不急之務，宜其遭李吳諸人之反對。故園工停頓之動機，雖基於李光昭招搖一案，其時木植缺乏，亦有不得不戛然中輟者。茲將第(一)項撤用舊料數目，依內務府領用舊木植石料瓦片抵除銀兩數目清册，與張嘉懿先生所藏內務府奏底，撮要表列於後，以存梗槩。

注七十四　張嘉懿先生藏內務府請拆用近春園等處木料奏底；『總管內務府謹奏爲奏聞請旨事。　稿本月十

34495

九日奴才明善面奉諭旨圓明園安佑宮正大光明殿，萬春園清夏堂天地一家春等處安供正梁，著於十二月十六日辰時敬謹安供欽此。 奴才等查各殿座應行供梁所用木植，均須乾潔堅實，方為吉祥。現在外邊木廠所購木料，恐不能一律乾潔，難昭慎重。查圓明園藏舟塢現有船塢四座，每座十三間，瓦片脫落，椽望黲朽，酌擬拆卸，將大柁改做正梁，其餘木植亦可揀選使用。至應行修蓋各座殿宇值房，需用木植甚多，亦須購辦。查有近春園空閑園庽房間遊廊約二百餘間，木植間有黲朽，並有坍塌之處，酌擬拆卸，挑選堪用木植，亦可改做正梁，其餘木植，以備修理各處值房。並查清漪園，靜明園，靜宜園，（按即三山）尚有坍塌殿宇值房，亦擬派員前往查看情形，是否堪用，再行奏明辦理。再三園內並有早經坍塌房間，收存黲朽木植，擬一併行文查明根件數目，以備揀選使用。是否之處，伏候命下，將應拆處所，即行拆卸，趕緊成做正梁，以備吉期安供。為此謹奏請旨」。按原稿未具日期，據雷氏旨意檔，同治十二年十一月十八日，著欽天監擇吉供梁，則此摺當遞於是月下浣。

又拆用器皿庫，燈籠庫木植，見領用舊木植石料瓦片抵除銀兩數目清冊，詳下表。

注七十五　故宮文獻館藏內務府圓明園工程奏銷檔載「同治十二年十一月二十四日本堂奏為知府李光昭報効木植事，原稟二件，稟底二件」。 又見李慈銘越縵堂日記。

注七十六　張嘉懿先生藏同治十三年正月十四日內務府拆用舊木植及請旨採辦木料奏底；「總管內務府謹奏為查看現存木料，籌備大件木植，請旨遵行事。前因奉旨安佑宮，清夏堂，天地一家春，正大光明殿等處安供正梁，曾經臣等奏明將圓明園藏舟塢，並近春園房間遊廊，均已拆卸，選擇乾潔木植，成做正梁，其餘木植，以備興工之用；又將清漪園，靜明園，靜宜園，早經坍塌房間，所存木植，酌擬選用，並三園現存坍塌歪閃殿宇值房，擬派員查看情形，是否堪用，再行奏明辦理，均經奉旨依議欽此。現在所有藏舟塢木植，及近春園房間木植，除挑選成做正梁外，所餘木料，儘數收存，以備應用。今查清漪園，靜明園，靜宜園所存糟朽木植二千三百八十四件，均係坍塌殿宇木植，大半損壞，恐收存愈久，日益糟朽，擬即行領取，除去糟朽，揀選抵用，改做小件木植使用。其三園坍塌歪閃殿宇房間，現已派員查看，木植糟朽，且尺寸較小，不堪選用，應無庸議。恭查安佑宮，清夏堂，天地一家春，正大光明殿等處，按照呈准燙樣，應修殿宇房間，不下三千餘間。即以現在所拆堪用木植，儘數選用，亦不抵十分之一。刻間應用磚瓦石料小件木植，京中就近尚可採辦。惟大件松木柱柁檩暨枋柏杉木，自去歲在京設法採辦，因木植缺少，實係無從購覓，若專由產木各省購覓，恐往返行文，有需時日，致誤要公。臣等公同要酌，一面行文兩湖兩廣四川閩浙，採辦大件木料，每省各三千件，作正開銷。飭令能否採辦何項木植若干件，先將尺寸根件，務於今春三月內報明，迅即運京應用。一面由京內招商前往產木之區，趕緊設法採買，以期迅速，而求實濟。是否之處，伏候命下遵辦。謹將應用大件木植，繕寫清單，恭呈御覽。至各殿內應用花梨木裝修，俟將花樣尺寸，核對妥協，並做安裝料並梨木，再行奏明，交粵海關妥辦。其各工應用各欵物料，容臣等詳細酌核，陸續奏明，由各省行取。所有查看現在木料情形，籌備大件木植緣由，理合恭摺具奏請旨。奉旨依議欽此。』

注七十七　見李文忠公全書奏稿卷二十四，同治十三年八月十六日李光昭欺罔招搖一摺，全文載本文停工原因一章。

注七十八　雷氏堂諭司諭檔：『同治十三年七月二十二三兩日，面見貴寶，請示柏木現催價銀，諭支持十數天再說。次日又回柏木事，云只好聽之。回茂郎中採買柏木二萬餘斤，現在均由通運京木廠催銀，請示或遲著暫聽堂官三五日吏部奏摺再說』。

翁文恭日記，同治十三年七月初七日紀事『園工之始，奸商李光昭妄稱報効木植，於是以知府徧行湖廣四川廣東川楚兩制軍皆拒絕，而粵督遂徇其情捐輸木料。』　又內務府圓明園工程奏銷簿載『同治十三年五月二十四日本堂奏為兩廣總督採辦木料，先行呈覽木樣事摺片稿各一件。』　同啓帖檔載：『兩廣總督來文並木植尺寸清單，已交圓明園銷算房抄訖，飭令查看木植是否堪用，其尺寸擬蓋何處殿座，數用於明日開單報堂，並向班上詢明昨日接到閩浙總督福建巡撫採辦木植來文，現辦夾片內已經敘入。』

注七十九

越縵堂日記載同治十三年五月二十一日邸抄：『四川總督吳棠奏，同治十三年二月十九日準總管內務府咨修理圓明園等處工程，奏請行文兩湖兩廣四川等省採辦大件木料各三千件，作正開銷，先將丈尺根數務於今春三月內報明，迅即運京。發冊一本，內開需用柟柏陳黃松木，徑四尺至七寸，長四丈八尺至一丈五尺，共三千根。查川省於道光初年奉文採辦柟柏四百十七根，係在距省十數站之打箭爐越嶲廳老林開場砍伐，離水甚遠，中隔崇山峻嶺，連年縋幽鑿險，疏通道路，始能搬運出山。自奉文以至起運，前後閱時數載。是從前採購已屬不易。此次需用較前多至數倍，內地經滇髮各匪相繼竄擾，成材巨木多被毀伐，無從購覓，必須多派幹員，分赴夷地，帶同土樵人夫，越嶺翻山，深入老林尋覓。如獲合式之木，又須履勘經過道路，或遇懸崖深澗，阻隔不通，人力難施，不得不另開新徑，豫為繞道地步。然後雇匠鋸材，募夫起運。蜀中跬步皆山，素稱崎嶇，引重致遠，其難倍於他省，此陸路之情形也。及抵水次，又多巨石險灘，横亘中流。其自嘉定雅州以上，盡屬山谿小河，舟楫不通，木植必須逐根漂放，至嘉定大河，始能扎筏東下，此水路之情形也。原咨爲期太促，萬難依限，懇請展緩期限。……又原咨需用杉木一千根，查川省杉木，亦曾於道光初年奉文採辦，因木植鬆浮，一經水泡日晒，概多損裂，不適於用。經原任督臣蔵三錫奏請免解，奉旨允准在案。此次可否援例免解，以省冗費云云。硃批著照所請。」

同治重修圓明園拆用藏舟塢等處舊木料表

地點	拆卸舊木料種類	拆卸舊木料根數	使用地點：圓明園大宮門等處	使用地點：出入賢良門勤政殿等處	使用地點：圓明園殿等處	使用地點：安佑宮等處	使用地點：天地一家春等處	使用地點：清夏堂等處
藏舟塢	簷柱	八四根	八根		三六根	一二根	二〇根	八根
	金柱	八四根		一六根	三八根	六根	二〇根	四根
	八架梁	四一根		二根	三五根	四根		
	隨梁枋	三五根		四根	三一根			
	六架梁	二六根	四根	一〇根	八根			四根
	隨梁枋	四根	四根					
	四架梁	四二根		一〇根	三二根			
	頂梁	四二根		一〇根	三二根			

松　　木　　近　　春

雙步梁	八四根			八四根			
隨梁枋	八四根			八四根			
單步梁	八四根			八四根			
簷枋	七八根	六根	六根	三二根	八根	二〇根	六根
墊板	七八塊	六塊	六塊	三二塊	八塊	二〇塊	六塊
金脊枋	三九〇根	四〇根	三〇根	二四八根	二〇根	四〇根	一二根
墊板	三九〇塊	四〇塊	三〇塊	二四八塊	二〇塊	四〇塊	一二塊
桁條	四六八根	四〇根	四〇根	二六二根	三六根	六〇根	三〇根
簷柱	三四一根		五三根	一六八根		九二根	二八根
金柱	二九九根		四四根	一二〇根		七二根	六三根
山柱	二根					二根	
八架梁	七根	四根			三根		
六架梁	五四根	四根			一六根	三〇根	四根
五架梁	九根		九根				
四架梁	一二九根	一〇根	二〇根	五七根		三〇根	一二根
三架梁	九根						九根
接尾梁	一〇根					一〇根	

園 松木	頂梁	一三五根		三四根	五七根		三〇根	一四根
	三穿梁	四根						四根
	揷金枕	四根						四根
	雙步梁	四根					四根	
	單步梁	四根					四根	
	抱頭梁	一六六根	二〇根	二四根	三〇根		七八根	一四根
	穿揷	一六七根	二〇根	二四根	三一根		七八根	一四根
	金脊簷枋	六二根						六二根
	枋子	五五五根		六六根	三五六根		一三三根	
	墊板	三四九塊		七四塊	二七塊		二一一塊	三七塊
	桁條	七八一根		一三一根	二九二根		二八八根	七〇根
	角雲	一四件					四件	
三山松杉木	簷柱	一二〇根			三六根		五二根	三二根
	金柱	六八根			二二根		一八根	二八根
	枕	一四二根		二根	五一根		五七根	三二根
	枋子	二四五根			八七根		一〇二根	五六根
	桁條	一七二根			三八根		六五根	六九根

近春園三山松杉木	柱子	五件	一件	一件	一件	一件	一件	
	樓柱	九件	二件	二件	一件		二件	二件
	枕	一一件	三件	二件	二件		二件	二件
	插金枕	一件		一件				
	額枋	七件		一件		四件	一件	一件
	截木	一一件	二件	一件	二件	二件	二件	二件
	枋子	一件					一件	
	承重枋子	一八〇件	三〇件	三〇件	三〇件	三〇件	三〇件	三〇件
	檁子方圓柱子	七七八件	一三〇件	一三一件	一二九件	一二七件	一三一件	一三〇件
	抹角梁檁子	五二八件	八八件	八八件	八八件	八八件	八八件	八八件
	抱頭梁三架梁	一八〇件	三〇件	三〇件	三〇件	三〇件	三〇件	三〇件
	單步梁穿插	一五四件	二六件	二三件	二六件	二七件	二六件	二六件
	墊板	二九五件	四八件	五〇件	五〇件	五〇件	四八件	四九件
海淀燈籠庫空閑園寓	六架梁	一二根		一二根				
器皿庫松	柱子	四根						四根
	枕	七件						七件

木	五架梁　六根				六根		
近春園松杉木椽子	簷椽　三六三一根			一一二八根		一三八七根	一一一六根
	花架腦椽五五七三根			三〇一一根		一八八六根	六七六根
	羅鍋椽　一七九九根			九九八根		五二三根	二七八根
藏舟塢松杉木椽子	簷椽　一一二五根			一一二五根			
	花架腦椽五一八四根			五一八四根			
	羅鍋椽　六〇〇根			六〇〇根			

同治重修圓明園拆用近春園石料表

拆用舊石料		使用地點	
地點	種類及數量	圓明園殿等處	天地一家春等處
近春	八寸厚階條石　一三·五丈		一三·五丈
	六寸厚階條石　一四·五丈		一四·五丈
	五寸厚階條石　四三·五丈	二五·二丈	一八·三丈

地點	種類及件數			
圓石料	四寸厚階條石	六〇·七丈	三五·五丈	三五·二丈
	壓磚板	八塊	四塊	四塊
	挑簷石	一六塊	八塊	八塊
	角柱	一六塊	八塊	八塊
	柱頂石	一四塊	二塊	一二塊

同治重修圓明園拆用近春園及藏舟塢瓦片表

地點	拆用舊瓦料 種類及件數		使用地點 圓明園殿等處	天地一家春等處	清夏堂等處
近春園瓦片	頭號筒瓦	二三六〇〇件		一六六〇〇件	七〇〇〇件
	頭號板瓦	三七三〇〇件		三三三〇〇件	四〇〇〇件
	二號筒瓦	三七四〇〇件		二六二〇〇件	一一二〇〇件
	二號板瓦	六二五〇〇件		四三八〇〇件	一八七〇〇件
	拾號筒瓦	一二〇〇〇件		八四〇〇件	三六〇〇件
	拾號板瓦	二一〇〇〇件		一四七〇〇件	六三〇〇件
藏	頭號筒瓦	一五六二四件	一五六二四件		

舢鳩瓦片		
頭號板瓦	四八八四〇件	四八八四〇件
羅鍋	八三七件	八三七件
折腰	一三八八件	一三八八件

六　工費

清內務府經費來源除婚喪萬壽大典另由戶部供應外，其經常費據同治十三年正月上諭，每歲由部撥給六十萬兩注八十。此外各省關餘鹽欵二種亦爲收入大宗。惟屯莊糧莊果園租銀，與口外牲丁歲入十六萬餘兩注八十一及參價官房租庫滋生銀兩等屬諸雜項，爲數較微。當雍乾盛時海內承平無事，各常關盈餘及長蘆兩淮鹽欵收入甚豐，故雖頻年土木繁興迄未動支部款。宮中府中之別，界限綦嚴，外廷從無議及內務府經費者。迨阿片戰役後開五口通商之局，海道航行，自滬直達天津淮安諸關等於虛設。繼以紅羊之亂，前後亘十餘年各省隨地設卡徵稅，以濟軍需，諸常關盈餘因之銳減，而鹽法隨之亦亂。於是內府財源幾瀕絕地，遂由粵海關年撥三十萬兩以資挹注。然同光之交，內務府收入總數每年亦僅百十餘萬兩注八十二入不敷出者，約五分之一。故自同治末年以來，時有向部挪借預支之事。前舉之同治十二年上諭，卽基此而發也。

注八十 王氏東華續錄，同治十二年正月二十九日己酉，『諭軍機大臣等戶部奏部庫空虛……另摺奏內府外庫定制攸分各宜量入爲出不可牽混又片奏內務府經費仍照舊添撥各等語內務府供應內庭一切用項本有粵海關天津長蘆應解各款及莊園頭租銀加以戶部每年添撥經費量入爲出何至用款不敷著總管內務府大臣於一切應用之需覈實撙節幷嚴飭各該司員認眞辦理毋得任意開銷致涉浮冒其各省關例解款項如逾限不到或仍前拖欠即由該大臣等奏明將該督撫監督運使等嚴予處分以儆玩泄至由部奏撥之六十萬兩見經戶部奏明仍按年籌撥是內府用款不至過絀嗣後不得再向戶部借撥以符定制將此各諭令知之』

注八十一 大清會典事例卷九十四：『內務府會計司歲收畿輔各莊銀五萬八千餘兩，盛京各莊銀一千二百餘兩，錦州各莊銀二萬八千五百餘兩，熱河各莊銀四千二百餘兩，駐馬口各莊銀二千二百餘兩，三旗莊銀五萬二千五百餘兩』。卷九十三『掌儀司歲收南苑盛京廣寧等處果園銀八千九百餘兩』。卷九十一『都虞司歲收口外口內牲丁銀八千兩有奇』。

注八十二 見故宮文獻館藏光緒八年內務府奏復御史陳啓泰條陳興利除弊事宜一摺。

詎意是諭頒後，僅逾半載，復有重修圓明園之舉。各工所需款項，既不能破例向部支取，而大亂後，庫藏如洗，戶部亦無術搜羅供應，遂有內外王大臣捐輸修建之議。據內務府檔冊所載，捐輸內容分二種。一爲恭王以次內外臣工認捐之欵，共二十三萬餘兩。漢臣中姓氏可稽者，僅潘祖蔭李文田數人，餘皆滿員。一爲本工及普祥峪萬年吉地工程，扣回發商銀二成。以上二項，截至停工止，共收入四十萬五千餘兩。此外李慈銘越縵堂日記載『同治十三年四月，御史余培軒奏請將戶部捐輸隨解飯銀及照費約二十萬兩，工部河工水利銀約四五萬兩，撥交內務府充園工之用，歲可得三十餘萬兩，奉旨交部議奏』，未有下文，殆未實施。而實際上持以接濟各項工程之第一項捐欵，自同治十三年五月以後，數量頓減，亦爲園工停頓之一因。茲據內務府收捐銀兩簿及收捐圓明園銀兩門文簿所載各欵，列表如左。

同治重修圓明園捐輸銀兩表

日期	捐輸者	銀數
同治十二年十月初九日	恭親王	二〇〇〇〇·〇〇〇兩
	總管內務府大臣工部左侍郎明善	二〇〇〇〇·〇〇〇兩
廿一日	總管內務府大臣廂黃旗都統宗室春佑	三〇〇〇〇·〇〇〇兩
	總管內務府大臣吏部左侍郎魁齡	四〇〇〇〇·〇〇〇兩
	總管內務府大臣戶部侍郎桂清	二〇〇〇〇·〇〇〇兩
	誠大人	三〇〇〇〇·〇〇〇兩

內務府堂郎中貴寶	五〇〇〇.〇〇〇兩
候補副都統崇	一五〇〇〇.〇〇〇兩
候補郎中那隆阿	二〇〇〇.〇〇〇兩
十一月初九日	
總管內務府大臣工部尚書崇綸	一〇〇〇〇.〇〇〇兩
誠大人	一〇〇〇.〇〇〇兩
廣西潯州府知府德壽	一五〇〇〇.〇〇〇兩
候補員外郎錫昌	四〇〇〇.〇〇〇兩
候補主事連陰	五〇〇〇.〇〇〇兩
尚膳正多福	二〇〇〇.〇〇〇兩
十二月初一日	
署熱河都統崇實	
翰林院侍講嵩申	三〇〇〇.〇〇〇兩
兵部侍郎崇厚	三〇〇〇.〇〇〇兩
上駟院卿廣順	五〇〇〇.〇〇〇兩
武備院卿師曾	三〇〇〇.〇〇〇兩
奉宸院卿毓清	二〇〇〇.〇〇〇兩
前任堂郎中文錫	一五〇〇〇.〇〇〇兩
郎中忠誠	二〇〇〇.〇〇〇兩

廿八日	太僕寺卿壽昌	二〇〇〇·〇〇〇兩
	南苑郎中舒麟	二〇〇〇·〇〇〇兩
同治十三年二月廿七日	杭州織造文治	一〇〇〇〇·〇〇〇兩
	淮關監督文桂	三五〇〇·〇〇〇兩
	粵海關監督文銛	一五〇〇〇·〇〇〇兩
	熱河正總管錫祉	二〇〇〇·〇〇〇兩
四月十七日	普祥峪萬年吉地工程扣回放商節省二成銀	一一五五四〇·〇〇〇兩
五月初二日	戶部左侍郎宋晋	一〇〇〇·〇〇〇兩
	禮部左侍郎察杭阿	一〇〇〇·〇〇〇兩
	刑部右侍郎廣壽	一〇〇〇·〇〇〇兩
	鎮國公奕謨	一〇〇〇·〇〇〇兩
	郡王銜多羅貝勒載澂	二〇〇〇·〇〇〇兩
	翰林院侍讀學士李文田	五〇〇·〇〇〇兩
	翰林院編修潘祖蔭	二〇〇〇·〇〇〇兩
	刑部左侍郎恩承	一〇〇〇·〇〇〇兩
	戶部左侍郎榮祿	一〇〇〇·〇〇〇兩
	戶部右侍郎崇綺	一〇〇〇·〇〇〇兩

	戶部尚書載齡	一〇〇〇.〇〇〇兩
	內閣學士德椿	五〇〇.〇〇〇兩
十四日	圓明園發放工欵扣回節省二成銀	一四〇〇〇.〇〇〇兩
	捐輸銀	一〇〇〇〇.〇〇〇兩
六月十六日	捐輸銀	三四五〇〇.〇〇〇兩
廿一日	圓明園發放工欵扣回節省二成銀	三二四八〇.〇〇〇兩
八月初七日	捐輸銀	七五〇〇.〇〇〇兩

總計收入銀四十萬五千五百二十兩正

附注

前表中同治十二年十月及十一月誠大人捐款二起，原冊未署姓名，是否即係誠明，無從證實。又同治十三年五月以後，捐輸銀三項俱未載姓名，據內務府圓明園奏銷簿所記同治十三年奏摺目錄；

五月十五日本堂奏爲孚郡王奕譓報効銀兩事片

本堂奏爲惠郡王奕祥報効銀兩事片

七月初一日本堂奏爲吏部尚書寶鋆等大臣官員報効修工銀兩請旨議叙事摺稿

十月初六日崇大人等六位奏爲報効銀兩事片六件

亦未列舉姓氏及各人所捐銀數，姑懸以俟考。

支出一項，據內務府圓明園工程奏銷簿，載光緒元年三月廿四日，奏報修理圓明園工程用過銀兩數目一摺，惟原文百尋未獲，支出情形，無由忖測。 今約略可知者，前項捐輸各欵，初非全部用於三園工程。 蓋內務府營造司，曾於同治十三年六月，借用五萬兩供大內養心殿鍾粹宮昭仁殿咸福宮景仁宮等處修葺之用，翌月復借用五千兩注八十三。 同年七月末停工後，營造司又借用一萬兩；皮庫借用五千兩；奉宸院因楠木作雷思起赴津採辦三海裝修木料，亦借用一萬兩注八十四。 以上各款，究不知何時歸還。 其發給各工有數可稽者，止三十萬六千餘兩而已。此外監督監修人員飯食口分銀；樣式房雷思起盪樣工料銀；與賞銀雜費等，胥屬於辦公費之內。據貴寶呈堂文，辦公費來源，卽安佑宮六大處工程所發工費廿三萬餘兩內，扣回二成之半數。截至停工止，共支出二萬三千餘兩。 所有工費與辦公費二項支出，依收捐修圓明園銀兩門文簿，列表如次：

注八十三 故宮文獻館藏同治十三年六月十七日，內務府營造司借用圓明園工款文據：『營造司為借領銀兩事，現修宮內各等處工程活計，因庫欵支絀，奉堂台批准，由圓明園工程項下借撥銀五萬兩，着令筆帖式廷輔領取，所領是實。』 又見收捐修圓明園銀兩門文簿，惟日期為六月十六日。又同年七月十七日：『營造司為報堂事，本司於六月十七日，由圓明園節省項下借撥銀五千兩，為此報堂。』

注八十四 見故宮文獻館藏內務府收捐修圓明園銀兩門文簿及同治十三年十二月管理圓明園大臣片行內務府請轉飭各處借用銀兩，即行歸還，以便發給雙鶴齋等處下欠工程銀兩一文。

工程費支出表

日期	用途	銀數
同治十二年十二月廿八日	支付拆除牆垣出運渣土工程銀	二三九五九・七八九兩
	支付供梁工料銀	六一〇一・三三八兩
同治十三年正月二十四日	支付圓明園大宮門正大光明殿圓明園中路安佑宮天地一家春清夏堂六大處工程銀	六〇〇〇〇・〇〇〇兩
二月廿七日	支付六大處工程銀	七〇〇〇〇・〇〇〇兩
五月初二日	支付北路雙鶴齋及拆橋梁工程銀	二七三〇三・三六二兩
十四日	支付六大處工程銀	七〇〇〇〇・〇〇〇兩
廿一日	支付六大處工程銀	三二四〇〇・〇〇〇兩
十一月初四日	支付雙鶴齋同樂園舍衛城萬方安和課農軒北遠山村及挖湖修橋補牆築路工程銀	一八〇〇〇・〇〇〇兩
光緒元年五月二十一日	支付工程銀	五一五・四七二兩

共計支出銀三十萬七千二百七十九兩九錢九分一釐

辦公費支出表

日期	用途	銀數
同治十三年六月二十一日	圓明園辦公費	一六二〇三・二一六兩

34512

八月初七日	圓明園辦公費	一六七三・〇〇〇兩
十一月初一日	圓明園辦公費	四一五五・〇三五兩
光緒元年五月十四日	圓明園辦公費	一二〇九・七四九兩

共計支出銀二萬三千二百四十一兩

然前述發放各廠之工費，又非實際工程費之總額。蓋六大處工程，曾領用舊木植石料，瓦片等，抵銀三萬餘兩；而停工後尚欠各廠工料銀十四萬餘兩，故已修工程之總額共計四十八萬一千餘兩。惟下欠之數，究於何時補付，尚未發現證據。其應扣除及已付下欠數目，據圓明園請款咨文及各承造人收據呈文等，列表如後。

已付未付及抵扣工程費表

工程名目	承造木廠及其代表人	工程費	領用木植石料瓦片應扣除銀兩	已領銀兩	下欠銀兩
拆除牆垣出運渣土	安鳳鵬 高家源 王程銳 王常遠 李陞 田溥 劉長榮	三九五九・七九八兩		三九五九 七九八兩	

34513

供梁工料	李常陞 劉長榮 安鵬 高鳳源 王家瑞 王程遠 田溥	六一〇一・三三八兩		六一〇一・三三八兩	
圓明園大宮門二宮門一區	興隆木廠 劉長榮	四六八九三・六九〇兩	一五四八・四三三兩	三五〇〇〇・〇〇〇兩	一〇三四五・二五七兩
正大光明殿及勤政殿一區	永德廠 工頭盧煜	三八二三四・八八〇兩	二七〇三・〇九二兩	三五〇〇〇・〇〇〇兩	五三一・七八八兩
圓明園中路一區	天利木廠 安鵬	七〇三五八・七三三兩	一四四六四・〇三七兩	四六三〇〇・〇〇〇兩	九五九四・六九五兩
安佑宮一區	泰源局 工頭高鳳源	五〇二九一・六二〇兩	一六三九・二四六兩	三五〇〇〇・〇〇〇兩	一三六五二・三七四兩
萬春園大宮門及天地一家春一區	泰和局 王家瑞 王程遠	一一〇八七五・二〇八兩	七〇八三・一七六兩	四六二〇〇・〇〇〇兩	五七五九二・〇三二兩
清夏堂一區	義成廠 工頭田溥	四二一二七・九二七兩	二七一八・五六九兩	三五〇〇〇・〇〇〇兩	四四〇九・三五八兩
修理雙鶴齋紫碧山房明春門等處及橋梁寳船石路		二七三〇三・三九二兩		二七三〇三・三九二兩	
修理雙鶴齋舍衛城同樂園等處及濬湖修橋	于福 安鵬 王家瑞 高鳳源 田溥 周永來	六六一八六・五三六兩		一八〇〇〇・〇〇〇兩	四八一八六・五三六兩
總計		四八一三三三・一一一兩	三〇一五六・五四三兩	三〇六七六四・五六八兩	一四四三一三・〇四〇兩

同治重修圓明園收據

具領呈天和局商人王家瑞
王程達今領到

天地一家春各殿宇樓座並遊廊庫值房等處拆去山檐牆垣收運土渣並

萬春園右門內補蓋值房等工原估工料實[illegible]百伍[illegible]分陸厘並無虧平短少

所領是實

具領呈天和局商人王家瑞
王程達

同治拾弍年拾弍月貳拾柒日

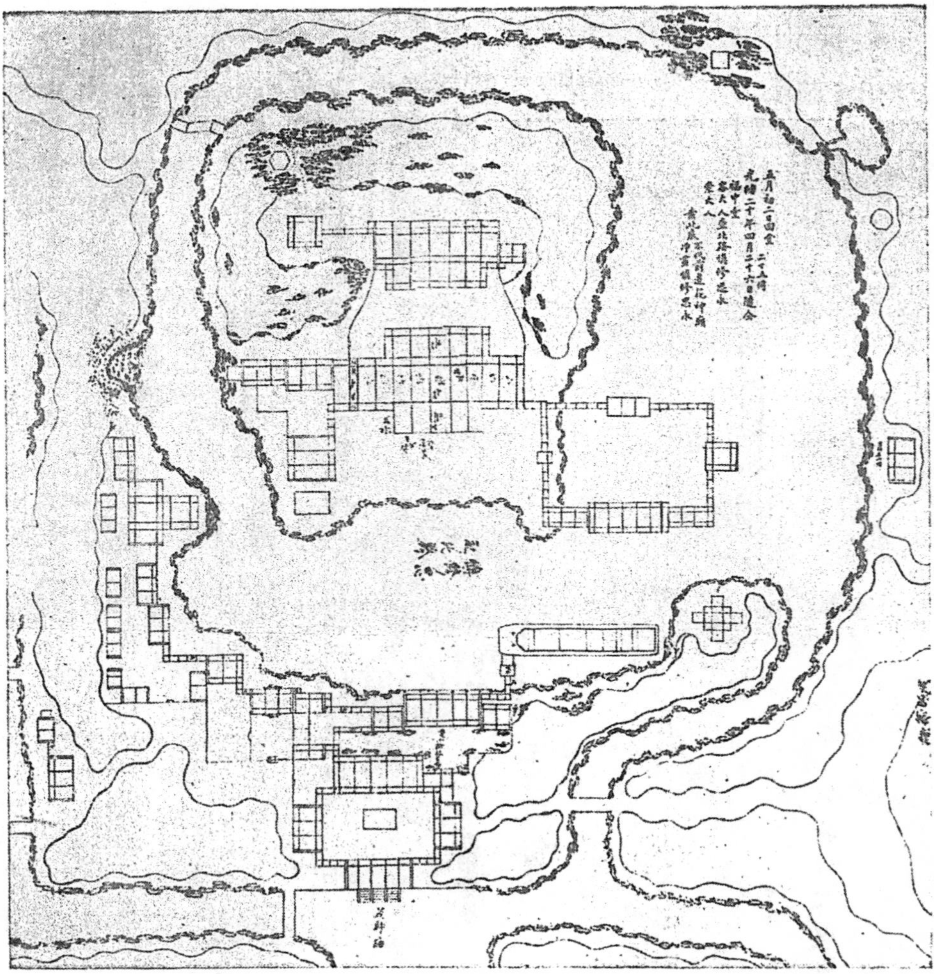

第四十八圖　光緒重修愼修思永平面圖

七　勘估與監修

清內務府官制，迭有變遷。順治初，猶沿前明舊制，設惜薪司，掌宮禁繕修，與炭薪陶冶諸事。康熙元年改內工部，十八年更名營造司，職掌仍舊。其後康熙二十三年另立奉宸院，管理景山西苑南苑等園，凡繕修諸工，由院直接辦理，規制爲之稍變。乾隆中葉，土木繁興，復增設內務府總理工程處，掌內庭及各園庭熱河等處工程注八十五，營造司之事，因之益減。惟總理工程處因工而設，事竣撤銷，非永久機關。其工程進行手續，首由內務府奏請指派勘估大臣，估算錢糧，次由勘估大臣奏請指派承修大臣監修。工竣後，由承修大臣奏請欽派大臣驗收，規定保固年限與賠修之例注八十六，頗稱嚴密。此次重修圓明園工程，自同治十二年九月二十八日降諭修築後，內務府隨即揀派司員書算人等，赴園查勘遺址，詳細丈量估計，於翌月初八日——即降諭後十日——着手起運各處渣土，及拆除殘毀牆垣。其間爲時甚短，一切籌欵集料，鳩工，胥由內務府大臣及堂郎中直接處分，未循例交內府總理工程處，遴派勘估大臣及承修大臣辦理。是年末，清理渣土諸工告竣。安佑宮六大處工程，於十二月十六日提前供梁，翌歲正月末，發放六處工料銀六萬兩。至三四兩月，內務府始奏請簡派勘估大臣者二次注八十七。時六大處工程，

34517

與北路雙鶴齋諸雜工動工業已數月，其不符勘估監修之例甚明。據故宮文獻館所藏同年四月敬帖檔，有奉旨無庸另派勘估之語，則內務府所請，係事後補勘各工，俾符定章，非另有興築也。

注八十五　大淸會典事例卷一千一百七十三：『乾隆二十六年奏准設立總理工程處，遇有內庭及各園庭熱河等處行宮工程，奏請奏派勘估大臣估計錢糧，由勘估大臣奏請欽派承修大臣，工竣後由承修大臣奏請欽派大臣查驗。』

注八十六　大淸會典事例卷九十四：『宮殿內歲修工程，均限保固三年。其餘新建工程，並拆換大木重新蓋造者，保固十年。挑換簷望揭瓦頭停者保固五年。新築地基成砌石磚牆垣者保固十年。不動地基照依舊式拆砌到底者保固六年。補修拆砌者保固三年。新築地基成築三合土牆者保固十年。不動地基照依舊式成築者保固五年。新築常例灰土牆保固三年。如限內傾圮者，監修官賠修。惟夾隴捉脚並築素土牆均不在保固之例。』

注八十七　見故宮文獻館藏內務府圓明園工程奏銷簿『同治十三年四月十四日本堂奏爲請派勘估大臣事』，及『同年四月二十七日本堂奏爲二次請派勘估大臣事』二條。

據雷氏旨意檔及內務府文件所載，當園工初起，數召見內務府大臣誠明、崇綸、桂淸、春佑、明善，及堂郎中貴寶諸人，議查勘遺址與修改圖樣、燙樣諸事。　是年十月興工後，設總司監督，及各處監督，郎中員外郎等十九員，而內外事權，實集於總司監督堂郎中貴寶一人。　除迭次赴園查工外，所有呈堂文件，俱用總司監督主名。　此外掌儀司郎中茂林，與會計司郎中巴克坦布，均以幫辦總司監督名目會銜副署。其常川駐園，直接董理工程者，自幫辦總司監督圓明園郎中廣第以下，至算樣二房及看活帶匠官人共百餘員，月支飯食銀千兩有奇。其監修人員依雷氏堂諭司論檔，及圓明園監督監修銜名並書算差人等數目淸册，列舉如次；

(一)圓明園各路本園監督郎中廣第及承榮貴存鍾廉崇福等五人。
(二)安佑宮監修主事鍾靈及廣年景隆基恒等四人。
(三)淸夏堂監修苑副裕文及存沛文奎常俊文運等五人。
(四)天地一家春監修苑丞銘貴及銘繪聯桂格琫額文彬等五人。
(五)圓明園殿監修苑丞福惠及裕祿文寶文琛兆鵬等五人。
(六)勤政殿監修主事文翲及常慶貴崇林昌樹珍等五人。
(七)大宮門監修庫掌明安及毓琛明裕等三人。
(八)辦理文移筆帖式兆熊恒齡樹明會桀等四人。
(九)堂檔房掌案書算人二名，書算人四名。
(十)銀庫掌案書算人二名，書算人四名。
(十一)銷算房掌總書算人二名，書算人十名。
(十二)樣式房盪畫樣人頭目雷思起雷廷昌二名，盪畫樣人八名。
(十三)六處看活帶匠官人三十六名。

八　停工原因

園工停頓之原因，有遠因，有近因。言其遠者，曰清議之阻撓，曰度支之困乏，曰集料之不易。後二者具見五六兩章。然始工以來，籌欵集料，遲遲不獲如預定計畫進行者，實受清議之影響，而清議又以時勢爲背景。溯有清一代之國勢，以康雍乾三朝爲鼎盛時期，自嘉慶教匪亂後，衰微之徵，已兆其端。逮道光間，搆鴉片戰爭，喪權辱國，開外患之漸。繼以髮捻之亂，前後十餘年，其間復有英法聯軍之役，內憂外患，萃集一時，洵所謂亡國之危，間不容髮者矣。乃同治末歲，大亂甫平，元氣未復，竟欲盛飾土木，窮游觀之樂，此在略具常識者，皆知其倒行逆施。故當園工之議初起，內務府大臣兼戶部侍郎桂清，即首持異議注六十一。繼則御史沈淮、游百川注八十八、侍讀學士李文田注八十九，先後上疏諫阻，俱危言深論，以興作非時爲言。此外詹事袁保恒、兩江總督李宗羲、學使謝麐伯、侍講寶廷、御史陳彝等，相與交章力諫注九十，而矯急者流，猶以「臺疏間一上」未能稱職譏之注九十一。時江南民間所傳，更多浮詞，翁同龢至以人心渙散之語入對注九十二。然清議之起，除前述桂清、寶廷外，實以漢臣爲中堅。外省大吏若江督李宗羲、鄂督李瀚章、川督吳棠，胥皆力阻園工，而直督李鴻章且爲舉發李光昭誑報木植一案之張本人。故籌欵集料阻礙橫生。輸欵報効者什九爲宗室王公及內外旗員，漢臣中惟潘祖蔭數人而已。集料之命下，應徵者亦止粵督瑞麟一人。其川鄂二督均不承亂命具章駁復。遂至款料俱乏，成釜底抽薪之局，不停而自停焉。

注八十八　沈淮事見注四十一。游百川摺未詳，僅故宮文獻館藏硃筆上諭原稿一件，係駁斥游氏奏停園工摺。稿發現於寧壽宮，舊爲慈禧所居，茲披露如次：『自古人君之發號施令措行政事，不可自恃一己之識，必當以羣僚適中共議，可行則行，不可則止，此求事理合宜之意也。至於爲人子者，欲盡娛志承歡之孝，非他務可比也。既非他務之可比，則必當竭力以効其忱，豈可託諸空言而止耶。夫朝廷設言官之意，本爲達人君之耳目，不可不言也。至欲盡孝思之事，非言官可阻諫也。且沈淮奏請暫緩修理圓明園之時，業有旨宣示中外，使咸知朕心欲承慈歡之意矣，何該御史又請緩修。且言俟天時人事相度咸宜之時，再行修理。朕觀該御史所奏之意，亦不過欲使人知己盡言官之責，徒沽其名耳，安有體朕孝思之意哉。縱使朕納其言，即行停止，亦不過咸稱朕爲納諫之君而已。是朕欲盡孝思之意，豈不託諸空言耶。即如該御史所言俟天時人事相度咸宜之時再行修理，果及天時人事相度咸宜之際再興此工，又必謂不可。又言西山一帶時有外國人游騁其間，豈京師各城內外即無外國人往來乎。以朕觀之，京師各城內外之外國人較之圓明園猶爲附近也。該御史即恐外國人生瞻就之心，今歲夏令當洋人求覲之時，汝何不奏請止其覲見乎。朕思該御史所陳之言，不過欺朕冲齡，實屬妄奏。該御史既爲言官，並未聞有關系國計民生之論，乃先阻朕盡孝之心，該御史天良安在。著將該御史游百川即行革職，爲滿漢各御史所警戒。俟後再有奏請暫緩者，朕自有懲辦。特諭。』

注八十九　李慈銘越縵堂日記：『同治十三年七月三十日傍晚，自出市換銀，晚謁若農師（按若農爲李文田字）久談，夜飯後出示其六月初七日所上請停止園工封事約三千餘言，以近日慧星見戊亥之交爲天象示警。其前列今有三大害：一民窮已極，二伏莽徧天下，三國家要害盡爲西夷盤踞。中言焚圓明園之巳夏里等其人尚存，昔既焚之而不懼，安能禁其後之不復爲。常人之家或被盜劫，尤必固其門墻，愼其筦鑰，未有更出其財物以誇富於盜賊之前者。後言此皆內務府諸臣及左右宵人熒惑聖聰，導皇上以朘削窮民，爲其自利之計。大學言聚斂之臣不如盜臣，又言小人爲國家菑害並至，說者謂菑者天災，害者人害。今天象已見，人事將興，彼內務府諸人，豈知顧天下大局，僭皇上之威，肆行朘削，以固其寵而益其富，其自爲計則得矣。皇上亦思所剝克者固皇上之民，所敗壞者固皇上之天下，於皇上何益哉。從古以來爲人君者日朘削其民而無他患，則唐宋元明將至今存，大清又何以有天下乎。又言皇上亦知圓明園之所以興乎。其時高宗西北拓地數萬里，俄羅斯英吉利日本諸國皆遠震天威，屈服隱匿，又物力豐盛，府庫山積，所有園工悉取之內帑，而民不知，故天下皆樂園之成。今俄羅斯諸夷出沒何地乎。國帑所積何在乎。百姓皆樂赴園工乎。聖明在上，此皆不待思而決者矣……聞上閱竟不置一語，蓋聖心亦頗感動，外間傳上震怒裂疏擲地者妄言也。若農師去年江西任滿時，以太夫人已七十有七，常有小疾，已欲乞養歸，因聞朝廷議修園，獨江西僻陋，邸報罕至，巡撫劉坤一又秘廷寄，不肯告人，師乃入京復命，先以東南事之可危、李光昭之姦猥無行告尚書寶鋆，責其不能匡救。寶曰：君居南齋，亦可言也，何必責軍機。李曰此來正爲此耳，無勞相勉，遂不歡而散。上疏以後，絕不告所知，有往詢者，則曰已焚稾矣。見之者惟逸山與予等一二人耳。』

注九十　見前書同日紀事。

注九十一　李慈銘京邸冬夜讀書四首之一『昨日中旨下，索錢修離宮，讀詔私太息，此舉宜從容，聖人秉純孝，不暇權始終，長樂樓百尺，積慶花千重，取足天下養，承歡良無窮，四海幸平一，物力猶未完，島夷怙鼇醜，睥睨長安中，誠宜法文景，勵治戚諸戎，安可舍禁鑰，危昭甘泉烽，臺疏間一上，未得回宸衷，賢傅造辟言，主德本至聰，豈不念民瘼，何難罷新豐，事關國根本，進章期諸公，冗官未食祿，涕淚徒沾胸，伏闕詎可效，草奏誰爲通，負此讀書力，僅爭章句功，漆室夜深議，四顧無予同。』

注九十二　翁文公日記：『同治十三年七月二十九日午初三刻，隨諸公入對，上首責臣因何不言，對曰：此月中到書房才七日，而六日作詩論，無暇言及，今蒙詢及，即將江南民間所傳，一一詳述，並以人心渙散爲言，語甚多，上頷之。』

停工之近因，則爲李光昭一案。光昭原籍廣東嘉應州人，寄居湖北，向營木植茶葉爲生。同治十二年夏，以販賣花板入京，詭稱候選知府，識內務府大臣誠明，及堂郎中貴寶，筆帖式成麟等。其時園工方始，光昭詐稱積年購留香枏梓柏巨木，價值十數萬金，願斫伐運京，分十年呈交。經貴寶帶見堂官，允令呈請核辦。同年十一月，由內務府代爲轉奏注九十三，並行文兩湖四川等六省起運注九十四。光昭乃偕成麟赴鄂，妄刻『奉旨採運圓明園木植李』銜條；並製『奉旨采辦』旗號，到處招搖。不意抵鄂後，探知入山伐木，非數載不能出山，工本過重。而川督吳棠，自接內務府咨文後，轉飭各屬吏查訪起運。旋據川東永寧諸道覆報，並無李光昭其人在川購辦木料存留待運，遂據以入奏，並請註銷原案註九十四。　同時鄂督李瀚章，亦劾李光昭在鄂詭險無藉，控案甚多注九十五。　光昭等不得志於鄂，遂南走香港，欲購洋木以塞責。　十三年三月，初與洋商菴忌商購呂宋木，因菴忌病故，改赴福州，冒稱圓明園監督，與法商播威利訂購洋木三萬五千尺。　遂令成麟返京，繳呈木樣，揑報購運洋木，值銀三十萬兩。　六月十日，內務府代奏李光昭報効木植註九十六，請免稅放行，迅速派員解運來京。　奉旨依議，並飭內務府轉咨直督李鴻章照辦。翌月上浣，通永道英良赴津，復奉同治帝面諭，令直督速將運到木植，解京應用。　乃鴻章派員查驗，發現光昭所購木植，僅値洋五萬四千餘元，與呈報內務府之木價，相差甚巨。　且抵津者亦祗三分之一，因無力償付木價，與法商結訟，轇轕甚多，一時無法驗收轉解注九十七。　鴻章據實入奏，奉諭交其嚴行審究懲辦註九十八。　於是李光昭結託內府，招搖欺罔等情，經鴻章逐一訊明奏覆，輿論爲之譁然。

注九十三　越縵堂日記同治十二年十一月二十三日邸抄：『內務府代奏李光昭捐輸木植』。　又見故宮文獻館藏內務府圓明園工程奏銷衛。

注九十四　前書同治十三年五月二十一日邸抄：『吳棠片奏再前准內務府咨代奏候選知府李光昭，報捐圓明園木植一摺內開該員願將數十年商販各省購留香楠梓柏等項巨木，價值十數萬金，硏伐運京，報効上用，由兩湖四川等六省起運等因。臣查李光昭已稱購留巨木十數萬金，已歷數十年之久，則購於何廳州縣，何處存留若干，商販係何姓名，所在地方商民，斷無不知之理。當即分檄各巡道，督飭各地方官確查。茲據永甯川東川北各道陸續呈稟，徧訪各屬山廠木商及地方耆老，咸稱數十年來，未聞有外來李姓客商在川購辦木料存留未運之事。近歲亦無李光昭其人採辦木植，殊屬毫無憑據。又查川省自滇髮各匪竄擾邊腹州縣，即使購有木植已數十年，中間迭遭兵燹，亦未必獨存。所有李光昭報効木植之事，係屬空言無稽。請旨飭下內務府，將該員原呈註銷，毋庸置議。仍由各省委員來購，以杜紛擾，而期實濟云云。」

注九十五　前書同治十三年七月三十日紀事：『其參劾李光昭者，王少卿家璧，兩湖李總督瀚章，皆據其在湖北時詭險無藉，控案甚多言之。』

注九十六　前書同治十三年六月初十日邸抄：『內務府代奏李光昭呈進木樣。』又見圓明園工程奏銷簿。

注九十七　李文忠公全書奏稿卷二十三李光昭報効木植結訟摺：『奏爲李光昭報効木植，現與洋人互控結訟，轇轕甚多，一時無從驗收轉解，恭摺仰祈聖鑒事。竊前准內務府咨開：候選知府李光昭報効木植，請免稅放行，迅速派員解京一摺，奉旨依議，欽此。抄錄原奏及李光昭稟稿咨行到臣，遵即劄委署津海關道孫士達會同天津道丁壽昌，遴派候補同知宋寶華、候補縣丞馬宗武前赴新關驗收木植。六月二十日，據美國署領事官畢德格申稱：據美國旗昌行商人稟稱，在福州與李光昭議買法商木植三載，一抵天津，一抵上海，一仍在外國，共議定價值洋銀五萬四千二百五十元，言明到津付價取貨，若有躭延，每日加船價費用洋銀五十元，現到一船在津躭延三十三日，應加洋銀一千六百五十元，除收過李光昭定銀十元，此船尚欠洋一萬五千零八十六元零。李光昭尚未付價，未便付給木植，並鈔呈原定合同等情。臣即暫行該關道等速催李光昭與洋商清算賬目，旋據李光昭到津赴道稟稱：洋商運到木植尺寸，與原議不符，請照會領事飭該商將大木呈出底單，具限速運來津。該關道正在照催美法領事查辦。二十六日，接據美國領事申稱：李光昭不肯收木付價，因木商係法國人，令其前往法領事處控告，日後此案即歸法領事辦理。是日又據法國領事官狄隆照會關道，以該法商與李光昭交手事件未清，惟恐李光昭逃走，稟請設法拘留。復經該關道孫士達照覆法領事，謂李光昭定購法商播威利木植，立有合同，該商未照合同將各項載明碼數木植運到，以致不合工需，屬將後載木單給閱，彼此公平成交。二十八日又據法領事照會關道，以此案本擬秉公會審，茲關道據李光昭一面之詞，即以法人理短，胸有成見，只可另行控辦等情。又經該關道詳晰辨駁去後。七月初二日，通永道英良由京到津，恭傳皇上面諭，飭臣將運到木植，赶緊解京應用等因。欽此。跪聆之下，亟應懍遵妥速籌辦。惟查李光昭與法美領事，各執一詞。在李光昭謂現到之木，尺寸短小，與原議不符，未便收木付價，致不合用。在法國商人，堅稱木料尺寸與合同相符，李光昭藉詞揩價，控請領事會審，仍欲另行控辦。是其中轇轕甚多，必須關道與領事官秉公會審明確，方能定讞。且李光昭與洋商原立合同內，僅付過定銀十元。並據美領事申稱洋木三載，共只洋銀五萬四千餘元，又虓延加銀一千六百餘元。而李光昭在內務府呈稱購運洋木報効值銀三十萬兩。木價既浮開太多，銀兩亦分毫未付，所謂報効者何在。又五月間赴津關報稱木船兩載，迄今只到一船。種種虛浮，實難憑信。事關洋商控案，各領事從中把持，應俟木船到齊，李光昭與之清算了結，始能詳細驗收，設法解運。謹將美領事申陳臣處兩函，並抄李光昭與洋商合同一紙，法領事照會津海關道原文兩件，一併鈔呈御覽。除咨明總理各國事務衙門內務府知照外，合先據實專摺覆陳，伏乞皇上聖鑒訓示。謹奏。」

注九十八

前書奏稿卷二十四李光昭欺罔招搖摺『奏爲審明李光昭揑報木價欺罔不法，並究出招搖煽惑各情按律定擬，仍據實聲明請旨恭摺仰祈聖鑒事。竊臣欽奉同治十三年七月初六日上諭，李鴻章奏職官報効木植現在無從驗收轉解一摺，據稱候選知府李光昭報効木植，現與美法兩國商人互控結訟，轇轕甚多，其所買法商木植較之呈報內務府之數，木價既多浮開，銀亦絲毫未付等語，李光昭所辦木植，經李鴻章查明係買自法商，其價僅議定洋銀五萬四千餘元，而在內務府呈稱購運洋木，竟敢浮報值銀三十萬兩之多，似此膽大妄爲，欺罔朝廷，不法已極，李光昭著先行革職，交李鴻章嚴行審究照例懲辦，所有李光昭報効木植之案著即註銷，該衙門知道，欽此。同日承準軍機大臣字寄七月初六日奉上諭，李光昭現與法美領事構訟各執一詞，必須持平妥辦，著李鴻章飭令該關道與領事官會審明確，秉公辦理，該革員以五萬餘元之木價揑報三十萬兩，已屬荒唐，且面求美領事代瞞價值，法領事照會關道請拘留李光昭，無使逃走，無恥已極，尤堪痛恨，該督既稱李光昭在外招搖，出言不愼，且恐有別項情節，即著李鴻章迅速確切根究，按律嚴辦，不得稍擬輕縱等因，欽此，仰見我皇上整飭紀綱，嚴懲奸惡，莫名欽服，遵即分飭署津海關道孫士達，天津道丁壽昌，及天津府縣，將李光昭拿獲，其與洋商結訟一節，前據美領事畢德格呈明，木商係法國人歸法領事辦理，隨令孫士達先與法領事狄隆迅速會審明確，持平妥辦，旋據查詢李光昭定買法商播威利木質三船，第一船已抵天津，其餘兩船一抵上海，一在外洋，所有後船木單李光昭已經見過，惟所到木植尺寸短小，不合工需，而播威利則謂原議如此，李光昭廢棄合同，有意誆騙，致該商重洋跋涉，守候多時，大受虧折，求令李光昭賠洋銀一萬五千元以償該商躭擱資本及船價耗費，方肯了事，訊之李光昭，既無錢買木，亦無力任賠，該領事與洋商屢瀆不已，查所到木植尺寸，本不合桄梁檁柱之用，若配修海防礮架等項，尙屬相宜，隨飭該關道與法領事商辦，將已到木植，由天津機器局權宜收買，李光昭賠欵，即作罷論，播威利勢難久候，增累亦即遵允，其餘兩船木植，由該洋商止令勿來，自行另售，以符註銷報効之旨，此層辦結後，臣即督飭孫士達丁壽昌並天津府知府馬繩武，連日嚴究李光昭揑報木價欺罔招搖各情，茲據該道等錄供具詳前來，臣親提復訊，據李光昭供係廣東嘉應洲人，寄居湖北漢陽縣，向販木植茶葉生理，同治元年在臨淮軍營報捐雙月知府，僅領實收，未得部照，實收旋亦焚燬，前在漢鎭挑築隄工，被人控告未結，十二年六月進京販賣花板，與前任內務府大臣誠明，前署內務府堂郎中貴寶，內務府候補筆帖式成麟認識，其時與修圓明園，誠明等，問伊採買大木情形，伊思若到四川等省進山伐木，用工本銀三千兩，可報効值銀一萬兩，旋向貴寶說，願報効十萬兩銀木植，分十年呈交，經貴寶帶見堂官，允令呈請核辦，隨即出京，與成麟偕行，嗣至湖北，探知進山伐木，非三年不能出山，工本太重，復至廣東香港，改購洋木，本年三月，定買洋商菴忌呂宋木洋尺三萬二千尺，當付定洋十元，寫立合同後，菴忌病故，原定木植被其債主分散，事遂罷議，時法商播威利，亦有木植出賣，伊因無錢，初尙游移，成麟欲藉此補缺，據云可向其親戚借湊，遂向定買，成麟先取木樣回京，伊又至福州與播威利議定買木三船，共洋尺三萬五千尺，每尺價一元五角五先，統台木價洋銀五萬四千二百五十元，言明到津付價交木，若有躭擱，每日加給船價洋五十元，先付定洋十元，寫立合同，伊於五月至津，播威利將第一船木植運到，伊即赴京在內務府呈報木植數目，揑開洋尺五萬五千五百餘尺，價值銀三十萬兩，惟伊係無錢買木報効，家中僅有五十石糧之地，從前做生意時，尙可通融銀錢，今向各處告貸未獲，成麟亦未借得銀兩，運到木植又不合用，遂與洋商控，至伊曾刻有

奉旨採運圓明園木植李衙條，並製有奉旨採辦旗號等供，臣又追出李光昭定買洋商菴忌木植洋文
合同一紙，飭照原文繙譯，內有圓明園李監督代大清皇帝與阿多富菴忌香港商人立約字樣，詰其何
得如此狂悖，據云漢文內無此語，疊追漢文合同，稱已無存，又謂係漢文譯錯，而訊其香港所邀專看洋
文之通事戴子珍，則稱洋文內實有圓明園李監督字樣，並未譯錯，查向來華洋交易，訂立洋文合同，其
華商銜名皆依本人所言而寫，不能歧異，若李光昭並無李監督之語，洋文內何從造作，況漢文合同業
已滅跡，其為狡賴無疑，該犯自認揑造奉旨採辦銜條旗號，至揑稱圓明園監督，既有譯出洋文可憑，並
據通事戴子珍指證確鑿，應即就案擬結，查律載詐傳詔旨者斬監候，又詐稱內使近臣，在外體察事務，
欺詐煽惑者斬監候各等語，李光昭揑報木價，已屬胆大忘為，欺罔不法，該犯呈請報効木植，僅經內務
府批准，並奏明由地方官查驗，如有夾帶或根件不符，查出從嚴懲辦等因，是該革員並無專奉採辦之
諭旨，其自行報効與特奉採辦名義懸殊，豈容假借影射，乃敢揑造奉旨採辦銜條旗號，肆意招搖，煽惑
中外，實屬詐傳詔旨，圓明園為聖駕巡幸重地，凡執事人員，皆係內使近臣，該犯冐充園工監督，到處誑
騙，致洋商寫入合同，適足貽笑取侮，核與詐稱內使近臣之條相合，其揑報木價，若照上書詐不以實，尚
屬輕犯，自應按照詐傳詔旨及詐稱內使近臣之律問擬，兩罪皆係斬監候，照例從一科斷，李光昭一犯，
合依詐傳詔旨者斬監候律擬以斬監候，秋後處決，該犯所稱前在軍營報捐知府，是否屬實，尚不可知，
但罪已至死，應無庸議，查該犯素行無賴，並無家資，實藉報効之名，肆其欺罔之計，本無存木而妄稱數
十年購留，本無銀錢而騙惑洋商到津付價，本止定價五萬餘元，而浮報銀至三十萬兩之多，且猶慮不
足以聳人聽聞，揑為奉旨採辦及園工監督名目，是以洋商竟有稱其為李欽使者，足見招搖謬妄，並非

一端，迨回津後惡跡漸露，復面求美領事代瞞木價，致法領事照請關道將其拘留，誠如聖諭無恥已極，尤堪痛恨，此等險詐之徒，只圖奸計得行，不顧國家體統，迹其欺罔朝廷，煽惑商民，種種罪惡，實爲衆所共憤，本非尋常例案所能比擬，若不從嚴懲辦，何以肅綱紀而正人心，仰蒙旨飭嚴辦，臣斷不敢稍涉輕縱，惟定例並無如何加嚴明文，向來似此案件，應仍請旨定奪，所有查訊李光昭欺罔招搖各情節，按律定擬，仍據實聲明，請旨緣由，理合專摺復陳，伏乞皇上聖裁訓示遵行，謹奏』。

當七月上旬，李鴻章奏李光昭所辦木植數量不符，事連內府諸員注九十七，御史陳彝孫鳳翔等，相繼具章嚴劾貴寶諸人，請交部議處注四十六。十六日，軍機大臣恭親王，御前大臣醇親王等，又合疏請停園工，戒微行，遠寺宦，絕小人，警晏朝，開言路，懲夷患，去玩好，共八事，而以園工居首。醇王三進見，至以死要停工，手詔同治盛怒注九十九。二十一日，同治幸園查閱工程。二十八日，照吏部議，革內務府大臣崇綸明善春佑貴寶四人職。諸人中除貴寶外旋改革職留任注一〇〇。蓋李光昭結托內府一案，雖無交通舞弊之確證，然爲貴寶堂郎中任內經辦之事，其情節較重，不能與崇綸等同論也。翌日，同治召見恭王醇王，責園事何不早言，與二王往復辯難，指爲離間母子，把持政事，卒因諸臣力請，卽日下停園工，修三海之詔注四十九，五十。翌月，置李光昭於法注一〇一。於是修築將及一載之圓明三園，正式宣告結束。其後光緒中葉，雖經一度小修，乃不旋踵復遭庚子之變，三園摧毀殆盡，遂永無興復之機焉。

注九十九　李慈銘越縵堂日記同治十三年八月初一日紀事：『十六日軍機大臣恭王，御前大臣醇王等，合疏上言八事……其疏草出自貝勒奕劻，潤色之者李尚書也。上大怒，醇王三進見，以死要上，下停園工手詔，上益怒。」

注一百　翁文恭公日記：「同治十三年七月二十八日吏部議內務府大臣處議一件，崇綸明善春佑俱革職，魁齡以告假無庸議，貴寶另議，朦混呈堂亦革職。」　又同書「七月二十九日硃諭崇綸明善春佑均改爲革職留任。」

注一〇一　東華續錄「八月十八日上諭內閣前因已革知府李光昭報効木植浮開價銀，並在外招搖各節，當諭令李鴻章嚴訊究辦，茲據李鴻章奏訊出李光昭揑報木價，並揑造奉旨采辦銜條旗號，及圓明園監督各情，實屬膽大妄爲，不法已極，李光昭即著照所擬斬監候，秋後處決。另片奏李光昭訊無與貴寶交通舞弊實據，惟內務府筆帖式成麟擅自出京，偕李光昭潛往各省，請旨革職等語，成麟著即行革職，以示懲儆，貴寶業經革職，著無庸議。」

與園工停頓同時發生者，則爲恭親王獲譴一事。　王名奕訢，爲文宗之異母弟，幼以明敏爲宣宗所眷。　庚申之役，英法聯軍進逼北京，文宗避熱河，命爲議和大臣，留京當折衝之任。　翌年文宗崩，王與慈安慈禧二太后定計誅載垣肅順，遂爲議政王，總攬政務，權重一時。　時紅羊方熾，王主持內外，悉心規畫，厥功頗偉。　同治四年以信任親戚，與內廷召對不檢，罷議政王，仍爲軍機大臣領袖，兼管理總理各國事務衙門注一〇二。　當園工初起，同治以奉養兩宮太后爲名，拑制輿論，臺諫上疏阻止者，輒遭申斥，王爲情勢所迫，首輸銀二萬兩爲倡注四十三。　逮李案發生，王與諸臣連章力諫，前後言行不無矛盾，故園工雖停，而革去親王世襲罔替，降爲郡王，並子載澂亦革去貝勒郡王銜注一〇三。翌日以太后諭賞還所奪諸職，溫旨慰勉注一〇四。是年冬同治崩，罷三海工程，盡革左右嬖幸，如貴寶文錫王慶祺注一〇五，並太監張德喜等懲罰有差注一〇六，即前疏所言遠寺宦絕小人二事也。自是以後，土木之功未舉者逾十載。迨光緒十年王以法越戰事罷軍機大臣閑居，代以醇王。翌年設海軍衙門，以醇王兼領。於是挪用海軍造艦費，就清漪園故址，築頤和園，招甲午之敗。故同光間，恭退醇進，於國事消長關係甚鉅，西郊諸園之興廢，又特其小焉者耳。

注一〇二　清史稿恭忠親王傳。

注一〇三　東華續錄同治十三年七月三十日上諭『朕自去歲正月二十六日親政以來，每逢召對恭親王時，語言之間，諸多失儀，著革去親王世襲罔替，降爲郡王，仍在軍機大臣上行走，併載澂革去貝勒郡王銜，以示懲儆』。

注一〇四　東華續錄同治十三年八月初一日上諭『朕奉慈安端裕康慶皇太后慈禧端佑康頤皇太后懿旨，皇帝昨經降旨將恭親王革去親王世襲罔替，降爲郡王，併載澂革去貝勒郡王銜，在恭親王於召對時言語失儀，原屬咎有應得，惟念該親王自輔政以來，不無勞勩足錄，著加恩賞還親王世襲罔替，載澂貝勒郡王銜，一併賞還，該親王當仰體朝廷訓誡之意，嗣後益加勤愼，宏濟艱難，用副委任』。

注一〇五　李慈銘越縵堂日記同治十三年十二月十四日邸抄『上諭御史陳彝奏儒臣品誼有虧，據實參劾一，摺，翰林院侍講王慶祺於同治九年伊父王祖培在江西途次病故，該員赴贛州見喪後，並不迅速扶櫬回籍，輒即前往廣東經該省大吏助以川資實屬忘親嗜利又上年爲河南考官出闈後微服冶游，似此素行有虧，亟應從嚴懲辦，王慶祺著即行革職，永不敘用以肅官方』。

又前書十二月二十六日邸抄，『兩宮太后懿旨御史李宏謨奏特參內務府不職官員一摺，總管內務府大臣貴寶前據御史孫鳳翔奏參李光昭報効木植一案，該員朦混具稿呈堂入奏，曾經部議革職，總管內務府大臣文錫前據御史張景靑奏參該員承辦公事巧於營私，曾經撤去一切差使，該二員本屬聲名平常不能稱職之員，貴寶文錫均著即行革職』。

注一〇六　李慈銘越縵堂日記同治十三年十二月二十六日邸抄。『兩宮皇太后懿旨，我朝列聖家法相承，整飭宦寺綱紀至嚴，乃近來太監中竟有膽大妄爲不安本分，甚或遇事招搖，與內務府官員因緣爲奸，種種營私舞弊，實堪痛恨，所有情罪尤重之總管太監張得喜、孟忠吉、頂戴太監周增壽均著即行斥革，發往黑龍江給官爲奴，遇赦不赦，頂戴太監梁吉慶、王得喜著一併斥革，與太監任延壽、薛進壽均著敬事房從嚴枷責，交總管內務府大臣發往吳甸鍘草，以示懲儆，並著內務府大臣查明該衙門官員中有結交太監通同作弊等劣員，即行據實指名嚴參，倘敢瞻徇情面，意存護庇，別經發覺，定惟總管內務府大臣是問』。

九　停工後軼聞

圓明三園自停工後，其管理事務大臣，及所轄郎中，主事，苑丞，苑副，庫掌，與三旗護軍等，奉職如舊注一〇七。光緒初，猶有小規模之粘修注一〇八，惟其後文獻無徵，不悉其詳。殆甲午戰役前後，慈禧復擬修北路愼修思永第四十八圖，及課農軒，魚躍鳶飛，文源閣，及中路天地一家春諸處，令樣式房查勘丈尺，擬具圖樣進呈注一〇九。二十二年，慈禧光緒數幸園觀解馬注一一〇。其年九月，修理雙鶴齋，環秀山房，課農軒三處，及萬春園宮門內橋梁，估價四萬餘兩，皆奉旨舉行注一一一。據翌年內務府文件，共支出工程銀九萬六千餘兩注一一二，似實際工作，超過上述範圍以外。惟慈禧擬建之天地一家春，當同治重修時，曾依舊名建於萬春園，未果，此度改歸原處，另增闢防院其側；又擬建圓明園殿等注一一三，規模宏巨，決非數萬金所能舉辦，似議而未行。其年慈禧光緒數幸園，李鴻章被劾，亦在此歲注一一四。翌年，又粘修北路繪雨精舍，龍王廟，北遠山村注一一五，及愼修思永，課農軒數處注一一六，皆甲申後幸存之建築，經同治末一度修治者也。

注一〇七　圓明園官員任命引見與發給三旗護軍餉銀，見故宮文獻館藏光緒朝內務府奏銷檔。

注一〇八　故宮文獻館藏光緒四年內務府奏銷檔，載圓明園修理房間等工銀四千餘兩。

注一〇九　北平圖書館藏雷氏旨議檔，『光緒二十二年正月二十三日奉堂檔房傳知協理諭着傳知樣式房速將圓明園內之北路課農軒魚躍鳶飛愼修思永文源閣中路天地一家春等處畫樣檢齊，務於正月二十九日辰初親身帶至頤和園檔房以備呈覽』。又附注『此五處修理監堂汪老爺云係二十一年九月老佛爺傳給福中堂者』。

注一一〇　前書『光緒二十二年三月初二日皇太后皇上駕幸圓明園，進藻園門至中路愼德堂少坐，看圓明園殿畫樣，懽立二堂帶領雷廷昌呈遞。又至雙鶴齋海嶽開襟萬花陣，出二宮門還頤和園，皇上申初還宮』。

同年月十七日，『皇上辦事後由頤和園至圓明園看馬解畢還宮』。

同年九月初五日，『皇太后駕幸圓明園，進藻園門至中路愼德堂少坐，至萬花陣賞吃食後，至海嶽開襟，少坐出二宮門』。

同年月初七日『皇太后駕幸圓明園，進藻園門，皇上恭親王在安祐宮接駕後，至紫碧山房少坐，至春雨軒雙鶴齋蔚藻堂賞吃食出新宮門還頤和園』。

同年月十六日『皇太后駕幸圓明園進新宮門至蔚藻堂海嶽開襟少坐，又至長春園獅子林淳化軒賞吃食後……出二宮門還頤和園』。

注一一一　張嘉懿先生藏光緒二十二年內務府估修圓明園奏稿『奏爲勘估錢糧，據實恭摺奏聞，仰祈聖鑒事。竊奴才等前欽奉懿旨飭將圓明園長春園內殿宇擇要量加粘補修理，欽此。欽遵當即督率司員，並揀派書算人等，前往各處查勘詳細丈量，按例覈實估計，得雙鶴齋環秀山房紫碧山房課農軒暨萬春園宮門內石券橋旁木板便橋等工，共估計工料實銀四萬一千五百兩五錢九釐。奴才等覆覈，委係按例撙節，理合恭摺奏聞，謹繕活計錢粮分晰清單五件恭呈慈覽，伏乞訓示施行。謹奏。等因，光緒二十二年九月十八日隨時遞奏，奉懿旨：『課農軒前後簷格扇，窩風槅，橫楣俱改換大當冰紋式櫺條，糊紙。其風門安洋玻璃二塊，下面玻璃高一尺八寸，中安腰板一道。其餘均著照單修理。欽此』

注一一二　故宮文獻館藏內務府奏銷檔，載廣儲司奏出入銀兩數摺：光緒二十三年正月起至十二月止，圓明園領工程等項銀九萬六千五百二十一兩五錢，錢五千八百串文。

注一一三　北平圖書館藏雷氏旨議檔載；『光緒二十二年二月二十六日，皇太后懿旨：奉三無私，九洲清宴，福壽仁恩殿中卷殿七間殿，河泡撤去，內殿總管院由河泡東遊廊後簷齋，改為關防院，丈量地勢，核算辦理，將天地一家春並東西配殿，移承恩堂分位；承恩堂移在天地一家春分位；天地一家春東院改蓋後照房五間，廂房五間，南房五間，宮門一座，東房撤去，後簷東房六間，正房三間撤去，丈量地勢，改蓋拐角房，臨時核對，西牆角門三座，撤去二座，留中一座。』

同月二十八日『奉堂諭：擬改修關防院，後照房移後院，當落一丈八，並添前後廊，東西配殿，係天地一家春前院新添者』。

注一一四　程演生圓明園考『按李文忠光緒丁酉歷聘歐洲還朝，謁孝欽后於頤和園，召見賜宴賜戲之餘，公偕幕僚馬建忠曾廣銓諸君，往遊圓明園。廢園守園老監，奉接極殷，意欲得公賄獻。公未理。明日孝欽來遊，守監遂奏李某遊園，孝欽未置意。越數日，德宗亦來遊園，守監又奏之。德宗歸，燕見翁叔平相國，告之。翁與李素不相能，遂摭此劾文忠擅遊禁苑，不敬，交部議。奪職摘三眼花翎。議上，孝欽殊不謂然，旨下，僅罰俸而已』。

注二一五　雷氏旨議檔『光緒二十四年八月十五日，添修拆修圓明園大小房共四十六間，計繪雨精舍一座三間揭瓦東耳房一間，揭瓦河北對面臨河値房一座三間粘修轉角房二座各十間揭瓦小廳對面臨河房一座三間拆修蘭野一座二間，拆修龍王廟一間拆修南房對面臨河房一座五間拆修水廳迤西臨河房一座三間補蓋値房一座三間，拆修河南南房一座五間補蓋河南西値房一座三間補蓋及北遠山村，番草門樓木板橋屏門罩圓光門角門，水村圖套殿門罩等』。

注二一六　前書『光緒二十四年四月初九日，霞峯（雷廷昌堂弟）上圓明園聽差，皇太后皇上皇后進藻園門，至後湖乘船至課農軒少坐，至觀瀾堂又至未澡堂召見立大人奉懿旨課農軒應修南北岸工程緊爲繪圖呈覽奉諭十一卯刻會同算房四廠樣式房各帶人踏看』。文中未澡堂疑爲蔚藻堂之誤。

同年七月二十六日，『皇太后幸園回愼修思永內務奉立大人諭明間不要碧紗櫥擬安鷄腿罩飛罩天然罩不要八方罩瓶式罩』。

洎庚子拳匪之亂，八國聯軍進據北京，京畿內外秩序騷然，附近莠民乘機刼掠園內陳設，幷拆賣殿座亭榭及宮門銅獅等注二一七。於是同光二朝屢經修葺之少數刼餘建築，至是亦蕩然無存。光緒三十年秋，裁撤圓明園一部官員注二一八。宣統末園內麥隴相望已如田野注二一九，蓋無形之中被旗民次第犂爲墾地矣。時距庚子之變僅十有一載，變幻之速洵有出人意料外者。易鼎以來，有力者奪取於前；旗民奸商相率竊賣於後。自湖石雕刻，下逮園牆階砌磚瓦，凡力所能取，靡不恣取爲快。故廿載間，破壞程度，日增月異，又非辛亥譚氏所游之舊。不意昔日英法聯軍不能盡燬之部分，竟毀于國人之手，其可恥可悲，抑更甚於庚申一役矣。

注一一七　庚子之亂，奸民拆賣園內殿座，迄今故老猶能道之。著者聞諸北平圖書館金勳先生，金先生時年十六，曾目覩其事。

注一一八　內務府奏銷檔：「光緒三十年八月，內務府會同政務處奏請裁撤圓明園委署主事六品庫掌六品苑丞七品庫掌七品苑副各一員，八品苑副二員，委署苑副三員。」

注一一九　程演生圓明園考引譚延闓圓明園附記：「入自福園門，……麥隴相望，如行田野中。」

補記

本文脫稿後，復發現文件數種，足補充前文，附記於後。

（一）庚申亂後，三園未燬建築，略見第二章。近據故宮文獻館藏萬春園圖，簽註「現存二字者，又有延壽寺，森翠亭，滮清軒，襲矩亭，綠滿軒，轉角房，環翠門外四方亭，假表盤後庫房二十三間，及值房五處，共十七間。

(二)故宮文獻館藏內務府奏銷檔，載「同治四年修理圓明園北路春雨軒紫碧山房值房。五年修理園牆及綺春園值房。六年修理圓明園閘口園牆值房與黑龍潭諸處。」知同治重修前，時有修葺工程。

(三)同治重修圓明園上諭，見注四十二引東華錄，近故宮文獻館覓得硃筆原稿一件，與前文稍異，披露如次：「朕念兩宮皇太后垂簾聽政十一年以來，朝乾夕惕，倍極勤勞，勵精以綜萬幾，虛懷以納輿論，聖德聰明，光被四表，遂致海宇昇平之盛世。自本年正月二十六日，朕親理朝政以來，無日不以感戴慈恩為念。朕嘗觀養心殿書籍之中，有世宗憲皇帝御製圓明園四十景詩集一部，因念及圓明園本為列祖列宗臨幸駐蹕聽政之地，自御極以來，未奉兩宮皇太后在園居住，于心實有未安，日以復回舊制為念。但現當庫欵支絀之時，若遽照舊修理，動用部儲之欵，誠恐不敷。朕再四思維，惟有將安佑宮供奉列聖聖容之所，及兩宮皇太后所居之殿，並朕駐蹕聽政之處，擇要興修，其餘遊觀之所，概不修復。卽著王公以下京外大小官員，量力報效捐修。著總管內務府大臣，于收捐後，隨時請獎，並著該大臣等覈實辦理，庶上可娛兩宮皇太后之聖心，下可盡朕心之微忱也。特諭。」

(四)又故宮文獻館硃筆殘卷，改易三園殿座名稱共八處，卽「綺春園改為萬春園，敷春堂改爲天地一家春，悅心園改爲和春園，清夏齋改爲清夏堂，基福堂改爲思順堂，同道堂改爲福壽仁恩，天地一家春改爲承恩堂，清夏堂西宮門改爲南宮門。』　此卷未注年月，據天地一家春及清夏堂南宮門推之，知爲同治重修時物。　按萬春園之名，起於何時，諸書未載，前文僅稱同治前舊名綺春園，未敢臆斷其年代，據此知爲同治十二年所改也。

(五)又嘉慶重修一統志卷二及卷四載，『靜明園在玉泉山下，康熙十九年建，初名澄心園，三十一年改爲靜明，乾隆十八年重加修葺。　靜宜園卽香山寺故址，聖祖仁皇帝於此置行宮，乾隆十年秋，重加修葺。　萬壽山本名甕山，本朝乾隆十六年，恭逢孝聖憲皇后六旬大慶，高宗純皇帝於山麓建寺祝釐，並賜山名曰萬壽，因山爲園曰清漪。　綺春園先名交輝，爲怡賢親王賜邸，又改賜大學士傅恒，及進呈後，高宗純皇帝定名綺春，嘉慶六年後，每歲修理，於正覺寺東建園門，殿額勤政。』　可與本文注五，注八，注十八，注十九，注二十二，諸條互相參證。

同治重修圓明園大事表

年	月	日	記事
同治七年	八月	初一日	褫御史德泰職，以奏請修理園庭也。庫守貴祥妄陳希利，發黑龍江爲奴。（清史稿穆宗本紀）
十二年	九月	廿七日	諭大人找宅問三園全圖。（雷氏旨意檔）
		二十八日	降旨修理圓明園安佑宮等處工程。（張嘉懿氏藏圓明園奏稿）
			貴寶找傳要三園全圖。（雷氏旨意檔）
	十月	初一日	御史沈淮疏請緩修圓明園，諭令內務府僅治安佑宮爲駐蹕殿宇，餘免興修，（清史稿穆宗本紀）
		初三日	桂清明善貴寶奉旨帶領樣式房雷思起進圓明園綺春園，恭查安佑宮清夏堂敷春堂奉三無私中路，着赶緊限一月內呈進燙樣。（雷氏旨意檔）
		初八日	開工出運安佑宮等處渣土，並派員丈量估計工價，（張氏藏圓明園奏稿）
		初九日	恭親王及內務府大臣明善各捐修圓明園工程銀二萬兩。（內務府收捐銀兩簿及收捐修圓明園銀兩門文簿）

十二日　奉堂檔房諭，着雷思起於明日進內見堂夸蘭達，有面交事件，並着將大宮門外週圍朝房值房圖樣帶進，如病未痊，即着伊子廷昌進內。（雷氏堂諭檔）

十七日　奉堂檔房諭，着將安佑宮等處所燙樣式，務於二十五六日燙齊帶進。（同前）

十八日　奉堂檔房諭着將清夏堂並假表盤一帶，仿照繪圖燙齊，務於二十五日帶進。（同前）

二十一日　內務府大臣春佑魁齡桂清及堂郎中貴寶等七員捐修圓明園工程銀三萬四千兩。（內務府收捐銀兩簿及收捐修圓明園銀兩門文簿）

二十七日　進呈安佑宮清夏堂萬春園假表盤值房四處燙樣於毓慶宮內。（雷氏旨意檔）

二十八日　奉旨安佑宮一處依議，清夏堂，寄情咸暢亭，鏡虹館，萬春園內天地一家春，協性齋，澄光榭正殿，蔚藻堂等處修改，均着燙樣，於十一月初四日恭呈御覽。（雷氏旨意檔）

奉崇綸明善桂清諭，於三十日隨同貴寶至清夏堂萬春園將遵旨更改各處詳細丈量，於冬月初四日呈堂進呈御覽。（雷氏堂諭檔）

十一月

初四日　召見崇綸春佑貴寶，清夏堂照樣依議，萬春園等處留中。（雷氏旨意檔）

初五日　召見崇綸春佑貴寶，諭萬春園添改工程十餘欵，並諭雷思起畫各樣裝修名目仙樓，每一樣分十樣，要奇巧玲瓏。（雷氏旨意檔）

初八日　召見崇綸桂清明善貴寶，給御製天地一家春內簷裝修燙樣一份，着交樣式房雷思起，擬對丈尺，再燙細樣。（同前）

初九日　召見崇綸桂清明善春佑貴寶，進呈萬春園改正燙樣，留中。（同前）

二次召見明善貴寶，問圓明園尚存多少處，奏存雙鶴齋，愼修思永，課農軒，文昌閣，魁星樓，春雨軒，杏花村，知過堂，紫碧山房，順木天，莊嚴法界，魚躍鳶飛，耕雲堂十三處，摺旨著交樣式房機密燙樣進呈，並查中路樹。（同前）

內務府大臣崇綸等六員，捐修圓明園工程銀三萬七千兩。（內務府收捐銀兩摺及收捐修圓明園銀兩門文簿）

初十日 圓明園春雨軒土地祠文昌殿魁星殿愼修思永雙鶴齋魚躍鳶飛紫碧山房課農軒綺春園莊嚴法界惠濟祠河神祠長春園海嶽開襟十三處殿座匾額密旨派明善貴寶交樣式房機密燙樣呈覽（雷氏旨意檔）

十一日 調戶部右侍郎桂清爲盛京工部侍郎。（東華續錄）

雷思起隨明善堂夸蘭達往萬春園查勘更改各處尺寸，着赶緊燙樣，并着找好手藝雕匠一二名，畫匠四名，畫大時樣裝修，備呈覽。（雷氏堂諭檔）

十三日 堂諭天地一家春改妥樣送內府並交下値房小畫樣一張（同前）

更改天地一家春各殿樣定十四日呈進，裝修定十七日呈進，圓明園大宮門燙樣三份定二十一日呈進。（同前）

堂諭安佑宮淸夏堂添蓋各座燙樣，着算房赶緊按燙樣造具做法淸冊着會同樣式房合對丈尺，如有遺漏，唯算房樣式房是問。（同前）

十四日 進呈天地一家春協性齋看戲殿更正燙樣，留中。（雷氏旨意檔）

御旨催問裝修燙樣，並宮門中路燙樣，何日進呈。（同前）

十五日　堂諭天地一家春更改等處各樣一並趕齊定十八日呈進。（雷氏堂諭檔）

十八日　進呈天地一家春修正燙樣並御製裝修燙樣等。（雷氏旨意檔）
奉旨着欽天監擇吉今冬立春前淸夏堂安佑宮萬春園圓明園共廿七處供梁著折藏舟塢近春園三山查找各座選用。（同前）

十九日　召見明善貴寶，萬春園中一路各座燙樣奉旨依議，天地一家春四捲殿裝修樣，皇太后自畫再聽旨意。（同前）
堂夸蘭達面奏雙鶴齋畫樣在家內旨着趕緊進呈，存老爺急到刑部街去取，並着雷廷昌帶尺丈進內畫樣，妥後交吳坦達轉孟總管進呈留中。（雷氏堂諭檔）

二十日　上交下畫樣五張，照樣更改燙樣，並另畫大樣進呈。（雷氏旨意檔）
又交出畫樣十四張，着照樣燙樣。（同前）

二十一日　進呈圓明園大宮門二宮門正大光明殿洞明堂朝房圓明園殿奉三無私殿九州淸晏承恩堂福壽仁恩思順堂愼德堂得心虛妙昭吟鏡淸暉堂硝壁上下天光樓値房遊廊等燙樣大小六塊計二箱。（同前）

二十二日　貴寶諭現已奏明裝修木料着雷思起自爲採買。（雷氏堂諭檔）

二十四日　內務府奏請官員報效銀兩分別咨行戶部核奬。（內務府圓明園工程奏銷簿）
內務府代奏知府李光昭報効木植。（同前）

內務府奏拆卸藏舟塢大柁改做正梁。（同前）

二十三日　明善貴寶帶領雷思起至寧壽宮看各殿仙樓裝修式樣，丈量尺寸並查南海春藕齋樓梯樣式安在上下天光樓上。（雷氏旨意檔）

二十四日　召見明善貴寶，交下皇帝硃筆自畫樣。（同前）

二十六日　明善貴寶賞內務府大臣銜，雷思起賞二品頂戴，雷廷昌賞三品頂戴。（同前）

召見明善貴寶，諭愼德堂新建七間殿並九州淸晏福壽仁恩遊廊等座不要班竹式，俱改靑金硃油飾。（同前）

上下天光着外邊擬仙樓樓梯要藏不露明，燙樣呈覽。（同前）

着貴寶至圓明園踏勘新建七間殿地勢丈尺，並查勘各座船隻。（同前）

貴寶在宅看松竹梅雕畫作花樣畫作太密，不用雕刻尙好，並問現在木料已辦妥否，回明已買妥花梨鐵梨木匠已開工。（雷氏堂諭檔）

二十七日　內務府奏請捐輸銀兩各員核獎。（內務府圓明園工程奏銷簿）

堂諭傳知樣式房務於十八日准辰刻赴園，預備堂夸蘭達赴園查工，有面交事件。（雷氏堂諭檔）

二十八日　辰刻到園，皇上要三處裝修燙樣，趕緊午刻進城，未刻呈上淸夏堂萬春園天地一家春三處燙樣內淸夏堂天地一家春留中。（同前）

十二月

初一日　熱河都統崇實等八員捐修圓明園工程銀三萬三千兩。（內務府收捐銀兩簿及收

捐修圓明園銀兩門文簿)

貴寶交下淸夏堂天地一家春改樣着隨愼德堂裝修樣，初五日前後呈進。(雷氏堂諭檔)

七處裝修樣，並思順堂新建殿，上問何日遞回奏初七八日呈覽。於初七日呈進。(同前)

初三日　貴寶諭各殿座裝修着雷思起辦，其餘小座裝修交各處隨工自辦，計開圓明園殿。奉三無私。九洲淸晏。同道堂。愼德堂，思順堂，思順堂後殿，新建七間殿、淸夏堂前後殿，承恩堂，同順堂，勤政殿，正大光明殿，飛雲軒，洞明堂，保合太和，萬春園，凌虛閣，澄光榭，看戲殿，蔚藻堂，兩捲殿。(同前)

進呈勤政殿芳碧叢保合太和富春樓飛雲軒四德堂秀水佳蔭生秋亭南路等處全套大燙樣，奉旨照樣依議。(雷氏旨意檔)

進呈中路圓明園殿奉三無私九洲淸晏愼德堂同道堂同順堂承恩堂思順堂新建七間殿山石高峯亭座全樣留中。(同前)

新建七間殿前院 (圓明園中路) 方亭往南直上南山石照御筆畫樣。(同前)

初四日　圓明園中路等處燙樣交下更正南路燙樣交存內務府堂上。(同前)

初八日　皇上在春藕齋辦事，傳看九洲淸晏再燙大樣一份，照春藕齋仙樓裝修，十三日呈進。(同前)

十三日 進呈春耦齋樂壽堂燙樣，留中九洲清晏燙樣，當日交下改正。（同前）

十六日 辰初二刻供梁，崇綸安佑宮行禮，明善正大光明行禮，魁齡天地一家春，誠明中路，貴寶慎德堂行禮。各商賞袍褂料，頭目十千，夫二千。（同前）

十七日 進呈天地一家春裝修及九洲清晏仙樓裝修樣。（同前）

十八日 堂夸蘭達交下天地一家春內外簷樣，再改定二十一日進呈。（雷氏堂諭檔）

二十一日 圓明園西路十三所，第七所西房二間，二十日被賊拆倒。（雷氏旨意檔）

進呈天地一家春改正裝修樣十張，又寶座圍屏樣五份。（同前）

二十二日 交下天地一家春皇太后親畫瓶式如意上要疊落散枝下絲環人物另畫呈覽。（同前）

二十八日 支付供梁工料銀六千一百零一兩三錢三分八釐。（內務府收捐修圓明園銀兩門文簿）

支付拆除墻垣出運渣土工程銀二萬二千九百五十九兩七錢八分九釐。（同前）

進呈天地一家春槅扇樣。（雷氏旨意檔）

太僕卿壽昌等二員捐修圓明園工程銀四千兩。（內務府收捐銀兩簿及收捐修明園銀兩門文簿）

同治十三年

正月

十一日 交下思順堂前後殿燙樣，新建七間殿燙樣，中路圓明園等處燙樣二塊。（雷氏旨意檔）

	十二日	邸抄，翰林院檢討王慶祺著在弘德殿行走。（李慈銘越縵堂日記）
	十四日	內務府奏請行文兩湖兩廣四川閩浙等省，採辦大件木料，每省各三千件，奉旨依議。（張氏藏圓明園奏稿）
	十九日	辰時始工。（同前）
	二十四日	內務府奏報開工日期。（內務府圓明園工程奏銷簿） 支付圓明園大宮門，正大光明殿，圓明園中路，安佑宮，天地一家春，清夏堂，六大處工程銀六萬兩。（內務府收捐修圓明園銀兩門文簿）
	二十五日	自本日至二十七日下園灰線。（雷氏堂諭檔）
	二十七日	內務府奏籌備木料。（內務府圓明園工程奏銷簿）
二月	初七日	呈進雙鶴齋燙樣一份，船式樣八張，東西路全圖二張，奉旨除雙鶴齋廊然大公週圍遊廊照樣修理外，其餘各座緩修。又傳知挖前後湖淤淺，歸安碼頭山石泊岸。（雷氏旨意檔） 堂諭雙鶴齋赶緊一月內修齊。（雷氏堂諭檔） 大布裝修先進呈萬春園。（同前） 七爺要圓明園萬春園全圖。（同前）
	十二日	下園指改各處，十四日進城回明。（同前）
	十四日	正大光明殿交盧煜承修。（同前）

十八日	進呈天地一家春大洋布裝修樣，留中。（同前）
二十日	堂諭本月二十五日辰刻赴園至雙鶴齋等處查看活計，二十六日至萬春園東西路查看活計，著傳知樣式房算房於是日丈量活計。（同前）
	奉旨各樣活計工程遵旨辦理，樣子後算房速造做法，趕緊入奏。（雷氏旨意檔）
二十三日	內務府奏請飭在京王公大臣官員竭力捐輸，以顧要需，三月十三日奉旨依議。（李慈銘越縵堂日記）
二十五日	堂諭樣式房算房各工頭，將五尺較對尺寸相符，交堂檔房做二十根，發交樣式房銷算房各工頭承領，預備丈量地勢等項活計使用，以免舛誤。（雷氏堂諭檔）
	堂夸蘭達傳天地一家春，仍按原奏樣做木樣一份。（同前）
	回明辦買楠木之事，堂夸蘭達諭如有得用木值，開單回堂，準再為領銀採辦。（同前）
二十七日	杭州織造文治等四員捐修圓明園工程銀三萬零五百兩。（內務府收捐銀兩簿及收捐修圓明園銀兩門文簿）
	支付六大處工程銀七萬兩。（內務府收捐修圓明園銀兩門文簿）
三月初四日	呈進萬春園東西路十三所畫樣一張，門樓門罩燙樣五份，留中。（雷氏旨意檔）
	堂夸蘭達著官伴撤去綺春萬春圓明三園地盤畫樣全圖三份。（雷氏堂諭檔）
初五日	召見貴寶，備問中路大燙樣何日呈進。（雷氏旨意檔）
初九日	會同下園灰東西路十一處下房線，誠明貴寶查工。（同前）

34549

初十日　貴寶查紫碧山房工。(同前)

十一日　收拾中路樣，至雙鶴齋。(同前)

十二日　明善貴寶諭，著隨同進園，皇上至安佑宮行禮後，至中路，又至清夏堂萬春園雙鶴齋看樣，召見明善貴寶傳瞻，愼德堂後抱廈改二丈四尺，各處土盤清理渣土，又看七間殿，諭院子小，又至紫碧山房，酉刻起鑾，戌刻進城。(雷氏旨意檔)

十四日　內務府奏請派勘估大臣。(內務府圓明園工程奏銷檔)

堂夸蘭達催中路大樣，叫粘兩座送宅看。(雷氏堂諭檔)

着速辦清夏堂等處桌張及各處裝修樣。(同前)

着燙太平船樣。(同前)

十七日　送宅看圓明園四方亭燙樣，當日交回，云甚妥。(同前)

內務府奏請飭在京王公大臣捐輸銀兩。(內務府圓明園工程奏銷檔)

十八日　交進四宜書屋改宮門樣。(雷氏堂諭檔)

二十一日　進呈大花牙三塊，清夏堂布裝修二十一槽，天地一家春三槽，太平船一隻。(雷氏旨意檔)

二十四日　召見貴寶，交下大花牙三塊依議。(同前)

堂諭，營造司存有楠木，係武英殿下餘存，一二日去看。(雷氏堂諭檔)

二十九日　呈進中一路大全樣五箱，計十塊，安設養心殿前抱廈內留中。(雷氏旨意檔)

堂諭所有奏過燙樣各分具畫樣一份存堂，（雷氏堂諭檔）

堂夸蘭達諭萬春園東西路十一處，暫不必灰線，將來再傳再辦，上下天光樓着暫存，不必進呈，又着將布裝修歸着好聽信。（同前）

又諭萬春園福園門西南門外等處場坍房間查明畫樣，並查九爺場坍房，丈量尺寸，共若干處，初一日下園勘查，初二日回堂，着再查詳細，十二三日呈回細樣。（同前）

四月初二日　下圓明園查工灰線。（同前）

踏勘雙鶴齋油活。（同前）

初四日　查長春園海嶽開襟及萬春園各座，回准照燙樣辦理。（同前）

清夏堂宮門卯時豎立。（同前）

茶膳房換八寸簷柱，看灰土。（同前）

查春雨軒中路七間殿槽口。（同前）

堂諭，看各監督監修帶同燙樣人算房工頭查看有無舛錯之處，報堂以備查覆。（同前）

初九日　上幸安佑宮閱視工程，於雙鶴齋進晚膳。（李慈銘越縵堂日記）

十二日　呈堂夸蘭達各處場坍樣四份。（雷氏堂諭檔）

稟明各項食公費飯食人等會齊，求堂夸蘭達籌欵求立稿定準公費，立檔房以備辦公之所。（同前）

十四日 堂檔房傳孟總管奉旨；着將清夏堂天地一家春現在定准殿宇照前次呈進奉三無私燙樣，着各燙一份交進。(同前)

十七日 普祥峪萬年吉地工程，扣回放商節省二成銀十一萬五千五百四十兩，充園工之用。(內務府收捐銀兩簿及收捐修圓明園銀兩門文簿)

十八日 未刻召見貴寶雷思起在養心殿前抱厦面諭承恩堂同順堂七間殿等處添改工程。(雷氏旨意檔)

總司幫辦總司諭着燙畫樣銷算房三處會同勘查各路有無窒礙，做法是否相符，以免舛誤。(雷氏堂諭檔)

十九日 奉旨萬春園大燙樣由內宮門往裏燙往前不燙，又奉旨萬春園大樣由影壁轄哈木往裏，仍燙大樣，(雷氏旨意檔)

二十二日 堂諭學海關交硬木紫檀花梨安裝料等板片。(雷氏堂諭檔)

堂諭奉旨所有中路更改活計，着樣式房踏勘有無窒礙，於二十三日回明二十八日均燙齊貼簽，月內外堂夸蘭達下園，看後再進呈。(同前)

二十三日 御史余培軒奏請將戶部捐輸隨解飯銀及照費約二十餘萬兩，工部河工水利銀約四五萬兩，均撥交內務府充園工之用，歲可得三十餘萬兩。奉旨著該部議奏。(李慈銘越縵堂日記)

二十七日 內務府二次奏請派勘估大臣。(內務府圓明園工程奏銷簿)

所有本府遞奏圓明園等處工程，擬仍奏請欽派大臣勘估之摺，於今日具奏，奉旨仍遵前旨毋庸另派勘估欽此。（內務府啟帖檔）

堂諭孟總管傳出所有天地一家春放大燙樣着白影壁轄哈木起滿燙全份。（雷氏堂諭檔）

五月

初一日　堂諭將已刻木花牙樣三箱洋布裝修樣二箱（三十七份）並五尺一桿桌張畫樣十九張，開寫數單交堂行文給坐京孫義領去行粵海關限一年陸續交京。（雷氏堂諭檔）

初二日　支付北路雙鶴齋及拆橋梁工程銀二萬七千三百零三兩三錢九分二釐。（內務府收捐修圓明園銀兩門文簿）

戶部左侍郎宋晉，翰林院侍讀學士李文田，翰林院編修潘祖蔭等十二員捐修圓明園工程銀一萬三千兩。（內務府收捐銀兩簿及收捐修圓明園銀兩門文簿）

初六日　呈進中路各歟燙樣在養心殿前抱厦。（雷氏旨意檔）

初七日　內務府奏園工發商扣減二成。（內務府圓明園工程奏銷簿）

初八日　交下新建七間殿承恩堂樣二塊，同順堂承恩堂仍照舊式樣改回，十五間房拆去不要。（雷氏旨意檔）

十一日　上幸圓明園，還宮。（清史稿穆宗本紀）

傳旨，同樂園全壁堂恒春堂均着燙樣呈覽。（雷氏旨意檔）

十四日 支付六大處工程銀七萬兩。（內務府收捐修圓明園銀兩門文簿）

圓明園發放工欵扣回節省二成銀一萬四千兩。（內務府收捐銀兩簿及收捐修圓明園銀兩門文簿）

各員（缺名）捐修圓明園工程銀一萬兩（同前）

二十二日 邸抄，四川總督吳棠奏請緩辦木料及免解杉木一千根，又片奏李光昭報捐木植與事實不符。（同前）

支付六大處工程銀三萬二千四百兩。（內務府收捐修圓明園銀兩門文簿）

二十四日 內務府奏兩廣總督採辦木料，先行呈覽木樣。（內務府圓明園工程奏銷簿）

兩廣總督來文，並木植尺寸青單已交圓明園銷算房抄訖，飭令查看木植是否堪用，其尺寸擬蓋何處殿座敷用，於明日開單報堂，並向班上詢明，昨日接到閩浙總督福建巡撫採辦木植來文，現辦夾片內已經叙入。（內務府啟帖檔）

內務府奏請續行報效工程銀兩各員分別給獎。（同前）

清夏堂上梁。（內務府啟帖檔）

二十六日 堂檔房傳旨，萬方安和着踏勘修理，又全璧堂恒春堂渣土趕緊清理。（雷氏旨意檔）

呈進萬春園大燙樣全份十二箱計二十二塊，留中。（同前）

二十八日 奉旨同樂園永日堂趕緊燙樣呈覽，並着清理渣土。（同前）

六月

初三日 上幸圓明園，還宮。（東華續錄）

初六日　呈進萬方安和恒春堂全璧堂燙樣三份留中。（雷氏旨意檔）

初七日　翰林侍講學士南書房行走李文田奏請停止園工。（李慈銘越縵堂日記）

十一日　內務府代奏候選知府李光昭報效木植。（內務府圓明園工程奏銷簿）

誠明病故，遞遺摺。（雷氏旨意檔）

十六日　各員（缺名）捐修圓明園工程銀三萬四千五百兩。（內務府收捐銀兩簿及收捐修圓明園工程銀兩門文簿）

內務府營造司借用銀五萬兩。（內務府收捐修圓明園工程銀兩門文簿及營造司收據）

十九日　呈進同樂園戲臺並永日堂燙樣一箱留中。（雷氏旨意檔）

貴寶要恒春堂全璧同樂三處畫樣，茂總司要中路南路安佑宮清夏堂天地一家春各處全畫樣，（雷氏堂諭檔）

邸抄潘祖蔭謝以三品京堂候補恩。（李慈銘越縵堂日記）

二十一日　支付圓明園辦公費銀一萬六千二百零三兩二錢一分六厘（內務府收捐修圓明園銀兩門文簿）

堂諭所有圓明園等處工程着派署理堂郎中茂林總司監督，幫辦總司中路監督着派郎中廣第，安佑宮監督着派員外郎普口。（雷氏堂諭檔）

圓明園發放工欵，扣回節省二成銀三萬二千四百八十兩，充圓明園工程辦公費，飯

食口分銀及燙樣費供梁賞項等。（內務府收捐銀兩簿及收捐修圓明園銀兩門文簿）

二十四日 召見貴寶，同樂園改三層戲臺，看戲殿改樓二層，樓板與中層戲臺平，又諭全壁堂宮門，恒春堂扮戲殿等處添改，另行燙樣呈覽。（雷氏旨意檔）

貴寶面諭二十五日在廣濟寺看淸夏堂樣，並與茂巴廣三位定議採買楠木之事。（雷氏堂諭檔）

貴寶諭茂總司傳田工頭限三天內將茶膳房另拆換望板，改果松換杉木，如不遵，即著撤商。（雷氏堂諭檔）

二十七日 呈進淸夏堂大燙樣一份留中。（同前）

直隸總督李鴻章奏李光昭報效木植現與洋人互控結訟，轇轕甚多，一時無從驗收轉解。（李文忠公全書）

七月

初三日 呈進同樂園戲臺改樣留中。（雷氏旨意檔）

堂郎中貴寶升任內務府大臣。（雷氏當諭檔）

貴寶諭，堂批，自本年七月初一日起，每月內務府堂上撥給圓明園堂檔房，領放給津貼燙畫樣人掌案頭目八二分二十兩，散衆當差人八分四十八兩。（同前）

初四日 貴寶下園查恒春堂全壁堂改畫土山遊廊等新舊樣各一張，貼簽呈覽。（同前）

初六日 上諭，李光昭著先行革職，交李鴻章嚴行審究，照例懲辦。（東華續錄）

初八日 貴寶諭，著將萬春園蔚藻堂等燙樣十八日呈堂，二十日在萬春園呈覽。（雷氏堂諭檔）

交下同樂園燙樣，著照樣修建，恒春堂全璧堂交下畫樣，著按照畫樣燙樣呈覽。又交下清夏堂大燙樣，著添蓋值房二十四間，茶膳房後院各添蓋值房庫房五間，共添蓋三十四間。（雷氏旨意檔）

十六日 進內呈恒春堂全璧堂清夏堂燙樣，貴寶有更改。（雷氏堂諭檔）

軍機大臣恭親王御前大臣醇親王等合疏請停園工，戒儆行，遠宦寺，絕小人，警晏朝，開言路，懲夷患，去玩好，共八事。（李慈銘越縵堂日記）

十七日 營造司借用銀五千兩。（營造司收撥）

十八日 呈進恒春堂全璧堂清夏堂添改燙樣，恒春堂全璧堂當交下，著速改妥存收，不必呈覽，清夏堂留中。（雷氏旨意檔）

貴寶諭，蔚藻堂樣改十九日送園，看後二十日伺候呈覽。（雷氏堂諭檔）

御史陳彝劾內務府大臣於李光昭任意欺朦，未經查出，宜加譴責，旨著交部議處。（東華續錄）

十九日 因陳彝奏停園工，堂諭明早進內聽候有何事件，並聽有無旨意下園，停工不停。（雷氏堂諭檔）

二十一日 皇上幸園。（雷氏旨意檔）

二十二日	面見貴寶請示柏木現催價銀，諭支持十數天再說。次日又回柏木事，並云只好聽之。(雷氏堂諭檔)
二十三日	呈貴寶宅清夏堂中路萬春園安佑宮南路尺寸樣五張留看。(同前)
	回茂郎中採買柏木二萬餘斤現在均由通運京木廠催銀，請示或退，著暫聽堂官三五日吏部奏摺再說。(同前)
	取回萬方安和裝修燙樣，再聽五爺信辦理，並將前要去樣子五張交回。(同前)
	又要回三園全圖三分。(同前)
二十四日	內務府大臣貴寶以任郎中時於知府李光昭報效木植，欺罔奏陳，嚴議褫職。(清史稿穆宗本紀)
二十八日	吏部議內務府大臣處議一件，崇綸明善春佑俱革職，魁齡以告假無庸議，貴寶另議朦混回堂亦革職。(翁同龢日記)
二十九日	停修圓明園工程。(清史稿穆宗本紀)
	上諭，著內務府大臣查勘三海酌度修理。(東華續錄)
	硃諭，崇綸明善春佑均改爲革職留任。(翁同龢日記)
三十日	諭責恭親王召對失議，奪親王世襲，降郡王，仍爲軍機大臣，並革載澂貝勒郡王銜。(清史稿穆宗本紀)
八月	
初一日	懿旨復恭親王世襲及載澂爵銜，訓勉之，同日諭修葺三海工程，力求撙節。(同前)

		諭三海工程務當覈實勘估，力杜浮冒。（翁同龢日記）
		堂諭著將三園進呈御覽燙樣，奏准燙樣數目，造具做法清冊交堂上存案，圓明園各路燙樣，均令交樣式房雷思起收存，備將來與修查核辦理，務當經心晒亮，不可損壞。（雷氏堂諭檔）
	初六日	召見英桂、明善，諭三海工程速爲勘辦。（雷氏旨意檔）
		邸抄，命英桂佩帶總管內務府大臣印鑰。（李慈銘越縵堂日記）
	初七日	各員（缺名）捐修圓明園工程銀七千五百兩。（內務府收捐銀兩簿及收捐修圓明園銀兩門文簿）
		支圓明園辦公費銀一千六百七十三兩。（內務府收捐修圓明園銀兩門文簿）
	十二日	諭軍機大臣等，李光昭一案，著李鴻章迅速嚴訊，即行奏結，勿再遲延。（東華續錄）
	十六日	直隸總督李鴻章奏審明李光昭捏報木價，欺罔不法，並究出招搖煽惑各情。（李文忠公全書）
	十八日	李光昭論斬。（清史稿穆宗本紀）
		內務府筆帖式成麟革職。（東華續錄）
		此兩日上連幸南北海，晚膳後始還。（翁同龢日記）
九月	十六日	邸抄，以內務府堂郎中文錫爲總管內務府大臣。（李慈銘越縵堂日記）
十月	初十日	特旨復貴寶官職，賜文錫頭品頂戴，同辦三海工程。（翁同龢日記）

		二十四日	圓明園咨行內務府，請發放雙鶴齋同樂園舍衛城萬方安和課農軒北遠山村等處修葺工程，及挖湖修橋補牆築路等項工程銀六萬六千一百八十六兩五錢三分六釐。（內務府檔案）
		二十七日	內務府奏請報効圓工銀兩核給奬敘。（內務府圓明園工程奏銷簿）
	十二月	初一日	支圓明園辦公費銀四千一百五十五兩零三分五釐。（內務府收捐修圓明園銀兩門文簿）
		初四日	支付雙鶴齋同樂園舍衛城萬方安和課農軒北遠山村及挖湖修橋補牆築路工程銀一萬八千兩。（同前） 奉宸院營造司各借用銀一萬兩，皮庫借用銀五千兩，（內務府收捐修圓明園銀兩門文簿及管理圓明園大臣片行內務府文）
		初五日	穆宗崩。（清史稿穆宗本紀）
	十二月	初八日	罷三海工程。（翁同龢日紀）
		十三日	御史陳彝劾王慶祺從前劣跡，奉旨革職永不敘用。（同前）
		二十五日	懿旨整飭宦寺，總管太監張得喜張忠吉頂載太監周增壽梁吉慶王得喜，太監任延壽薛進壽等懲罰有差。（同前）
		二十六日	御史李宏謨劾內務府官員，奉懿旨貴寶文錫均著即革職。（同前）
光緒元年	三月	二十四日	內務府奏報修理圓明園工程用過銀兩數目，（內務府圓明園工程奏銷簿）

34560

四月初十日	內務府奏報查看圓明園各處正梁撤下收存。(同前)
五月十四日	支圓明園辦公費銀一千二百零九兩七錢四分九釐。(內務府收捐修圓明園銀兩門文簿)
二十一日	支付工程銀五百十五兩四錢七分二釐。(同前)

本社紀事

(甲)實物之調查

(一)調查雲岡石窟

山西大同雲岡石窟開鑿於北魏盛期，爲六朝佛敎藝術稀有之傑作。 歷經中外學者，調查研究，不止一度：惟石刻中所表現之建築式樣，尚無系統之介紹。 本年九月經本社梁思成林徽音劉敦楨三君前往精密考查，歸後草『雲岡石窟中所表現的北魏建築』一文，於本期彙刊內發表。

(二)調查山西大同華嚴寺善化寺

大同自北魏建都後，遼金二代復置陪都於此。華嚴寺爲奉安遼帝后銅石像地點，與善化寺同爲當地巨刹。經梁思成劉敦楨二君詳細調查，知二寺內有遼建築六所，金建築三所，並有遼代壁藏，爲海內稀有之珍物，均經撮影測量，於本期彙刊內發表。

(三)調查山西應縣佛宮寺塔

塔建於遼道宗清寧二年，八稜五層，高六十餘公尺，閱時八百七十餘載，在今日已知範圍，爲國內最古最巨之木塔。本歲九月經本社梁思成君測量撮影，其報告書將於彙刊五卷內登出。

(四)二次調查正定

梁思成君於四月間調查正定古建築，因正値灤東緊急時期，多所疏忽遺漏。 故於十一月間，偕林徽音結伴再度調查。 除補充攝影多幅外，並將隆興寺全部平面詳細測量，並詳測陽和樓前關帝廟全部平面立面斷面，縣文廟大成殿及開元寺鐘樓等處梁架。

（五）調查河北趙縣石橋

正定二次測繪完畢後，梁君又繼往趙縣。其主要目標爲歌謠中著名之『大石橋』－安濟橋－橋建於隋，爲名匠李春所造，載在史册，距今一千三百餘年，巍然尙存。斯橋全爲石造單券長約四十公尺，恐爲國內最長之石券；兩端更在券上安小石券二，如唐張嘉貞銘中所云『兩涯嵌四穴』。大石橋外，更有『小石橋』－永通橋－之意外收穫。小橋長約二十公尺，構造法與大橋完全相同，恐亦同時物。小橋上明代欄杆彫刻尤爲精美。此外尙有柏林寺金代磚塔及南街石幢，宋村石橋及石佛寺，皆經調查攝影。

（乙）編印及史料之蒐集

（一）清式營造則例行將出版

全書共計文六章，表十五，圖版二十八，插圖八十餘，辭解五百餘條。　首章緒論，略述中國建築法之變遷，及中國建築之特徵。　次章以下分述清式營造方法，計分平面，大木，瓦石，裝修，彩色五章，爲本社法式主任梁思成君著。　書脫稿於二十一年三月，屢經增改刪補，至本年十一月付印，不日即可出版。

（二）哲匠錄及明代營造史料

本社哲匠錄之編輯，已於上年度將關係營造方面編輯竣事，所得成績，俱載入彙刊。本年度更從事營造類補遺，及壘山攻具等類，並研究河工哲匠。明代營造史料，則仍由單士元君賡續搜集。

（三）編輯清代建築年表

有淸立國二百餘年，遺留於今日之建築物，如宮苑陵寢廟宇城堡橋梁，處處皆有研究之價値，惟着手之先，必得其營建年代，然後綱舉目張，進行較易。本社現利用清實錄東華錄會典工部則例各省地方志內府檔案以及私人筆記等書，作建築年表初步之檢索。

(丙)古籍之整理

工部工程做法暨姚氏補雲營造法原之整理，現仍繼續研究。

燕几圖蝶几譜見於四庫存目譜錄類，惟傳刻諸本舛錯脫落，體名不完。社長朱桂辛先生據圖倣製實物，進而校正諸傳本之訛僞，著考證一篇，新印燕几蝶几匡几合刻本。

(丁)雜項

(一)參加修理鼓樓

本年九月，北平市工務局修理鼓樓平座及上層西南隅角梁，曾邀本社黎同設計，由文獻主任劉敦楨君暨法式助理邵力工君前往查勘，並繪具簡圖，附加說明，送該局參考。

(二)照片編目

本社歷年調查各處古建築，除測繪外，並擇主要部份攝影，積存照片，已有數千張之多，刻正編製目錄，俾易檢查。

玆將本社自本年七月一日起至十二月底止受贈各界書報臚列於左敬表謝悃

授贈者	書報名稱及數量
日本建築士會	日本建築士六册
滿洲建築協會	雜誌七册
上海市建築協會	建築月刊四册
國際建築協會	國際建築六册
國劇畫報社	國劇畫報五份
美術研究所	美術研究六册
人文編輯所	人文四册
中央研究院歷史語言研究所	集刊三册
	外編一册
	安陽發掘報告一册
中國殖邊社	殖邊月刊一册
日本建築協會	建築雜誌六册
	會員住所姓名錄一册
	臨時增刊一册
社會調查所	社會科學雜誌二册
	第七年報告一册
安徽省立圖	學風五册
道路月刊社	月刊四册

授贈者	書報名稱及數量
中國科學社	科學四册
滿洲技術學會	會誌三册
中國牛頓社	月刊一册
今生社	今生一册
宣平縣教育局	延福寺照片一幅
江蘇省立國學圖	第六年刊一册
國立北平圖	館刊二册
國立北平研究院	院務彙報一册
河北省第一博物院	半月刊二十二份
中華學藝社	學藝五册
廣東國民大學	高中自治會月刊一册
中法大學	月刊三册
福開森先生	得周尺記一册
北平社會局教育科	時代教育二册
廣島史學會	史學研究二册
中國工程師學會	工程三册
河北月刊社	月刊七册
廣西大學	週刊四册

章元善先生　實話一編一冊
北平中國大學圖　國學叢編一冊
橫山縣志編修局　橫山縣志一部
懷遠縣志一部
天津美術館　美術叢刊一冊
清華大學土木工程學會　會刊一冊
河北省工程師學會　月刊四冊
東方文化學院東京研究所　東方學報一冊
東方文化學院京都研究所　東方學報三冊
金陵大學　學報一冊
河南圖　館刊一冊
嶺南大學　學報一冊
行健學會　旬刊十四冊
國立北京大學　國學季刊一冊
中華圖協會　第二次年會報告一冊
上海交通大學出版委員會　季刊一冊
汪申伯先生　圓明園匾目一冊
仝上圖一幅
陶蘭泉先生　方興考證一部
袁同禮先生　景印四庫罕傳本擬目一冊
早稻田大學早苗會　建築學報一冊

理工學部紀要一冊
青島市教育局　青島教育二冊
復旦大學土木工程學會　會刊一冊
安徽大學　週刊六冊
滿洲學會　滿洲學報一冊
陳叙初先生　河南風景照片七幅
田邊泰先生　江戶之武家屋一冊
朱桂辛先生　泰山公司磚樑一冊
支那古器圖考一冊
尺度綜考一冊
北平研究院院務彙報四冊
從考古學上觀察中日古文化之關係一冊
中國建築四冊
中央研究院化學集刊一冊

本社職員

社長 朱啓鈐 助理 邵力工

法式主任 梁思成

文獻主任 劉敦楨

編纂 瞿兌之 梁啓雄

會計 朱湘筠 庶務 喬家鐸

本社社員

幹事會 朱啓鈐 周詒春 葉恭綽 孟錫珏 袁同禮
陶蘭泉 陳垣 華南圭 周作民 錢新之
徐新六 裘子元

評議 郭葆昌 徐世章 吳延清 張文孚 馬世杰
張萬祿 林行規 翟孟生 李慶芳 何遂
艾克 鮑希曼 彭濟羣

校理 馬衡 胡玉縉 任鳳苞 江紹杰 孫壯
陶洙 劉南策 盧樹森 金開藩 唐在復
劉嗣春 葉公超 林徽音 吳其昌 汪申
謝國楨 單士元

參校 陳植 松崎鶴雄 橋川時雄 關祖章
趙深 林志可 朱麟徵

中國營造學社彙刊 第四卷 第三四期合刊

定價一元六角 郵費一角

中華民國廿二年十二月出版

北平中山公園內

編輯兼發行者 中國營造學社
北平和平門內北新華街
電話南局二五三六號

印刷者 京城印書局
北平和平門內東半壁街十一號
電話南局四五七〇號

製版兼印圖者 懷英照相製版局
電話南局三八六五號

寄售處
北平景山東街景山書社
北平琉璃廠商務印書館
天津日租界旭街利亞書局
南京中央大學對過鍾山書局
上海福州路五五六號作者書社

BULLETIN OF THE SOCIETY FOR RESEARCH IN CHINESE ARCHITECTURE

Vol. IV, No. 3 & 4. June, 1934.

Published by the Society at Chung-shan Kung-yuan, Peiping, China